丛书总主编：孙鸿烈　于贵瑞　欧阳竹　何洪林

中国生态系统定位观测与研究数据集

森林生态系统卷

山西吉县站

（1978—2006）

朱金兆　朱清科
张建军　毕华兴　主编
魏天兴　张学培

中 国 农 业 出 版 社

中国生态系统定位观测与研究数据集

丛书编委会

中国生态系统定位观测与研究数据集
森林生态系统卷·山西吉县站

编委会

[序 言]

随着全球生态和环境问题的凸显，生态学研究的不断深入，研究手段正在由单点定位研究向联网研究发展，以求在不同时间和空间尺度上揭示陆地和水域生态系统的演变规律、全球变化对生态系统的影响和反馈，并在此基础上制定科学的生态系统管理策略与措施。自20世纪80年代以来，世界上开始建立国家和全球尺度的生态系统研究和观测网络，以加强区域和全球生态系统变化的观测和综合研究。2006年，在科技部国家科技基础条件平台建设项目的推动下，以生态系统观测研究网络理念为指导思想，成立了由51个观测研究站和一个综合研究中心组成的中国国家生态系统观测研究网络（National Ecosystem Research Network of China，简称CNERN）。

生态系统观测研究网络是一个数据密集型的野外科技平台，各野外台站在长期的科学研究中，积累了丰富的科学数据，这些数据是生态学研究的第一手原始科学数据和国家的宝贵财富。这些台站按照统一的观测指标、仪器和方法，对我国农田、森林、草地与荒漠、湖泊湿地海湾等典型生态系统开展了长期监测，建立了标准和规范化的观测样地，获得了大量的生态系统水分、土壤、大气和生物观测数据。系统收集、整理、存储、共享和开发应用这些数据资源是我国进行资源和环境的保护利用、生态环境治理以及农、林、牧、渔业生产必不可少的基础工作。中国国家生态系统观测研究网络的建成对促进我国生态网络长期监测数据的共享工作将发挥极其重要的作用。为切实实现数据的共享，国家生态系统观测研究网络组织各野外台站开展了数据集的编辑出版工作，借以对我国长期积累的生态学数据进行一次系统的、科学的整理，使其更好地发挥这些数据资源的作用，进一步推动数据的共享。

为完成《中国生态系统定位观测与研究数据集》丛书的编纂，CNERN综合研究中心首先组织有关专家编制了《农田、森林、草地与荒漠、湖泊湿地海湾生态系统历史数据整理指南》，各野外台站按照指南的要求，系统地开展了数据整理与出版工作。该丛书包括农田生态系统、草地与荒漠生态系统、森林生态系统以及湖泊湿地海湾生态系统共4卷、51册，各册收集整理了各野外台站的元数据信息、观测样地信息与水分、土壤、大气和生物监测信息以及相关研究成果的数据。相信这一套丛书的出版将为我国生态系统的研究和相关生产活动提供重要的数据支撑。

孙鸿烈

2010年5月

前 言

山西吉县森林生态系统国家野外科学观测研究站（简称吉县站），源于“六五”期间北京林业大学高志义教授主持完成的国家重点研究项目“黄土高原造林立地条件类型划分和适地适树研究”，开创了以吉县红旗林场（马莲滩）为主的野外试验研究基地，“七五”期间通过承担国家科技攻关计划课题“黄土高原地区防护林体系水土保持效益评价”，基本上完成了水土流失、水土保持效益监测站的建设，开始了定位、半定位的森林生态系统综合监测。1990年以来，以吉县野外试验研究基地为主实施了中日技术合作“黄土高原治山（水土保持）技术培训”项目，在蔡家川流域营造试验林16 000亩，修建了7座嵌套流域的量水堰，开始了小流域尺度的径流泥沙监测，建立了蔡家川试验研究基地。1998年原国家计划委员会专项投资将本站建成了林业生态工程效益监测站，2005年，吉县站进入森林生态系统国家野外科学观测研究站的行列，并于2009年获国家野外科技工作先进集体，站长朱金兆教授获国家野外科技工作先进个人。

“六五”至“十五”期间，在国家科技攻关计划课题的支持下，北京林业大学以吉县站为试验研究基地，开展了水、土、气、生等方面的长期定位监测和调查研究工作，积累了大量的第一手资料，取得了大量研究成果，其中已取得科技成果曾获国家科技进步二等奖5项，省部级科技进步一等奖3项、二等奖2项、三等奖3项，吉县站已成为我国林业生态建设工程科技支撑的重要试验示范基地。

在国家科技基础平台建设项目“生态系统网络的联网观测研究及数据共享系统建设”的支撑下，为了进一步推动吉县站历史资料的挖掘整理，强化信息共享系统建设，丰富和完善数据内容，使吉县站的监测资料更好地为植被恢复与重建、水土保持等生产实践和科学研究服务，吉县站按照《农田森林草地与荒漠、湖泊湿地海湾生态系统历史数据整理指南》，挖掘整理了以吉县站为研究基地完成的科研项目原始数据、研究报告、学位论文、学术论文、学术专著等资料，将1978年至2006年的研究数据与资料，整理汇集成生物、土壤、水分、气象四大部分。原始数据、资料是在完成各类不同的科学研究课题中获得的，由于各科研项目研究目的不尽相同，虽然我们在整理过程中尽可能按照森林生态系统、水土保持和生态环境科学研究的水、土、气、生四大要素，依据不同年份和不同类型观测地对原始数据进行整理、总结和统计计算，但本数据集的数据系统性、完整性仍不够理想。敬请批评指正。

本数据集由吉县站朱金兆、朱清科、张建军、毕华兴、张学培、魏天兴副负责编制，陈珏、陈锦、陈攀攀、陈致富、崔哲伟、景峰、邝高明、李慧敏、李轶涛、刘中奇、卢倩、马雯静、秦伟、隋旭红、孙慧、田晓玲、王晶、王清玉、徐佳佳、云雷、张波、张瑞、郑芳、周晖子、周晓新、赵健、朱文德等研究生参加了部分数据整理工作。

自1976年以来，北京林业大学关君蔚院士、高志义教授、闫树文教授、张增哲教授、孙立达教授、王斌瑞教授、王礼先教授、贺庆棠教授、胡汉斌教授、吴斌教授、余新晓教授、杨维西教授、王百田教授、贺康宁教授、张府娥教授、陈丽华教授、王秀茹教授、李镇宇教授、陈华盛教授、翟明普教授、沈应柏教授、张志强教授、姚运峰教授、肖文发教授等许多师生和日本、奥地利、美国等许多外国专家，多年来坚持在吉县站开展科学研究、试验观测及调查工作。本数据集所涉及的原始数据是所有在吉县站工作过的北京林业大学广大师生和国内外专家在完成科学研究任务过程中取得的，他们为这些数据资料付出了辛勤劳动和聪明才智，由于人数众多，难以在此一一全部列举，在此一并表示感谢。

本站联系地址：北京市海淀区清华东路35号　北京林业大学水土保持学院山西吉县站　邮政编码：100083

本站网址：http：//jx. bjfu. edu. cn/jixian

编　者

2011年9月

目 录

第一章

引　言

吉县站位于黄河中游黄土高原东南部半湿润地区的山西省临汾市，属黄土高原残塬沟壑区和梁峁丘陵沟壑区。地理坐标为110°27′～111°7′E，35°53′～36°21′N之间。森林植物地带属于暖温带半湿润地区、褐土、落叶阔叶林。

吉县站主要由蔡家川流域试验区（$38km^2$）和红旗林场试验区（$131km^2$）组成，分别代表黄土梁状丘陵沟壑类型区和黄土残塬沟壑类型区。其海拔高程在800～1 600m之间。蔡家川流域试验区上游（最高海拔为1 600m）为土石山区，植被为天然次生林植被；流域中下游为黄土丘陵沟壑地貌，以人工造林形成的防护林及封山育林形成的天然次生林草植被和农田生态系统为主。蔡家川流域对黄土高原较大尺度的流域具有极好的代表性。红旗林场试验区由马莲滩作业区（1 $200hm^2$，以刺槐林为主）、山头庙作业区（3 $067hm^2$，以油松林为主）、西嘴作业区（3 $867hm^2$，以刺槐、油松林为主）、管头山作业区（4 $933hm^2$，以油松和次生林为主）组成，主要代表人工林生态系统。

吉县站现有固定研究人员6人，其中教授3人，副教授3人。具有博士学位者4人，硕士学位1人。每年参加观测和研究的博士生、硕士生、本科生有30余人。

吉县站现有的仪器设备与设施等固定资产达1 000万元以上，其中大部分仪器设备为日本、美国等生产的进口设备，仪器设备比较先进精良，运行良好。吉县站具有不同土地利用/覆盖的试验流域12个（流域出口均有现代化测流堰及水沙自动采样与定位观测仪器设备），常规小气候观测站2个、林草植被固定标准样地30个，径流观测场23个。在蔡家川嵌套流域（面积$38km^2$）内有天然次生林、不同时期营造的人工营造形成的不同类型防护林，森林覆被率72%，种子植物188种（包括8个变种），分属48科136个属，其中双子叶植物42科109属154种，其余为单子叶植物。流域各类人工营造的试验林面积为1 $000hm^2$。流域内农业人口少，能够满足长期开展森林生态、植被演替、人工林经营管理研究的要求。在蔡家川流域主沟道出口设有测流堰，在6个代表性的支流域的出口修建有高标准的量水堰，形成了具有不同土地利用/覆盖小流域的嵌套流域，这6个小流域分别为天然次生林流域、半次生林半人工林流域、封禁流域（已封育30年）、人工林流域、半农半牧流域、农地流域，从而形成了一套完整的由不同土地利用/覆盖及其植被类型组成的森林水文泥沙过程的定位观测研究系统，为森林植被影响流域水文过程的尺度转换方法研究提供了理想的定位观测系统。另外，该流域的部分支沟内布设有水土保持综合措施体系，能够开展水土保持研究。经过多年建设，试验场地较为完善和固定，具有各项观测配套和备用设施。试验场基地近邻国道，交通十分便利，用于定位观测研究的各流域量水堰均已建设公路，观测时交通非常方便，沟道中的浆砌石或钢筋混凝土过水路面风雨无阻，可以从试验场基地开车到达各个观测点。

1.1　台站简介

吉县定位站自1978年建站以来，先后承担了国家科技攻关项目、国家重大基础研究计划课题、国家自然科学基金课题、国际合作项目、农业科技成果转化基金项目、退耕还林还草工程科技支撑项目、国家林业局重点课题等各类科技项目50余项，积累了大量的科技资料，特别是流域水文泥沙过

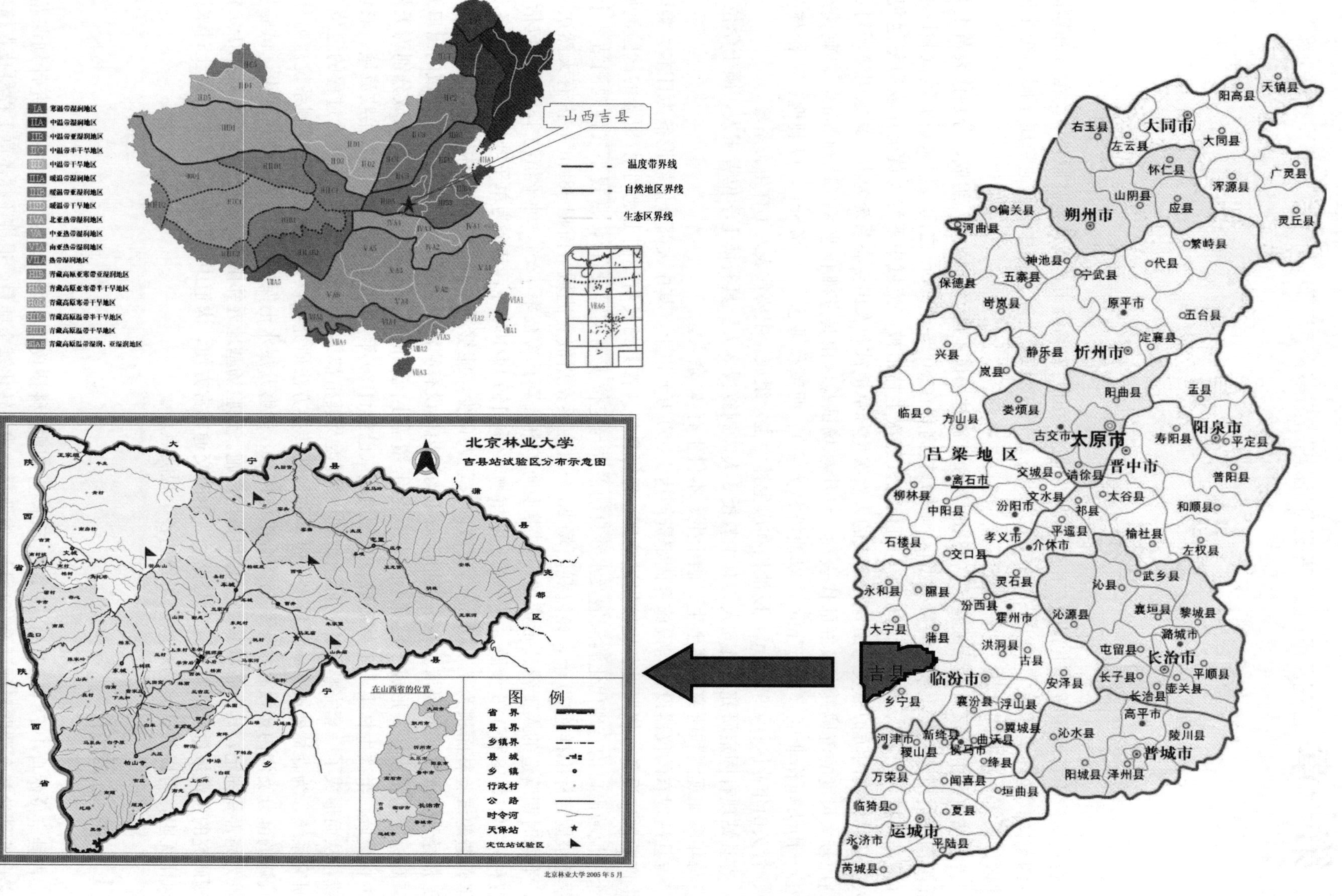

图 1-1　国家生态系统野外观测研究站网络布局分区图

图 1-2 蔡家川流域植被

图 1-3 人工刺槐林

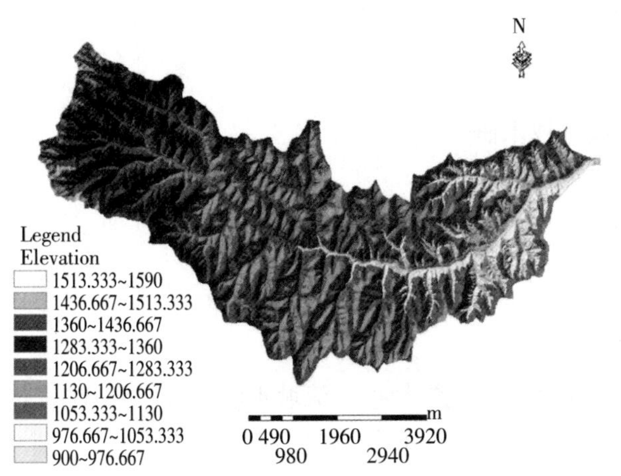

图 1-4 蔡家川流域 DEM

图 1-5 吉县站径流观测

程资料及小气候资料和森林植被定位观测资料长达 20 多年。长期科学研究已取得了大量成果，其中 5 项成果已获得国家科技进步二等奖，成果获省部级科技进步一等奖 3 项、二等奖 2 项、三等奖 3 项。出版学术专著 10 余部，发表科技论文 200 余篇。提出和完善了林业生态工程技术体系，并得到广泛地应用推广。吉县站已成为我国林业生态建设工程科技支撑的重要试验示范基地，是水土保持和荒漠化防治教育部重点实验室的野外基地，是北京林业大学人才培养的最重要的野外教学科研基地之一。

吉县站具有完善的基础设施，在吉县人民政府及有关部门的大力支持下，1997 年，北京林业大学对本站土地获得具有 70 年的土地使用权。山西吉县定位站拥有固定试验区 2 处，定位观测试验与生活办公区总面积为 7 342.82m^2，其中房屋建筑面积为 1 382.2m^2（蔡家川基地原有 143.2m^2，新建试验楼 198m^2，红旗林场石山湾村 1 041.9m^2）。本站水、电、路、通讯齐备，食宿条件良好，可供 100 多人在此开展研究工作。

1.2 研究方向和研究内容

吉县站地处水土流失严重、生态环境脆弱、植被稀少、水资源短缺的黄土高原地区，因此，吉县站的研究主要针对当地的主要生态环境问题展开，旨在解决植被恢复与重建、水土流失治理、生态环境改善中的关键问题，同时监测、研究与评价植被恢复与重建等人类活动对水、土、气、生等生态要素的影响。

吉县站的主要研究方向为：

（1）落叶阔叶林植被结构及其演替过程：主要研究天然次生林结构与演替规律、人工林草生态系统结构及其演替过程、防护林生态系统经营与健康维护等；

（2）嵌套流域森林水文过程：主要研究不同土地利用/覆盖小流域产水产沙过程、嵌套流域水沙形成及其输移过程、林草植被对水沙运动过程的影响及尺度辨析与转换、森林生态系统水沙物质循环与能量平衡、林草植被水土保持与生态效益监测与评价等；

（3）土壤侵蚀及生态修复过程：主要研究不同土地利用/覆盖水土流失过程监测、林地水分环境容量及水量平衡、林草植被空间配置机理、退化生态系统植被恢复与重建及其演替过程、农林复合系统配置及可持续经营机理等。

吉县站的主要研究内容有：

（1）不同尺度下森林植被对水文过程和径流的调控机理；

（2）黄土高原防护林体系优化空间配置及稳定林分结构设计技术研究；

（3）黄土区植被恢复与演替；

（4）黄土区困难立地造林技术；

（5）黄土区复合农林业景观格局分析及结构优化技术研究；

（6）黄土区农林复合系统种间关系调控技术研究；

（7）黄土高原土壤侵蚀规律研究。

1.3 研究成果

以吉县站为依托取得的研究成果主要集中于黄土区水土流失规律、流域水沙过程、森林植被恢复与重建、森林植被与水沙关系、森林植被水土保持效益、森林生态等方面。主要成果有：

（1）黄土高原立地条件类型划分和适地适树；

（2）黄土高原水土保持林体系综合效益评价；

（3）“三北”地区防护林体系生态效益评价；

（4）黄土高原抗旱造林技术；

（5）昕水河流域生态经济型防护林体系建设模式；

（6）黄土高原主要水土保持灌木；

（7）黄土高原小流域水土保持环境影响评价；

（8）黄土高原林木根系固土作用；

（9）黄土高原与华北土石山区防护林体系综合配套技术；

（10）黄河中游黄土丘陵沟壑区水土保持型植被建设综合技术。

以上研究成果共获得家科技进步二等奖 5 项，省部级科技进步一等奖 3 项、二等奖 2 项、三等奖 3 项。

通过定位监测与研究，吉县站共出版了以《防护林体系综合效益研究与评价》、《黄土区退耕还林可持续经营技术》等 10 余部，在林业科学、生态学报等刊物发表论文 200 余篇。

长期以来依托吉县站的科学研究条件培养了大量的博士后、博士、硕士和本科生，自 1980 年以来，依托本站培养出站博士后 5 名、博士 20 余名、硕士 50 余名、大学生数百名。其中 1 篇博士论文被评为北京林业大学优秀博士论文。

1.4　合作交流

建站以来，吉县站已与美国、德国、日本、奥地利等国开展了合作研究。每年都有国外专家、学者来访，出国进修、合作研究、考察或参加国际会议可达几十人次。

图 1-6　维也纳农业大学 Maik 教授来站

图 1-7　日本大学阿部教授及学生来站

图 1-8　日本森林综合研究所真岛教授来站

第二章

数据资源目录

2.1 生物数据资源目录

数据集名称： 植物名录
数据集摘要： 关于站区植被的调查数据
数据集时间范围： 2002 年

数据集名称： 乔木层、灌木层生物量和生产量
数据集摘要： 关于站区主要人工林的立地、整地等造林基本情况，现状密度、生物量、材积、生产量，不同密度对刺槐、油松林树高胸径生长影响等的调查数据，胸径（地径）与生物量的关系式。人工林天然林（含灌木）的植物群落乔灌木层各植物种的胸径、高度、郁闭度、覆盖度、生物量等的调查数据
数据集时间范围： 1978—2004 年

数据集名称： 乔木层植物种组成
数据集摘要： 关于植物群落乔木层各种乔木的胸径、高度、生活型、生物量等的调查数据
数据集时间范围： 2002—2004 年

数据集名称： 灌草层植物种组成
数据集摘要： 关于植物群落灌木层和草本层各种植物的高度、多度和盖度等的调查数据
数据集时间范围： 2002—2004 年

数据集名称： 主要树种热量值
数据集摘要： 关于植物群落灌木层和草本层各种植物的高度、多度和盖度等的调查数据
数据集时间范围： 1987 年

2.2 土壤数据资源目录

2.2.1 土壤理化性质

数据集名称： 吉县红旗林场土壤理化性质
数据集摘要： 吉县红旗林场站区不同地类土壤理化性质调查与分析数据
数据集时间范围： 1981—1982 年

数据集名称： 吉县红旗林场土壤理化性质

数据集摘要：吉县红旗林场站区不同地类土壤理化性质调查与分析数据
数据集时间范围：1987 年

数据集名称：吉县红旗林场岳家湾小流域不同整地工程的土壤物理性质
数据集摘要：吉县红旗林场岳家湾小流域不同整地工程的土壤物理性质调查与分析数据
数据集时间范围：1989—1990 年

数据集名称：吉县红旗林场土壤剖面物理性质
数据集摘要：吉县红旗林场土壤物理剖面性质调查与分析数据
数据集时间范围：1991 年

数据集名称：吉县红旗林场土壤理化性质
数据集摘要：吉县红旗林场站区不同地类土壤理化性质调查与分析数据
数据集时间范围：1995 年

数据集名称：吉县蔡家川林场土壤理化性质
数据集摘要：吉县蔡家川林场站区不同地类土壤理化性质调查与分析数据
数据集时间范围：1991 年，1995 年，2006 年

数据集名称：吉县东城不同果农复合系统土壤理化性质
数据集摘要：吉县东城不同果农复合系统土壤理化性质调查与分析数据
数据集时间范围：2006 年

2.2.2　土壤水分入渗

数据集名称：吉县红旗林场不同地类土壤入渗
数据集摘要：吉县红旗林场站区不同地类土壤入渗监测与分析数据
数据集时间范围：1987 年

数据集名称：吉县红旗林场岳家湾小流域不同整地工程的土壤入渗
数据集摘要：吉县红旗林场岳家湾小流域不同整地工程的土壤入渗监测与分析数据
数据集时间范围：1989—1990 年

数据集名称：吉县蔡家川林场不同地类土壤入渗
数据集摘要：吉县蔡家川林场不同地类人工降雨土壤入渗监测数据
数据集时间范围：2004 年

2.2.3　土壤水分

数据集名称：吉县红旗林场土壤水分
数据集摘要：吉县红旗林场站区不同地类土壤水分调查与分析数据
数据集时间范围：1982 年，1987 年

数据集名称：吉县红旗林场残塬旱作梯田土壤水分

数据集摘要：吉县红旗林场站区残塬旱作梯田土壤水分调查与分析数据
数据集时间范围：1987—1989 年

数据集名称：吉县红旗林场土壤水分
数据集摘要：吉县红旗林场站区不同地类土壤理化性质调查与分析数据
数据集时间范围：1981—1982 年

数据集名称：吉县红旗林场岳家湾小流域不同整地工程的土壤水分
数据集摘要：吉县红旗林场岳家湾小流域不同整地工程的土壤水分监测与分析数据
数据集时间范围：1989—1990 年

数据集名称：吉县红旗林场不同林分土壤水分
数据集摘要：吉县红旗林场不同林分土壤水分监测与分析数据
数据集时间范围：1998 年

数据集名称：吉县蔡家川林场有林地与无林地土壤水分
数据集摘要：吉县蔡家川林场站区有林地与无林地土壤水分监测调查与分析数据
数据集时间范围：1998 年

数据集名称：吉县蔡家川林场不同地类土壤水分
数据集摘要：吉县蔡家川林场站区不同地类土壤水分监测调查与分析数据
数据集时间范围：1998—2000 年，2001—2004 年

数据集名称：吉县蔡家川林场不同地类土壤水分
数据集摘要：吉县蔡家川林场站区不同地类土壤水分 TDR 监测数据
数据集时间范围：2005—2006 年

数据集名称：吉县东城不同果农复合系统土壤水分
数据集摘要：吉县东城不同果农复合系统土壤土壤水分监测数据
数据集时间范围：2006 年

2.3 水分数据资源目录

数据集名称：自然降雨条件下林冠截留
数据集摘要：关于在红旗林场马连滩作业区对油松林、刺槐林、油松＋刺槐混交林、虎榛子灌木林和沙棘灌木林等 5 种林分类型的林内降雨量观测数据
数据集时间范围：1988—1990 年

数据集名称：枯落物截留降水
数据集摘要：关于在红旗林场马连滩作业区对油松林、刺槐林、虎榛子灌木林和沙棘灌木林等 4 种林分类型的林内枯落物截留降水量观测数据以及不同地类枯落物厚度和枯落物最大持水量观测数据
数据集时间范围：1992—1994 年

数据集名称：土壤入渗
数据集摘要：关于在红旗林场马连滩作业区对人工降雨条件下不同密度的油松、刺槐林地的土壤入渗观测数据
数据集时间范围：2001 年

数据集名称：产流产沙
数据集摘要：关于在红旗林场马连滩作业区对自然降雨和人工降雨条件下观测的降雨量数据以及不同林地产流产沙的观测数据
数据集时间范围：1988—2001 年

数据集名称：小流域降雨径流
数据集摘要：关于对红旗林场小流域降雨量和洪水径流的观测数据以及对蔡家川小流域降雨径流的观测数据
数据集时间范围：1988—2006 年

数据集名称：水质
数据集摘要：关于在清水河流域对河流单项水质指标的观测数据；马连滩作业区对不同土地利用类型的流域洪水径流的水质测定和林内降雨水质效应的观测数据以及蔡家川小流域对不同土地利用类型的径流小区的径流水质观测数据
数据集时间范围：1987—1989 年

2.4 气象数据资源目录

数据集名称：温度
数据集摘要：关于在吉县红旗林场马连滩作业区石山湾和蔡家川流域闫家社北京林业大学科研基地气象点的温度观测数据
数据集时间范围：1991—2003 年

数据集名称：湿度
数据集摘要：关于在吉县红旗林场马连滩作业区石山湾和蔡家川流域闫家社北京林业大学科研基地气象点的湿度观测数据
数据集时间范围：1991—2003 年

数据集名称：气压
数据集摘要：关于在红旗林场马连滩作业区石山湾气象观测点的气压观测数据
数据集时间范围：1993—1999 年
数据集名称：降水
数据集摘要：关于在吉县红旗林场马连滩作业区石山湾和蔡家川流域闫家社北京林业大学科研基地气象点的降水观测数据
数据集时间范围：1978—2005 年

数据集名称：风速
数据集摘要：关于在吉县红旗林场马连滩作业区石山湾气象观测点的风速观测数据
数据集时间范围：1993—1996 年

数据集名称：地表温度
数据集摘要：关于在吉县红旗林场马连滩作业区石山湾气象观测点的地表温度观测数据
数据集时间范围：1989—1999 年

数据集名称：辐射
数据集摘要：关于在吉县红旗林场马连滩作业区石山湾气象观测点的太阳辐射观测数据
数据集时间范围：1988—1994 年

第三章

观测场和采样地

3.1 概述

山西吉县站设有4个观测场，32个采样地，长期定位观测的森林类型有油松林、刺槐林、次生林3种森林类型（表3-1），各个观测场和采样地的空间位置图见图3-1和图3-2。

表3-1 山西吉县森林站观测场、观测点一览表

观测场名称	观测场代码	采样地名称
综合气象要素观测场	1	综合气象要素观测场降雨采集器 综合气象要素观测场水面蒸发采集器 综合气象要素观测场风速风向采集器 自动气象观测样地 人工气象观测样地
刺槐林综合观测场	2	刺槐林综合观测场土壤生物采样地 刺槐林综合观测场土壤水分采样地 刺槐林综合观测场土壤养分采样地 刺槐林综合观测场土壤物理性质采样地 刺槐林综合观测场烘干法采样地 刺槐林综合观测场树干径流采样地 刺槐林综合观测场穿透降水采样地 刺槐林综合观测场枯枝落叶含水量采样地 刺槐林综合观测场生物量采样地
油松林综合观测场	3	油松林综合观测场土壤生物采样地 油松林综合观测场土壤水分采样地 油松林综合观测场土壤养分采样地 油松林综合观测场土壤物理性质采样地 油松林综合观测场烘干法采样地 油松林综合观测场树干径流采样地 油松林综合观测场穿透降水采样地 油松林综合观测场枯枝落叶含水量采样地 油松林综合观测场生物量采样地
次生林综合观测场	4	次生林综合观测场土壤生物采样地 次生林综合观测场土壤水分采样地 次生林综合观测场土壤养分采样地 次生林综合观测场土壤物理性质采样地 次生林综合观测场烘干法采样地 次生林综合观测场树干径流采样地 次生林综合观测场穿透降水采样地 次生林综合观测场枯枝落叶含水量采样地 次生林综合观测场生物量采样地

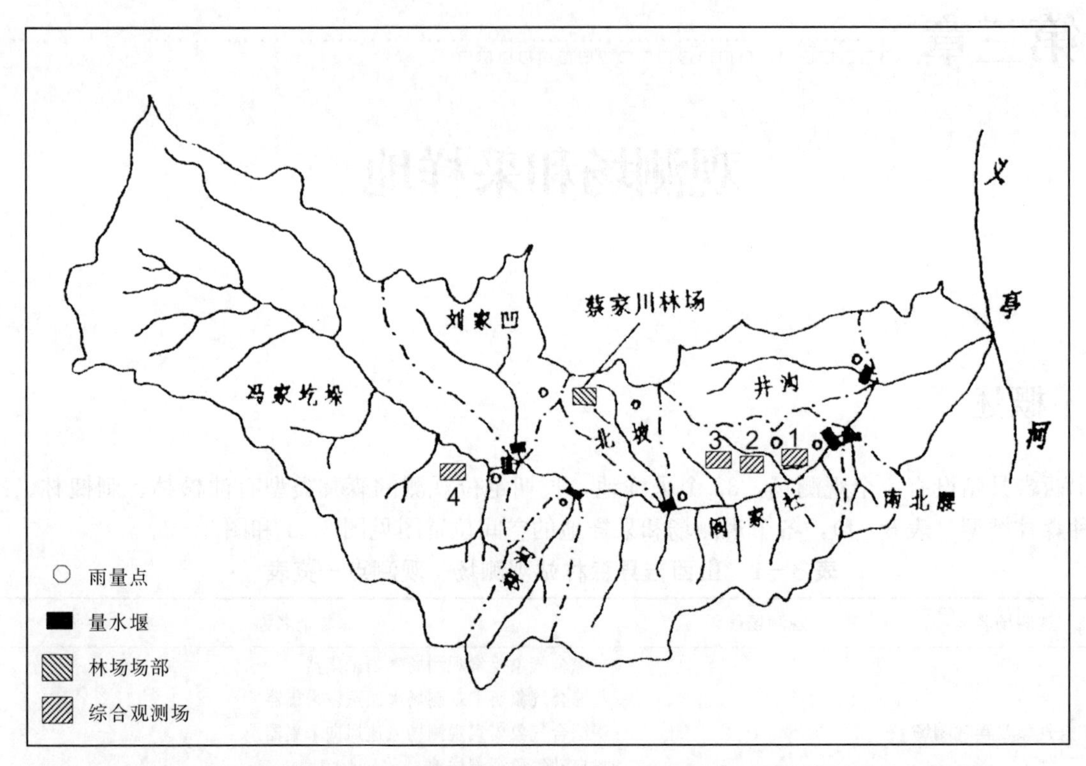

图 3-1　山西吉县森林生态系统定位研究站蔡家川分站综合观测场合采样地分布图

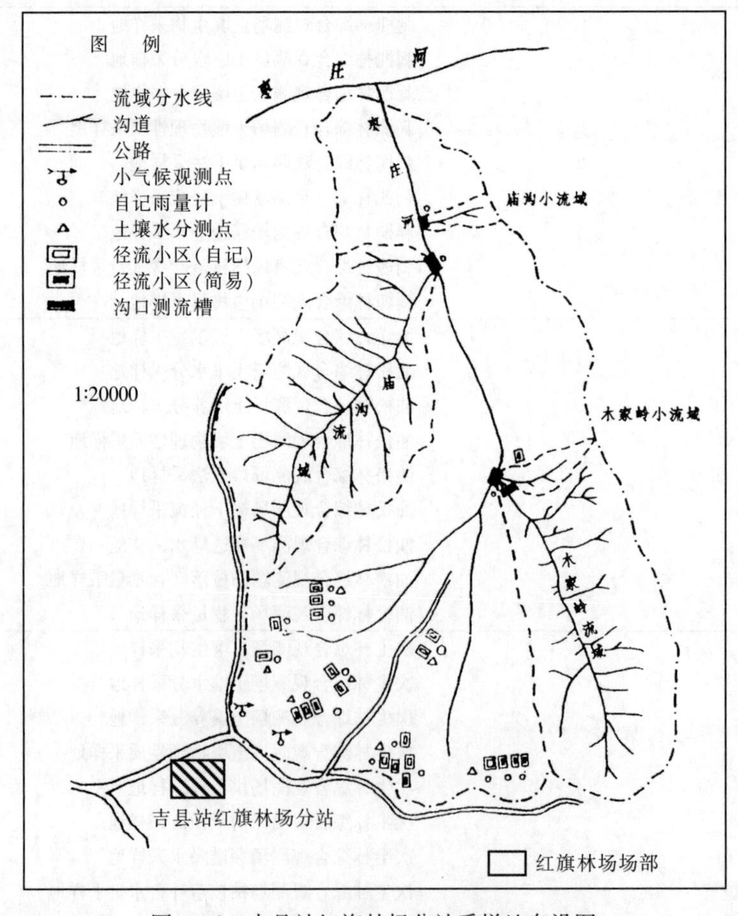

图 3-2　吉县站红旗林场分站采样地布设图

其中，主试验区蔡家川流域上游（最高海拔为 1 600m）为土石山区，植被为天然次生林植被；流域中下游为黄土丘陵沟壑地貌，以人工造林形成的防护林及封山育林形成的天然次生林草植被和农田生态系统为主。众所周知，我国黄土高原的河流大多数发源于土石山区，植被以天然次林植被为主，而其中下游为黄土所覆盖，生态系统类型以农田生态系统及人工林生态系统或封育形成的天然林草植被生态系统为主，其中坡地农田水土流失严重。因此，蔡家川流域对黄土高原较大尺度的流域具有极好的代表性。

3.2 观测场介绍

3.2.1 综合气象要素观测场（编号：1）

在红旗林场试验区和蔡家川流域内各设定了气象站 1 个，分别代表吉县黄土残塬沟壑类型区和黄土梁状丘陵沟壑类型区。气象站常年观测太阳辐射、温度湿度、风速风向、土壤温度、土壤湿度、水面蒸发等基本气象数据，气象观测是一项最基础的观测项目，其数据可以为在吉县站内开展的各项研究提供基础数据。

2006 新设立的 3 个综合观测场情况介绍如下。

3.2.2 刺槐林综合观测场（编号：2）

观测场于 2006 年建立，观测面积为 20m×40m，样地位于东径 110°45′32″，北纬 36°16′25″，观测内容包括生物、水分和土壤数据。乔木层物种 2 种，刺槐占绝对优势，平均胸径 9.1cm，平均树高 7.6m，郁闭度 0.85；灌木层物种数 2 种，优势种 1 种，优势种平均高度 1.5m，盖度 43%；草本层物种数 9 种，优势种 3 种，优势种平均高度 0.35m，盖度 25%。草本层的主要植物组成是铁杆蒿、细叶苔草、胡枝子。人为活动较少。

地貌特征为黄土丘陵梁峁坡，海拔 1 143.5m，坡度 2°，坡向北坡，坡位中。土壤母质为黄土，根据全国第二次土壤普查结果土壤碳酸盐褐土，侵蚀中等。

观测场观测及采样地包括：

（1）综合观测场土壤生物采样地；

（2）综合观测场土壤物理性采样地；

（3）综合观测场烘干法采样地；

（4）综合观测场穿透降水采样地；

（5）综合观测场树干径流采样地；

（6）综合观测场枯枝落叶含水量采样地；

（7）综合观测场土壤水分采样地。

生物监测内容主要包括：

（1）生境要素：植物群落名称，群落高度，水分状况，动物活动，人类活动，生长/演替特征；

（2）乔木层每木调查：胸径，高度，生活型，生物量；

（3）乔木、灌木、草本层物种组成：株数/多度，平均高度，平均胸径，盖度，生活型，生物量，地上地下部总干重（草本层）；

（4）树种的更新状况：平均高度，平均基径；

（5）群落特征：分层特征，层间植物状况，叶面积指数；

（6）凋落物各部分干重；

（7）乔灌草物候：出芽期，展叶期，首花期，盛花期，结果期，枯黄期等；

（8）优势植物和凋落物元素含量与能值：全碳，全氮，全磷，全钾，全硫，全钙，全镁，热值。

3.2.3 油松林综合观测场（编号：3）

油松观测场于2006年建立，观测面积为20m×40m，样地位于东径110°45′32″，北纬36°16′25″，观测内容包括生物、水分和土壤数据。乔木层物种2种，油松占绝对优势，平均胸径9.1cm，平均树高7.6m，郁闭度0.85；灌木层物种数2种，优势种1种，优势种平均高度1.5m，盖度43%；草本层物种数9种，优势种3种，优势种平均高度0.35m，盖度25%。草本层的主要植物组成是铁杆蒿、细叶苔草、胡枝子。人为活动较少。

地貌特征为黄土丘陵梁峁坡，海拔1 143.5m，坡度2°，坡向北坡，坡位中。土壤母质为黄土，根据全国第二次土壤普查土壤碳酸盐褐土，侵蚀中等。

观测场观测及采样地包括：

（1）综合观测场土壤生物采样地；

（2）综合观测场土壤物理性采样地；

（3）综合观测场烘干法采样地；

（4）综合观测场穿透降水采样地；

（5）综合观测场树干径流采样地；

（6）综合观测场枯枝落叶含水量采样地；

（7）综合观测场土壤水分采样地。

生物监测内容主要包括：

（1）生境要素：植物群落名称，群落高度，水分状况，动物活动，人类活动，生长/演替特征；

（2）乔木层每木调查：胸径，高度，生活型，生物量；

（3）乔木、灌木、草本层物种组成：株数/多度，平均高度，平均胸径，盖度，生活型，生物量，地上地下部总干重（草本层）；

（4）树种的更新状况：平均高度，平均基径；

（5）群落特征：分层特征，层间植物状况，叶面积指数；

（6）凋落物各部分干重；

（7）乔灌草物候：出芽期，展叶期，首花期，盛花期，结果期，枯黄期等；

（8）优势植物和凋落物元素含量与能值：全碳，全氮，全磷，全钾，全硫，全钙，全镁，热值。

3.2.4 次生林综合观测场（编号：4）

观测场于2006年建立，观测面积为40m×40m，样地位于东经110°43′46″，北纬36°16′3″，观测内容包括生物、水分和土壤数据。乔木层物种2种，山杨、辽东栎，郁闭度0.7。优势树种为山杨，平均胸径为6.5cm，平均树高为7.5m，树龄20a，密度约1 655株/hm^2。辽东栎平均胸径为5cm，平均树高为5.5m，林分密度为300株/hm^2。

灌木有12种，优势种3种，平均高度为1.8m，平均基径为2cm，2 625丛/hm^2；盖度43%；草本层物种数15种，优势种3种，优势种平均高度0.35m，盖度50%。人为活动较少。

地貌特征为黄土高原土石山区，海拔1 060m，坡度30°，北向坡，坡位中。根据全国第二次土壤普查结果土壤山地褐土，侵蚀中等。

生物监测内容主要包括：

（1）生境要素：植物群落名称，群落高度，水分状况，动物活动，人类活动，生长/演替特征；

（2）乔木层每木调查：胸径，高度，生活型，生物量；

（3）乔木、灌木、草本层物种组成：株数/多度，平均高度，平均胸径，盖度，生活型，生物量，地上地下部总干重（草本层）；

（4）树种的更新状况：平均高度，平均基径；

（5）群落特征：分层特征，层间植物状况，叶面积指数；

（6）凋落物各部分干重；

（7）乔灌草物候：出芽期，展叶期，首花期，盛花期，结果期，枯黄期等；

（8）优势植物和凋落物元素含量与能值：全碳，全氮，全磷，全钾，全硫，全钙，全镁，热值。

3.3　采样地

3.3.1　生物要素采样地

3.3.1.1　红旗林场马连滩作业区人工林样地

红旗林场马连滩作业区位于山西吉县城东南15km处的马连滩村，属于黄土残塬沟壑区地貌，1959年建立了红旗林场，开始营造人工林，主要人工林是刺槐和油松。

该研究区样地最早建立于1978年，主要是人工油松林、人工刺槐林，天然灌木样地有虎榛子林、沙棘林、黄刺玫等。海拔在850～1 300m之间。

研究及观测项目包括：

（1）土壤生物采样地；

（2）观测场土壤物理性采样地；

（3）观测场烘干法采样地；

（4）观测场穿透降水采样地；

（5）观测场树干径流采样地；

（6）观测场土壤水分采样地。

3.3.1.2　蔡家川流域样地

蔡家川研究区地理位置为110°37′E，36°40′N，南距吉县县城30km，流域出口有国道209线通过，并在东南约3km线相交，东距临汾100km。属于典型黄土丘陵区地貌。

蔡家川直接汇入昕水河，为黄河二级支流，流域面积40.14km^2。流域海拔1 050～1 100m，年。研究区为天然次生林，试验林郁闭度0.7，密度约1 655株/hm^2，优势树种为山杨，平均胸径为6.5cm，平均树高为7.5m，树龄20a。

受气候、土壤条件和人为活动的影响，流域森林覆盖率为72%，在流域上游和中游阴坡分布着天然次生林，流域中游和下游是近几十年来人工营造的大片油松、刺槐、侧柏和果树，长势良好。研究及观测项目包括：

（1）综合观测场土壤生物采样地；

（2）综合观测场土壤物理性采样地；

（3）综合观测场烘干法采样地；

（4）综合观测场穿透降水采样地；

（5）综合观测场树干径流采样地；

（6）观测场地表产生径流泥沙采样地。

3.3.2　土壤要素采样地

3.3.2.1　固定采样地

土壤采样以三个综合观测场为主（综合观测场描述见上）。在3个综合观测场内，根据土壤剖面发生层次分层，取样方法为S形取样，取样后混合用四分法取样品，装入土壤袋，带回实验室分析。其中固定采样点的描述如下：

（1）东杨家峁油松林采样地（JXBZH01），见表3-2；

（2）东杨家峁刺槐林采样地（JXBZH02），见表3-2；

（3）冯家疙瘩天然次生林（JXBZH03），见表3-2。

表3-2 土壤固定采样地基本信息

样地名称	观测场面积 (m^2)	经度	纬度	多年平均温度 (℃)	多年平均无霜期 (d)	多年平均降水总量 (mm)	多年平均日照时数 (h)	土壤类型	土壤母质	土壤侵蚀程度	坡度坡向描述
东杨家峁油松林采样地	400	110°E	36°N	10	181	571	2 000	碳酸盐褐土	黄土	中重度	西坡，15°
东杨家峁刺槐林采样地	400	110°E	36°N	10	181	571	2 000	碳酸盐褐土	黄土	中重度	西坡，15°
冯家疙瘩天然次生林	400	110°E	36°N	10	181	571	2 000	碳酸盐褐土	黄土	中重度	北坡，15°

3.3.2.2 临时采样地

1981—1982年，在吉县红旗林场对不同地类的土壤理化性质进行了调查。采样点数量23。土壤容重、孔隙度用环刀法测定，每土层重复2～3次；土壤机械组成用比重计法测定；土壤有机质用重铬酸钾—硫酸氢化法测定；土壤全氮用氨复合电极法测定；土壤全磷用钼蓝比色法测定；土壤速效磷用 $NaHCO_3$ 溶液处理，钼蓝比色法测定；土壤速钾用火焰光度计法测定；土壤 $CaCO_3$ 含量用气量法测定；土壤pH用酸度计（甘汞—玻璃电极法）测定。

1987年，在吉县红旗林场进行了土壤理化性质调查。试验选择了包括林地、农地和荒草地在内的具有一定代表性的19块标准地，其中林地13块，农地4块，荒草地2块。每个标准地选有代表性的两个土壤剖面，深1m左右，在剖面上分层取样，0～10cm，20～40cm，40～80cm用环刀取土测定土壤物理性质，土壤化学性质与物理性质同时同点取样，室内做化学分析。

1989—1990年在吉县红旗林场所辖的岳家湾小流域对不同整地工程的土壤物理性质进行了观测。试验区整地工程的种类有水平梯田、水平阶、隔坡反坡梯田、鱼鳞坑和穴坑几种局部整地方法。土壤采样用土钻取土，烘干称重法测定。

1991年在吉县红旗林场石山湾周边的人工林、草地、农地和相距约40km的蔡家川流域内的次生林内对土壤剖面形态进行了调查。以梁、峁为调查地段，海拔1 200～1 300m。根据坡向、坡位、土地利用等，选定了14个调查地点。调查依据日本国有林野外调查方法进行，描述了不同土层范围内的形态特征，但未对土壤的层次加以命名。土样是用容积400ml、500ml环刀采集的原状土。对孔隙组成的分析，PF0～3.2范围内，对400ml的环刀用空气加压法测定，大于PF3.2对50ml环刀适用氮气加压法进行测定。

1995年7～8月在红旗林场的石山湾对不同地类的土壤物理性质进行了调查。共测定样地7块，土壤采样用土钻取土，烘干称重法测定。

1991年在吉县的北京林业大学科研试验场的周边地区9个样地对土壤性质进行了调查。试验的pH用pH计测定，盐基置换量（CEC）及置换性Ca、Mg、Na、K，用Schoollenberger法测定。提取液中的N用MRK型氮素、蛋白质测定装置进行蒸馏测定，用原子吸收分光光度法分别测定各置换性元素。对于水溶性Ca、Mg、Na、K采取的方法是，将样品与水按1∶50的比例混合搅拌，取提取液用原子吸光光度法定量测定。全Fe、Al、Ca、Mg、Na、K的测定，是将样品置于钛福炉，以微波进行分解，对提取液用原子吸收分光光度法定量测定。游离氧化铁依照Tamm法和Mehra-Jackson法，对提取液用原子吸光光度法定量测定。

1995 年在吉县蔡家川流域对有代表性的 16 个类型（不同树种、不同位置、不同坡向）的林下土壤物理性质进行了调查。

2006 年在山西吉县森林生态系统国家野外观测研究站对土壤理化性质进行了调查分析。共采取了 3 块样地的不同层次土样 9 个，进行了常规的物理化学性质测定。

2006 年在吉县东城对不同果农复合系统的土壤养分进行了调查。在黄土坡面以幼年期（4 年生）与成年期（9 年生）两个不同林龄和缓坡（10°）与陡坡（20°）两个不同坡度选设 4 块隔坡水平沟果粮复合系统标准地，苹果为红富士苹果，农作物为小麦，各样地作物品种相同，经营水平一致。在每块样地选两棵条件相当的标准木作为研究对象。在标准木所在的水平沟坎下距林带 0.5 倍平均树高处即坎下 0.5H（坎下农田边），坎上距林带 0.5 倍平均树高处即坎上 0.5H（坎上农田边）、坎上距林带 1 倍平均树高处即坎上 1H 处及隔坡水平沟内株间分别挖 1m×1m×1m 的调查样方，每个样方分 5 层，即 0～20cm、20～40cm、40～60cm、60～80cm 和 80～100cm5 层，每层分径级测根系参数。对每个调查样方每层的上、中、下部分别取土样带回实验室进行土壤理化性质的分析检验，确定不同土层土壤养分含量。

3.3.3　水分要素观测样地

3.3.3.1　红旗林场马连滩作业区林内降雨观测样地基本情况（表 3－3）

表 3－3　林内降雨观测样地基本情况

编号	林分类型	海拔 (m)	坡向 (°)	坡度 (°)	坡位	郁闭度 (%)	胸径 (cm)	树高 (m)	密度 (株/hm²)	地点
1	油松林	1 150	NW20	27	中	80	6.4	4.3	6 800	狼儿岭
2	刺槐林	1 100	NE15	20	上	60	11.9	9.8	1 300	狼儿岭
3	油松＋刺槐混交林	1 250	NE60	30	上	80	6.6×5.9	4.9×5.3	2 400×2 000	和尚岭
4	虎榛子灌木林	1 100	NW10	41	上	90	地径 0.6	1.2	680 000	百乐
5	沙棘灌木林	1 200	NW10	23	中	60	地径 2.0	1.1	290 000	塬上

3.3.3.2　红旗林场马连滩作业区林内枯落物截留降雨观测样地基本情况（表 3－4）

表 3－4　枯落物截留降雨观测样地基本情况

编号	地类	海拔 (m)	坡度 (°)	坡位	林龄 (a)	密度 (株/hm²)	郁闭度 (%)	胸径 (m)	树高 (m)	冠厚 (m)	地点
1	刺槐林	1 100	22	中	19	3 100	76	7.9	11.5	3.1	百乐
2	油松林	1 100	22	中	17	5 800	88	6.5	6.8	3.5	狼儿岭
3	沙棘灌木林	1 200	25	中	8	12 000	85	2.7 地径	1.2	1.0	塬上
4	虎榛子灌木林	1 100	28	中	8	18 800	90	1.4 地径	1.5	1.2	百乐

3.3.3.3　红旗林场马连滩作业区不同密度的油松、刺槐林地基本情况（表 3－5）

表 3－5　不同密度的油松、刺槐林地基本情况

编号	林分类型	林龄 (a)	林分密度 (株/hm²)	平均树高 (m)	平均胸径 (cm)	郁闭度 (%)	鲜草重 (g/m²)
1	油松林	16	750	6.07	7.5	60	184
2	油松林	16	1 500	6.8	6.8	75	133
3	油松林	17	2 025	5.6	6.7	85	143
4	油松林	16	2 250	5.7	6.4	90	118
5	油松林	15	3 000	5.2	6.3	95	95

（续）

编号	林分类型	林龄 (a)	林分密度 (株/hm²)	平均树高 (m)	平均胸径 (cm)	郁闭度 (%)	鲜草重 (g/m²)
6	油松林	15	5 100	5.4	5.8	95	66
7	油松林	17	8 490	5.4	5.4	95	63
8	刺槐林	17	495	9.4	6.6	40	321
9	刺槐林	20	1 200	9.2	6.7	80	372
10	刺槐林	18	1 500	9.5	6.2	50	284
11	刺槐林	16	2 475	9.6	6.8	60	191
12	刺槐林	14	3 000	8.7	6.3	80	226
13	刺槐林	17	3 750	9.0	6.1	60	124
14	草地						658
15	裸地						0

3.3.3.4 红旗林场马连滩作业区不同林地坡面径流泥沙观测场基本情况（表3-6）

表3-6 不同林地坡面径流泥沙观测场基本情况

编号	林分类型	坡度（°）	坡向（°）	坡位	林龄（a）	林分密度（株/hm²）	平均树高（m）	平均胸径（cm）
1	刺槐林	20	N241	上	17	3 100	7.1	8.5
2	刺槐林	22	N295	下	14	3 200	7.6	6.0
3	刺槐林	23	N10	中	20	1 300	12.0	11.7
4	刺槐林	26	N190	上	17	2 300	7.8	7.9
5	刺槐林	27	N90	上	14	3 000	5.6	4.7
6	刺槐林	28	N11	下	20	800	9.5	12.5
7	油松 ＋刺槐混交林	25	N26	下	油松 10 刺槐 12	1 900 800	2.5 6.0	4.5 5.4
8	油松林	27	N340	中	13	4 900	2.6	3.0
9	油松林	27	N50	中	17	6 600	3.7	6.7
10	油松＋刺槐混交林	30	N60	中	15	4 700	3.3	3.3
11	虎榛子灌木林	28	N335	中	7	420 000	0.8	0.6
12	虎榛子灌木林	38	N40	中	7	282 500	1.3	0.6
13	沙棘灌木林	25	N4	中	8	25 000	1.1	2.2
14	荒草地	27	N315	中				
15	裸露地	27	N315	中				

3.3.3.5 红旗林场马连滩作业区不同林分径流小区基本情况（表3-7）

表3-7 不同林分径流小区基本情况

编号	林分类型	坡度（°）	坡向（°）	坡位	林龄（a）	林分密度（株/hm²）	平均树高（m）	平均胸径（cm）
1	刺槐林	26	N190	上	17	2 300	7.8	7.9
2	油松林	27	N50	中	17	6 600	3.7	6.7
3	油松＋刺槐混交林	30	N60	中	15	4 700	3.3	3.3
4	虎榛子灌木林	28	N335	中	7	420 000	0.8	0.6
5	沙棘灌木林	25	N4	中	8	25 000	1.1	2.2
6	荒草地	27	N315	中				

3.3.3.6 红旗林场小流域基本情况（表3-8）

表3-8 红旗林场小流域基本情况

流域名称	流域面积（km²）	流域长度（m）	流域宽度（m）	河流比降	活立木蓄积量（m³）	河网密度
庙沟小流域	0.1	450	138.7	0.3	—	8.6
木家沟小流域	0.1	680	131.8	0.3	466.9	6.4
庙沟流域	1.6	2 250	719.0	0.1	1 772.0	6.9
木家岭流域	1.4	2 000	698.4	0.06	4 676.4	0.1

3.3.3.7　蔡家川小流域基本情况（表 3－9）

表 3－9　蔡家川小流域基本情况

编号	流域名称	流域面积 (km^2)	流域长度 (km)	流域宽度 (km)	形状系数	河网密度 (km/km^2)	河流比降 (%)	森林覆盖率 (%)
1	南北腰	0.71	1.38	0.54	2.5	1.81	0.09	5.1
2	蔡家川主沟	34.23	14.50	1.25	6.1	1.53	0.02	58.9
3	北坡	1.50	2.18	0.72	3.0	3.00	0.12	49.1
4	柳沟	1.93	3.00	0.68	4.4	4.10	0.08	75.4
5	刘家凹	3.62	3.30	1.10	3.0	0.91	0.09	27.7
6	冯家圪垛	18.57	7.25	2.67	2.7	25.90	0.07	70.7
7	井沟	2.63	2.88	0.91	3.5	1.09	0.12	15.1

3.3.4　气象要素观测场地

1988—1990 年在红旗林场马连滩作业区刺槐林、油松林的林内外布设了小气候对比观测点，对不同水土保持林进行了小气候效益的研究。1991 年分别在油松林和刺槐林内建设了 8m 高和 12m 高的观测塔，开始了水土保持林的小气候观测。观测林分总面积为 8.7hm^2，其中刺槐林占 83%，油松林占 17%。刺槐林位于的阳坡，油松林位于阴坡。林分状况见表 3－10。

表 3－10　小气候观测场林分状况

	林龄	林分密度（株/hm^2）	平均胸径（cm）	平均树高（m）	平均枝下高（m）	材积（m^3）
刺槐林	13	2 083	7.1	7.4	4.2	34.4
油松林	17	4 700	6.9	5.3	1.6	73.4

注：在两测塔中均设置了净辐射计、太阳辐射计、温湿度计、直结式风速计和地中热流板，由记录器自动采集数据。为补充测塔的观测，在与实验地相邻的空旷地内设置了示差辐射计、太阳辐射计、温湿度计、雨量计和蒸发计，并且自动连续记录。在微气候观测塔的附近还埋设了地温探头，记录土壤温度的变化。

第四章

生物监测数据

4.1 植物名录

2002年，在蔡家川流域由样地调查法调查的植物名录（表4-1，朱清科，魏天兴等）。

表4-1 蔡家川流域植物种名录

植物种名	拉丁科名	学名
乔　木		
植物种名	拉丁科名	学名
疏毛槭	*Aceraceae*	*Acer pilosum*
细裂槭	*Aceraceae*	*Acer stenolobum*
青麸杨	*Anacardiaceae*	*Rhus potaninii*
侧柏	*Cupressaceae*	*Platycladus orientalis*
辽东栎	*Fagaceae*	*Qercus liaotungensis*
刺槐	*Leguminosae*	*Robinia pseudoacacia*
油松	*Pinaceae*	*Pinus tabulaeformis*
杜梨	*Rosaceae*	*Pyrus betulifolia*
茶条槭	*Aceraceae*	*Acer ginnala*
山杨	*Salicaceae*	*Populus davidiana*
栾树	*Sapindaceae*	*Koelreuteria paniculata*
大果榆	*Ulmaceae*	*Ulmus macrocarpa*
黑榆	*Ulmaceae*	*Ulmus davidiana*
黄栌	*Anacardiaceae*	*Cotinus coggygria*
核桃	*Juglandaceae*	*Juglans regia*
新疆杨	*Salicaceae*	*Populus alba*
垂柳	*Salicaceae*	*Salix babylonica*
河北杨	*Salicaceae*	*Ponulus hopeiensis*
北京杨	*Salicaceae*	*Populus prkinensis*
小叶杨	*Salicaceae*	*Populus simonii*
毛白杨	*Salicaceae*	*Populus tomentosa*
旱柳	*Salicaceae*	*Salix matsudana*
华北落叶松	*Pinaceae*	*Larix principis-rupprechtii*
白桦	*Simarubaceae*	*Betula platyphylla.*
黑桦	*Simarubaceae*	*Betula dahurica*
臭椿	*Ailanthus*	*Ailanthus altissima*
北京丁香	*Oleaceae*	*Syringa pekinensis*
灌　木		
植物种名	拉丁科名	学名
杠柳	*Asclepiadaceae*	*Periploca sepium*
毛叶小檗	*Berberidaceae*	*Berberis mitifolia*
虎榛子	*Betulaceae*	*Ostryopsis davidiana*
陕西荚蒾	*Caprifoliaceae*	*Viburnum schensianum*
刚毛忍冬	*Caprifoliaceae*	*Lonicera hispida*
金银木	*Caprifoliaceae*	*Lonicera maackii*
卫矛	*Celastraceae*	*Euonymus alatus*
南蛇藤	*Celastraceae*	*Celastrus orbiculatus*

（续）

灌　　木		
植物种名	拉丁科名	学名
红瑞木	Cornaceae	Swida alba
牛奶子	Elaeagnaceae	Elaeagnus umbellata
沙棘	Elaeagnaceae	Hippophae rhamnoides
胡枝子	Leguminosae	Lespedeza bicolor
多花胡枝子	Leguminosae	Lespedeza floribunda
白刺花	Leguminosae	Sophora davidii
多花木蓝	Leguminosae	Indigofera amblyantha
杭子梢	Leguminosae	Campylotropis macrocarpa
花木蓝	Leguminosae	Indigofera kirilowii
截叶铁扫帚	Leguminosae	Lespedeza cuneata
细梗胡枝子	Leguminosae	Lespedeza virgat
木蓝	Leguminosae	Indigofera tinctoria
毛丁香	Oleaceae	Syringa tomentella
连翘	Oleaceae	Forsythia suspensa f
酸枣	Rhamnaceae	Ziziphus jujuba
黑桦树	Rhamnaceae	Rhamnus maximovicziana
圆叶鼠李	Rhamnaceae	Rhamnus globosa
黄刺玫	Rosaceae	Rosa xanthina
圆叶绣线菊	Rosaceae	Spiraea rotundata
麻叶绣线菊	Rosaceae	Spiraea cantoniensis
山楂	Rosaceae	Crataegus pinnatifida
多花栒子	Rosaceae	Cotoneaster spp. multiflorus
山桃	Rosaceae	Amygdalus davidiana
三裂绣线菊	Rosaceae	Spiraea trilobata
荆条	Verbenaceae	Vitex negundo
华北绣线菊	Rosaceae	Spiraea fritschiana
茅莓	Rosaceae	Rubus parvifolius
薄皮木	Rubiaceae	Leptodermis oblonga
太平花	Saxifragaceae	Philadelphus pekinensis
河朔荛花	Thymelaeaceae	Wikstroemia chamaedaphne
大果榆	Ulmaceae	Ulmus macrocarpa
黑榆	Ulmaceae	Ulmus davidiana
花胡颓子	Elaeagnaceae	Elaeagnus umbellata
黑果枸杞	Solanaceae	Lycium ruthenicum
柠条锦鸡儿	Papilionaceae	Caraganakorshinskii
野李子	Prunus	Prunus consociiflora
小蘖	Berberidaceae	Berberis poiretii
扁核木	Rosaceae	Prinsepia uniflora
文冠果	Sapindaceae	Xanthoceras sorbifolia
毛樱桃	Rosaceae	Prunus tomentosa
小叶锦鸡儿	Papilionaceae	Caragana microphylia
草　　本		
植物种名	拉丁科名	学名
萝藦	Asclepiadaceae	Metaplexis japonica
沙参	Campanulaceae	Adenophora stricta
紫沙参	Campanulaceae	Adenophora paniculata
粗壮女娄菜	Caryophyllaceae	Silene firma sieb. et zucc
打碗花	Convolvulaceae	Calystegia hederacea
菟丝子	Convolvulaceae	Cuscuta chinensis
野艾蒿	Compositae	Artemisia lavandulaefolia
铁杆蒿	Compositae	Artemisia sacrorum
烟管头草	Compositae	Carpesium cernuum
抱茎苦荬菜	Compositae	Ixeris sonchifolia
林荫千里光	Compositae	Senecio nemorensis
狭叶青蒿	Compositae	Artemisia dacunculus

（续）

草本		
植物种名	拉丁科名	学名
甘菊	*Compositae*	*Dendranthema lavandulifolium*
一年蓬	*Compositae*	*Erigeron annuus*
三褶脉紫菀	*Compositae*	*Aster ageratoides*
飞蓬	*Compositae*	*Erigeron acer*
大丁草	*Compositae*	*Gerbera anandria*
刺儿菜	*Compositae*	*Cirsium setosum*
茵陈蒿	*Compositae*	*Artemisia capillaris*
风毛菊	*Compositae*	*Saussurea japonica*
兔儿伞	*Compositae*	*Syneilesis aconitifolia*
蒲公英	*Compositae*	*Taraxacum mongolicum*
苦荬菜	*Compositae*	*Ixeris polycephala*
紫菀	*Compositae*	*Aster tataricus*
旋覆花	*Compositae*	*Inula japonica*
千里光	*Compositae*	*Senecio scandens*
牡蒿	*Compositae*	*Artemisia japonica*
山蒿	*Compositae*	*Artemisia brachyloba*
矮苔草	*Cyperaceae*	*Carex humilis Leyss*
草木樨	*Fabaceae*	*Melilotus suaveolens*
北方獐牙菜	*Gentianaceae*	*Swertia diluta*
獐牙菜	*Gentianaceae*	*Swertia bimaculata*
白羊草	*Gramineae*	*Bothriochloa ischcemum*
芦苇	*Gramineae*	*Phragmites australis*
荩草	*Gramineae*	*Arthraxon hispidus*
毛马唐	*Gramineae*	*Digitaria chrysoblephara*
老鹳草	*Geraniaceae*	*Geranium wilfordii*
冰草	*Gramineae*	*Agropyron cristatum*
小菅草	*Gramineae*	*Themeda minor*
黄海棠	*Guttiferae*	*Hypericum ascyron*
野鸢尾	*Iridaceae*	*Iris dichotoma*
益母草	*Labiatae*	*Leonurus artemisia*
黄芩	*Labiatae*	*Scutellaria baicalensis*
米口袋	*Leguminosae*	*Gueldenstaedtia vernasubsp*
硬毛棘豆	*Leguminosae*	*Oxytropis fetissovii*
花苜蓿	*Leguminosae*	*Medicago ruthenica*
黄毛棘豆	*Leguminosae*	*Oxytropis ochrantha*
野豌豆	*Leguminosae*	*Vicia sepium*
确山野豌豆	*Leguminosae*	*Vicia kioshanica*
甘草	*Leguminosae*	*Glycyrrhiza uralensis*
野大豆	*Leguminosae*	*Glycine soja*
山丹	*Liliaceae*	*Lilium pumilum*
石刁柏	*Liliaceae*	*Asparagus officinalis*
亚麻	*Linaceae*	*Linum usitatissimum*
野亚麻	*Linaceae*	*Linum stelleroides*
角盘兰	*Orchidaceae*	*Herminium monorchis*
蜻蜓兰	*Orchidaceae*	*Tulotis fuscescens*
沼兰	*Orchidaceae*	*Malaxis monophyllos*
车前	*Plantaginaceae*	*Plantago asiatica*
远志	*Polygalaceae*	*Polygala tenuifolia*
白头翁	*Ranunculaceae*	*Pulsatilla chinensis*
蒙古白头翁	*Ranunculaceae*	*Pulsatilla ambigua*
铁线莲	*Ranunculaceae*	*Clematis florida*
秦岭铁线莲	*Ranunculaceae*	*Clematis obscura*
唐松草	*Ranunculaceae*	*Thalictrum aquilegifoliumvar*
大火草	*Ranunculaceae*	*Anemone tomentosa*
小升麻	*Ranunculaceae*	*Cimicifuga acerina*
蛇莓	*Rosaceae*	*Duchesnea indica*

（续）

草　本		
植物种名	拉丁科名	学名
龙牙草	*Rosaceae*	*Agrimonia pilosa Ledeb*
地榆	*Rosaceae*	*Sanguisorba officinalis*
茜草	*Rubiaceae*	*Rubia cordifolia*
中华卷柏	*Selaginellaceae*	*Selaginella sinensis*
阴行草	*Scrophulariaceae*	*Siphonostegia chinensis*
地黄	*Scrophulariaceae*	*Rehmannia glutinosa*
毛地黄	*Scrophulariaceae*	*Digitalis purpurea*
华北前胡	*Umbelliferae*	*Peucedanum harry*
小窃衣	*Umbelliferae*	*Torilis japonica*
异叶败酱	*Valerianaceae*	*Patrinia heterophylla*
糙叶败酱	*Valerianaceae*	*Patrinia rupestris subsp*
败酱	*Valerianaceae*	*Patrinia scabiosaefolia*
紫花地丁	*Violaceae*	*Viola yedoensis*

4.2　乔木层、灌木层生物量和生产量

4.2.1　1978年红旗林场马连滩样地调查数据

1978年春，北京林业大学（原云南林学院）水土保持专业部分师生在国营红旗林场，对当地刺槐林进行了全面调查。吉县地区的刺槐人工林是面积最大的人工林，面积时为4 800hm²。调查组红旗林场在相同立地条件下，对刺槐林经过1次和2次间伐现保留密度不同的林分调查，采用标准地法，标准地面积400m²，标准地设于梁峁坡中下部，海拔高1 200m，坡向东南，坡度8°，土壤为黄绵土（侵蚀石灰性褐土）。0～20cm土层腐殖质含量为1.5%，pH为7.5，碳酸盐反应强。选择选择标准木进行树干解析，对其生长量进行对比分析。

4.2.1.1　不同密度刺槐树高生长的影响（表4-2）。

标准地面积400m²，标准地设于梁峁坡中下部，海拔高1 200m，坡向东，坡度8°，土壤为黄绵土。

表4-2　不同密度刺槐树高生长量

龄　阶	树高生长（m³）					
	密度（3 660株/hm²）			密度（975株/hm²）		
	总生长量	平均生长量	连年生长量	总生长量	平均生长量	连年生长量
2	1.80	0.90	0.68	1.6	0.80	1.5
4	3.15	0.79	0.93	4.6	1.15	1.5
6	5.00	0.83	0.30	7.6	1.27	1.0
8	7.60	0.95	0.75	9.6	1.29	1.0
10	9.10	0.91	0.20	11.6	1.16	1.0
12	9.50	0.79	0.25	13.6	1.13	1.0
14	10.00	0.71	—	15.6	1.12	0.4
15	—	—	0.50	16.0	1.07	—
16	11.00	0.69	—	—	—	—
17	11.80	0.69	0.90	—	—	—

来源：《吉县国营红旗林场研究资料汇集》p14。

4.2.1.2　不同密度刺槐胸径生长量数据（表4-3）。

吉县地区刺槐人工林面积现为4.8hm²，于红旗林场在相同立地条件下，刺槐林经过1次和2次间伐现保留密度不同的林分，采用标准地法，选择标准木进行树干解析及其生长量进行对比分析（表4-3，表4-4，《吉县国营红旗林场研究资料汇集》p17）。

表 4-3 不同密度刺槐人工林胸径生长

龄 阶	胸径生长（cm）					
	密度（3 660 株/hm^2）			密度（975 株/hm^2）		
	总生长量	平均生长量	连年生长量	总生长量	平均生长量	连年生长量
2	0.90	0.45	1.36	0.60	0.300	1.112
4	3.65	0.91	0.78	2.85	0.712	1.775
6	5.20	0.87	0.26	6.40	1.067	1.525
8	5.72	0.72	0.30	9.45	1.101	1.200
10	6.32	0.63	0.13	11.85	1.185	1.025
12	6.57	0.55	0.07	13.95	1.150	0.800
14	6.70	0.48	—	15.50	1.107	0.950
15	—	—	0.03	16.45	1.097	—
16	6.75	0.42	0.40	—	—	—
17	7.15	0.42	—	—	—	—

来源：《吉县国营红旗林场研究资料汇集》p17。

4.2.1.3 材积连年/平均生长量（表 4-4）。

表 4-4 不同密度刺槐材积生长量

龄 阶	材积生长（m^3）					
	密度（3 660 株/hm^2）			密度（975 株/hm^2）		
	总生长量	平均生长量	连年生长量	总生长量	平均生长量	连年生长量
2	0.000 16	0.000 08	0.001 48	0.000 30	0.000 15	0.000 75
4	0.002 73	0.000 68	0.001 49	0.001 80	0.000 45	0.004 25
6	0.005 71	0.000 95	0.001 16	0.010 30	0.001 72	0.008 20
8	0.008 03	0.001 00	0.003 46	0.026 70	0.003 34	0.005 70
10	0.014 96	0.001 50	0.001 17	0.038 10	0.003 81	0.009 15
12	0.017 44	0.001 45	—	0.056 40	0.007 70	0.011 65
14	0.019 78	0.001 41	—	0.079 70	0.005 69	0.066 00
15	—	—	0.002 79	0.145 70	0.009 71	—
16	0.021 91	0.001 37	0.001 09	—	—	—
17	0.024 70	0.001 45	—	—	—	—

来源：《吉县国营红旗林场研究资料汇集》p17。

4.2.2 1981 年红旗林场马连滩样地调查数据

1981 年 4～11 月，1982 年 4～7 月，在吉县红旗林场马连滩作业区，调查范围为1 354.86hm^2，样地为刺槐纯林，大小以包括刺槐株树 100 株以上，调查内容包括每木检尺、每样地测量 5 株优势木树高，树干解析，并调查地形部位、坡向、坡度、海拔高、主要地被物及土壤坡面调查（表 4-5，朱金兆，其中 59～64 号样地为刘尽忱、王彦辉调查）。

表 4-5 刺槐人工林样地调查表

编号	地形部位	坡向	坡度	坡位	海拔 (m)	土壤母质类型	林龄 (a)	郁闭度	生长势	面积 (hm^2)	株数 (个)	密度 (株/hm^2)	整地方式	造林方法	地被物	原地类	优势木平均高 (m)	H14 值 (m)	备注
1	梁顶	阳	缓	顶	1 200	黄土	10	0.7	良	10.8	100	1 980	水平条	植苗	白草、羊胡草、铁杆蒿、沙棘	耕地	7.1	9.3	狼儿岭
2	斜坡	半阳	陡	中	1 150	黄土	13	0.6	良	6.75	100	3 330	水平条	植苗	白草、羊胡草	耕地	10.5	10.9	狼儿岭
3	梁顶	阳	缓	顶	1 240	黄土	14	0.7	差	7.95	100	2 880	水平条	植苗	白草、羊胡草	耕地	8.3	8.3	狼儿岭
4	斜坡	阴	陡	中	1 180	黄土	13	0.5	中	8.4	105	2 820	穴垦	植苗	白草、羊胡草、山刺玫	耕地	10.0	10.4	狼儿岭
5	斜坡	阴	缓	中下	1 150	黄土	10	0.5	中	13.5	100	1 665	穴垦	植苗	白草、羊胡草、山刺玫	耕地	11.7	13.0	狼儿岭

（续）

编号	地形部位	坡向	坡度	坡位	海拔(m)	土壤母质类型	林龄(a)	郁闭度	生长势	面积(hm^2)	株数(个)	密度(株/hm^2)	整地方式	造林方法	地被物	原地类	优势木平均高(m)	H14值(m)	备注
6	梁顶	阳	缓	顶	1 280	黄土	15	0.6	良	8.85	105	2 670	水平条	植苗	白草、羊胡草、山刺玫	草坡	8.3	8.0	火烧岭
7	斜坡	阳	陡	中	1 200	黄土	14	0.7	良	7.95	110	3 120	水平条	植苗	羊胡草	草坡	9.3	9.3	狼儿岭
8	斜坡	阳	陡	中	1 200	黄土	14	0.7	良	7.95	103	2 910	水平条	植苗	羊胡草	草坡	9.1	9.1	狼儿岭
9	斜坡	半阴	缓	中	1 120	黄土	14	0.8	良	7.65	103	3 030	水平条	植苗	羊胡草	耕地	10.6	10.6	狼儿岭
10	斜坡	半阳	陡	中	1 200	黄土	14	0.6	良	7.65	101	2 970	水平条	植苗	羊胡草	耕地	10.8	10.4	狼儿岭
11	斜坡	半阳	陡	中	1 230	黄土	15	0.7	良	7.65	104	3 045	穴垦	植苗	羊胡草	耕地	10.8	10.4	火烧岭
12	斜坡	半阳	陡	中	1 200	黄土	11	0.6	良	8.55	97	2 550	穴垦	植苗	羊胡草、蒿类	草坡	8.6	10.0	火烧岭
13	梁顶	阳	缓	顶	1 260	黄土	17	0.5	良	10.2	67	1 485	穴垦	植苗	白草、羊胡草	草坡	10.4	9.5	火烧岭
14	斜坡	半阴	陡	中	1 260	黄土	11	0.7	良	9.9	95	2 160	穴垦	植苗	羊胡草	草灌地	9.7	10.9	火烧岭
15	斜坡	阳	陡	中 上	1 200	黄土	16	0.6	良	5.4	102	4 245	穴垦	植苗	白草	耕地	8.9	8.1	梁山咀
16	斜坡	阴	缓	中 上	1 200	黄土	17	0.5	良	9	107	2 670	穴垦	植苗	白草	耕地	10.3	10.2	梁山咀
17	斜坡	半阴	缓	中 上	1 150	黄土	13	0.7	良	5.4	100	4 170	穴垦	植苗	白草、羊胡草	耕地	11.1	11.6	桃儿咀
18	斜坡	半阴	缓	中 上	1 150	黄土	11	0.7	良	6.75	110	3 660	穴垦	植苗	白草、羊胡草	耕地	10.4	11.5	桃儿咀
19	塬面	阳	平	顶	1 250	黄土	20	0.70	优	13.35	101	1 695	机耕	植苗	滨草、蒿类	耕地	14.5	13.3	常家岭
20	塬面	阳	平	顶	1 250	黄土	22	0.60	优	13.5	76	1 260	机耕	植苗	滨草、蒿类	耕地	14.5	12.9	常家岭
21	沟坡坡脚	阳	险	底	1 200	黄土塌积	6	0.60	良	5.4	—	—	穴垦	植苗	白草、铁杆蒿	草灌地	6.8	11.2	抽水机沟
22	沟底	阴	平	底	1 200	淤积黄土	7	0.65	良	5.4	—	—	穴垦	植苗	羊胡草、蒿类	草灌地	10.0	12.8	抽水机沟
23	斜坡	阳	缓	中 下	1 200	黄土	18	0.65	良	9	101	2 520	穴垦	植苗	莎草、蒿类	耕地	10.7	9.6	常家岭
24	斜坡	阳	缓	中	1 250	黄土	19	0.65	良	9.45	126	3 000	穴垦	植苗	莎草、蒿类	耕地	11.0	9.6	常家岭
25	斜坡	半阳	缓	中 上	1 220	黄土	13	0.65	良	10.2	2 910	2 910	穴垦	植苗	白草、蒿类	耕地	8.8	9.2	抽水梁
26	塬面	阳	缓	顶	1 250	黄土	16	0.60	良	10.35	100	2 175	穴垦	植苗	莎草、蒿类	耕地	11.3	10.6	学校
27	梁顶	阳	缓	顶	1 300	黄土	15	0.70	良	8.1	119	3 300	穴垦	植苗	白草、羊胡草	耕地	9.5	9.2	独巴
28	塬面	阳	缓	顶	1 280	黄土	13	0.80	良	6.75	104	3 465	全垦	植苗	莎草、蒿类	耕地	10.6	11	道班上
29	塬面	阳	缓	顶	1 290	黄土	16	0.60	良	9	100	2 505	全垦	植苗	莎草、蒿类	耕地	11.8	11.1	道班上
30	沟坡坡脚	阴	陡	底	1 240	塌积黄土	6	0.80	优	—	—	—	水平条	植苗	铁杆蒿、刺玫	草坡	6.5	11	场部下
31	斜坡	阳	陡	中	1 240	黄土	6	0.80	良	—	—	—	穴垦	植苗	白草、铁杆蒿	草坡	5.3	10	场部下
32	沟底	阳	平	底	1 150	淤积黄土	6	0.70	良	—	—	—	穴垦	植苗	羊胡草	草坡	7.7	12.6	抽水沟
33	沟坡	阳	陡	下	1 200	红胶土	5	0.50	差	—	—	—	穴垦	植苗	白草	草坡	4.1	9.1	抽水沟
34	斜坡	阳	陡	中	1 220	黄土	10	0.80	良	7.35	119	3 645	穴垦	植苗	白草	耕地	8.3	10.3	中央咀
35	斜坡	半阴	陡	中 下	1 200	黄土	11	0.65	中	9.3	101	2 445	穴垦	植苗	滨草、莎草	灌木	9.6	10.8	中央咀
36	塬面	阳	平	顶	1 300	黄土	15	0.70	良	8.1	113	3 135	全垦	植苗	滨草、莎草	耕地	13.5	13.1	木家岭
37	塬面	阳	平	顶	1 300	黄土	17	0.70	良	8.1	95	2 640	穴垦	植苗	莎草	耕地	12.4	11.3	木家岭
38	斜坡	阴	陡	中 下	1 260 1 260	黄土	16	0.70	良	6.75	113	3 765	穴垦	植苗	莎草	灌木	10.9	10.3	木家岭
39	斜坡	阴	缓	中 下	1 260	黄土	15	0.70	良	8.85	98	2 490	穴垦	植苗	莎草	灌木	12.3	12.1	木家岭
40	斜坡	半阳	陡	中	1 260 1 100	红胶土	12	0.60	中	8.85	97	2 460	穴垦	植苗	莎草	灌木	8.3	9.2	木家岭
41	斜坡	阳	陡	中	1 300 1 280	红胶土	12	0.70	差	3.45	62	4 035	穴垦	植苗	白羊草、铁杆蒿	草坡	6.8	7.8	木家岭
42	斜坡	半阳	陡	中	1 280 1 170	红胶土	16	0.70	差	4.5	76	3 795	穴垦	植苗	白羊草、铁杆蒿	草坡	7.8	7.8	木家岭

（续）

编号	地形部位	坡向	坡度	坡位	海拔(m)	土壤母质类型	林龄(a)	郁闭度	生长势	面积(hm^2)	株数(个)	密度(株/hm^2)	整地方式	造林方法	地被物	原地类	优势木平均高(m)	H14值(m)	备注
43	斜坡	半阳	陡	中	1 170 1 200	红胶土	11	0.70	中	7.65	112	3 300	穴垦	植苗	白羊草、铁杆蒿	草坡	8.6	9.8	木家岭
44	斜坡	阳	缓	中	1 150 1 220	黄土	10	0.60	中	11.7	108	2 070	全垦	植苗	白羊草、铁杆蒿	耕地	8.2	10.2	果园西
45	斜坡	阳	陡	中	1 200	黄土	15	0.7	良	6.75	100	3 330	全垦	植苗	鬼针草	草坡	10.3	10	抽水梁
46	沟坡	阴	陡	中 下	1 300	黄土	—	0.80	差	—	—	—	水平条	植苗	羊胡草、铁杆蒿	灌木	—	10.2	抽水沟
47	沟坡坡脚	阳	陡	中 下	1 300	塌积黄土	—	—	—	—	—	—	—	植苗	—	灌木	—	10	—
48	沟坡	阴	险	下	1 200 1 260	黄土	7	0.80	差	4.05	—	—	水平条	植苗	羊胡草、铁杆蒿	灌木	6.1	10.1	抽水沟
49	沟坡	阳	平	底	1 100 1 260	淤积黄土	7	0.8	中	4.5	—	—	水平条	植苗	白草	淤地	8.0	11.4	抽水沟
50	沟坡	阳	险	下	1 200 1 260	黄土	7	0.70	中	4.5	—	—	水平条	植苗	白草、羊胡草	草坡	5.4	9.6	抽水沟
51	斜坡	阴	缓	中 上	1 300	黄土	20	0.7	优	10.35	100	2 175	全垦	植苗	狗尾草、黄蒿	灌木	1.4	12.6	常家岭
52	斜坡	阳	缓	中 上	1 250 1 280	黄土	13	0.50	中	12.9	111	1 935	全垦	植苗	白草、铁杆蒿	耕地	8.9	9.3	西家岭
53	斜坡	阳	陡	中 下	1 250 1 170	黄土	15	0.6	中	6.3	77	2 745	穴垦	植苗	白草、香蒿	草坡	9.4	9.1	西家岭
54	沟底	阳	平	底	—	淤积黄土	10	0.60	良	—	—	—	穴垦	植苗	羊胡草、黄蒿	淤地	14.7	15.4	羯子沟
55	沟底	阳	平	底	850	淤积黄土	10	0.60	优	—	—	—	穴垦	植苗	羊胡草、黄蒿	淤地	14.4	15.2	羯子沟
56	沟底	阳	平	底	850	淤积黄土	10	0.60	优	—	—	—	穴垦	植苗	白草	淤地	14.2	15	羯子沟
57	沟坡	阳	险	中 下	900	黄土	10	0.60	差	—	—	3 750	穴垦	植苗	白草	草坡	6.4	8.8	羯子沟
58	沟坡	阳	险	中 下	900	黄土	10	0.60	差	—	—	3 750	穴垦	植苗	白草	草坡	7.2	9.4	羯子沟
59	沟坡	阳	险	中 下	900	黄土	10	0.40	差	—	—	3 750	穴垦	植苗	—	草坡	6.6	9	—
60	沟坡 坡脚	阳	险	底	1 100	塌积黄土	4	0.50	优	—	—	—	—	—	—	灌木	6.4	10.9	—
61	沟坡 坡脚	阳	险	底	1 100	塌积黄土	7	0.60	优	—	—	—	—	—	—	灌木	7.3	10.9	—
62	沟坡 坡脚	阳	险	底	1 100	塌积黄土	7	0.70	优	—	—	—	—	—	—	灌木	7.6	11.1	—
63	沟坡 坡脚	半阴	险	底	1 100	塌积黄土	7	0.70	优	—	—	—	—	—	—	灌木	7.6	11.2	—
64	沟坡 坡脚	半阴	险	底	1 100	塌积黄土	7	0.70	优	—	—	—	—	—	—	灌木	6.0	10	—

注：H14值为14年生刺槐林的高度。

资料来源：朱金兆的学位论文《晋西黄土残塬沟壑区造林立地条件划分的研究》。

4.2.3 1986—1990年红旗林场马连滩样地调查数据

1986—1999年在红旗林场马连滩作业区，选择代表性样地109块，样地大小为400m^2，采用每木检尺，树干解析并得到标准木解析树高、胸径、材积生长量总表。（表4-6～9，图4-1～2，资料来源：孙立达，朱金兆主编《水土保持林体系综合效益研究与评价》）。

4.2.3.1 刺槐人工林

不同立地刺槐人工林分单株生物量（W）与胸径（D）的关系式为：$W=aD^b$，或$W=ab^D$。调查刺槐单株生物量94株，回归计算得到（《水土保持林体系综合效益研究与评价》）：

$W_{全区}=0.179\,9*2.359^{D}$ $R=0.980\,9$

$W_{阳坡}=4\,466.835\,9*1.2\,106^{D}$ $R=0.900\,9$

$W_{阴坡}=4\,921.528\,5*1.2\,081^{D}$ $R=0.886\,1$

表 4-6 刺槐树高生长量

单位：m

树龄(a)	阴 坡			阳 坡			全 区		
	总生长量	连年生长量	平均生长量	总生长量	连年生长量	平均生长量	总生长量	连年生长量	平均生长量
4	1.78	—	0.44	2.00	—	0.50	1.87	—	0.47
5	2.46	0.69	0.49	2.43	0.43	0.49	2.54	0.58	0.49
6	3.15	0.69	0.53	2.87	0.44	0.48	3.02	0.57	0.50
7	3.84	0.69	0.55	3.33	0.46	0.48	3.62	0.60	0.52
8	4.55	0.71	0.57	3.80	0.47	0.48	4.23	0.61	0.53
9	5.12	0.57	0.57	4.60	0.80	0.51	4.90	0.67	0.54
10	5.68	0.56	0.57	5.40	0.80	0.54	5.56	0.66	0.56
11	6.22	0.54	0.57	6.20	0.80	0.56	6.21	0.65	0.56
12	6.96	0.75	0.58	6.78	0.58	0.57	6.86	0.65	0.57
13	7.40	0.43	0.57	7.07	0.29	0.54	7.21	0.35	0.55
14	7.80	0.40	0.56	7.34	0.27	0.52	7.54	0.33	0.54
15	8.20	0.40	0.55	7.60	0.26	0.51	7.85	0.31	0.52
16	8.63	0.43	0.54	7.84	0.24	0.49	8.18	0.33	0.51
17	8.92	0.29	0.52	8.04	0.20	0.47	8.42	0.24	0.50
18	9.20	0.28	0.51	8.25	0.21	0.46	8.66	0.24	0.48

来源：《水土保持林体系综合效益研究与评价》p65，表 4.1.1。

表 4-7 刺槐胸径生长量总表

单位：m

树龄	阴坡			阳坡			全区		
	总生长量	连年生长量	平均生长量	总生长量	连年生长量	平均生长量	总生长量	连年生长量	平均生长量
4	0.82	—	0.21	1.08	—	0.27	0.99	—	0.25
5	1.37	0.55	0.27	1.54	0.46	0.31	1.48	0.49	0.30
6	1.92	0.55	0.32	2.02	0.48	0.34	1.98	0.50	0.33
7	2.46	0.54	0.35	2.44	0.42	0.35	2.45	0.47	0.35
8	3.03	0.57	0.38	2.95	0.51	0.37	2.98	0.53	0.37
9	3.17	0.68	0.41	3.34	0.39	0.37	3.51	0.53	0.39
10	4.38	0.67	0.44	3.78	0.44	0.38	4.04	0.53	0.40
11	5.11	0.73	0.46	4.20	0.42	0.39	4.59	0.55	0.42
12	5.76	0.65	0.48	4.62	0.42	0.39	5.11	0.52	0.43
13	6.12	0.36	0.47	4.89	0.27	0.38	5.42	0.31	0.42
14	6.46	0.34	0.46	5.08	0.19	0.36	5.72	0.30	0.41
15	6.81	0.35	0.45	5.44	0.36	0.36	6.02	0.30	0.40
16	7.16	0.35	0.45	5.70	0.26	0.36	6.32	0.30	0.40
17	7.55	0.39	0.44	6.01	0.31	0.35	6.67	0.35	0.39
18	7.95	0.40	0.44	6.32	0.31	0.35	7.02	0.35	0.39

来源：《水土保持林体系综合效益研究与评价》p65，表 4.1.2。

表 4-8 刺槐材积生长量总表

单位：$10^{-3}*m^{3}$

树龄	阴 坡			阳 坡			全 区		
	总生长量	连年生长量	平均生长量	总生长量	连年生长量	平均生长量	总生长量	连年生长量	平均生长量
4	0.16	—	0.04	0.32	—	0.08	0.25	—	0.06
5	0.63	0.46	0.13	0.79	0.47	0.157	0.72	0.45	0.14
6	1.05	0.42	0.18	1.27	0.49	0.21	1.18	0.46	0.20

（续）

树龄	阴坡			阳坡			全区		
	总生长量	连年生长量	平均生长量	总生长量	连年生长量	平均生长量	总生长量	连年生长量	平均生长量
7	1.86	0.47	0.22	1.79	0.52	0.26	1.68	0.50	0.24
8	1.86	0.34	0.23	2.22	0.43	0.28	2.07	0.39	0.26
9	3.60	1.74	0.40	3.52	1.29	0.39	3.56	1.49	0.40
10	5.35	1.74	0.54	4.81	1.29	0.48	5.05	1.50	0.51
11	7.10	1.75	0.65	6.10	1.29	0.56	6.26	1.48	0.59
12	8.84	1.74	0.74	7.40	1.30	0.62	8.02	1.49	0.67
13	11.60	2.76	0.89	8.57	1.17	0.66	9.87	1.85	0.76
14	14.36	2.76	1.03	9.74	1.17	0.70	11.72	1.85	0.84
15	17.12	2.76	1.14	10.91	1.17	0.73	13.57	1.85	0.90
16	19.86	2.74	1.24	12.09	1.18	0.76	15.43	1.86	0.86
17	21.94	2.08	1.29	13.89	1.81	0.82	17.34	1.91	1.02
18	23.98	2.04	1.33	15.69	1.80	0.87	19.25	1.91	1.07

来源：《水土保持林体系综合效益研究与评价》p65，表4.1.3。

根据外业调查刺槐人工林标准地165块，单株生物量100株，解析木59株，整理计算得到：*HT*、*D*、*N*、*W*、*V* 和 *v*、*w* 的实测值，编制了该区刺槐单株材积表和单株生物量表。

表4-9　刺槐标准地按HT高价分组统计表

高阶（m）	编号	胸径 D（cm）	HT（m）	单株生物量 w（kg）	单株材积 v（m^3）	密度（株/hm^2）
8	1	7.25	7.7	19.24	0.019 7	2 900
	2	6.37	7.9	14.19	0.014 8	2 270
	3	7.5	8.3	20.84	0.021 3	2 280
	4	7.88	8.3	23.41	0.023 7	2 670
	5	6.66	8.3	15.75	0.016 3	3 645
	6	8.27	8.3	26.23	0.026 4	2 460
	7	6.52	7.8	14.99	0.015 6	3 795
	8	9.2	8.2	33.76	0.033 5	2 027
	9	5.7	7.8	10.92	0.011 6	3 800
	10	6.56	7.6	15.2	0.015 8	3 750
	11	5.13	7.8	8.52	0.009 17	4 035
	12	8.1	8.3	24.98	0.025 2	2 670
	13	6.3	8.3	13.87	0.014 5	3 645
9	1	9.7	8.9	38.19	0.037 6	1 935
	2	7.3	8.6	19.55	0.02	2 550
	3	5.8	8.6	11.38	0.012	3 300
	4	7.12	9.3	18.44	0.019	2 150
	5	8.85	9.0	38.77	0.030 7	2 169
	6	7.68	9.2	22.04	0.002 4	1 850
	7	8.18	9.1	25.57	0.025 8	2 300
	8	8.1	9.1	24.98	0.025 2	2 944
	9	8.23	9.4	25.93	0.026 1	2 700
	10	5.75	9.1	11.15	0.011 8	2 860
	11	6.1	9.2	12.81	0.013 5	4 138
	12	8.09	8.6	24.91	0.025 2	2 550
	13	6.18	8.9	13.21	0.013 9	4 245
	14	7.5	8.8	20.84	0.021 3	2 910
	15	7.0	8.6	17.71	0.018 3	3 300
	16	9.62	8.9	37.45	0.036 9	1 925
	17	7.75	9.4	22.51	0.022 9	2 745
	18	10.2	8.5	42.99	0.042 1	1 620
	19	7.1	8.9	18.32	0.018 8	2 199
	20	8.17	9.2	33.46	0.033 2	2 139
	21	5.89	9.4	11.8	0.012 5	3 433
	22	6.38	9.4	14.24	0.014 9	3 333

（续）

高阶（m）	编号	胸径 D（cm）	HT（m）	单株生物量 w（kg）	单株材积 v（m^3）	密度（株/hm^2）
10	1	7.5	10.0	20.84	0.021 3	2 820
	2	7.3	10.4	19.55	0.02	2 970
	3	8.9	10.4	31.18	0.031 1	1 485
	4	9.5	9.7	36.25	0.035 9	2 160
	5	6.9	9.8	17.12	0.017 1	4 021
	6	7.35	10.0	19.87	0.020 3	2 828
	7	8.64	9.7	29.08	0.029 1	2 160
	8	7.59	10.3	21.43	0.021 8	2 670
	9	6.38	10.4	14.24	0.014 9	3 660
	10	7.8	9.6	22.86	0.023 2	2 445
	11	8.57	10.3	28.53	0.028 6	2 311
	12	10.1	9.6	42	0.041 2	1 894
	13	8.01	10.4	24.33	0.024 6	2 570
	14	8.57	10.3	28.53	0.028 6	2 364
	15	10.83	9.7	49.51	0.048 1	1 022
	16	6.5	9.8	14.88	0.015 5	3 517
	17	7.7	10.2	22.17	0.022 6	2 838
	18	6.3	9.9	13.82	0.014 5	4 795
	19	7.8	9.8	22.86	0.032 3	2 599
	20	7.3	10.0	19.55	0.02	2 715
	21	6.1	9.8	12.81	0.0135	4 348
	22	6.3	10.1	13.82	0.014 5	3 887
	23	7.42	10.4	20.32	0.020 8	2 970
	24	11.53	10.4	55.29	0.053 2	1 485
	25	7.01	9.5	17.77	0.018 3	3 300
	26	6.97	10.3	17.54	0.018 1	3 330
	27	8.16	10.3	25.42	0.025 6	2 500
	28	7.84	10.2	23.13	0.023 5	2 500
	29	9.55	9.9	36.81	0.036 3	1 176
	30	10.2	10.0	43.99	0.042 1	1 400
	31	9.18	9.7	33.54	0.033 3	1 600
	32	8.08	10.0	24.54	0.025 1	2 800
	33	8.17	10.1	25.49	0.025 7	2 240
	34	6.7	10.1	15.98	0.016 6	4 462
	35	6.87	10.4	16.95	0.017 5	3 667
	36	7.6	9.9	21.5	0.021 9	2 360
	37	9.0	9.7	32.01	0.031 9	2 000
11	1	7.9	10.5	23.55	0.023 9	3 330
	2	6.7	10.6	15.98	0.026 6	3 030
	3	7.3	10.5	19.55	0.02	2 970
	4	9.1	10.8	32.86	0.032 7	3 045
	5	6.1	11.1	12.81	0.013 5	4 170
	6	7.2	11.0	18.93	0.019 4	3 000
	7	8.0	11.0	24.24	0.024 5	2 175
	8	8.4	10.8	27.21	0.027 4	1 738
	9	8.3	10.7	26.46	0.026 6	3 768
	10	7.2	10.5	18.93	0.019 4	3 257
	11	8.86	10.6	30.85	0.030 8	1 996
	12	7.06	10.6	18.07	0.018 6	3 030
	13	6.98	11.1	17.6	0.018 1	4 170
	14	10.4	11.3	45.0	0.043 9	2 345
	15	7.2	11.1	18.93	0.019 4	3 200
	16	9.44	10.8	35.82	0.035 4	2 300
	17	6.9	10.7	17.12	0.017 7	3 341
	18	7.45	10.8	20.51	0.021	3 000

（续）

高阶（m）	编号	胸径 D（cm）	HT（m）	单株生物量 w（kg）	单株材积 v（m^3）	密度（株/hm^2）
11	19	9.8	10.8	39.12	0.038 5	1 770
	20	7.95	10.7	23.9	0.024 2	2 400
	21	12.4	10.5	68.1	0.064 9	800
	22	10.1	10.6	42.0	0.041 2	1 894
	23	8.7	10.6	29.56	0.029 6	1 800
	24	10.1	10.6	42.0	0.041 2	1 800
	25	13.5	10.8	83.19	0.078 3	900
	26	10.18	11.2	42.79	0.041 9	1 712
	27	7.64	11.2	21.77	0.022 2	2 900
	28	7.89	10.6	23.48	0.023 8	3 465
	29	8.91	11.3	31.27	0.031 2	2 175
	30	7.72	10.7	22.31	0.022 7	4 292
	31	7.98	11.4	24.12	0.024 4	3 785
	32	7.6	11.3	21.5	0.021 9	3 875
	33	8.54	11.5	28.29	0.028 4	2 963
	34	8.48	10.6	27.83	0.027 9	1 828
	35	9.8	11.4	39.12	0.038 5	1 432
	36	8.28	10.5	26.31	0.026 5	2 575
	37	10.03	10.6	41.32	0.040 5	1 342
	38	8.61	11.0	28.84	0.028 9	3 097
	39	7.4	1.3	20.19	0.020 7	3 443
	40	6.6	10.5	15.42	0.016	4 857
	41	7.3	10.6	19.55	0.02	3 534
	42	6.97	10.5	17.54	0.018 1	3 330
	43	7.32	10.8	19.68	0.020 2	3 045
	44	8.15	10.7	25.34	0.025 6	2 520
	45	7.38	11.0	20.06	0.020 5	3 000
	46	8.92	11.0	31.35	0.031 2	2 741
	47	9.04	11.1	32.35	0.032 2	1 800
	48	7.92	11.0	23.69	—	165 0
	49	7.2	11.0	18.93	0.019 4	3 316
12	1	8.2	11.7	25.71	0.025 9	1 665
	2	7.8	11.8	22.86	0.0232	2 505
	3	9.2	12.3	33.72	0.0335	2 490
	4	7.9	12.0	23.55	0.0239	2 830
	5	11.37	11.9	55.52	0.053 5	1 605
	6	8.75	11.5	29.96	0.029 9	1 910
	7	10.28	12.0	43.79	0.042 8	1 850
	8	10.28	11.7	43.79	0.042 8	1 665
	9	7.81	12.3	23.62	0.023 9	2 490
	10	11.36	12.2	55.4	0.053 4	1 250
	11	8.16	12.2	25.42	0.025 6	1 980
	12	9.2	11.6	33.72	0.033 5	1 767
	13	9.43	11.8	35.73	0.035 3	2 039
	14	8.09	11.5	24.91	0.025 2	2 042
	15	11.5	11.5	57.2	0.054 9	1 300
	16	8.55	11.8	28.37	0.028 4	2 502
	17	8.43	12.4	27.44	0.027 6	2 640
	18	7.74	11.5	22.44	0.022 8	2 950
	19	10.87	11.8	49.94	0.048 4	1 975
	20	8.5	11.5	27.98	0.028 1	5 144
	21	7.4	11.5	20.19	0.020 7	2 814
	22	7.35	11.5	19.87	0.020 3	2 646
	23	9.33	12.0	34.85	0.034 5	1 737
	24	9.9	11.8	40.07	0.039 4	1 963
	25	11.03	11.7	51.69	0.051 4	1 526
	26	8.02	12.1	24.4	0.024 7	2 343
	27	7.8	11.6	22.86	0.023 2	2 320
	28	7.48	12.3	20.71	0.021 1	3 375
	29	8.8	11.6	30.36	0.030 3	2 460

（续）

高阶（m）	编号	胸径 D（cm）	HT（m）	单株生物量 w（kg）	单株材积 v（m^3）	密度（株/hm^2）
12	1	9.73	12.6	38.47	0.037 9	2 750
	2	9.0	13.3	32.02	0.031 9	2 772
	3	10.7	13.0	48.12	0.046 8	1 457
	4	9.8	12.5	39.12	0.038 5	1 482
	5	9.2	12.6	33.72	0.033 5	2 624
	6	11.0	13.4	51.36	0.049 7	2 524
	7	8.78	12.7	30.2	0.030 2	2 416
	8	8.16	12.5	25.42	0.025 6	2 550
	9	8.4	13.3	27.21	0.027 4	3 111
	10	11.6	13.3	58.2	0.055 9	1 939
	11	10.57	13.3	46.75	0.045 5	2 000
	12	8.9	12.8	31.18	0.031 1	2 273
	13	8.5	12.7	27.98	0.028 1	2 807
	14	6.8	13.3	16.54	0.017 1	3 135

来源：《水土保持林体系综合效益研究与评价》p83，表 4.2.1。

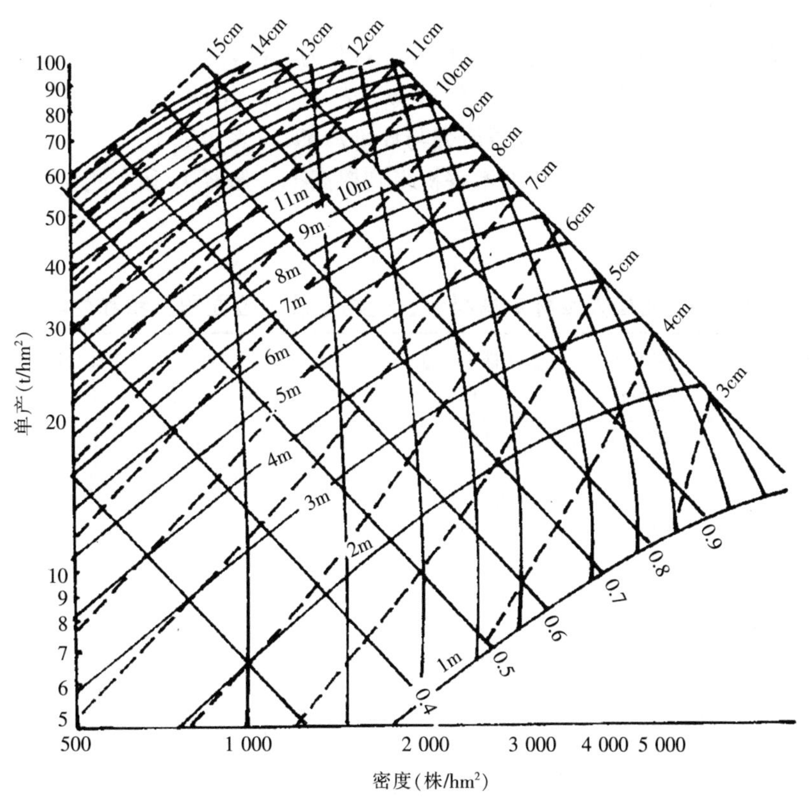

图 4－1　1988 年红旗林场马连滩样地人工刺槐林生物量密度控制图

来源：《水土保持林体系综合效益研究与评价》p 83，图 4.2.1。

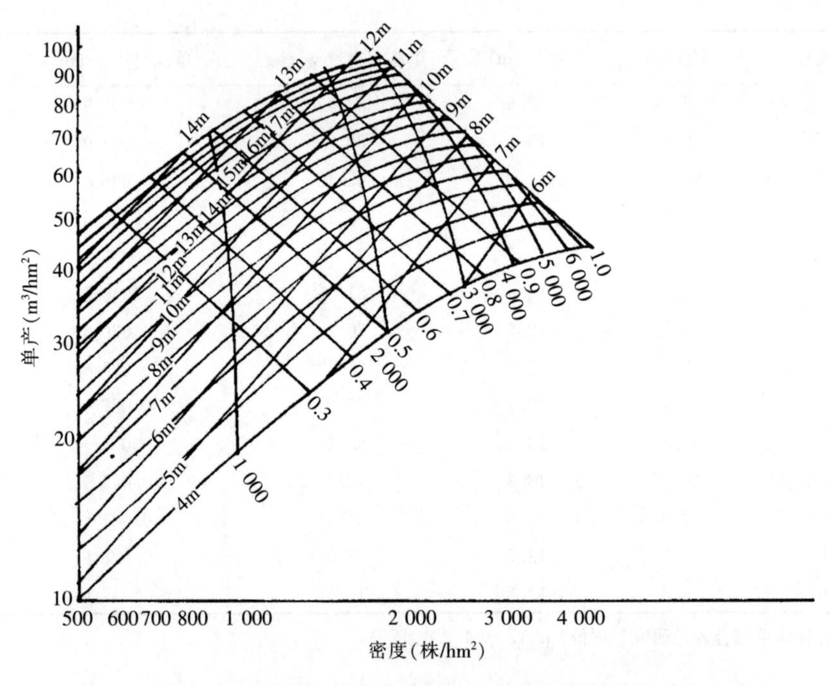

图 4-2　1988 年红旗林场马连滩样地人工刺槐林材积密度控制图

来源：《水土保持林体系综合效益研究与评价》p 93，图 4.2.2。

4.2.3.2　油松人工林资料

1988 年，将 87 块油松人工林标准地，以上层高 HT 为标准，按 1m 进阶，查出各标准株单材积 v，生物量 w，并计算出单产材积 v 和单产生物量 w（表 4-10，图 4-3，图 4-4，资料来源：孙立达，朱金兆主编《水土保持林体系综合效益研究与评价》p94，表 4.2.16）。

油松单株一元材积表由 65 株油松标准木解析得到树高 H、胸径 D 和实测材积 v 实测，得出v～D 成指数关系：

$v=0.000\,226\,48D^{2.131\,954\,25}$

表 4-10　油松人工林单株材积、生物量及单位面积材积和生物量

树高 HT（m）	胸径 D（cm）	密度 N（株/hm²）	单株生物量 w（kg）	单位面积生物量 w（t/hm²）	单株材积 v（10⁻³m³）	单位面积材积 V（m³/hm²）
2.6	1.5	38 356	0.664 07	25.47	0.538	20.62
2.8	1.5	34 750	0.664 7	23.08	0.538	18.68
2.82	2.7	15 200	2.009 8	30.55	1.882	28.61
3.48	2.9	15 100	2.299 4	34.72	2.192	33.1
3.2	2.7	18 913	2.009 8	38.01	1.882	35.6
3.32	2.7	14 000	2.009 8	28.14	1.882	26.79
2.62	2.3	14 800	1.485 8	21.99	1.337	19.79
3.25	3.1	14 318	2.607 2	37.33	2.527	37.4
3.45	3.1	13 803	2.607 2	35.99	2.527	36.18
3.62	2.8	11 974	2.154	25.77	20.340	24.36
3.6	3.3	12 418	2.933 2	36.42	2.887	35.85
4.32	4.6	10 625	5.483 9	58.37	5.864	62.28
3.51	4.5	9 760	5.261 5	51.35	5.593	54.59
4.42	4	9 938	4.214 4	41.88	4.351	43.24
4.06	3.6	10 323	3.455 6	35.67	3.476	35.88
4.1	3.4	10 136	3.077	31.45	3.077	31.19

（续）

树高 HT (m)	胸径 D (cm)	密度 N (株/hm²)	单株生物量 w (kg)	单位面积生物量 w (t/hm²)	单株材积 v ($10^{-3}m^3$)	单位面积材积 V (m^3/hm^2)
3.5	3.5	12 576	3.277 6	41.21	3.273	41.15
4.05	3.6	9 791	3.455 6	33.83	3.476	20.64
4.27	4	10 112	4.211 5	42.62	4.315	44
4	3.7	10 200	3.638 7	37.12	3.685	37.04
4.21	6.65	2 800	10.981 1	31.63	12.860	37.04
4.3	4.19	5 200	4.599 4	26.68	4.804	27.86
3.9	3.45	6 400	3.189 2	20.41	3.174	20.31
4	4.32	11 600	4.872	56.52	5.127	59.45
4.3	1.4	54 267	0.583 1	31.64	0.464	25.18
4.65	3.4	9 731	3.102 9	30.19	3.077	29.94
5.05	3.7	10 218	3.638 1	37.18	3.685	37.65
5.4	5.5	6 244	7.678 8	47.95	8.579	53.57
4.9	4.9	9 498	6.177 1	58.65	6.707	63.7
4.76	4.8	10 482	5.941 7	62.28	4.418	67.27
4.51	3.9	10 378	4.018 1	41.7	4.112	42.78
5.2	4.6	5 000	5.483 9	27.42	5.861	29.31
4.5	4.1	8 397	4.415 1	37.07	4.586	38.51
5.3	4.73	8 716	5.779 5	50.37	6.220	54.21
5.3	4.63	9 760	5.551 5	54.18	5.943	58
4.5	4.7	6 987	5.710 7	39.91	6.136	42.88
5.1	7.38	2 590	13.361 9	34.61	16.058	41.59
4.8	6.17	3 500	9.535 6	33.78	10.962	38.37
5.4	4.1	33 450	4.415 1	147.69	4.586	153.41
4.5	1.8	41 334	0.936 5	38.7	0.793	32.78
5	1.95	50 816	1.088 6	55.32	0.941	47.79
5.95	6.3	7 106	9.917 7	7.48	11.460	81.43
5.5	6.1	10 225	9.332 8	95.43	10.698	109.38
6.25	6	9 732	9.046 7	88.4	10.328	100.51
6	5.6	6 410	7.944	50.85	8.915	57
5.75	5.9	6 886	8.764 7	6.35	9.964	68.61
6.1	4.2	6 592	4.621	36.46	4.828	31.83
6	7.7	2 150	14.474 4	31.11	17.579	37.79
5.5	5.2	6 489	6.988	44.83	7.613	49.4
5.5	5.54	4 696	7.784 4	36.56	8.713	35.64
6	5.4	7 556	7.417 9	56.1	8.250	62.34
6.2	5.6	8 933	7.944	70.96	8.915	79.64
5.5	4.84	7 404	6.035 3	44.69	6.533	48.37
3.9	3.45	6 400	3.189 2	20.41	3.174	20.31
4	4.32	11 600	4.872	56.52	5.127	59.45
4.3	1.4	54 267	0.583 1	31.64	0.464	25.18
4.65	3.4	9 731	3.102 9	30.19	3.077	29.94
5.05	3.7	10 218	3.638 1	37.18	3.685	37.65
5.4	5.5	6 244	7.678 8	47.95	8.579	53.57
4.9	4.9	9 498	6.177 1	58.65	6.707	63.7
4.76	4.8	10 482	5.941 7	62.28	4.418	67.27
4.51	3.9	10 378	4.018 1	41.7	4.112	42.78
5.2	4.6	5 000	5.483 9	27.42	5.861	29.31
4.5	4.1	8 397	4.415 1	37.07	4.586	38.51
5.3	4.73	8 716	5.779 5	50.37	6.220	54.21

（续）

树高 HT (m)	胸径 D (cm)	密度 N (株/hm²)	单株生物量 w (kg)	单位面积生物量 W (t/hm²)	单株材积 V ($10^{-3}m^3$)	单位面积材积 V (m^3/hm^2)
5.3	4.63	9 760	5.551 5	54.18	5.943	58
4.5	4.7	6 987	5.710 7	39.91	6.136	42.88
5.1	7.38	2 590	13.361 9	34.61	16.058	41.59
4.8	6.17	3 500	9.535 6	33.78	10.962	38.37
5.4	4.1	33 450	4.415 1	147.69	4.586	153.41
4.5	1.8	41 334	0.936 5	38.7	0.793	32.78
5	1.95	50 816	1.088 6	55.32	0.941	47.79
5.95	6.3	7 106	9.917 7	7.48	11.460	81.43
5.5	6.1	10 225	9.332 8	95.43	10.698	109.38
6.25	6	9 732	9.046 7	88.4	10.328	100.51
6	5.6	6 410	7.944	50.85	8.915	57
5.75	5.9	6 886	8.764 7	6.35	9.964	68.61
6.1	4.2	6 592	4.621	36.46	4.828	31.83
6	7.7	2 150	14.474 4	31.11	17.579	37.79
5.5	5.2	6 489	6.98 8	44.83	7.613	49.4
5.5	5.54	4 696	7.784 4	36.56	8.713	35.64
6	5.4	7 556	7.417 9	56.1	8.250	62.34
6.2	5.6	8 933	7.944	70.96	8.915	79.64
5.5	4.84	7 404	6.035 3	44.69	6.533	48.37
7.04	5.5	6 489	7.678 8	49.83	8.579	55.67
6.9	5.2	9 000	6.908 8	62.18	7.612	68.51
6.9	5.6	10 700	7.944	85	8.915	95.39
6.92	5	8 156	6.416 7	52.34	7.002	57.1
6.92	5.9	9 575	8.764 7	83.92	9.960	95.41
9.1	6	8 389	9.046 7	75.89	10.328	86.64
6.82	6.1	10 404	9.332 8	97.1	10.698	111.3
7.15	7	6 195	12.095 3	74.93	14.346	88.82
6.65	10.5	1 449	25.894 1	37.52	33.950	49.19
7.35	5.96	4 619	8.933 4	41.62	10.182	47.03
6.8	6.94	4 129	11.900 7	49.14	14.085	58.16
6.95	7.7	1 933	14.474 4	27.98	17.580	33.98
7.28	8.07	3 330	15.812 5	52.66	19.430	64.17
7.67	9.1	2 640	19.828 3	58.47	25.100	66.26
7.85	8	3 791	15.555 1	89.72	19.271	73.06
8.05	8.8	3 526	18.614 7	65.64	23.368	82.4
8.25	10	4 270	23.683 7	101.13	30.690	131.05
8.45	7.77	4 966	14.723 3	73.12	17.921	89
7.65	6.15	5 206	9.477 5	49.34	10.886	56.67
8.3	7.45	4 533	13.601 7	61.66	16.384	74.27
8.05	8.8	5 947	18.614 7	110.7	23.368	138.79
8.27	10.8	8 800	27.188 4	31.93	35.876	31.57
8.45	7.96	1 216	15.488 9	18.81	18.869	22.94
7.55	9.92	1 412	23.328	32.94	30.168	42.6
8.02	10.4	1 650	25.592 5	43.23	33.500	55.28
7.52	7.81	2 002	14.866 4	29.76	18.118	36.27
8.13	10.2	1 650	24.584	40.56	32.100	52.79
8.28	8.4	3 800	10.216 3	38.82	11.851	45.3
8	6.25	4 800	9.769 9	43.9	11.267	54.08
8.18	5.96	4 950	8.933 4	44.22	10.182	50.5
8	5.4	8 800	7.417 9	65.28	8.250	72.6

来源：《水土保持林体系综合效益研究与评价》p94，表 4.2.17。

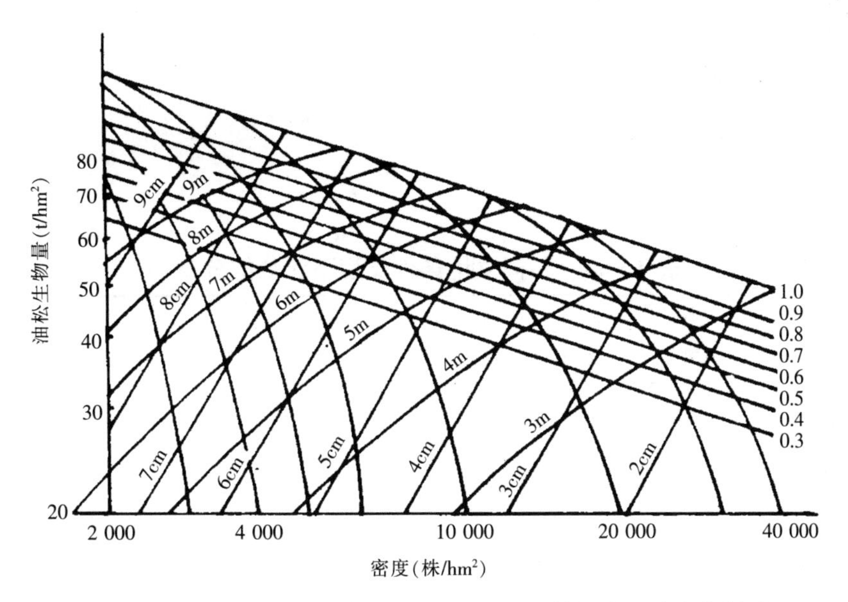

图 4－3　1988 年红旗林场马连滩样地人工油松林生物量密度控制图

来源：《水土保持林体系综合效益研究与评价》p99，图 4.2.3。

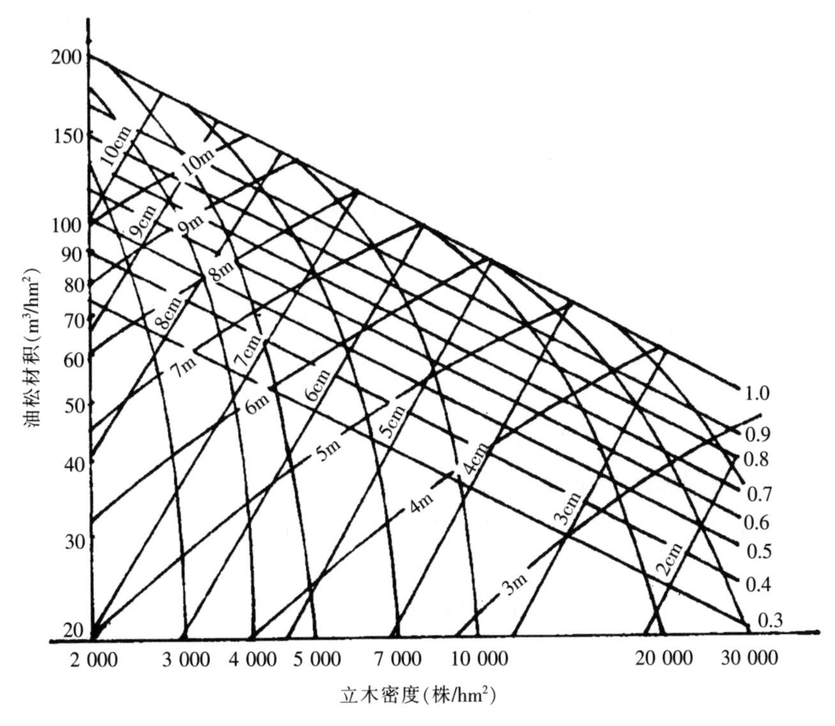

图 4－4　1988 年红旗林场马连滩样地人工油松林材积密度控制图

来源：《水土保持林体系综合效益研究与评价》p101，图 4.2.4。

4.2.3.3　沙棘资料

依据黄土残塬沟壑区地形条件划分了 9 个立地类型，然后设置样方对沙棘林的生长状况进行调查，结果见表 4－11。沙棘也可与其他树种一起组成为建群种或优势种的植物群落，见表 4－12。

地茎与地上生物量的相关分析由散点图地径（D）与地上部分生物量（W）呈幂函数关系

$W=aD^b$，经计算得出：

$a=74.91$，$b=1.97$　　$W=74.91D^{1.97}$

式中　W——地上部分生物量（干重），g

D——地径（cm）

R=0.905

样本数 n=123

表 4-11　不同立地条件类型下沙棘的分布

类型	阳坡上部	阳坡中部	半阳坡上部	半阳坡中部	阴坡上部	阴坡中部	半阴坡上部	半阴坡中部	梁脊峁顶
坡向	南	南	东南 西南西	东南 西南西	北	北	西北	东北 西北东	东北 东
海拔范围（m）	1 100～1 300	800～1 100	800～1 300	800～1 100	800～1 300	800～1 100	800～1 300	800～1 100	800～1 300
林龄（a）	3～7	3～12	4～10	5～7	3～9	6～8	3～8	4～8	6～7
密度（株/hm²）	19 950～45 000	12 495～37 500	1 500～95 010	12 495～42 495	12 495～40 005	17 505～55 005	17 505～50 010	15 000～77 505	25 005～47 505
覆盖度	0.50～0.90	0.50～0.95	0.50～0.98	0.55～0.90	0.79～0.95	0.75～0.95	0.60～0.90	0.50～0.96	0.50～0.90

来源：《水土保持林体系综合效益研究与评价》p102，表 4.3.1，4.3.2。

表 4-12　沙棘群丛情况一览表

样地号	样地面积（m²）	坡向	坡度	海拔（m）	树种	株树	平均树高（m）	冠幅（cm）
NO.2	5×10	东北坡	15°	1 200	山杨	19	2.51	87×82
					沙棘	52	1.26	85×75
NO.3	5×10	东北坡	20°	1 300	山杨	33	1.87	80×76
					沙棘	22	1.61	79×92
NO.4	5×10	东北坡下部	15°	1 200	山杨	10	2.35	120×120
					沙棘	23	1.89	136×136
					黄蔷薇	9	1.88	148×149
NO.5	5×10	西北坡	10°	1 290	紫丁香	17	2.54	122×112
					沙棘	16	1.70	103×83

来源：《水土保持林体系综合效益研究与评价》p103，表 4.3.3。

4.2.3.4　虎榛子资料

虎榛子灌丛主要分布在阴坡、半阴坡，在半阳坡也有分布。在不同立地条件下，在虎榛子灌丛中共设置了 35 个样方，样方面积为 1×1m²，见表 4-13。在地径、高、冠幅三个因子中，以地径与地上生物量的关系最为显著，亦呈幂函数形式，相关分析结果为：$W_{上}=52.48d^{2.28}$。

表 4-13　虎榛子样方生物量

样方（No）	面积（m²）	地点	林龄（年）	海拔（m）	坡位	坡向	坡度（°）	生物量（t/hm²）			平均地径（cm）	平均高（m）	盖度	密度（万株/hm²）
								地上	地下	全重				
C10	1×1	狼儿岭	6	—	下	N	5	13.40	8.70	22.10	0.95	1.36	—	23.0
C11	1×1	狼儿岭	4	—	下	N	17	10.10	15.52	25.62	0.75	0.88	—	36.0
C15	1×1	果园	5	—	下	N	25	4.70	5.97	10.67	0.58	0.82	—	31.0
A1	2×2	马连滩	9	1 160	中	N	10	9.10	18.00	21.10	0.70	1.05	0.70	14.5
A2	2×2	马连滩	7	1 140	中	N	25	6.80	—	—	0.70	0.91	0.90	21.5
C18	1×1	果园	5	—	中	N	33	5.57	12.45	18.02	0.65	0.88	—	30.0
B16	2×2	西嘴	11	1 260	上	N	28	10.20	—	—	0.75	1.34	0.60	4.8
C12	1×1	狼儿岭	4	—	下	NE	10	7.26	12.66	19.92	0.63	0.85	—	47.0

（续）

样方（No）	面积（m²）	地点	林龄（年）	海拔（m）	坡位	坡向	坡度（°）	生物量（t/hm²）			平均地径（cm）	平均高（m）	盖度	密度（万株/hm²）
								地上	地下	全重				
C8	1×1	狼儿岭	3	—	下	NE	11	9.76	7.92	17.68	0.79	0.93	0.75	28.0
C14	1×1	狼儿岭	4	—	下	NE	15	8.53	11.80	20.32	0.81	1.16	—	36.0
C5	1×1	狼儿岭	4	—	下	NE	20	4.18	6.64	10.28	0.80	0.90	0.80	16.0
B14	2×2	果园	8	1 170	下	NE	25	2.60	4.00	6.60	1.03	1.57	0.40	5.0
C7	1×1	狼儿岭	3	—	下	NE	28	4.30	3.36	7.66	0.64	0.74	0.80	24.0
C1	1×1	狼儿岭	4	—	中	NE	0	13.11	6.45	19.56	0.71	0.98	0.80	19.0
C6	1×1	狼儿岭	4	—	中	NE	0	7.04	9.74	16.78	0.80	1.08	0.85	22.0
C13	1×1	狼儿岭	—	—	中	NE	15	6.57	8.31	14.88	0.90	0.92	—	21.0
C16	1×1	果园	5	—	中	NE	18	5.78	7.66	13.44	0.76	0.91	—	26.0
B15	2×2	西嘴	9	1 200	中	NE	25	6.10	—	—	1.08	1.46	0.50	6.8
C9	1×1	狼儿岭	3	—	中	NE	26	6.78	8.10	14.88	0.69	0.75	0.80	35.0
C17	1×1	果园	6	—	中	NE	35	5.03	14.23	19.26	0.59	0.77	—	28.0
A9	2×2	马连滩	7	1 230	上	NE	20	6.20	16.20	22.40	0.70	0.98	0.70	8.0
A10	2×2	马连滩	7	1 120	上	NE	20	7.80	—	—	0.80	1.27	0.70	6.8
A18	2×2	马连滩	6	1 190	上	NE	40	6.30	—	—	0.62	0.86	0.80	10.0
A19	2×2	马连滩	6	1 200	上	NE	41	4.80	—	—	0.67	1.01	0.80	10.0
B9	2×2	西嘴	9	1 275	下	NW	0	10.50	3.10	13.60	0.89	1.48	0.80	10.5
B10	2×2	西嘴	9	1 275	下	NW	0	9.00	—	—	0.56	0.99	0.70	13.5
C3	1×1	狼儿岭	5	—	下	NW	3	7.19	10.42	17.61	0.59	0.90	0.75	29.0
A6	2×2	马连滩	6	1 150	中	NW	31	8.40	10.20	18.60	0.90	1.08	0.80	7.5
A8	2×2	马连滩	9	1 150	中	NW	40	14.20	—	—	1.10	1.28	0.60	6.5
A7	2×2	马连滩	10	1 150	中	NW	40	14.00	16.10	30.10	0.90	1.02	0.60	6.8
C20	1×1	狼儿岭	6	—	中	NW	15	23.74	20.13	43.87	0.91	1.13	—	44.0
C2	1×1	狼儿岭	4	—	上	NW	40	6.36	5.23	11.59	0.58	1.00	0.75	24.0
C19	1×1	狼儿岭	6	—	—	NW	—	30.74	18.92	49.66	0.94	1.12	—	46.0
C4	1×1	狼儿岭	3	—	—	SE	3	6.05	6.60	12.65	0.51	0.66	0.90	32.0
A20	2×2	马连滩	8	950	下	W	27	28.20	8.40	36.60	1.35	1.45	0.50	6.0

来源：《水土保持林体系综合效益研究与评价》p105，表 4.3.5。

4.2.3.5　其他灌木生物量

西嘴封禁流域，人为活动时间少，且封禁的时间较长一些。1988 年，在此选择了一个封禁小流域，设置了 16 个小样方，调查了各个坡度坡位的生物量，见表 4-14。

表 4-14　西嘴灌木生物量情况表

样方号	树种	林龄（a）	海拔（m）	坡位	坡向	坡度（°）	面积（m²）	样方生物量			生物量（t/hm²）					平均地径（cm）	平均（m）	盖度	密度		枯落物厚（cm）
								取样面积（m²）	地上（g）	地下（kg）	灌木群落地上	山杨地上	地上合计	地下	全重				样方	千株/Hm²	
B12	沙棘	12	1 330	上	SW	15	4	2×2	2 740	—	6.85	—	6.85	—	—	4.40	1.26	0.5	2	5.0	1.6
B6	山杨	21	1 100	下	W	30	50	1×1	1 190	—	11.90	—	11.90	—	—	3.59	3.87	0.3	25	5.0	4.2
B10	虎榛子	9	1 275	下	NW	0	4	1×1	900	—	9.00	—	9.00	—	—	0.56	0.99	0.7	54	35.0	0.5
B9	虎榛子	9	1 275	下	NW	0	4	1×1	1 050	0.31	10.50	—	10.50	3.1	13.60	0.89	1.48	0.8	42	105	1
B8	紫丁香	17	1 280	中	NW	10	50	1×1	3 050	—	30.50	—	30.50	—	—	2.77	2.64	0.4	15	3.0	2.5
B7	紫丁香	9	1 300	中	NW	10	50	1×1	2 070	0.58	20.70	—	20.70	5.8	26.50	2.55	2.45	0.5	18	3.6	0.8
B14	虎榛子	8	1 170	下	NE	25	4	1×1	260	0.40	2.60	—	2.60	4.0	6.60	1.03	1.57	0.4	20	50.0	2.1
B2	山杨	6	1 200	中	NE	15	50	标准木	430	—	1.63	5.7	7.334	—	—	1.74	2.51	0.4	19	3.8	0.5
B15	虎榛子	9	1 200	中	NE	25	4	1×1	610	—	6.10	—	6.10	—	—	1.08	1.46	0.5	27	67.5	7
B5	山杨	20	1 200	下	NE	30	50	标准木	1 100	0.93	6.16	21.1	27.16	9.3	36.56	2.80	3.88	0.4	28	5.6	1.4
B3	山杨	8	1 290	上	NE	22	50	标准木	520	0.86	4.37	11.8	16.16	8.6	24.77	1.97	1.89	0.8	42	8.4	1
B4	山杨	8	1 300	上	NE	20	50	标准木	350	—	1.96	9.4	11.36	—	—	1.15	1.93	0.6	28	5.6	0.9
B1	山杨	9	1 200	上	E	0	50	标准木	650	1.21	5.85	19.7	25.55	12.1	37.65	1.92	3.53	0.6	45	9.0	1
B11	沙棘	15	1 310	下	E	3	4	2×2	4 750	1.09	11.88	—	11.88	10.9	22.78	1.81	1.63	0.8	12	30.0	1.2
B16	虎榛子	11	1 260	上	N	28	4	1×1	1 020	—	10.20	—	10.20	—	—	0.75	1.34	0.6	19	47.5	2.3
B13	沙棘	15	1 320	上	N	15	4	2×2	5 000	—	12.50	—	12.50	—	—	3.09	1.78	0.6	7	17.5	1.9

来源：《水土保持林体系综合效益研究与评价》p110，表 4.3.8。

4.2.3.6 不同坡向植被资料

表 4-15 半阳坡树种分布情况

种名	密度（株/m²）	对比密度（%）	优势度（%）	相对优势度（%）	频度（%）	相对频度（%）	重要值
黄蔷薇	0.137 7	2.34	13.60	16.54	58.6	5.67	24.55
山杨	0.026 9	0.46	3.10	3.78	17.2	1.45	5.69
虎榛子	0.578 1	9.83	4.85	5.9	24.1	5.76	21.49
沙棘	2.752 8	46.81	46.17	56.18	96.5	21.93	124.92
胡颓子	0.031 2	0.53	3.52	4.28	20.7	2.01	6.82
杭子梢	0.001 7	0.03	0.24	0.29	3.4	0.17	0.49
葱皮忍冬	0.000 03	0.005	1.90	2.31	10.3	0.003	2.31
山杏	0.004 5	0.08	4.00	4.87	10.3	0.33	5.28
杜梨	0.019 2	0.33	1.14	1.38	17.2	1.87	3.58
小叶悬钩子	0.727 7	12.37	0.90	1.09	24.1	3.78	17.24
达乌里胡枝子	1.556 2	26.46	0.86	1.04	55.2	53.57	81.07
辽东栎	0.026 6	0.45	0.29	0.36	6.9	2.58	3.39
杠柳	0.013 8	0.23	0.59	0.71	3.4	0.45	1.39
紫丁香	0.004 6	0.08	1.03	1.26	6.9	0.44	1.78

注：区段数 29；样线总长 290m；裸地长 80.98m；覆盖度 72%；海拔 1 100～1 250m。

（见《水土保持林体系综合效益研究与评价》p114，表 4.4.1）

表 4-16 半阴坡树种分布情况

种名	密度（株/m²）	对比密度（%）	优势度（%）	相对优势度（%）	频度（%）	相对频度（%）	重要值
杭子梢	0.772 7	25.50	21.45	11.73	81.8	20.8	58.03
虎榛子	0.899 6	29.65	10.21	5.58	54.5	17.8	53.03
山杨	0.304 4	10.03	65.76	35.97	90.9	7.2	53.20
胡颓子	0.087 2	2.87	28.89	15.80	59.1	4.4	23.07
栾树	0.015 5	0.51	0.36	0.20	9.1	2.0	2.71
山杏	0.013 3	0.44	5.43	2.97	18.2	1.7	5.11
三亚乡线菊	0.151 6	5.00	5.62	3.07	59.1	10.4	18.47
沙棘	0.321 6	10.60	23.97	13.11	45.5	6.2	29.91
杠柳	0.045 5	1.50	0.005	0.002	4.5	6.0	7.50
金银木	0.002 9	0.10	0.68	0.37	4.5	0.4	0.87
黄蔷薇	0.041 4	1.36	3.60	1.97	18.2	2.2	5.53
胡枝子	0.185 5	6.11	6.64	3.63	40.9	8.1	17.84
辽东栎	0.106 4	3.51	3.43	1.88	9.1	4.7	10.09
小檗	0.015	0.49	0.05	0.02	4.5	2.0	2.51
灰栒子	0.005	0.16	0.05	0.02	4.5	0.7	0.88
旱柳	0.039 7	1.31	4.27	2.34	18.2	2.6	6.25
紫丁香	0.014 1	0.46	0.41	0.22	9.1	1.3	1.98
山楂	0.000 1	0.003	1.82	0.99	4.5	0.1	1.09
小叶锦鸡儿	0.011 4	0.38	0.18	0.10	4.5	1.5	1.98

注：区段数 22；样线总长 220m；裸地长 22.70m；覆盖度 90%；海拔 1 100～1 250m。

（见《水土保持林体系综合效益研究与评价》p114，表 4.4.2）

4.2.3.7 主要植物群落资料

表 4-17 不同立地沙棘分布情况

坡向	半阳坡		半阴坡		阴坡
	西坡	西坡	东北坡	西北坡	北坡
海拔（m）	1 100～1 170	1 130～1 250	1 160～1 180	1 160～1 250	1 120～1 170
密度（株/hm²）	4 882	37 268	2 300	3 838	2 700
优势度（%）	47	46	23	25	8
频度（%）	100	95	56	38	45

（见《水土保持林体系综合效益研究与评价》p115，表 4.4.3）

表 4－18　沙棘群丛内沙棘的分布情况

坡向		坡位	林龄（a）	密度（株/hm²）	平均高（cm）	冠幅（cm²）	平均地径（cm）	覆盖度（%）
阳坡	梁峁顶	—	6	10 000	157	155	2.1	—
	南坡	上	8	15 000	117	88	2.1	—
	南坡	下	8	30 000	115	82	2.1	—
半阳坡	西坡	上	—	95 000	85	54	1.32	90
	西坡	上	4	55 000	95	54	1.27	90
	西坡	上	4	45 000	103	66	1.36	80
	西坡	下	—	32 500	141	77	2.00	—
	西坡	下	—	32 500	111	72	1.41	80
半阴坡	东北坡	上	—	14375	86	50	—	—
	东北坡	下	19	25 000	214	122	3.90	—
	西北坡	下	10	65 000	186	123	2.76	—
	西北坡	下	6	27 500	185	124	2.82	—
	滩地	—	6	30 000	220	—	3.00	100

（见《水土保持林体系综合效益研究与评价》p115，表 4.4.4）

表 4－19　虎榛子群丛内虎榛子分布情况

样方号	面积（m²）	海拔（m）	坡位	坡向	坡度（°）	覆盖度（%）	密度（株/hm²）	平均冠幅（cm）	平均高（cm）	林龄（a）
1	1×1	1 260	上	西北	5	35	350 000	23	64	
2	1×1	1 260	上	西北	5	85	120 000	29	76	—
3	5×5	1 260	上	西北	10	60	173 600	35	129	—
4	1×2	—	上	西北	39	—	195 000	31	63	—
5	1×1	1 270	顶	西南	15	—	330 000	73	—	—
6	1×1	1 270	—	西	—	—	690 000	55	—	—
9	2×2	1 275	顶	西北	0	85	105 000	43	148	—
10	2×2	1 275	顶	西北	0	70	135 000	25	100	9
14	2×2	1 170	—	东北	25	40	50 000	66	157	8
15	2×2	1 200	—	东北	25	40	675 000	70	147	9
16	2×2	1 260	上	北	20	60	47 500	63	134	11

（见《水土保持林体系综合效益研究与评价》p116，表 4.4.5）

表 4－20　山杨群丛样方调查情况汇总表

—	样方面积（m²）	坡向	坡位	密度		平均最高（cm）	平均冠幅	平均胸径最大（cm）	覆盖度（%）	树木种类	总株
				株/样方	株/hm²						
6	10×10	西北	中	49	4 900	416 680	11.0 188	4.43	80	1	49
11	10×10	北坡	中	62	6 200	179 350	84		85	12	181
14	5×10	西北	下	10	2 000	281 500	127	2.5 4.0	70	9	92
4	5×10	东北	下	10	2 000	235 360	120	63	80	9	92
2	5×5	东北	中	57	22 800	214 700	57	1.39 11.5	75	2	65
16	10×10	西北	—	34	3 400	144 450	88	1.5 3.0	75	4	67
17	5×5	北坡	—	6	2 400	42 200		60	8	80	—
12	10×10	东北	中	24	2 400	355 600	109	3.0 6.0	50	10	88
7	5×5	西北	上	8	3 200	194 250	125	3.0	80	6	47

（见《水土保持林体系综合效益研究与评价》p117，表 4.4.6）

表 4-21 不同植物群落生物量表

样方号	坡向	海拔（m）	生物量（kg/hm²）			建群种	林龄（年）
			地上	地下	总重		
1	东北	1 200	12 700	12 100	24 800	山杨	9
						沙棘	8
2	东北	1 290	10 600	8 600	19 200	山杨	8
						沙棘	7
3	东北	1 200	16 500	9 300	25 800	山杨	21
4	西北	1 300	25 600	5 800	31 400	紫丁香	17
						沙棘	12
5	西北	1 275	9 750	3 100	12 850	虎榛子	9
6	东	1 310	20 817	10 900	31 717	沙棘	15
7	东北	1 170	6 300	4 000	10 300	虎榛子	11

（见《水土保持林体系综合效益研究与评价》p118，表 4.4.7）

4.2.4 1995 年蔡家川流域生物样地调查数据

1995 年在蔡家川流域封禁流域柳沟小流域进行了植被调查。采用样线和样方法（表 4-22～表 4-25，高成德）。

4.2.4.1 蔡家川次生林区主要植物生长情况表

表 4-22 沙棘生长情况表（样线+样方）

生境	林龄（a）	密度（株/hm²）	平均高度（cm）	平均地径（cm）
梁峁顶	6	9 000	144	1.9
半阳坡	4	32 000	112	1.4
半阴坡	4	17 500	109	1.5

表 4-23 黄刺玫生长情况表（样线+样方）

生境	林龄（a）	密度（株/hm²）	平均高度（cm）	平均地径（cm）
梁峁顶	6	2 200	155	1.9
半阳坡	4	1 500	175	1.6
半阴坡	4	1 600	145	1.32
阳坡	6	1 300	176	1.61

表 4-24 虎榛子生长情况表（样方）

生境	林龄（a）	密度（株/hm²）	平均高度（cm）	平均地径（cm）
半阴坡	10	50 000	160	—
阴坡	8	42 500	130	—
半阳坡	7	30 000	125	—

表 4-25 山杨生长情况表（样地调查结果）

生境	林龄（a）	密度（株/hm²）	平均高度（cm）	平均地径（cm）	覆盖度
半阴坡	20	2 000	880	7.9	0.4
阴坡	15	2 500	740	6.8	0.5

资料来源：高成德的硕士论文《晋西黄土区蔡家川封禁流域植被演替规律及物种多样性研究》。

4.2.4.2 蔡家川生境样线技术测定统计表

表 4－26 阳坡生境样线技术测定

树种	密度（株/hm²）	相对密度（%）	优势度（%）	相对优势度（%）	频度（%）	相对频度（%）	重要值
侧柏	676	6.32	22.38	30.93	56.1	28.6	65.85
刺槐	1 048	9.79	8.00	11.05	36.59	15.64	36.48
杭子梢	2 579	25.97	3.55	4.90	36.59	12.93	43.52
黄刺玫	815	7.62	5.11	7.07	36.59	12.83	25.4
沙棘	2 239	2.23	3.43	4.75	4.88	0.66	7.64
杜梨	435	4.07	5.33	7.37	21.95	5.04	16.48
胡颓子	560	5.23	5.15	7.12	24.39	6.23	18.58
山杨	267	2.50	3.24	4.66	4.88	5.16	12.32
大果榆	750	7.01	1.20	1.66	19.51	2.31	10.80
油松	323	3.02	4.25	5.88	24.39	2.98	11.88
臭椿	474	4.43	1.58	2.19	7.32	1.32	7.94
丁香	871	8.14	4.13	5.71	26.83	5.37	19.22
山杏	34	0.32	0.41	0.57	4.88	0.05	0.94
野皂角	169	1.58	0.71	0.99	9.78	0.39	2.96
细裂槭	13	0.12	0.86	1.19	4.88	0.05	1.36
橡子木	417	3.90	0.53	0.74	4.88	0.56	5.20
鼠李	25	0.23	0.11	0.16	2.44	0	0.39
山毛桃	395	3.69	2.10	2.91	19.51	2.27	8.87
常刺小蘖	430	4.02	0.26	0.35	2.44	0.15	4.52

注：调查区段 41 个 样线总长 41 000cm（其中裸地 20 229cm）覆盖度 50.66%。

资料来源：高成德的硕士论文《晋西黄土区蔡家川封禁流域植被演替规律及物种多样性研究》。

表 4－27 半阳坡生境样线技术测定

树种	密度（株/hm²）	相对密度（%）	优势度（%）	相对优势度（%）	频度（%）	相对频度（%）	重要值
沙棘	1 405	4.58	14.37	9.94	28.13	3.37	17.89
虎榛子	23 578	76.88	43.09	29.79	84.38	74.22	180.99
连翘	837	2.73	7.97	5.51	46.88	3.03	11.27
胡颓子	1 070	3.49	6.34	4.37	40.63	3.33	11.19
黄刺玫	1 141	3.72	15.88	10.98	59.38	7.11	21.81
鼠李	116	0.38	1.49	1.03	12.5	0.16	1.57
丁香	1 070	3.49	5.16	3.57	53.13	2.44	9.50
油松	185	0.60	2.08	1.44	12.50	0.20	2.24
杜梨	221	0.72	2.07	1.43	15.63	0.35	2.50
山杨	583	1.90	7.67	5.30	34.38	1.54	8.74
山杏	22	0.07	0.25	0.17	3.13	0.005	0.245
山毛桃	98	0.32	0.32	0.22	6.25	0.03	0.57
细裂槭	84	0.27	4.03	2.79	12.50	0.21	3.27
侧柏	74	0.24	26.12	18.06	21.88	2.86	21.16
紫荆	256	0.83	0.51	0.35	9.38	0.06	1.24
绣线菊	318	1.04	0.63	0.44	6.25	0.07	1.55
橡子木	583	1.90	6.66	4.61	43.75	1.01	7.52

注：调查区段 32 个 样线总长 32 000cm（其中裸地 20 229cm）覆盖度 84.68%。

资料来源：高成德的硕士论文《晋西黄土区蔡家川封禁流域植被演替规律及物种多样性研究》。

4.2.5 2002 年蔡家川流域生物样地调查数据

2002 年 6～8 月，在蔡家川流域北坡和杨家峁附近，进行了调查（魏天兴等）。

4.2.5.1 森林调查观测点植物群落乔灌木各植物种调查表

表 4－28 森林调查观测点植物群落乔灌木各植物种调查表

样地序号	植物种名	坡位	坡向	坡度（°）	密度（株/hm²）	平均胸径（cm）	平均高度（m）	郁闭度（%）
1	油松	中部	NE30°	19	1 667	6.09	4.47	89
2	侧柏	上部	S	19	1 818	3.15	3.21	43
3	刺槐、油松	下部	NE21°	22	1 111/1 111	5.1/3.1	5.3/2.9	51
4	刺槐、侧柏	中部	ES25°	28	1 300/600	6.9/4.5	7.2/4.6	69
5	刺槐	中部	S	26	1 320	4.30	3.7	52
6	刺槐	中部	ES25°	29	1 622	5.30	5.6	94
7	刺槐	中部	S	25	2 204	5.44	5.68	74
8	刺槐	上部	E	31	1 400	8.55	8.4	61
9	刺槐	上部	E	28	2 000	7.99	7.6	60
10	刺槐	上部	NE20°	23	1 200	8.5	7.2	60
11	山杨、绣线菊、黄刺玫、虎榛子	下部	NE39°	26	—	—	—	100

4.2.5.2 森林调查观测点植物群落乔灌木各植物生物量调查表

表 4－29 森林调查观测点植物群落乔灌木各植物生物量调查表

样地序号	植物种名	平均胸径（cm）	平均高度（m）	地上部分平均干重（kg/m²）	树干平均干重（kg/m²）	枝干平均干重（kg/m²）	叶平均干重（kg/m²）	地下部分干重（kg/m²）
1	油松	6.09	4.47	9.1	3.78	2.3	2.72	2.46
2	侧柏	3.15	3.21	4.16	1.53	1.52	1.11	1.16
3	刺槐、油松	5.1/3.1	5.3/2.9	5.48	2.44	1.2	1.85	0.37
4	刺槐、侧柏	6.9/4.5	7.2/4.6	22.52	17.68	2.8	2.09	4.74
5	刺槐	4.3	3.7	5.96	3.47	1.2	0.95	1.74
6	刺槐	5.3	5.6	10.92	6.33	2.9	0.75	3.18
7	刺槐	5.44	5.68	17.85	4.64	2	1.26	3.72
8	刺槐	8.55	8.4	21.2	14.1	4.9	1.51	6.42
9	刺槐	7.99	7.6	16.2	12.05	2.8	0.59	17.02
10	刺槐	8.5	7.2	24.06	14.93	5.3	1.74	8.03

4.2.6 2002—2004 年蔡家川流域生物样地调查数据

2002—2004 年，在吉县蔡家川流域，进行调查，并调查地形部位、坡向、坡度、海拔高、主要地被物及土壤坡面调查（表 4－30，朱清科、魏天兴等）。

4.2.6.1 森林调查观测点生境要素调查表

表 4－30 森林调查观测点生境要素调查表

年份	样地号	样地名称	海拔（m）	优势树种	坡向	坡位	坡度（°）	郁闭度	树龄（a）
2002	1	人工林	1 086	油松	半阳坡	上	11	—	14
	2	人工林	1 109	刺槐	半阳坡	—	11	—	12
	3	天然林	1 030	侧柏	阳坡	中	17	—	19
	4	人工林	1 152	刺槐	—	中	17	—	12

（续）

年份	样地号	样地名称	海拔（m）	优势树种	坡向	坡位	坡度（°）	郁闭度	树龄（a）
2002	5	人工林	1 300	油松	阴坡	上	14	—	31
	6	天然林	1 160	—	阳坡	中	19	—	—
	7	人工林	1 215	刺槐	半阴坡	—	12	—	16
	8	天然林	1 150	辽东栎	半阴坡	中下	18	—	30
	9	天然林	1 030	山杨	—	—	19	—	26
	10	人工林	1 220	油松	—	—	—	—	22
2003	1	人工林	1096	刺槐	西南	上	27	61.1	4
	2	人工林	1 172	刺槐	东北	上	25	51	12
	3	人工林	1 096	刺槐	东	下	10	38.5	10
	4	人工林	1 212	油松	西北	中	17	67	16
	5	人工林	1 098	刺槐	西南	中	11	40	6
	6	天然林	1 236	茶条槭	北	下	33	68.9	50
	7	天然林	1 502	辽东栎	南	上	21	59	45
	8	天然林	1 142	侧柏	西南	中	31	46.7	35
	9	天然林	1 159	辽东栎	西南	下	26	65	60
	10	人工林	1 184	落叶松	南	沟底	8	65	20
	11	人工林	1 281	油松	西南	上	17	50	20
	12	天然林	1 192	辽东栎	东北	中上	44	70	45
	13	天然林	1 135	辽东栎	东南	下	40	40	30
	14	天然林	1 114	山杨	东南	沟底	34	30	15
	15	人工林	1 155	辽东栎	西南	中	28	—	40
	16	天然林	1 156	辽东栎	北	中	44	—	30
	17	人工林	1 281	油松	西南	上	11	—	11
	18	天然林	1 087	山杨	东北	沟底	18	—	15
	19	人工林	1 118	刺槐	东北	山脊	15	—	15
	20	人工林	1 277	油松	东	中	24	—	21
	21	人工林	1 215	油松	西北	中	20	—	21
	22	天然林	1 153	山杨	东北	中	20	—	19
	23	天然林	1 125	山杨	东	中	26	—	15
	24	天然林	1 192	山杨	北	上	25	—	12
	25	天然林	1 115	辽东栎	西	中	16	—	—
2004	1	人工林	1 137	刺槐	西北	下	10	25	12
	2	人工林	1 132	油松	东	上	22	90	20
	3	人工林	1 187	油松	东	上	18	65	20
	4	天然林	1 115	辽东栎	北	上	30	60	50
	5	人工林	1 176	刺槐	西北	上	16	40	12
	6	人工林	1 165	刺槐	西	下	16	30	14
	7	人工林	1 127	侧柏	东南	中	15	40	—
	8	天然林	1 119	山杨	北	上	18	78	30
	9	天然林	1 147	侧柏	—	—	—	35	55
	10	天然林	1 154	辽东栎	北	中	30	73	50
	11	天然林	1 143	油松	—	—	—	75	18
	12	天然林	1 144	栾树	南	低	30	—	65
	13	天然林	1 198	侧柏	西南	中	40	50	45
	14	天然林	1 208	辽东栎	东北	上	30	50	40
	15	人工林	1 501	油松	东北	下	23	85	35
	16	人工林	1 289	刺槐	西南	上	32	80	37
	17	人工林	1 111	沙棘	平地	—	—	45	35
	18	天然林	1 130	山杨	东北	沟底	30	80	—
	19	天然林	1 078	侧柏	东	下	28	60	—
	20	天然林	1 080	侧柏	东	上	30	55	40
	21	天然林	1 075	侧柏	西坡	中	19	25	—
	22	天然林	1 117	山杨	西南	上	17	10	—
	23	人工林	1 138	油松	西坡	底	5	57	20
	24	天然林	1 148	细裂槭	东	中	23	75	—

（续）

年份	样地号	样地名称	海拔（m）	优势树种	坡向	坡位	坡度（°）	郁闭度	树龄（a）
	25	天然林	1 166	细裂槭	东	上	25	45	—
	26	天然林	1 144	辽东栎	西	下	35	73	—
	27	天然林	1 168	侧柏	西	上	45	80	30
	28	天然林	1 124	辽东栎	东	下	30	70	28
	29	天然林	1 119	栾树	东	下	20	85	—
	30	天然林	1 380	桦树	西北	中	20	65	—
	31	天然林	—	白桦	—	下	—	68	—
	32	天然林	—	漆树	—	底	—	40	—
	33	天然林	—	辽东栎	东南	中	—	74	52
	35	天然林	1 205	侧柏	东南	下	—	50	28
	36	天然林	1 241	侧柏	东南	上	36	60	23
	45	天然林	1 087	细裂槭	南	下	25	25	—
	46	天然林	1 090	侧柏	西	中	32	30	40
	48	天然林	1 058	辽东栎	西	中	27	50	—

4.2.6.2 2002—2004 年蔡家川流域森林调查观测点植物群落（乔木）各植物种调查（汇总表）

表 4-31 2002—2004 年蔡家川流域森林调查观测点植物群落（乔木）各植物种调查（汇总表）

样地序号	调查年份	样地名称	小地名	植物种名	平均胸径（cm）	平均高度（m）
1	2002	人工林	蔡家川	油松	4.65	3.51
2	2002	人工林	蔡家川	刺槐	4.86	6.91
				侧柏	2.73	3.65
3	2002	天然林	蔡家川	侧柏	9.39	5.21
4	2002	人工林	蔡家川	刺槐	6.24	6.51
				油松	3.98	3.26
5	2002	人工林	蔡家川	油松	15.50	9.09
6	2002	天然林	蔡家川	—	—	—
7	2002	人工林	蔡家川	刺槐	9.05	10.63
8	2002	天然林	蔡家川	辽东栎	7.64	7.77
	—	—	—	疏毛槭	7.42	5.89
	—	—	—	黄栌	3.58	4.09
	—	—	—	油松	7.48	8.07
	—	—	—	山杏	4.50	2.50
	—	—	—	杜梨	7.50	5.50
	—	—	—	侧柏	6.50	6.50
9	2002	天然林	蔡家川	辽东栎	2.90	3.51
	—	—	—	山杨	4.64	5.52
	—	—	—	黄栌	1.35	2.50
	—	—	—	疏毛槭	1.25	2.40
	—	—	—	山杏	3.50	3.00
10	2002	人工林	蔡家川	油松	8.91	5.46
				疏毛槭	8.33	5.25
1	2003	人工林	蔡家川	刺槐	1.83	2.35
2	2003	人工林	蔡家川	刺槐	6.24	6.71
				油松	5.41	2.30
3	2003	人工林	蔡家川	刺槐	5.74	6.16
4	2003	人工林	蔡家川	油松	5.69	7.00
				刺槐	5.70	
5	2003	人工林	蔡家川	刺槐	7.33	7.01
				核桃	3.72	1.25
6	2003	天然林	蔡家川	茶条槭	14.14	10.56
	—	—	—	鹅耳枥	5.48	7.20
	—	—	—	辽东栎	13.87	14.86

（续）

样地序号	调查年份	样地名称	小地名	植物种名	平均胸径（cm）	平均高度（m）
7	2003	天然林	蔡家川	辽东栎	11.77	6.23
	—	—	—	黄栌	6.58	5.50
	—	—	—	漆树	7.50	5.50
8	2003	天然林	蔡家川	侧柏	10.69	3.23
	—	—	—	紫穗槐	2.33	1.87
9	2003	天然林	蔡家川	辽东栎	19.60	9.65
10	2003	人工林	蔡家川	辽东栎	6.05	7.68
	—	—	—	落叶松	7.08	9.30
11	2003	人工林	蔡家川	油松	7.35	3.76
	—	—	—	辽东栎	6.50	5.00
12	2003	天然林	蔡家川	辽东栎	14.26	8.13
	—	—	—	茶条槭	10.22	5.06
	—	—	—	侧柏	7.80	7.50
	2003	天然林	蔡家川	山楂	4.00	2.50
	—	—	—	山杨	5.50	2.80
13	—	—	—	油松	7.54	2.93
	—	—	—	辽东栎	6.16	4.13
	—	—	—	杜梨	2.75	2.75
	2003	人工林	蔡家川	侧柏	6.65	3.38
15	—	—	—	辽东栎	13.28	5.83
	—	—	—	杜梨	7.50	7.00
	2003	天然林	蔡家川	侧柏	8.20	4.67
16	—	—	—	黑榆	8.50	5.00
	—	—	—	辽东栎	7.72	5.08
17	2003	人工林	蔡家川	油松	5.09	—
	2003	天然林	蔡家川	山杨	9.93	8.59
18	—	—	—	辽东栎	9.98	7.67
	—	—	—	杜梨	17.50	12.00
	—	—	—	黄栌	15.70	7.50
19	2003	人工林	蔡家川	刺槐	10.01	6.65
	—	—	—	油松	10.90	3.88
20	2003	人工林	蔡家川	油松	7.12	5.13
	—	—	—	侧柏	9.85	5.50
21	2003	人工林	蔡家川	油松	15.77	6.99
	—	—	—	山杨	4.68	5.87
22	2003	天然林	蔡家川	山杨	8.16	6.98
	—	—	—	辽东栎	11.66	5.58
	—	—	—	栾树	1.70	3.00
	—	—	—	油松	10.50	6.50
	—	—	—	茶条槭	7.40	4.00
23	2003	天然林	蔡家川	山杨	7.16	6.42
	—	—	—	辽东栎	11.75	6.50
	—	—	—	茶条槭	9.60	6.55
	—	—	—	杜梨	20.00	6.50
24	2003	天然林	蔡家川	辽东栎	4.75	4.15
	—	—	—	山杨	6.68	5.13
	—	—	—	茶条槭	4.20	3.75
	—	—	—	山杏	12.73	5.30
	—	—	—	丁香	4.52	3.78
	—	—	—	黄栌	7.13	4.57
25	2003	天然林	蔡家川	辽东栎	8.60	5.52
	—	—	—	山杨	9.36	7.03
	—	—	—	鹅耳枥	8.10	6.00
	—	—	—	山杏	5.25	4.10

（续）

样地序号	调查年份	样地名称	小地名	植物种名	平均胸径（cm）	平均高度（m）
	—	—	—	栓皮栎	6.60	4.00
	—	—	—	山榆	2.80	3.00
1	2004	人工林	蔡家川	刺槐	4.84	5.63
	—	—	—	油松	4.96	4.06
2	2004	人工林	蔡家川	油松	4.24	4.05
3	2004	人工林	蔡家川	油松	4.26	3.70
4	2004	天然林	蔡家川	油松	7.55	6.13
	—	—	—	黄栌	8.29	4.29
	—	—	—	辽东栎	9.93	6.30
5	2004	人工林	蔡家川	刺槐	6.03	4.46
6	2004	人工林	蔡家川	刺槐	6.90	4.45
7	2004	人工林	蔡家川	侧柏	—	2.87
8	2004	天然林	蔡家川	华中山楂	8.50	2.80
	—	—	—	辽东栎	2.79	3.23
	—	—	—	山桃	13.64	7.69
9	2004	天然林	蔡家川	侧柏	12.90	4.20
10	2004	天然林	蔡家川	侧柏	21.50	3.15
	—	—	—	鹅耳枥	4.40	7.21
	—	—	—	辽东栎	21.39	12.42
	—	—	—	山杨	7.00	10.80
11	2004	天然林	蔡家川	油松	8.07	6.23
12	2004	天然林	蔡家川	大果榆	4.94	3.53
	—	—	—	杜梨	12.08	3.60
	—	—	—	栾树	8.55	4.74
13	2004	天然林	蔡家川	侧柏	5.06	2.28
	—	—	—	大果榆	6.40	3.10
	—	—	—	杜梨	6.30	3.25
	—	—	—	鹅耳枥	4.70	3.70
	—	—	—	辽东栎	10.28	4.50
	—	—	—	油松	12.27	4.43
14	2004	天然林	蔡家川	侧柏	9.30	6.00
	—	—	—	鹅耳枥	3.47	3.53
	—	—	—	辽东栎	11.54	5.69
	—	—	—	蒙椴	6.60	5.20
	—	—	—	油松	5.54	3.26
15	2004	人工林	蔡家川	油松	14.29	7.07
16	2004	人工林	蔡家川	刺槐	12.40	7.43
	—	—	—	山杏	8.33	5.97
18	2004	天然林	蔡家川	茶条槭	4.70	4.80
	—	—	—	河柳	1.70	2.10
	—	—	—	华中山楂	3.00	2.40
	—	—	—	辽东栎	6.62	3.85
	—	—	—	青麸杨	4.85	5.85
	—	—	—	山杨	9.39	5.67
	—	—	—	山楂	2.53	3.30
	—	—	—	细裂槭	4.07	3.27
	—	—	—	小叶柳	5.20	4.25
	—	—	—	野山楂	3.47	2.50
19	2004	天然林	蔡家川	侧柏	8.38	4.00
	—	—	—	黑榆	5.89	2.64
20	2004	天然林	蔡家川	侧柏	7.92	3.57
21	2004	天然林	蔡家川	侧柏	8.63	3.69
	—	—	—	辽东栎	6.44	3.78
22	2004	天然林	蔡家川	辽东栎	3.03	2.17
	—	—	—	山杨	6.23	4.05

（续）

样地序号	调查年份	样地名称	小地名	植物种名	平均胸径（cm）	平均高度（m）
23	2004	人工林	蔡家川	油松	9.12	3.33
24	2004	天然林	蔡家川	茶条槭	3.90	3.55
	—	—	—	丁香	5.79	3.51
	—	—	—	杜梨	7.71	4.29
	—	—	—	青麸杨	3.48	2.86
	—	—	—	山杏	4.80	3.75
	—	—	—	丝棉木	7.80	3.80
	—	—	—	细裂槭	3.38	2.68
25	2004	天然林	蔡家川	茶条槭	5.20	4.40
	—	—	—	大果榆	5.18	2.30
	—	—	—	杜梨	7.17	4.25
	—	—	—	漆树	4.75	2.85
	—	—	—	细裂槭	4.51	3.21

4.2.6.3　2002—2004年蔡家川流域森林调查观测点植物群落（灌草）各植物种调查表（汇总）

表4-32　2002年蔡家川流域各样地灌草植物数据

样地号	植物种名	平均高度（cm）
1	白头翁	19.33
1	白羊草	5
1	扁核木	76
1	长茅草	18.42
1	丁香	48.4
1	胡枝子	120
1	黄刺玫	74.5
1	茭蒿	25.67
1	狼牙刺	110
1	茜草	19
1	乳浆大戟	14.67
1	铁杆蒿	33.23
1	委陵菜	5
1	绣线菊	43.66
1	硬毛棘豆	11
1	紫胡	17.5
1	紫花地丁	50
1	紫丁香	50
2	白草	8
2	白刺	46.64
2	白头翁	11.11
2	白羊草	9.15
2	败酱	7.75
2	抱茎苦荬菜	7.75
2	滨草	8
2	冰草	8
2	柴胡	9
2	长茅草	10.61
2	地黄	8
2	丁香	14
2	灌木铁线莲	35.38
2	蒿草	14
2	胡枝子	140
2	花葱	4
2	黄刺玫	135
2	茭蒿	8

（续）

样地号	植物种名	平均高度（cm）
2	角茴香	6
2	荆条	81.42
2	苦荬菜	6.17
2	蒲公英	9.83
2	祁州漏芦	12.33
2	茜草	14.71
2	乳浆大戟	13.36
2	酸枣	48.11
2	铁杆蒿	21.54
2	萎陵菜	4.83
2	西北栒子	1.2
2	栒子	57.25
2	羊胡子草	8.5
2	野豌豆	6
2	硬毛棘豆	8
2	紫荆	240
3	艾蒿	6.33
3	白头翁	9.33
3	败酱	8
3	抱茎苦荬菜	9.33
3	坣管草	7.67
3	扁核木	51.5
3	滨紫草	3
3	柴胡	7.33
3	长茅草	14.58
3	臭蒿	9
3	丁香	81.76
3	灌木铁线莲	30
3	黄刺玫	132.92
3	荚蒾	178.5
3	角蒿	12.25
3	荆条	165.33
3	苦荬菜	3
3	梅子	56
3	米口袋	6.33
3	蒲公英	11.75
3	祁州漏芦	9.67
3	乳酱大戟	7
3	山丹丹	8
3	山桃	110.42
3	苔草	7.71
3	铁杆蒿	14.58
3	萎陵菜	4.88
3	细叶苔草	7.25
3	狭叶米口袋	8
3	夏枯草	6
3	夏尾草	6
3	绣线菊	54.31
3	栒子	75.75
3	野豌豆	6
3	硬毛棘豆	4.8
3	远志	5
3	紫丁香	14
4	艾蒿	12.75
4	白头翁	7.17

（续）

样地号	植物种名	平均高度（cm）
4	白羊草	6.17
4	败酱	7
4	扁核木	71.88
4	滨草	4
4	柴胡	8.13
4	长茅草	21.67
4	大黄花	7
4	地黄	8
4	丁香	44.5
4	灌木铁线莲	45.6
4	黄刺玫	51.4
4	蒲公英	9.14
4	祁州漏芦	6.71
4	茜草	10.57
4	乳浆大戟	16
4	石蒜	14
4	铁杆蒿	32.75
4	萎陵菜	5.25
4	橡树	6
4	鸦葱	6
4	野豌豆	8
4	阴行草	4
4	鸢尾	11.5
4	针芝草	11.67
5	—	—
6	白刺	41.79
6	白羊草	5.75
6	长茅草	29.54
6	臭蒿	28
6	丁香	8
6	虎榛子	83.33
6	角茴香	8
6	茜草	14
6	荛花	86.88
6	铁杆蒿	20.47
6	萎陵菜	4
6	细叶苔草	6.56
6	绣线菊	40
6	硬毛棘豆	7.67
7	白头翁	8.14
7	败酱	3.5
7	抱茎苦荬菜	10.83
7	滨草	7.67
7	长茅草	15.33
7	臭蒿	9.45
7	地丁	3.91
7	杠柳	59.94
7	黄刺玫	22
7	黄栌	8
7	角蒿	7.6
7	角茴香	6.83
7	苦荬菜	11
7	狼尾草	19
7	米口袋	6.57
7	蒲公英	10.38

（续）

样地号	植物种名	平均高度（cm）
7	祁州漏芦	5
7	茜草	13.13
7	乳浆大戟	16.23
7	铁杆蒿	9.25
7	萎陵菜	3.86
7	悬钩子	12
7	羊胡子	15.75
7	野豌豆	5.67
7	阴行草	8
7	茵陈蒿	9.67
7	硬毛棘豆	6.4
7	鸢尾	8
7	紫花地丁	4
8	白刺	60
8	大果榆	121
8	丁香	80
8	黄栌	93.33
8	荚蒾	110
8	连翘	119.25
8	树锦鸡儿	91
8	铁杆蒿	13.67
8	细叶苔草	10.78
8	绣线菊	87.38
8	栒子	84.33
8	紫丁香	86
9	长茅草	15
9	大果榆	115.55
9	灌木铁线莲	12
9	胡枝子	110
9	黄刺玫	140
9	荚蒾	122.33
9	狼尾草	14.5
9	连翘	110
9	毛豚小檗	70
9	蒲公英	8
9	祁州漏芦	10
9	疏毛槭	40
9	细叶苔草	8.08
9	绣线菊	105
9	栒子	82.11
9	樱桃	71
9	硬毛棘豆	8
1	风毛菊	18
1	矮苔草	22
1	艾蒿	68.5
1	白毛胡枝子	60
1	白头翁	16
1	白羊草	42
1	本氏木蓝	13
1	糙叶败酱	74
1	草叶败酱	45
1	飞蓬	11
1	风毛菊	64
1	甘草	60
1	芦苇	135

（续）

样地号	植物种名	平均高度（cm）
1	山丹	72
1	铁杆蒿	66.67
1	委陵菜	44
1	狭叶青蒿	63.33
1	野豌豆	75
1	野鸢尾	25
1	茵陈蒿	86
2	矮苔草	17
2	艾蒿	34.33
2	白头翁	15
2	糙叶败酱	40
2	飞蓬	15
2	凤毛菊	20
2	杠柳	15
2	辽东栎	18
2	麻叶绣线菊	20
2	茜草	10
2	酸枣	30
2	铁杆蒿	55
2	铁线莲	25
2	兔儿伞	15
2	乌头叶蛇葡萄	30
2	阴行草	80
2	紫花地丁	8
3	矮苔草	27.5
3	艾蒿	37.5
3	白头翁	18
3	白羊草	35
3	糙叶败酱	40
3	凤毛菊	10
3	蒲公英	3
3	茜草	36.67
3	铁杆蒿	34
3	委陵菜	15
3	远志	20
3	紫花地丁	15
5	艾蒿	42.5
5	白羊草	23.33
5	败酱	40
5	柴胡	40
5	凤毛菊	27.5
5	甘草	50
5	狗哇花	30
5	苦荬菜	10
5	蒲公英	20
5	茜草	35
5	铁杆蒿	73
5	委陵菜	21.67
5	狭叶青蒿	55
5	野豌豆	52
5	一年蓬	10
5	茵陈蒿	25
5	紫花地丁	27.5
8	矮苔草	40
8	抱茎苦荬菜	37

（续）

样地号	植物种名	平均高度（cm）
8	糙叶败酱	53
8	柴胡	50
8	地榆	87
8	凤毛菊	30
8	华北前胡	39
8	黄海棠	30
8	黄芩	38.25
8	茜草	17.5
8	苔藓	0.5
8	细梗胡枝子	40
8	纤弱黄芩	35
8	沼兰	30
8	中华卷柏	3
9	白羊草	28.5
9	柴胡	32
9	菌陈蒿	50
9	铁杆蒿	75
9	萎陵菜	28
9	狭叶青蒿	52
9	阴行草	50
9	远志	28
11	艾蒿	42.5
11	车前	20
11	地榆	30
11	凤毛菊	20
11	龙牙草	42.5
11	茜草	30
11	蜻蜓兰	36.67
11	蛇莓	5
11	烟管头草	91.67
11	白羊草	50
11	紫花地丁	20
12	艾蒿	70
12	白羊草	30
12	抱茎苦荬菜	25
12	草木樨	50
12	飞蓬	20
12	菌陈蒿	80
12	茜草	30
12	铁杆蒿	50
12	狭叶青蒿	60
12	异叶败酱	30
13	矮苔草	36
13	抱茎苦荬菜	100
13	草木樨	10
13	米口袋	44
13	铁杆蒿	10
13	紫花地丁	36
14	胡枝子	25
15	茜草	10
15	蜻蜓兰	25
15	铁杆蒿	17
15	旋复花	35
15	一年蓬	10
15	异叶败酱	45

（续）

样地号	植物种名	平均高度（cm）
16	抱茎苦荬菜	40
16	千里光	45
16	蛇莓	20
16	铁杆蒿	65
16	烟管头草	55
17	艾蒿	95
17	草木樨	100
17	车前	65
17	地锦	6
17	风毛菊	125
17	黄蒿	110
17	林荫千里光	135
17	龙牙草	100
17	律草	70
17	乱子草	71.67
17	木贼	8
17	苜蓿	40
17	牛蒡	130
17	旋覆花	70
17	日本续断	136
17	鼠掌老鹳草	72.5
17	铁线莲	50
17	小窃衣	85
17	野艾蒿	97.5
17	野大豆	65
17	异叶败酱	105
17	茵陈蒿	140
18	烟管头草	150
18	小升麻	15
18	艾蒿	30
18	柴胡	30
18	地黄	5
18	风毛菊	15
18	毛马唐	50
18	茜草	20
18	石刁柏	15
18	铁杆蒿	33.75
18	委陵菜	21.67
18	狭叶青蒿	40
18	野韭菜	55
18	一年蓬	10
18	异叶败酱	40
18	阴行草	35
18	中华卷柏	11.5
20	柴胡	15
20	角盘兰	10
20	毛地黄	7
20	米口袋	9
20	茜草	30
20	山丹	30
20	铁杆蒿	46.43
20	委陵菜	30
20	狭叶青蒿	37.5
20	远志	12.5
20	中华卷柏	5.5

（续）

样地号	植物种名	平均高度（cm）
20	紫莞	25
21	白头翁	7
21	抱茎枯荬菜	40
21	华北前胡	65
21	角盘兰	20
21	蜻蜓兰	25
21	铁杆蒿	17.5
21	委陵菜	12.5
21	烟管头草	50
21	远志	40
23	白头翁	25
23	白羊草	52.5
23	糙叶败酱	50
23	柴胡	70
23	刺儿菜	60
23	打碗花	27.5
23	风毛菊	100
23	甘草	49.63
23	荩草	70
23	苦菜花	31
23	芦苇	97.5
23	茜草	19.5
23	确山野豌豆	26.25
23	山丹	30
23	铁杆蒿	58.75
23	委陵菜	21.67
23	狭叶青蒿	45
23	野亚麻	70
23	茵陈蒿	60
23	硬毛棘豆	10
23	紫花地丁	30
24	矮苔草	15
24	草木樨	70
24	柴胡	40
24	粗壮女娄菜	95
24	风毛菊	110
24	甘菊	72
24	华北前胡	80
24	黄海棠	40
24	荩草	20
24	老鹳草	25
24	龙牙草	41.25
24	米口袋	15
24	茜草	60
24	确山野豌豆	40
24	铁杆蒿	56.25
24	兔儿伞	7
24	王不留行	10
24	委陵菜	55
24	五脉叶香豌豆	28
24	小窃衣	65
24	烟管头草	55
24	异叶败酱	50
24	益母草	34.67
24	阴行草	91.67

（续）

样地号	植物种名	平均高度（cm）
24	茵陈蒿	60
24	紫花地丁	27.5
25	白头翁	20
25	白羊草	55
25	柴胡	51.43
25	多岐沙参	100
25	风毛菊	20
25	甘菊	52.5
25	华北前胡	67.5
25	黄毛棘豆	10
25	黄芩	50
25	荩草	25
25	茜草	65
25	确山野豌豆	40
25	铁杆蒿	58.33
25	委陵菜	40
25	狭叶青蒿	35
25	鸭葱	10
25	阴行草	66.67
25	硬毛棘豆	20
25	远志	25
1	薄皮木	132
1	刺槐	78
1	达乌里胡枝子	40
1	丁香	127.8
1	杠柳	120
1	黄刺玫	140
1	木兰	125
1	山桃	200
1	山杏	180
1	绣线菊	108.4
1	杨树	94
1	油松	73
3	白刺	30
3	达乌里胡枝子	30
3	丁香	22.5
3	杜梨	200
3	多花栒子	150
3	黄刺玫	177.5
3	黄栌	20
3	陕西荚蒾	250
3	细裂槭	43.33
4	白刺	235
4	多花栒子	140
4	虎榛子	155
4	黄刺玫	114
4	黄栌	190
4	连翘	294.33
4	麻叶绣线菊	40
4	三裂绣线菊	72
4	山楂	200
4	陕西荚蒾	85
4	圆叶绣线菊	62
5	丁香	80
5	黄刺玫	135

（续）

样地号	植物种名	平均高度（cm）
5	牛奶子	290
5	沙棘	150
8	百刺花	130
8	多花栒子	193.33
8	虎榛子	136.67
8	黄刺玫	150
8	黄栌	350
8	连翘	140
8	辽东栎	165
8	牛奶子	175
8	山楂	122.5
8	陕西荚蒾	150
8	绣线菊	100
8	圆叶绣线菊	75
9	丁香	13.5
9	黄刺玫	82.5
9	金雀儿	40
9	马棘	40
9	山桃	240
9	圆叶鼠李	170
10	多花栒子	210
10	刚性忍冬	30
10	黄刺玫	280
10	黄栌	350
10	金银木	50
10	连翘	240
10	三裂绣线菊	65
10	陕西荚蒾	100
10	蒜子梢	170
10	细裂槭	40
11	茶条槭	80
11	杠柳	533.33
11	黄刺玫	120
11	金银木	76.67
11	连翘	115
11	辽东栎	35
11	栾树	25
11	麻叶绣线菊	100
11	青麸杨	27.5
11	沙棘	210
11	山桃	45
11	山杨	50
11	乌头叶蛇葡萄	100
11	细裂槭	55
11	悬钩子	60
11	油松	5
12	大果榆	36
12	杠柳	150
12	黄刺玫	170
12	金银木	25
12	连翘	90
12	栾树	30
12	山桃	150
12	陕西荚蒾	80
12	悬钩子	57.5

（续）

样地号	植物种名	平均高度（cm）
13	白刺	80
13	多花木蓝	42.5
13	虎榛子	85
13	花子梢	55
13	黄刺玫	200
13	黄栌	123.33
13	连翘	190
13	麻叶绣线菊	85
13	山楂	200
14	白刺	176.67
14	丁香	60
14	多花栒子	130
14	杭子梢	120
14	虎榛子	115
14	黄栌	246.67
14	连翘	166.67
14	陕西荚蒾	70
14	绣线菊	70
15	丁香	113.33
15	多花栒子	240
15	杭子梢	20
15	黄刺玫	153.33
15	黄栌	190
15	连翘	270
15	辽东栎	22.5
15	麻叶绣线菊	85
15	牛奶子	250
15	细裂槭	85
15	绣线菊	180
16	丁香	35
16	河朔荛花	75
16	黄刺玫	135
16	悬钩子	45
17	沙棘	350
17	牛奶子	350
17	金银木	150
17	黄刺玫	120
18	多花栒子	56.67
18	杭子梢	47.5
18	虎榛子	87.5
18	黄刺玫	37.5
18	黄栌	25
18	金银木	100
18	连翘	125
18	麻叶绣线菊	70
18	毛丁香	300
18	毛叶小檗	50
18	南蛇藤	30
18	牛奶子	52.5
18	山杨	90
18	山樱桃	170
18	陕西荚蒾	155
18	卫矛	30
18	乌头蛇葡萄	60
18	绣线菊	60

（续）

样地号	植物种名	平均高度（cm）
18	悬钩子	50
18	圆叶鼠李	240
18	圆叶绣线菊	150
19	薄皮木	44
19	丁香	150
19	多花木蓝	40
19	多花栒子	186.67
19	刚毛忍冬	65
19	胡枝子	15
19	黄刺玫	78.33
19	黄栌	186.67
19	锦雀儿	43.33
19	荆条	120
19	连翘	175
19	麻叶绣线菊	75
19	毛樱桃	50
19	牛奶子	10
19	陕西荚蒾	206.67
19	小檗	40
19	圆叶绣线菊	60
20	长枝胡枝子	30
20	丁香	166.67
20	多花栒子	150
20	胡枝子	20
20	黄刺玫	108.33
20	黄栌	55
20	锦雀儿	36.67
20	山桃	40
20	蛇葡萄	35
20	圆叶鼠李	150
21	达乌里胡枝子	30
21	丁香	130
21	多花栒子	215
21	胡枝子	30
21	虎榛子	160
21	黄刺玫	140
21	黄栌	180
21	牛奶子	250
21	山桃	160
21	山杏	80
21	陕西荚蒾	125
21	细叶胡枝子	25
21	绣线菊	70
21	悬钩子	100
21	圆叶绣线菊	115
23	白刺	110
23	白指甲花	45
23	丁香	108.33
23	黄刺玫	180
23	细梗胡枝子	40
24	丁香	400
24	短尾铁线莲	30
24	多花胡枝子	40
24	多花栒子	40
24	刚毛忍冬	42.5

（续）

样地号	植物种名	平均高度（cm）
24	杠柳	200
24	黄刺玫	256.67
24	黄栌	10
24	金银木	166.67
24	栾树	60
24	毛丁香	350
24	茅莓	41.67
24	牛奶子	230
24	青麸杨	30
24	陕西荚蒾	45
24	蛇葡萄	55
24	细裂槭	100
25	本氏木蓝	28.5
25	丁香	260
25	多花栒子	190
25	杠柳	230
25	胡枝子	35
25	黄刺玫	182.5
25	金银木	60
25	茅莓	50
25	山桃	280
25	陕西荚蒾	80
25	铁线莲	30

4.2.6.4　2002年森林调查观测点生物量调查表

表4-33　2002年森林调查观测点生物量调查表

样地号	样方号	生物量（g/m²）			
		鲜　重		干　重	
		未分解层	半分解层	未分解层	半分解层
1	1	350	275	166	126
	2	240	167	114	77
	3	195	186	93	85
	4	170	370	81	170
	5	160	130	76	60
	6	380	270	181	124
	7	230	186	109	85
	8	150	187	71	86
	9	224	385	107	177
	10	197	137	94	63
	11	186	210	89	96
	12	237	176	84	81
2	1	56	170	21	99
	2	110	140	42	81
	3	230	162	88	94
	4	78	137	30	80
	5	64	152	24	88
	6	72	143	28	83
	7	89	191	34	111
	8	137	214	52	125
	9	158	263	60	153
	10	141	289	54	168
	11	220	186	84	108
	12	174	232	66	135

（续）

样地号	样方号	生物量（g/m²）			
		鲜　重		干　重	
		未分解层	半分解层	未分解层	半分解层
3	1	170	325	93	205
	2	260	475	142	301
	3	197	214	108	135
	4	334	296	183	187
	5	217	464	119	294
	6	186	337	102	213
	7	117	267	64	169
	8	189	356	104	225
	9	225	418	123	265
	10	370	466	203	295
	11	196	314	107	199
	12	225	305	123	193
4	1	161	97	111	65
	2	81	123	56	82
	3	64	138	44	92
	4	75	217	52	145
	5	66	187	45	125
	6	94	135	65	90
	7	77	142	53	95
	8	87	149	60	100
	9	91	133	63	89
	10	121	162	84	108
	11	176	84	122	56
	12	74	215	51	144
5	1	262	1 521	195	1 220
	2	170	132	127	106
	3	350	2 142	261	1 717
	4	450	660	335	529
	5	146	327	109	262
	6	360	1 550	268	1 243
	7	570	1170	276	938
	8	700	1 310	522	1 051
	9	582	1 522	434	1 221
	10	440	1 740	328	1 395
	11	670	2 590	499	2 077
	12	160	150	119	120
6	1	100	50	45	21
	2	50	60	23	25
	3	130	50	58	21
	4	70	50	31	21
	5	70	50	31	21
	6	80	60	36	25
	7	230	100	103	41
	8	60	80	27	33
	9	500	50	224	21
	10	200	100	90	41
	11	450	50	201	21
	12	150	70	67	29

（续）

样地号	样方号	生物量（g/m²）			
		鲜　重		干　重	
		未分解层	半分解层	未分解层	半分解层
7	1	90	120	53	81
	2	270	100	159	67
	3	300	160	176	108
	4	200	100	118	67
	5	210	160	123	108
	6	180	212	106	143
	7	670	260	394	175
	8	500	121	294	82
	9	650	460	382	310
	10	602	190	354	128
	11	430	198	253	133
	12	5320	111	314	75
8	1	810	854	492	502
	2	460	940	278	553
	3	600	1 400	364	214
	4	360	800	158	823
	5	420	620	255	365
	6	520	500	316	294
	7	480	700	291	412
	8	460	560	279	329
	9	350	464	212	273
	10	340	330	206	194
	11	860	1 200	522	706
	12	550	482	334	289
9	1	350	400	191	218
	2	260	320	142	175
	3	265	340	145	186
	4	460	500	251	273
	5	350	650	191	355
	6	850	620	464	339
	7	245	400	134	218
	8	500	460	273	251
	9	300	380	164	207
	10	400	410	218	224
	11	340	360	186	197
	12	340	450	186	246

4.2.6.5　2002年森林调查观测点植物群落灌草植物生物量调查表

表4-34　2002年森林调查观测点植物群落灌草植物生物量调查表

样地序号	类别	地名	地上部分平均干重（g/m²）	地下部分干重（g/m²）	未分解层（g/m²）	半分解层（g/m²）
1	草本	蔡家川	11.73	13.06	—	—
	灌木	—	13.85	27.16	—	—
	枯落物	—	—	—	105.42	102.50
2	草本	—	12.74	13.17	—	—
	灌木	—	11.26	14.67	—	—
	枯落物	—	—	—	48.58	110.42

（续）

样地序号	类别	地名	地上部分平均干重 (g/m²)	地下部分干重 (g/m²)	未分解层 (g/m²)	半分解层 (g/m²)
3	草本	—	15.22	14.53	—	—
	灌木	—	13.82	13.55	—	—
	枯落物	—	—	—	122.58	223.42
4	草本	—	17.39	21.69	—	—
	灌木	—	14.75	16.69	—	—
	枯落物	—	—	—	67.17	99.25
5	草本	—	9.23	13.40	—	—
	灌木	—	5.51	7.87	—	—
	枯落物	—	—	—	289.42	989.92
6	草本	—	9.06	8.31	—	—
	灌木	—	8.78	12.05	—	—
	枯落物	—	—	—	78.00	26.67
7	草本	—	9.20	12.53	—	—
	灌木	—	10.07	9.57	—	—
	枯落物	—	—	—	227.17	123.08
8	草本	—	5.55	6.92	—	—
	灌木	—	10.07	9.57	—	—
	枯落物	—	—	—	308.92	412.83
9	草本	—	3.44	5.46	—	—
	灌木	—	11.82	8.43	—	—
	枯落物	—	—	—	212.08	240.75

4.3 乔木层植物种组成

2002—2004年，在吉县蔡家川流域，进行调查，共有60个样，进行植被调查（调查人：朱清科、魏天兴等）。

4.3.1 2002年森林调查观测点植物群落乔木各植物种调查表

表4-35 森林调查观测点植物群落乔木各植物种调查表

样地序号	样方	植物种名	平均胸径（cm）	平均高度（m）	生长势
1	1	油松林	4.81	2.16	良
	2	油松林	3.42	3.31	良
	3	油松林	4.86	4	—
	4	油松林	4.86	3.2	—
	5	油松林	5.85	4.25	—
	6	油松林	3.41	3.12	—
	7	油松林	4.46	3.8	—
	8	油松林	3.49	3.8	良
	9	油松林	5.58	4.1	—
	10	油松林	5.51	4	—
	11	油松林	5.02	3.87	—
	12	油松林	4.35	2.97	良
	13	油松林	4.66	4.01	良
	17	油松林	5.34	3.53	良
	18	油松林	4.8	3.65	良
	19	油松林	4.64	3.35	良
	21	油松林	3.57	2.77	—
	22	杜梨	4.18	4	—
	23	油松林	4.9	3.15	—
	24	油松林	5.4	3.8	—

（续）

样地序号	样方	植物种名	平均胸径（cm）	平均高度（m）	生长势
2	1	刺槐	6.19	6.63	一般
	2	侧柏	1.34	2.26	一般
	3	刺槐	7.3	6.28	一般
	4	刺槐	4.1	5.63	一般
	4	侧柏	2.39	2.5	一般
	5	侧柏	3.02	3.32	一般
	5	刺槐	2.85	2.4	一般
	6	刺槐	6.42	7.82	优
	7	刺槐	5.57	7.08	优
	7	侧柏	3.35	3.3	优
	8	刺槐	3.87	7.6	优
	9	侧柏	3	6.08	优
	10	刺槐	3.88	7.15	优
	11	刺槐	3.7	7.3	优
	12	刺槐	5.2	9.3	优
	13	侧柏	3.65	6	优
	14	刺槐	5.42	6.82	优
	14	侧柏	4.65	4.1	优
	15	刺槐	3.87	7.6	优
	16	刺槐	3.57	5.4	优
	17	刺槐	3.9	6.73	优
	18	侧柏	3.35	3.3	—
	18	刺槐	2.8	7.6	优
	19	刺槐	5.44	6.06	一般
	20	侧柏	1.12	2.4	一般
	21	刺槐	6.48	8.07	一般
	21	侧柏	0.23	1.7	一般
	22	侧柏	2.84	3.5	一般
	22	刺槐	4.68	7.9	一般
	23	刺槐	5.8	6.5	一般
	24	侧柏	2.94	3.53	一般
3	1	侧柏	3.18	1.5	良
	3	侧柏	13.48	6.5	中
	4	侧柏	10.15	5.2	中
	6	侧柏	2.5	5.8	中
	7	侧柏	10.54	5.4	中
	8	侧柏	10.49	3.95	中
	9	侧柏	13.48	6.1	中
	10	刺槐	8.25	4.5	中
	12	侧柏	14.8	1.5	上
	13	侧柏	12.47	6.15	上
	14	侧柏	12.47	6.15	中
	15	刺槐	9.62	5.07	中
	16	刺槐	2.4	5.9	中
	17	侧柏	7.99	6.65	中
	19	侧柏	9.28	5.2	中
	20	侧柏	9.41	6	中
	21	侧柏	10.41	6.03	中
	22	侧柏	9.06	6.8	中
	23	侧柏	8.5	4.83	中
4	1	刺槐	5.26	5.13	优
	1	油松	2.23	2	优
	2	油松	7.63	5.87	优
	3	油松	4.28	4.32	优
	4	油松	3.86	3	优

（续）

样地序号	样方	植物种名	平均胸径（cm）	平均高度（m）	生长势
4	4	刺槐	6.18	4.8	优
	5	刺槐	5.1	5.28	优
	5	油松	2.8	2.6	优
	7	刺槐	7.51	8.33	优
	8	刺槐	5.02	7.55	优
	9	刺槐	4.23	7.52	优
	10	刺槐	7.99	8.47	优
	11	刺槐	7.28	8.53	优
	12	刺槐	7.19	8.02	优
	13	刺槐	7.66	7.47	优
	14	刺槐	4.53	4.45	优
	15	刺槐	5.93	5.87	优
	15	油松	2.34	2.1	良
	16	刺槐	7.7	6.05	优
	17	刺槐	3.4	3.45	优
	18	油松	3.88	3.2	优
	18	刺槐	6.19	4.8	优
	19	刺槐	5.1	5.38	优
	20	刺槐	7.52	8.35	优
	21	刺槐	7.19	7.99	优
	22	刺槐	7.65	7.53	优
	23	刺槐	5.21	5.13	优
	24	油松	4.86	3	优
	24	刺槐	8.06	8.2	优
5	3	油松	14.5	14.3	—
	6	油松	14.8	8.2	—
	7	油松	19.4	10.35	—
	8	油松	17.55	11.28	—
	9	油松	13.5	8.4	—
	10	油松	18.3	12	—
	11	油松	18.93	10.33	—
	13	油松	11.5	7.52	—
	14	油松	19.2	3	—
	15	油松	19.5	10	—
	18	油松	5.77	2.3	—
	19	油松	16.65	10.15	—
	24	油松	16.2	12.9	—
6	1	刺槐	5.65	7.2	—
	2	刺槐	4.5	7.2	—
	2	刺槐	4.5	7.2	—
	3	刺槐	9	11.8	—
	4	刺槐	8.79	11.11	—
	5	刺槐	7.75	10	—
	6	刺槐	10.5	10.75	—
	7	刺槐	8.7	10.7	—
	8	刺槐	10.56	10.94	—
	10	刺槐	12.5	13	—
	11	刺槐	11.33	13	—
	12	刺槐	10.88	9.385	—
	13	刺槐	9.07	10.64	—
	14	刺槐	5	7	—
	15	刺槐	9.08	10.75	—
	16	刺槐	8.25	11.5	—
	17	刺槐	11.75	12	—
	18	刺槐	10	11.33	—

（续）

样地序号	样方	植物种名	平均胸径（cm）	平均高度（m）	生长势
6	19	刺槐	10.83	13	—
	20	刺槐	10.25	11.5	—
	21	刺槐	9.79	11.57	—
	22	刺槐	7	9.67	—
	23	刺槐	8.63	10.25	—
7	1	辽东栎	7.97	7.17	—
	1	疏毛槭	6.2	6.5	—
	1	黄栌	3.5	4.33	—
	2	辽东栎	8.5	9.17	—
	2	山杏	4	4.5	—
	2	疏毛槭	3.57	4.17	—
	2	油松	5.99	7.5	—
	3	油松	8.5	9.43	—
	3	黄栌	4.57	5.07	—
	4	油松	8.53	8	—
	4	辽东栎	2.4	3.5	—
	4	黄栌	3.3	3.33	—
	5	辽东栎	12	14	—
	5	黄栌	2.4	3	—
	5	油松	4.3	5	—
	6	辽东栎	2.58	4	—
	6	疏毛槭	12.5	7	—
	7	黄栌	2.94	4	—
	7	辽东栎	9.2	9.88	—
	8	山杏	4.5	2.5	—
	8	辽东栎	4.9	5.67	—
	8	黄栌	3.73	5	—
	9	辽东栎	6.35	5.75	—
	10	杜梨	7.5	5.5	—
	11	油松	6.55	8.5	—
	11	辽东栎	9.5	8	—
	12	黄栌	4.45	4.5	—
	12	辽东栎	2.25	3.75	—
	12	油松	11	10	—
	13	辽东栎	11.52	12.4	—
	14	侧柏	6.5	6.5	—
	14	黄栌	3.75	3.5	—
	14	辽东栎	14.5	10	—
8	1	辽东栎	2.5	4	—
	1	山杨	2.48	4.18	—
	2	辽东栎	2.4	3.5	—
	2	山杨	4.93	7.48	—
	3	辽东栎	1.33	2.07	—
	3	山杨	2.23	4.31	—
	4	山杨	8.83	9.17	—
	5	山杨	10.93	11	—
	6	山杨	2.9	4.18	—
	8	辽东栎	5.5	5.27	—
	8	山杨	2.06	3.24	—
	7	辽东栎	9	9	—
	7	山杨	2.17	3.2	—
	9	山杨	2.39	3.24	—
	9	疏毛槭	1.25	2.4	—
	10	辽东栎	0.3	1	—
	10	山杨	3.59	4.46	—

（续）

样地序号	样方	植物种名	平均胸径（cm）	平均高度（m）	生长势
8	11	山杨	3.12	4.35	—
	12	山杨	7.5	7.87	—
	12	辽东栎	1	2	—
	13	山杨	3.93	5.29	—
	14	山杨	6.96	7.47	—
	15	黄栌	0.3	1.3	—
	15	辽东栎	—	0.72	—
	15	山杨	4.71	5.71	—
	16	黄栌	0.75	1.7	—
	16	辽东栎	2.6	2.97	—
	16	山杨	8.9	8.17	—
	17	山杨	3.46	4.34	—
	17	辽东栎	1.5	1.8	—
	18	黄栌	3	4.5	—
	18	山杨	5.5	5.69	—
	19	山杨	2.8	4.16	—
	19	山杏	3.5	3	—
9	1	油松	9.5	5.61	—
	2	油松	10.13	5.88	—
	3	油松	8.9	5.2	—
	4	油松	8.31	5.38	—
	5	油松	8	6	—
	6	油松	7.94	6.13	—
	7	油松	7.3	4.7	—
	8	油松	7.83	4.92	—
	15	油松	9	6.6	—
	16	油松	9	6	—
	17	油松	9	6	—
	18	油松	8.57	4.43	—
	19	油松	8.83	4.67	—
	20	油松	10.13	5.25	—
	21	疏毛槭	8.33	5.25	—
	21	油松	8.83	5.67	—
	22	油松	11.5	5.5	—
	23	油松	9	4.93	—
	24	油松	8.63	5.5	—

4.3.2 2003年森林调查观测点植物群落乔木各植物种调查表

表4-36 2003年森林调查观测点植物群落乔木各植物种调查表

样地序号	调查年份	样地名称	小地名	植物种名	平均胸径（cm）	平均高度（m）
1	2003	人工林	蔡家川	刺槐	1.83	2.35
2	2003	人工林	蔡家川	刺槐	6.24	6.71
—	—	—	—	油松	5.41	2.3
3	2003	人工林	蔡家川	刺槐	5.74	6.16
4	2003	人工林	蔡家川	油松	5.69	7
—	—	—	—	刺槐	5.7	
5	2003	人工林	蔡家川	刺槐	7.33	7.01
—	—	—	—	核桃	3.72	1.25
6	2003	天然林	蔡家川	茶条槭	14.14	10.56
—	—	—	—	鹅耳枥	5.48	7.2
—	—	—	—	辽东栎	13.87	14.86

（续）

样地序号	调查年份	样地名称	小地名	植物种名	平均胸径（cm）	平均高度（m）
7	2003	天然林	蔡家川	辽东栎	11.77	6.23
	—	—	—	黄栌	6.58	5.5
	—	—	—	漆树	7.5	5.5
8	2003	天然林	蔡家川	侧柏	10.69	3.23
	—	—	—	黄刺玫	6	3
	—	—	—	紫穗槐	2.33	1.87
9	2003	天然林	蔡家川	辽东栎	19.6	9.65
10	2003	人工林	蔡家川	辽东栎	6.05	7.68
	—	—	—	落叶松	7.08	9.3
11	2003	人工林	蔡家川	油松	7.35	3.76
	—	—	—	辽东栎	6.5	5
12	2003	天然林	蔡家川	辽东栎	14.26	8.13
	—	—	—	茶条槭	10.22	5.06
	—	—	—	侧柏	7.8	7.5
13	2003	天然林	蔡家川	山楂	4	2.5
	—	—	—	山杨	5.5	2.8
	—	—	—	油松	7.54	2.93
	—	—	—	辽东栎	6.16	4.13
	—	—	—	杜梨	2.75	2.75
15	2003	人工林	蔡家川	侧柏	6.65	3.38
	—	—	—	辽东栎	13.28	5.83
	—	—	—	杜梨	7.5	7
16	2003	天然林	蔡家川	侧柏	8.2	4.67
	—	—	—	黑榆	8.5	5
	—	—	—	辽东栎	7.72	5.08
17	2003	人工林	蔡家川	油松	5.09	—
18	2003	天然林	蔡家川	山杨	9.93	8.59
	—	—	—	辽东栎	9.98	7.67
	—	—	—	杜梨	17.5	12
	—	—	—	黄栌	15.7	7.5
19	2003	人工林	蔡家川	刺槐	10.01	6.65
	—	—	—	油松	10.9	3.88
20	2003	人工林	蔡家川	油松	7.12	5.13
	—	—	—	侧柏	9.85	5.5
21	2003	人工林	蔡家川	油松	15.77	6.99
	—	—	—	山杨	4.68	5.87
22	2003	天然林	蔡家川	山杨	8.16	6.98
	—	—	—	辽东栎	11.66	5.58
	—	—	—	栾树	1.7	3
	—	—	—	油松	10.5	6.5
	—	—	—	茶树槭	7.4	4
23	2003	天然林	蔡家川	山杨	7.16	6.42
	—	—	—	辽东栎	11.75	6.5
	—	—	—	茶条槭	9.6	6.55
	—	—	—	杜梨	20	6.5
24	2003	天然林	蔡家川	辽东栎	4.75	4.15
	—	—	—	山杨	6.68	5.13
	—	—	—	茶条槭	4.2	3.75
	—	—	—	山杏	12.73	5.3
	—	—	—	丁香	4.52	3.78
	—	—	—	黄栌	7.13	4.57
25	2003	天然林	蔡家川	辽东栎	8.6	5.52
	—	—	—	山杨	9.36	7.03
	—	—	—	鹅耳枥	8.1	6
	—	—	—	山杏	5.25	4.1
	—	—	—	栓皮栎	6.6	4
	—	—	—	山榆	2.8	3

4.3.3 2004年森林调查观测点植物群落乔木各植物种调查表

表4-37 森林调查观测点植物群落乔木各植物种调查表

样地序号	样地名称	小地名	植物种名	平均胸径（cm）	平均高度（m）
1	人工林	蔡家川	刺槐	4.84	5.63
	—	—	油松	4.96	4.06
2	人工林	蔡家川	油松	4.24	4.05
3	人工林	蔡家川	倒木	4.2	3
	—	—	枯	4.24	3.87
	—	—	油松	4.33	4.23
4	天然林	蔡家川	倒木	7.55	6.13
	—	—	黄栌	5.3	3.15
	—	—	枯	11.28	5.42
	—	—	辽东栎	9.93	6.3
5	人工林	蔡家川	刺槐	6.03	4.46
6	人工林	蔡家川	刺槐	6.9	4.45
7	人工林	蔡家川	侧柏	—	2.87
8	天然林	蔡家川	华中山楂	2	0.5
	—	—	枯	15	5.1
	—	—	辽东栎	2.79	3.23
	—	—	山桃	13.64	7.69
9	天然林	蔡家川	侧柏	12.9	4.2
10	天然林	蔡家川	倒木	14	5
	—	—	墩	29	1.3
	—	—	鹅耳枥	7.29	5.43
	—	—	枯	1.5	9
	—	—	辽东栎	21.39	12.42
	—	—	山杨	7	10.8
11	天然林	蔡家川	油松	8.07	6.23
12	天然林	蔡家川	大果榆	4.94	3.53
	—	—	杜梨	12.55	5.7
	—	—	墩	11.6	1.5
	—	—	栾树	8.55	4.74
13	天然林	蔡家川	侧柏	5.06	2.28
	—	—	大果榆	6.4	3.1
	—	—	杜梨	6.3	3.25
	—	—	鹅耳枥	4.7	3.7
	—	—	辽东栎	10.28	4.5
	—	—	油松	12.27	4.43
14	天然林	蔡家川	侧柏	9.3	6
	—	—	鹅耳枥	3.47	3.53
	—	—	辽东枥	11.54	5.69
	—	—	蒙椴	6.6	5.2
	—	—	油松	5.54	3.26
15	人工林	蔡家川	油松	14.29	7.07
16	人工林	蔡家川	刺槐	12.4	7.43
	—	—	山杏	8.33	5.97
18	天然林	蔡家川	茶条槭	4.7	4.8
	—	—	河柳	1.7	2.1
	—	—	华中山楂	3	2.4
	—	—	辽东栎	6.62	3.85
	—	—	青麸杨	4.85	5.85
	—	—	青麸杨	—	—
	—	—	山杨	9.39	5.67
	—	—	山楂	2.53	3.3
	—	—	细裂槭	4.07	3.27

（续）

样地序号	样地名称	小地名	植物种名	平均胸径（cm）	平均高度（m）
	—	—	小叶柳	5.2	4.25
	—	—	野山楂	3.47	2.5
19	天然林	蔡家川	侧柏	8.38	4
	—	—	黑榆	5.89	2.64
20	天然林	蔡家川	侧柏	7.92	3.57
21	天然林	蔡家川	侧柏	8.63	3.69
	—	—	辽东栎	6.44	3.78
22	天然林	蔡家川	辽东栎	3.03	2.17
	—	—	山杨	6.23	4.05
23	人工林	蔡家川	油松	9.12	3.33
24	天然林	蔡家川	茶条槭	3.9	3.55
	—	—	丁香	5.79	3.51
	—	—	杜梨	7.71	4.29
	—	—	青麸杨	3.48	2.86
	—	—	山杏	4.8	3.75
	—	—	丝棉木	7.8	3.8
	—	—	细裂槭	3.38	2.68
25	天然林	蔡家川	茶条槭	5.2	4.4
	—	—	大果榆	5.18	2.3
	—	—	杜梨	7.17	4.25
	—	—	漆树	4.75	2.85
	—	—	细裂槭	4.51	3.21

4.4　灌草层植物种组成

2002—2004年，在吉县蔡家川流域，进行调查，样方面积为5m×5m（表4-38，朱清科、魏天兴等）。

4.4.1　2002年森林调查观测点植物群落灌草各植物种调查表

表4-38　2002年森林调查观测点植物群落灌草各植物种调查表

样地序号	样方	样地名称	植物种名	平均高度（cm）	株数（株）
1	1	天然林	绣线菊	50	0.5
			扁核木	76	1
			铁杆蒿	50	56
			长芒草	15	41
			白头翁	12	2
	2		绣线菊	72	10
			紫花地丁	50	—
			铁杆蒿	48	50
			长芒草	16	44
	3		丁香	65	—
			铁杆蒿	48	40
			茭蒿	25	50
	4		丁香	70	—
			铁杆蒿	48	30
			长芒草	19	32
	5		铁杆蒿	23	40
			长芒草	12	10
			白头翁	20	1

（续）

样地序号	样方	样地名称	植物种名	平均高度（cm）	株数（株）
1		天然林	茭蒿	22	1
			乳浆大戟	16	10
	6		丁香	50	—
			铁杆蒿	30	35
			长芒草	15	10
	7		丁香	40	
			铁杆蒿	42	59
			长芒草	18	21
	8		绣线菊	1.1	—
			长芒草	12	30
			铁杆蒿	21	10
	9		胡枝子	120	—
			丁香	13	—
			铁杆蒿	42	30
			白头翁	18	8
			绣线菊	80	1
	10		绣线菊	76	—
			丁香	11	—
			铁杆蒿	39	30
			长芒草	41	49
	11		黄刺玫	160	2
			长芒草	32	40
			白头翁	28	1
			茜草		
			委陵菜		
	12		黄刺玫	120	1
			狼牙刺	110	1.5
			丁香	60	2
			白羊草	5	
			铁杆蒿	14	20
			长芒草	10	23
	13		铁杆蒿	38	46
			白头翁	19	—
	14		黄刺玫	2.5	1
			铁杆蒿	32	20
			长芒草	11	22
			白头翁	19	2
			茭蒿	30	—
			紫胡	25	—
			委陵菜	5	—
			乳浆大戟	26	—
			茜草	19	—
			绣线菊	2.5	1
	15		绣线菊	24	1
			丁香	78	1
			铁杆蒿	18	10
			长芒草	17	19
			硬毛棘豆	11	—
			乳浆大戟	2	—
	16		紫丁香	50	
			铁杆蒿	14	10
			长芒草	10	40

（续）

样地序号	样方	样地名称	植物种名	平均高度（cm）	株数（株）
1	17	天然林	铁杆蒿	48	20
			长芒草	21	38
	18		黄刺玫	25	—
			铁杆蒿	21	40
			长芒草	18	40
	19		丁香	12	2
			铁杆蒿	35	30
			长芒草	51	10
			柴胡	10	—
	20		丁香	85	—
			黄刺玫	65	—
			铁杆蒿	40	30
	21		铁杆蒿	—	32
	22		铁杆蒿	40	20
			长芒草	12	30
	23		铁杆蒿	14	10
			长芒草	7	12
	24		铁杆蒿	26	10
			长芒草	13	20
2	1	人工林	白刺	1	—
			荆条	21	—
			铁杆蒿	11	20
			长芒草	14	10
			羊胡子草	10	—
			茜草	16	—
			乳浆大戟	13	—
			蒲公英	12	—
			苦荬菜	11	—
			白头翁	15	—
	2		枸子	42	2
			白刺	30	2
			铁杆蒿	9	30
			白头翁	8	20
			白草	8	—
			蒲公英	9	—
			委陵菜	6	—
	3		紫荆	240	—
			白刺	120	—
			灌木铁线莲	80	—
			铁杆蒿	12	40
			白羊草	13	20
			白头翁	8	—
			蒲公英	12	—
			茜草	14	—
			乳浆大戟	9	—
			苦荬菜	4	—
			角茴香	6	—
	4		丁香	8	2
			白刺	34	10
			灌木铁线莲	17	5
			酸枣	57	—
			铁杆蒿	14	40
			白头翁	12	20

（续）

样地序号	样方	样地名称	植物种名	平均高度（cm）	株数（株）
2			蒲公英	6	—
			蒿草	14	—
			乳浆大戟	12	—
			败酱	8	—
			苦荬菜	4	—
	5		白刺	1.2	—
			灌木铁线莲	0.7	—
			酸枣	1.6	—
			铁杆蒿	9	30
			长芒草	14	—
			白羊草	8	—
			茜草	18	—
			乳浆大戟	12	—
	6		灌木铁线莲	6.8	—
			酸枣	0.6	—
			白刺	1.4	—
			铁杆蒿	9	30
			白羊草	8	20
			长芒草	1	—
			茜草	9	—
			乳浆大戟	12	—
			委陵菜	6	—
	7		西北栒子	1.2	—
			酸枣	0.6	—
			荆条	0.8	—
			灌木铁线莲	0.4	—
			铁杆蒿	12	40
			白羊草	8	10
			长芒草	10	8
			野豌豆	6	—
			茭蒿	8	—
			茜草	14	—
			委陵菜	0	—
	8		灌木铁线莲	80	—
			胡枝子	140	—
			酸枣	110	—
			铁杆蒿	8	40
			白头翁	10	20
			蒲公英	12	5
			长芒草	14	3
			委陵菜	6	—
			乳浆大戟	12	—
			败酱	10	—
	9		黄刺玫	140	—
			白刺	120	—
			铁杆蒿	12	36
			白羊草	14	20
			茜草	9	—
			白头翁	14	—
			苦荬菜	4	—
			委陵菜	3	—
			乳浆大戟	13	—

（续）

样地序号	样方	样地名称	植物种名	平均高度（cm）	株数（株）
2			败酱	8	—
	10		灌木铁线莲	16	—
			白刺	10	—
			白羊草	14	42
			铁杆蒿	8	36
			茜草	12	12
			白头翁	14	8
			苦荬菜	4	—
			委陵菜	3	—
			乳浆大戟	13	—
	11		白刺	140	—
			荆条	118	—
			铁杆蒿	40	36
			长芒草	12	28
			白羊草	8	8
			茜草	14	—
			乳浆大戟	11	—
			蒲公英	8	—
			苦荬菜	7	—
			白头翁	13	—
	12		灌木铁线莲	42	—
			枸子	110	—
			铁杆蒿	38	42
			长芒草	11	36
			羊胡子草	7	16
			茜草	13	—
			蒲公英	10	—
			白头翁	12	—
			抱茎苦荬菜	6	—
			冰草	8	—
	13		灌木铁线莲	80	—
			荆条	140	—
			酸枣	110	—
			铁杆蒿	47	40
			白头翁	12	20
			蒲公英	9	—
			长芒草	6	—
			委陵菜	6	—
			乳浆大戟	16	—
			地黄	8	—
			花葱	4	—
	14		枸子	8	2
			白刺	34	10
			灌木铁线莲	17	5
			酸枣	57	—
			铁杆蒿	14	40
			白头翁	12	—
			白草	8	—
			蒲公英	9	—
			委陵菜	5	—
			败酱	7	—
	15		白刺	120	—

（续）

样地序号	样方	样地名称	植物种名	平均高度（cm）	株数（株）
2			灌木铁线莲	80	—
			铁杆蒿	11	48
			长芒草	14	36
			祁州漏芦	8	—
			委陵菜	6	—
			白头翁	9	—
			乳浆大戟	13	—
			败酱	5	—
			苦荬菜	4	—
	16		栒子	38	—
			白刺	29	—
			丁香	16	—
			铁杆蒿	13	40
			长芒草	10	20
			白羊草	8	—
			祁州漏芦	9	—
			委陵菜	5	—
			柴胡	3	—
			硬毛棘豆	8	—
	17		黄刺玫	130	—
			栒子	80	—
			荆条	93	—
			铁杆蒿	48	36
			白羊草	12	30
			长芒草	10	15
			茜草	19	—
			乳浆大戟	15	—
			蒲公英	13	—
			苦荬菜	12	—
			白头翁	8	—
	18		白刺	30	15
			栒子	20	10
			铁杆蒿	12	36
			白头翁	8	20
			长芒草	6	10
			白羊草	8	—
			祁州漏芦	14	—
			委陵菜	4	—
			抱茎苦荬菜	5	—
			茜草	18	—
	19		丁香	18	—
			栒子	80	—
			荆条	95	—
			铁杆蒿	42	52
			长芒草	12	40
			茜草	16	19
			乳浆大戟	18	—
			败酱	8	—
			蒲公英	9	—
			白头翁	8	—
			苦荬菜	7	—
			抱茎苦荬菜	13	—

（续）

样地序号	样方	样地名称	植物种名	平均高度（cm）	株数（株）
2	20		白刺	30	15
			灌木铁线莲	20	9
			铁杆蒿	12	42
			长芒草	8	36
			白羊草	6	—
			白头翁	14	—
			祁州漏芦	17	—
			滨草	8	—
			柴胡	12	—
	21		白刺	76	—
			荆条	89	—
			铁杆蒿	37	60
			长芒草	17	20
			委陵菜	8	—
			白羊草	4	—
			白头翁	12	—
			祁州漏芦	9	—
			苦荬菜	4	—
	22		白刺	16	—
			荆条	86	—
			铁杆蒿	43	50
			长芒草	14	20
			茜草	17	5
			败酱	8	—
			苦荬菜	6	—
			抱茎苦荬菜	7	—
			柴胡	9	—
	23		白刺	17	—
			栒子	80	—
			荆条	90	—
			铁杆蒿	44	53
			长芒草	12	41
			茜草	17	19
			乳浆大戟	18	—
			败酱	8	—
			蒲公英	9	—
			白头翁	8	—
			苦荬菜	7	—
	24		白刺	30	15
			灌木铁线莲	20	9
			铁杆蒿	12	42
			白羊草	8	36
			长芒草	6	—
			白头翁	14	—
			祁州漏芦	17	—
			滨草	8	—
			柴胡	12	—
3	1	天然林	丁香	61	—
			荚蒾	183	—
			山桃	140	—
			灌木铁线莲	43	—
			铁杆蒿	14	18

（续）

样地序号	样方	样地名称	植物种名	平均高度（cm）	株数（株）
3			细叶苔草	8	60
			长芒草	26	—
			角蒿	13	5
			米口袋	7	—
			硬毛棘豆	4	—
			白头翁	11	—
			狭叶米口袋	8	—
			抱茎苦荬菜	4	—
	2		山桃	189	2
			黄刺玫	65	7
			丁香	23	3
			绣线菊	120	3
			苔草	8	60
			长芒草	14	20
			铁杆蒿	19	10
			苦荬菜	4	—
			硬毛棘豆	6	—
	3		丁香	80	10
			绣线菊	61	—
			扁核木	51	—
			苔草	8	60
			铁杆蒿	12	20
			长芒草	14	5
			苦荬菜	2	—
			硬毛棘豆	4	—
			米口袋	2	—
			角蒿	12	—
	4		山桃	240	—
			黄刺玫	160	—
			丁香	14	—
			绣线菊	46	—
			栒子	74	—
			细叶苔草	5	70
			祁州漏芦	8	—
			铁杆蒿	12	12
			长芒草	19	—
	5		黄刺玫	250	20
			丁香	34	5
			绣线菊	22	2
			灌木铁线莲	4	—
			荆条	16	—
			长芒草	12	40
			细叶苔草	8	20
			铁杆蒿	16	15
	6		丁香	190	5
			山桃	46	2
			细叶苔草	5	50
			铁杆蒿	20	20
			长芒草	17	10
			艾蒿	6	—
			野豌豆	4	—
			蒲公英	11	—
			白头翁	9	—

（续）

样地序号	样方	样地名称	植物种名	平均高度（cm）	株数（株）
3	7		丁香	12	36
			枸子	76	20
			绣线菊	58	—
			黄刺玫	23	—
			细叶苔草	12	60
			铁杆蒿	7	20
			长芒草	14	5
			野豌豆	8	—
			柴胡	6	—
			委陵菜	3	—
			祁州漏芦	9	—
			臭蒿	9	—
			乳浆大戟	7	—
			抱茎苦荬菜	14	—
	8		丁香	210	20
			黄刺玫	260	15
			绣线菊	70	4
			山桃	40	—
			细叶苔草	7	50
			铁杆蒿	18	20
			长芒草	14	—
			委陵菜	3	—
			柴胡	7	—
			蒲公英	12	—
	9		丁香	14	40
			绣线菊	31	21
			山桃	79	—
			荆条	240	5
			细叶苔草	9	54
			铁杆蒿	11	27
			长芒草	7	10
			坣管草	5	—
			委陵菜	13	—
			米口袋	10	—
			硬毛棘豆	4	—
			夏尾草	6	—
	10		山桃	12	
			丁香	54	
			枸子	79	
			黄刺玫	2.1	
			绣线菊	1.4	
			细叶苔草	8	40
			铁杆蒿	14	20
			长茎草	9	10
			委陵菜	4	—
			柴胡	7	—
			硬毛棘豆	6	—
			坣管草	5	—
	11		山桃	120	2
			丁香	14	2
			黄刺玫	90	1
			长芒草	12	50
			细叶苔草	8	20
			铁杆蒿	20	10
			抱茎苦荬菜	8	—

（续）

样地序号	样方	样地名称	植物种名	平均高度（cm）	株数（株）
3			硬毛棘豆	6	—
			艾蒿	7	—
			苦荬菜	4	—
	12		丁香	180	—
			山桃	210	—
			梅子	56	—
			细叶苔草	4	60
			铁杆蒿	12	20
			长芒草	16	10
			远志	5	2
			柴胡	4	—
			委陵菜	4	—
			艾蒿	6	—
			滨紫草	3	—
	13		山桃	130	—
			荚蒾	174	—
			灌木铁线莲	43	—
			铁杆蒿	14	18
			细叶苔草	8	60
			长芒草	26	—
			角蒿	13	5
			米口袋	7	—
			硬毛棘豆	4	—
			抱茎苦荬菜	11	—
			白头翁	8	—
	14		黄刺玫	61	20
			丁香	24	10
			绣线菊	120	5
			苔草	8	50
			长芒草	14	20
			铁杆蒿	18	11
			抱茎苦荬菜	4	—
			硬毛棘豆	6	—
	15		丁香	79	11
			绣线菊	62	—
			扁核木	52	—
			苔草	7	58
			长芒草	11	21
			铁杆蒿	13	4
			苦荬菜	2	—
			硬毛棘豆	4	—
			米口袋	2	—
			角蒿	11	—
	16		栒子	74	—
			绣线菊	46	—
			丁香	160	—
			黄刺玫	77	—
			细叶苔草	5	70
			铁杆蒿	12	12
			长芒草	19	5
			祁州漏芦	12	—
			败酱	8	—
			委陵菜	4	—
			蒲公英	12	—
			柴胡	13	—

（续）

样地序号	样方	样地名称	植物种名	平均高度（cm）	株数（株）
3			抱茎苦荬菜	15	—
			山丹丹	8	—
	17		黄刺玫	214	19
			丁香	31	5
			绣线菊	22	2
			长芒草	12	40
			苔草	8	20
			铁杆蒿	16	15
			白头翁		—
			蒲公英		—
			委陵菜		—
	18		丁香	210	20
			黄刺玫	260	15
			绣线菊	70	4
			山桃	40	—
			苔草	7	50
			铁杆蒿	18	20
			长芒草	14	—
			委陵菜	3	—
			柴胡	7	—
			蒲公英	12	—
	19		紫丁香	14	40
			绣线菊	31	21
			山桃	79	—
			荆条	240	5
			苔草	8	50
			铁杆蒿	11	27
			长芒草	7	10
			委陵菜	5	—
			坣管草	13	—
			米口袋	10	—
			硬毛棘豆	4	—
			夏枯草	6	—
4	1	人工林	灌木铁线莲	42	—
			铁杆蒿	30	50
			艾蒿	18	—
			长芒草	24	10
			蒲公英	8	—
			白头翁	6	—
	2		丁香	46	—
			扁核木	57	—
			铁杆蒿	34	60
			长芒草	14	20
			祁州漏芦	6	—
			乳浆大戟	14	—
			白头翁	8	—
			委陵菜	4	—
			柴胡	11	—
			石蒜	14	—
	3		铁杆蒿	31	52
			长芒草	12	24
			艾蒿	8	—
			祁州漏芦	9	—
			乳浆大戟	13	—
			茜草	6	—

（续）

样地序号	样方	样地名称	植物种名	平均高度（cm）	株数（株）
4			柴胡		—
			败酱		—
	4		铁杆蒿	40	60
			长芒草	18	40
			乳浆大戟	24	20
			柴胡	6	—
			委陵菜	4	—
			祁州漏芦	8	—
	5		扁核木	33	—
			长芒草	23	30
			铁杆蒿	14	25
			白头翁	8	—
			蒲公英	12	—
			委陵菜	4	—
	6		灌木铁线莲	37	4
			扁核木	81	5
			铁杆蒿	40	60
			长芒草	18	20
			白羊草	6	—
			鸢尾	12	—
			野豌豆	8	—
			硬毛棘豆		—
			柴胡		—
			白头翁		—
			委陵菜		—
	7		铁杆蒿	40	60
			长芒草	20	20
			委陵菜	8	—
			白头翁		—
			蒲公英		—
			针芒草		—
			茜草		—
			鸦葱		—
			阴行草		—
			大黄花		—
			地黄		—
	8		扁核木	180	—
			铁杆蒿	41	40
			长芒草	38	30
			白羊草	8	21
			针芒草	12	—
			白头翁	6	—
			蒲公英	8	—
	9		扁核木	55	10
			铁杆蒿	31	40
			长芒草	18	12
			白头翁		—
			阴行草		—
			茜草		—
			大黄花		—
			委陵菜		—
	10		黄刺玫	80	—
			铁杆蒿	32	40
			长芒草	18	20
			茜草		—

（续）

样地序号	样方	样地名称	植物种名	平均高度（cm）	株数（株）
4			鸢尾		—
			委陵菜		—
			白头翁		—
			祁州漏芦		—
			乳浆大戟		
			败酱		—
	11		黄刺玫	1.3	1
			铁杆蒿	34	40
			长芒草	14	20
			乳浆大戟	12	—
			败酱	7	—
			委陵菜	4	—
			柴胡	12	—
			茜草	13	—
			鸢尾	11	—
			白头翁	8	—
	12		扁核木	47	—
			黄刺玫	130	—
			铁杆蒿	42	30
			长芒草	33	20
			白头翁	8	—
			委陵菜	3	—
			茜草	12	—
			柴胡	7	—
			橡树	6	—
			祁州漏芦	4	—
			白羊草	5	—
	13		扁核木	0.6	—
			黄刺玫	1.2	—
			灌木铁线莲		
			铁杆蒿	32	40
			长芒草	18	25
			茜草	5	—
			白羊草		—
			白头翁		—
			祁州漏芦		—
			委陵菜		—
			鸢尾		—
	14		灌木铁线莲	70	10
			黄刺玫	16	—
			铁杆蒿	40	50
			长芒草	30	27
			白头翁		—
			祁州漏芦		—
			茜草		—
			委陵菜		—
			鸢尾		—
			柴胡		—
			败酱		—
			乳浆大戟		
	15		灌木铁线莲	42	—
			铁杆蒿	30	50
			艾蒿	18	—
			长芒草	24	10
			蒲公英	8	—

（续）

样地序号	样方	样地名称	植物种名	平均高度（cm）	株数（株）
4			白头翁	6	—
	16		丁香	43	—
			扁核木	67	—
			铁杆蒿	13	60
			长芒草	16	20
			乳浆大戟	13	—
			白头翁	8	—
			委陵菜	4	—
			柴胡	11	—
			石蒜	14	—
	17		长芒草	33	52
			铁杆蒿	14	24
			艾蒿	7	—
			祁州漏芦	10	—
			乳浆大戟	11	—
			滨草	4	—
	18		铁杆蒿	39	58
			长芒草	21	32
			乳浆大戟	29	18
			柴胡	6	—
			祁州漏芦	4	—
			委陵菜	8	—
	19		扁核木	33	—
			长芒草	24	28
			铁杆蒿	13	25
			白头翁	7	—
			蒲公英	12	—
			委陵菜	4	—
	20		灌木铁线莲	37	3
			扁核木	82	4
			铁杆蒿	38	62
			长芒草	18	22
			白羊草	6	—
			鸢尾	12	—
			野豌豆	8	—
	21		铁杆蒿	46	62
			长芒草	23	21
			委陵菜	4	10
			白头翁	7	8
			蒲公英	8	—
			针芝草	11	—
			茜草	12	—
			鸦葱	6	—
			阴行草	4	—
			大黄花	7	—
			地黄	8	—
	22		扁核木	180	—
			铁杆蒿	41	37
			长芒草	28	30
			白羊草	8	21
			针芝草	12	—
			白头翁	6	—
			蒲公英	8	—
	23		黄刺玫	1.3	1
			铁杆蒿	34	40

（续）

样地序号	样方	样地名称	植物种名	平均高度（cm）	株数（株）
4			长芒草	14	20
			乳浆大戟	12	—
			败酱	7	—
			柴胡	4	—
			委陵菜	12	—
			茜草	13	—
			鸢尾	11	—
	24		扁核木	47	—
			黄刺玫	130	—
			铁杆蒿	37	31
			长芒草	21	20
			白头翁	8	—
			委陵菜	4	—
			茜草	13	—
			柴胡	8	—
			祁州漏芦	6	—
			白羊草	4	—
5	1	人工林	黄刺玫		—
			角蒿		—
			细叶苔草		—
	2		细叶苔草		—
			铁杆蒿		—
			白头翁		—
	3		细叶苔草		—
			委陵菜		—
			铁杆蒿		—
	4		长芒草		—
			白头翁		—
			委陵菜		—
			铁杆蒿		—
			抱茎苦荬菜		
			细叶苔草		—
	5		细叶苔草		—
			铁杆蒿		—
			长芒草		—
	6		铁杆蒿		—
			白头翁		—
			长芒草		—
			芦苇		—
			胡枝子		—
	7		白头翁		—
			细叶苔草		—
	8		铁杆蒿		—
			木兰		—
	9		黄刺玫		—
	10		木兰		—
			白头翁		—
			细叶苔草		—
	11		铁杆蒿		—
			木兰属		—
	12		抱茎苦荬菜		
			白头翁		—
			铁杆蒿		—
			滨草		—
			芦苇		—

（续）

样地序号	样方	样地名称	植物种名	平均高度（cm）	株数（株）
5			细叶苔草		—
			黄刺玫		—
	13		黄刺玫		—
			细叶苔草		
	14		木兰		
	15		地丁		—
			长芒草		—
			白草		—
			白头翁		—
			木兰		—
	16		黄刺玫		
			铁杆蒿		
			鬼针刺		
			白头翁		
			滨草		
			长芒草		
			细叶苔草		
6	1	天然林	荛花	80	—
			白刺	50	—
			虎榛子	70	—
			铁杆蒿	18	—
			细叶苔草	8	—
			白羊草	12	—
			长芒草	17	—
	2		荛花	90	—
			虎榛子	110	—
			绣线菊	40	—
			丁香	8	—
			长芒草	25	—
			细叶苔草	10	—
			铁杆蒿	15	—
			委陵菜	4	—
			白羊草	5	—
	3		荛花	85	—
			白刺	40	—
			铁杆蒿	12	—
			长芒草	42	—
			白羊草	3	—
			细叶苔草	6	—
			硬毛棘豆	6	—
			委陵菜	4	—
	4		荛花	70	—
			铁杆蒿	20	—
			长芒草	32	—
			白羊草	4	—
			茜草	14	—
	5		荛花	60	—
			白刺	30	—
			白羊草	4	—
			铁杆蒿	22	—
			硬毛棘豆	8	—
	6		荛花	90	—
			白刺	40	—
			白羊草	5	—
			细叶苔草	4	—

（续）

样地序号	样方	样地名称	植物种名	平均高度（cm）	株数（株）
6	7		荛花	98	—
			虎榛子	89	—
			白刺	40	—
			铁杆蒿	18	20
			细叶苔草	6	—
			白羊草	4	—
	8		荛花	110	—
			白刺	20	—
			白羊草	6	—
			细叶苔草	8	—
	9		荛花	120	—
			铁杆蒿	26	—
			细叶苔草	8	—
			白羊草	4	—
	10		荛花	96	—
			长芒草	27	—
			铁杆蒿	18	—
			细叶苔草	4	—
	11		荛花	90	—
			白刺	60	—
			白羊草		
			铁杆蒿		
			细叶苔草		
			棘豆		
			远志		
	12		荛花	60	—
			白刺	40	—
			长芒草	48	
			铁杆蒿	32	
			臭蒿	28	
			白羊草	4	
			角茴香	8	
	13		荛花	82	—
			虎榛子	71	—
			铁杆蒿	18	—
			细叶苔草	8	—
			白羊草	12	—
			长芒草	16	—
	14		荛花	86	—
			白刺	42	—
			铁杆蒿	13	—
			长芒草	41	—
			白羊草	3	—
			细叶苔草	6	—
	15		荛花	72	—
			铁杆蒿	21	—
			长芒草	31	—
			白羊草	4	—
			茜草	14	—
	16		荛花	63	—
			白刺	32	—
			白羊草	5	—
			铁杆蒿	21	—
			硬毛棘豆	9	—

（续）

样地序号	样方	样地名称	植物种名	平均高度（cm）	株数（株）
6	17		荛花	96	—
			白刺	42	—
			白羊草	5	—
			细叶苔草	4	—
	18		荛花	99	—
			虎榛子	89	—
			白刺	42	—
			铁杆蒿	21	—
			细叶苔草	6	—
			白羊草	4	—
	19		荛花	120	—
			铁杆蒿	27	—
			细叶苔草	8	—
			白羊草	4	—
	20		荛花	96	—
			长芒草	27	—
			铁杆蒿	19	—
			细叶苔草	3	—
	21		荛花	90	—
			白刺	60	—
			白羊草		
	22		荛花	62	—
			白刺	47	—
			长芒草	48	—
			铁杆蒿	32	—
			臭蒿	28	—
			白羊草	4	—
			角茴香	8	—
	23		荛花	84	—
			虎榛子	71	—
			铁杆蒿	18	—
			细叶苔草	8	—
			白羊草	12	—
			长芒草	16	—
	24		荛花	86	—
			铁杆蒿	18	—
			细叶苔草	8	—
			白羊草	11	—
			长芒草	14	—
7	1	人工林	杠柳	60	30
			角蒿	6	5
			抱茎苦荬菜	4	20
			紫花地丁	4	—
			茜草	10	—
			蒲公英	12	—
			白头翁	9	—
			米口袋	8	—
			羊胡子	24	—
			乳浆大戟	18	—
			苦荬菜	14	—
	2		杠柳	40	21
			黄刺玫	8	1
			委陵菜	4	10
			地丁	3	10
			抱茎苦荬菜	13	5

（续）

样地序号	样方	样地名称	植物种名	平均高度（cm）	株数（株）
7			苦荬菜	8	5
			茜草	16	—
			蒲公英	8	—
			白头翁	12	—
			米口袋	6	—
			臭蒿	11	—
			乳浆大戟	19	—
			硬毛棘豆	4	—
	3		角蒿	6	20
			茜草	14	10
			委陵菜	4	5
			乳浆大戟	16	—
			角茴香	3	—
			臭蒿	9	—
			紫花地丁	4	—
			米口袋	6	—
			杠柳	40	—
	4		杠柳	48	20
			悬钩子	12	—
			羊胡子	8	40
			委陵菜	4	20
			茜草	14	10
			乳浆大戟	17	5
			铁杆蒿	8	—
			臭蒿	9	—
			滨草	5	—
			蒲公英	12	—
			白头翁	11	—
			米口袋	6	—
	5		杠柳	57	20
			地丁	3	50
			茜草	14	10
			角茴香	8	5
			茵陈蒿	12	—
			臭蒿	10	—
			委陵菜	4	—
			乳浆大戟	18	—
			白头翁	5	—
	6		杠柳	78	21
			地丁	3	42
			茜草	12	10
			委陵菜	4	5
			硬毛棘豆	8	—
			长芒草	17	—
			臭蒿	8	—
			乳浆大戟	12	—
			阴行草	8	—
			狼尾草	19	—
	7		杠柳	67	20
			黄刺玫	42	1
			黄栌	8	1
			祁州漏芦	6	10
			茜草	14	8
			野豌豆	7	—
			败酱	4	—

（续）

样地序号	样方	样地名称	植物种名	平均高度（cm）	株数（株）
7			地丁	6	30
			蒲公英	8	5
			委陵菜	2	—
			滨草	6	—
	8		杠柳	70	2
			黄刺玫	30	1
			地丁	3	60
			铁杆蒿	16	10
			茜草	18	5
			角茴香	8	—
			祁州漏芦	6	—
			茵陈蒿	4	—
			败酱	3	—
			委陵菜	4	—
			蒲公英	8	—
	9		杠柳	72	10
			地丁	3	30
			角蒿	14	10
			抱茎苦荬菜	14	5
			野豌豆	6	—
			硬毛棘豆	8	—
			委陵菜	5	—
			祁州漏芦	3	—
			蒲公英	12	—
	10		杠柳	86	20
			地丁	4	40
			抱茎苦荬菜	14	10
			长芒草	12	5
			鸢尾	8	—
			铁杆蒿	6	—
			野豌豆	4	—
			硬毛棘豆	4	—
			茜草	18	—
	11		杠柳	72	16
			角蒿	6	4
			抱茎苦荬菜	4	20
			紫花地丁	4	9
			茜草	12	—
			白头翁	11	—
			米口袋	8	—
			羊胡子	23	—
			乳浆大戟	17	—
	12		杠柳	42	21
			黄刺玫	8	1
			委陵菜	4	10
			地丁	8	5
			抱茎苦荬菜	16	—
			茜草	8	—
			蒲公英	12	—
			米口袋	6	—
			臭蒿	11	—
			乳浆大戟	19	—
	13		杠柳	46	—
			角蒿	6	32
			茜草	14	12

（续）

样地序号	样方	样地名称	植物种名	平均高度（cm）	株数（株）
7			委陵菜	5	6
			乳浆大戟	14	—
			角茴香	3	—
			臭蒿	8	—
			紫花地丁	4	—
	14		杠柳	48	22
			悬钩子	12	—
			羊胡子	8	44
			委陵菜	3	21
			茜草	13	8
			乳浆大戟	14	5
			铁杆蒿	7	—
			臭蒿	9	—
			滨草	12	—
			蒲公英	11	—
			米口袋	6	—
	15		杠柳	57	18
			地丁	3	40
			茜草	13	10
			角茴香	7	5
			茵陈蒿	13	—
			臭蒿	11	—
			委陵菜	3	—
			乳浆大戟	17	—
			白头翁	4	—
	16		杠柳	78	21
			地丁	3	41
			茜草	12	9
			委陵菜	4	5
			硬毛棘豆	8	—
			长芒草	17	—
			臭蒿	8	—
			乳浆大戟	12	—
			阴行草	8	—
			狼尾草	19	—
	17		杠柳	58	21
			地丁	4	46
			茜草	8	5
			角茴香	12	—
			臭蒿	10	—
			委陵菜	4	—
			乳浆大戟	18	—
			白头翁	5	—
8	1	天然林	栒子	86	3
			绣线菊	62	2
			连翘	120	1
			细叶苔草	16	—
			铁杆蒿	14	—
	2		荚蒾	110	1
			连翘	96	1
			绣线菊	87	1
			细叶苔草	—	—
	3		绣线菊	140	1
			栒子	80	1
			细叶苔草	—	—

（续）

样地序号	样方	样地名称	植物种名	平均高度（cm）	株数（株）
8	4		绣线菊	96	1
			细叶苔草	14	100
	5		黄栌	80	—
			树锦鸡儿	62	—
			细叶苔草	12	4
			铁杆蒿	13	1
	6		树锦鸡儿	120	—
			白刺	60	—
			细叶苔草	8	—
	7		黄栌	80	—
			白刺	60	—
			绣线菊	70	—
			连翘	140	—
			细叶苔草	—	20
	8		大果榆	110	—
			丁香	80	—
			细叶苔草	4	—
	9		黄栌	120	—
			绣线菊	96	—
			细叶苔草	5	—
	10		大果榆	132	—
			紫丁香	86	—
			细叶苔草	13	—
	11		绣线菊	—	—
	12		绣线菊	86	—
			细叶苔草	8	—
	13		荚蒾	—	—
			黄栌	—	—
			连翘	—	—
			细叶苔草	—	—
			铁杆蒿	—	—
			委陵菜	—	—
			栒子	87	3
			绣线菊	62	4
			连翘	121	1
			细叶苔草	17	—
			铁杆蒿	14	—
9	1	天然林	大果榆	78	4
			细叶苔草	12	90
			硬毛棘豆	8	1
	2		荚蒾	110	1
			大果榆	96	1
			栒子	84	1
			细叶苔草	8.5	—
	3		栒子	120	—
			荚蒾	140	—
			细叶苔草	12	90
	4		胡枝子	110	—
			大果榆	96	—
			细叶苔草	8	—
			祁州漏芦	12	—
	5		荚蒾	110	—
			黄刺玫	140	—
			细叶苔草	6	—
			祁州漏芦	9	—

（续）

样地序号	样方	样地名称	植物种名	平均高度（cm）	株数（株）
9	6		大果榆	160	—
			荚蒾	140	—
			绣线菊	120	—
			细叶苔草	8	—
	7		毛豚小檗	70	—
			荚蒾	120	—
			细叶苔草	8	—
			蒲公英	8	—
	8		栒子	110	—
			大果榆	80	—
			樱桃	80	—
			细叶苔草	8	—
	9		疏毛槭	40	—
			连翘	110	—
			细叶苔草	6	90
	10		大果榆	160	—
			绣线菊	70	—
			栒子	10	—
			细叶苔草	4	80
			狼尾草	16	10
	11		绣线菊	120	—
			栒子	80	—
			细叶苔草	8	—
			长芒草	16	—
	12		荚蒾	60	—
			大果榆	120	—
			细叶苔草	8	—
			灌木铁线莲	12	—
	13		大果榆	76	4
			细叶苔草	12	84
			硬毛棘豆	8	—
	14		栒子	120	4
			荚蒾	140	—
			细叶苔草	12	97
	15		荚蒾	138	—
			胡枝子	110	—
			细叶苔草	6	—
			祁州漏芦	9	—
	16		大果榆	164	—
			绣线菊	127	—
			荚蒾	143	—
			细叶苔草	8	80
	17		栒子	121	—
			大果榆	87	—
			樱桃	62	—
			细叶苔草	8	—
	18		大果榆	154	—
			绣线菊	77	—
			栒子	11	—
			细叶苔草	4	82
			狼尾草	13	12
	19		绣线菊	116	—
			栒子	83	—
			细叶苔草	7	—
			长芒草	14	—

注：—表示很少，未记录。

4.4.2 2003年森林调查观测点植物群落灌木各植物种调查表

表4-39 2004年森林调查观测点植物群落灌木各植物种调查表

样地序号	样方	样地名称	植物种名	高度（cm）	株数（株）
1	1	人工林	杠柳	藤本	3
			丁香	24（幼）	1
	2		杠柳		1
			刺槐	22（幼）	—
	3		杠柳		4
			绣线菊	96	1
			绣线菊	92	1
			山杏（幼）	180	1
			刺槐（幼）	134	1
	4		油松（幼）	73	1
			杨树（幼）	56	1
			绣线菊（幼）	142	1
			绣线菊（幼）	170	1
	5		丁香	220	—
			绣线菊	115	—
			绣线菊	84	—
			杠柳	90	6
	6		木蓝	110	1
			木蓝	140	1
			杨树	110	3
			杨树	70	3
			丁香	105	—
			野葡萄		—
			杨树	140	—
			丁香	90	—
	7		丁香	200	3
			绣线菊	140	3
			绣线菊	140	—
			绣线菊	165	—
			杠柳	150	7
			绣线菊	45	1
			黄刺玫	140	1
			薄皮木	132	1
	8		绣线菊		2
			杠柳		1
			黄刺玫		3
			山桃	200	1
			达乌里胡枝子	40	3丛
3	1	人工林	黄刺玫	300	2丛
			黄刺玫	300	2
			丁香（幼）	25	1
			细裂槭（幼）	30	2
			达乌里胡枝子	35	5
	2		白刺花	30	1
			铁线莲		1
			细裂槭	30	3
			丁香	20	5
	3		黄栌	20	2
			杜梨	200	2
			黄刺玫	10	2

（续）

样地序号	样方	样地名称	植物种名	高度（cm）	株数（株）
			达乌里胡枝子	25	5
	4		陕西荚蒾	250	1
			多花栒子	150	1
			黄刺玫	100	1
			细裂槭	70	1
			达乌里胡枝子	30	5
4	1	天然林	三裂绣线菊	72	—
			陕西荚蒾	95	—
			连翘	450	—
			虎榛子	170	—
			山楂	200	—
	2		连翘	200	—
			连翘	160	—
			连翘	250	—
			陕西荚蒾	260	—
			陕西荚蒾	350	—
			陕西荚蒾	35	—
			陕西荚蒾	90	—
			陕西荚蒾	110	—
			陕西荚蒾	40	—
			陕西荚蒾	140	—
			陕西荚蒾	80	—
			陕西荚蒾	70	—
			多花栒子	140	—
			麻叶绣线菊	70	—
			麻叶绣线菊	35	—
			麻叶绣线菊	40	—
			麻叶绣线菊	20	—
			虎榛子	70	—
			虎榛子	70	—
			虎榛子	70	—
			虎榛子	55	—
			虎榛子	50	—
			黄刺玫	130	—
			黄刺玫	70	—
			黄刺玫	43	—
			黄刺玫	30	—
			黄刺玫	300	—
			白花刺	170	—
			黄栌	130	—
			黄栌（小苗）		10
	3		圆叶绣线菊	35	—
			圆叶绣线菊	40	—
			圆叶绣线菊	120	—
			圆叶绣线菊	65	—
			圆叶绣线菊	50	—
			圆叶绣线菊（小苗）		8
			连翘	195	—
			连翘	200	—
			连翘	130	—
			连翘	400	—
			黄栌	250	—

（续）

样地序号	样方	样地名称	植物种名	高度（cm）	株数（株）
4			黄栌	230	—
			虎榛子	140	20
			白花刺	300	—
			白花刺	200	—
			陕西荚蒾	30	—
			陕西荚蒾（小苗）		11
5	1	人工林	牛奶子	290	1
			黄刺玫	130	1
			黄刺玫	85	1
			丁香	70	1
	2		丁香	90	2
			黄刺玫	140	2
			沙棘	150	1
			达乌里胡枝子		5
8	1	天然林	虎榛子	160	20 丛
			陕西荚蒾	130	3
			多花栒子	250	4
			牛奶子	80	4
			连翘	130	3
			圆叶绣线菊	80	13 丛
			黄栌		—
			辽东栎		—
			山楂	100	—
	2		黄栌	350	—
			黄栌	400	—
			牛奶子	270	1
			百刺花	130	2
			连翘	140	5 丛
			辽东栎	165	—
			山楂	145	—
			绣线菊	100	6 丛
			陕西荚蒾	170	3
			多花栒子	140	3
			虎榛子	150	3 丛
	3		虎榛子	100	28
			连翘	150	1 丛
			多花栒子	190	1
			黄刺玫	150	1
			圆叶绣线菊	70	8
9	1	天然林	黄刺玫	130	2 丛
			圆叶鼠李	170	1
			金雀儿	40	15
			丁香	15	20
			山桃	240	1
	2		黄刺玫	35	1
			丁香	12	40
			马棘	40	—
10	1	天然林	黄栌	350	3
			陕西荚蒾	150	4
			连翘	180	3
			黄刺玫	280	1
			细裂槭	40	1

（续）

样地序号	样方	样地名称	植物种名	高度（cm）	株数（株）
10			三裂绣线菊	100	15
			蒙古绣线菊		2
	2		多花栒子	210	3
			连翘	300	2
			蒜子梢	170	2
			陕西荚蒾	50	2
			刚性忍冬	30	2
			三裂绣线菊	30	8
			金银木	50	1
11	1	天然林	青麸杨	25	55
			杠柳	600	20
			黄刺玫	200	1
			金银木	60	1
			麻叶绣线菊	55	3
			栾树	25	1
			山桃	45	1
			连翘	30	2
			细裂槭	55	1
			悬钩子	60	4
	2		沙棘	210	—
			杠柳	500	5
			乌头叶蛇葡萄	100	2
			金银木	70	3
			辽东栎	35	4
			麦麸杨	30	30
			麻叶绣线菊	45	7
			茶条槭	80	1
	3		油松	5	5
			山杨	50	3
			杠柳	500	4
			金银木	100	4
			麻叶绣线菊	200	6
			黄刺玫	40	3
			细裂槭		—
			连翘	200	20
12	1	天然林	黄刺玫	140	2 丛
			杠柳	150	6
			栾树		4
			大果榆	45	15
			山桃	150	1
			悬钩子	90	2
	2		陕西荚蒾	80	1
			杠柳	150	4
			栾树	30	45
			大果榆	27	30
			黄刺玫	200	1
			连翘	90	1
			悬钩子	25	1
			金银木	25	1
13	1	天然林	虎榛子	70	65
			黄刺玫	200	2
			白刺花	80	1

（续）

样地序号	样方	样地名称	植物种名	高度（cm）	株数（株）
13			麻叶绣线菊	85	1
			黄栌	250	1
			连翘	150	三大丛
			山楂	200	1
			多花木蓝	45	8丛
	2		黄栌	65	1
			虎榛子	100	3
			连翘	230	4丛
			黄栌	55	1丛
			多花木蓝	40	1丛
			花子梢	55	6
14	1	天然林	陕西荚蒾	65	2
			虎榛子	170	10
			白刺花	130	1
			多花栒子	130	5
			绣线菊	60	13
			黄栌	280	6大，13小苗
			连翘	220	1
			丁香	60	5
	2		白刺花	180	3
			黄栌	170	4
			连翘	180	2
			绣线菊	70	16
			虎榛子	25	13
	3		杭子梢	120	1
			黄栌	290	3
			虎榛子	150	18
			陕西荚蒾	75	3
			陕西荚蒾	140	1
			白刺花	220	4
			绣线菊	80	5
			连翘	100	2
15	1	人工林	黄刺玫	180	1
			黄栌	190	2
			连翘	270	4
			麻叶绣线菊	85	9
			牛奶子	250	1
			杭子梢（小苗）	20	45
			辽东栎（小苗）	20	9
			细裂槭	85	—
			丁香		—
	2		绣线菊	130	13
			丁香	210	1
			丁香	30	8
			黄刺玫	140	1
			辽东栎	25	4
			油松		40
	3		多花栒子	240	1
			黄刺玫	140	1
			丁香	100	31
			绣线菊	230	6
16	1	人工林	黄刺玫	150	2

（续）

样地序号	样方	样地名称	植物种名	高度（cm）	株数（株）
16			河朔荛花	75	1
	2		黄刺玫	120	2丛
			丁香（小苗）	35	100（多）
	3		悬钩子	45	2
17	1	人工林	沙棘	400	13
			牛奶子	350	1
			金银木	150	—
			黄刺玫	120	—
18	1	天然林	金银木	120	2
			圆叶鼠李	180	1
			陕西荚蒾	180	1
			绣线菊	60	3
			悬钩子	50	3
			连翘	130	2
			黄刺玫	50	1
			毛丁香	300	1
			毛丁香（小苗）		多
			南蛇藤	40	13
			多花栒子	110	1
	2		圆叶绣线菊	150	3
			虎榛子	150	12
			连翘	120	2
			多花栒子	30	1
			杭子梢	35	5
			麻叶绣线菊	100	2
			牛奶子	50	1
			山樱桃	170	1
			圆叶鼠李	300	1
			黄栌（小苗）		4
	3		陕西荚蒾	130	2
			虎榛子	25	1
			杭子梢	60	15
			辽东栎（小苗）		1
			牛奶子	55	3
			南蛇藤	20	16
			金银木	80	1
			乌头蛇葡萄	60	1
			毛叶小檗	50	1
			卫矛	30	3
			黄栌	25	10
			多花栒子	30	2
			麻叶绣线菊	40	3
			山杨（小苗）	90	13
			黄刺玫	25	2
19	1	天然林	黄栌	310	1
			丁香	360	5
			圆叶绣线菊	80	2
			多花栒子	190	4
			黄刺玫	100	5
			陕西荚蒾	210	1
			麻叶绣线菊	90	1
			连翘	180	3

（续）

样地序号	样方	样地名称	植物种名	高度（cm）	株数（株）
19			锦雀儿	30	10
			牛奶子	10	1
	2		陕西荚蒾	210	2
			丁香	200	2
			连翘	170	1
			连翘（小苗）		1
			多花栒子	160	4
			麻叶绣线菊	60	20
			黄栌（小苗）	20	3
			丁香（小苗）	25	8
			锦雀儿	60	3
			黄刺玫	50	2
			黄刺玫	100	1
			小檗	40	3
			毛樱桃	50	1
			刚毛忍冬	65	1
			多花木蓝	40	1
	3		陕西荚蒾	200	2
			黄栌	230	3
			黄刺玫	85	4
			丁香	15	7
			丁香（小苗）	—	—
			圆叶绣线菊	40	1
			多花栒子	210	2
			锦雀儿	40	10
			胡枝子	15	2
	4		薄皮木	44	1
			荆条	120	1
20	1	天然林	圆叶鼠李	250	2
			丁香	270	5
			锦雀儿	35	7
			胡枝子	30	20 丛
			丁香（小苗）		40
			山桃	50	1
			黄刺玫	45	1
	2		丁香	150	3
			黄刺玫	150	4 小苗
			黄刺玫	—	1 大苗
			多花栒子	150	1
			锦雀儿	25	9 丛
			胡枝子	10	40 丛
			长枝胡枝子	30	3 丛
	3		蛇葡萄	35	1
			黄刺玫	130	5
			胡枝子	20	10
			锦雀儿	50	4
			丁香（小苗）	80	5
			黄栌	55	1
			黑榆（小苗）		8
			山桃	30	3
			圆叶鼠李	50	1
21	1	天然林	虎榛子	150	6 丛

（续）

样地序号	样方	样地名称	植物种名	高度（cm）	株数（株）
21			黄栌	140	4
			黄刺玫	160	4
			多花栒子	350	10
			山桃	180	1
			胡枝子（小苗）	30	5丛
			丁香	130	1丛
			丁香（小苗）		20
			绣线菊	70	1
			细叶胡枝子	25	10丛
			山杏（小苗）	80	1
	2		虎榛子	200	10丛
			陕西荚蒾	140	3
			牛奶子	250	2
			黄刺玫	120	1
			黄栌	220	3
			圆叶绣线菊	160	3株大，小苗多
			悬钩子	100	1
			山桃	50	1
			达乌里胡枝子	30	5丛
	3		虎榛子	130	2
			陕西荚蒾	110	—
			圆叶绣线菊	70	6
			多花栒子	80	1
			多花栒子	250	2株大
			山桃	250	1
			毛叶小檗		1
			毛叶小檗（小苗）	—	—
23	1	人工林	黄刺玫（大）	200	2丛
			丁香（大）	170	1
			黄刺玫（小）	160	1丛
			丁香（小）	85	1
			白指甲花	45	4
			细梗胡枝子	40	2
	2		丁香	70	1
			白刺花	110	2
24	1	天然林	黄刺玫	290	3
			黄刺玫	75	1
			毛丁香	350	2
			金银木	190	1
			刚毛忍冬	50	1
			牛奶子	230	1
			茅莓	45	7
			栾树（小苗）	60	16
			青麸杨（小苗）	30	6
			短尾铁线莲	30	2
			细裂槭（小苗）	100	1
			黄栌（小苗）	10	1
			蛇葡萄	55	1
	2		丁香	400	—
			黄刺玫（小苗）	180	7
			黄刺玫	300	2大丛
			金银木	210	2

（续）

样地序号	样方	样地名称	植物种名	高度（cm）	株数（株）
24			茅莓	40	6
			多花胡枝子	40	—
			陕西荚蒾	45	2
	3		萝摩		—
			铁线莲		—
			茅莓	40	2
			丁香		—
			刚毛忍冬	35	1
			多花栒子	40	1
			金银木	100	1
			杠柳	200	1
25	1	天然林	山桃	280	5
			丁香	260	萌蘖苗多
			陕西荚蒾	80	1
			多花栒子	170	1
			茅莓	50	16
			杠柳	230	3
			本氏木蓝	35	4 丛
			胡枝子	40	7 丛
			金银木	60	1
			黄刺玫	85	1
	2		多花栒子	210	1
			丁香	260	1
			黄刺玫	280	1
			黄栌		3
			本氏木蓝	22	6
			胡枝子	30	6 丛
			铁线莲	30	3

4.4.3 2004 年森林调查观测点植物群落各草本植物种调查表

表 4-40 2004 年森林调查观测点植物群落各草本植物种调查表

样地序号	样方	样地名称	植物种名	高度（cm）		株数（株）
				最高	平均	
1	样方 1	天然林	委陵菜	—	50	3
			艾蒿	—	45	1
			本氏木蓝	—	13（小苗）	1
			飞蓬	—	11	7
			飞蓬	—	30	—
			铁杆蒿	—	60	2
			矮苔草	—	—	—
			紫菀	—	—	—
			冰草	—	—	—
			紫花地丁	—	—	—
			糙叶败酱	—	—	—
			狗哇花	—	—	—
			甘草	—	—	1
			矮苔草	—	—	—
			刺儿菜	—	—	2
	样方 2		茜草	—	—	—
			铁杆蒿	—	—	—

（续）

样地序号	样方	样地名称	植物种名	高度（cm）		株数（株）
				最高	平均	
1			风毛菊	110	60	6
			野豌豆	75	20	7
			长芒草	—	—	15
			糙叶败酱	—	—	1
			矮苔草	22	—	一丛
	样方 4		茵陈蒿	—	—	2
			艾蒿	92	—	—
			铁杆蒿	—	—	—
			阴行草	—	66	9
			糙叶败酱	74	—	—
			米口袋	—	—	—
			委陵菜	—	—	—
			风毛菊	—	—	—
			蒲公英	—	—	—
	样方 5		菅草	—	—	—
			铁杆蒿	78	—	—
			茵陈蒿	86	—	1
			白羊草	—	40	10
			甘草	55	—	—
			风毛菊	18	—	1
	样方 6		铁杆蒿	—	—	—
			野鸢尾	25	—	12
			白头翁	16	—	10
			甘草	60	—	1
			委陵菜	38	—	14
			芦苇	110	—	20
			草叶败酱	45	—	2
			白羊草	46	—	5
			亚麻	—	—	1
			狭叶青蒿	44	—	5
	样方 7		狭叶青蒿	66	—	—
			甘草	65	—	—
			白羊草	40	—	—
			山丹	72	—	—
	样方 8		铁杆蒿	62	—	—
			狭叶青蒿	80	—	5
			白毛胡枝子	60	—	10
			芦苇	160	155	—
			柴胡	—	—	—
			萎陵菜	—	—	5
			茜草	—	—	—
2	样方 1	人工林	矮苔草	—	20	1 丛
			兔儿伞	—	15	2
			苔藓	—	—	—
	样方 2		矮苔草	—	15	—
			白头翁	—	10	12 丛
			紫花地丁	—	6	1
			苔藓	—	—	1
	样方 3		矮苔草	—	15	—
	样方 4		矮苔草	—	15	—
			辽东栎	—	18	1 丛
	样方 5		铁线莲	—	30	—
			乌头叶蛇葡萄	—	30	—

（续）

样地序号	样方	样地名称	植物种名	高度（cm）		株数（株）
				最高	平均	
2			麻叶绣线菊	—	20	*r*
			苔藓	—	—	1
	样方 6		矮苔叶	—	20	—
			杠柳	—	15	—
			酸枣	—	30	—
			艾蒿	—	20	2
	样方 7		阴行草	—	80	8
			铁杆蒿	—	90	1 丛
			艾蒿	—	53	多
	样方 8		铁杆蒿	—	40	7
			飞蓬	—	15	6
			白头翁	—	20	—
			糙叶败酱	—	40	1
	样方 9		铁线莲	—	20	—
			紫花地丁	—	10	2
			茜草	—	10	1
			白头翁	—	15	2
			苔藓	—	—	—
	样方 10		风毛菊	—	20	1
			铁杆蒿	—	35	1
			艾蒿	—	30	1
3	样方 1	人工林			—	—
			矮苔草	—	30	1 丛
			铁杆蒿	—	35	5
	样方 2			2.5m	—	—
			铁杆蒿	—	40	15
			白头翁	—	30	8
			白羊草	—	35	20
	样方 3		委陵菜	—	25	2
			白头翁	—	25	6
			艾蒿	—	35	7
	样方 4		矮苔草	—	25	1 丛
			风毛菊	—	—	1
			艾蒿	—	40	5
			铁杆蒿	—	—	—
			远志	—	25	2
	样方 5		风毛菊	—	15	6
			紫花地丁	—	15	1
	样方 6		茜草	—	50	1
			蒲公英	—	3	1
			风毛菊	—	5	1
	样方 7		糙叶败酱	—	40	4
			风毛菊	—	10	25
			铁杆蒿	—	40	19
			白头翁	—	15	1
	样方 8		白头翁	—	15	7
			铁杆蒿	—	20	1
			茜草	—	50	1
	样方 9		铁杆蒿	—	35	7
			白头翁	—	5	3
			委陵菜	—	5	1
	样方 10		茜草	—	10	1 丛
			远志	—	15	1

（续）

样地序号	样方	样地名称	植物种名	高度（cm）		株数（株）
				最高	平均	
5	样方1	人工林	艾蒿	—	40	36
			野豌豆	52	—	1
			茵陈蒿	25	—	1
			败酱	—	—	1
			茜草	35	—	1
			白羊草	15	—	5
			委陵菜	10	—	1
			紫花地丁	35	—	17
			狗哇花	—	—	5
			苦荬菜	10	—	2
			一年蓬	—	—	2
	样方2		铁杆蒿	—	80	7丛
			甘草	—	50	1
			狗哇花	—	30	8
			柴胡	—	35	1
			委陵菜	—	15	1
			蒲公英	—	20	1
			一年蓬	—	10	12
			白羊草	—	40	1丛
	样方3		艾蒿	—	40	35
			狭叶青蒿	—	50	18
			茜草	—	—	1
			柴胡	—	—	3
			风毛菊	—	—	1
			紫花地丁	20	—	2
			蒲公英	—	—	2
			一年蓬	—	—	6
			苦荬菜	—	—	2
	样方4		艾蒿	50	—	35
			铁杆蒿	—	50	6
			委陵菜	—	40	2
			柴胡	—	45	2丛
			茜草	—	—	2
			狭叶青蒿	—	—	1
			白羊草	—	—	13丛
	样方5		龙牙草	—	—	3
			柴胡	—	—	8
			茜草	—	—	1
			风毛菊	—	25	6
			紫花地丁	—	—	5
			铁杆蒿	—	35	14丛
			白羊草	—	15	—
	样方6		狭叶青蒿	90	—	21
			铁杆蒿	100	—	40
			茜草	—	—	1
			败酱	40	—	1
			风毛菊	30	—	9
	样方7		铁杆蒿	—	100	较多
	样方8		艾蒿	—	40	35
			狭叶青蒿	—	25	7
8	样方1	天然林	地榆	101	—	10
			细梗胡枝子	—	40	3丛
			细叶苔草	—	—	22丛

（续）

样地序号	样方	样地名称	植物种名	高度（cm）		株数（株）
				最高	平均	
8			黄芩	—	33	21
			中华卷柏	—	3	6片
			苔藓	—	0.5	—
	样方2		矮苔草	—	—	—
			黄芩	40	—	16
			茜草	20	—	2
			黄海棠	30	—	1
	样方3		矮苔草	—	—	—
			抱茎苦荬菜	37	—	1
			茜草	15	—	2
	样方4		矮苔草	—	—	4
			黄芩	40	—	4
			地榆	—	36	2
	样方5		沼兰	30	25	16
			柴胡	55	—	1
			黄芩	—	43	—
			黄芪	—	23	17
			中华卷柏	—	—	3片
			苔藓	—	—	—
			黄芩	—	30	—
			铁杆蒿	—	40	—
			狭叶青蒿	—	50	1
			地榆	—	30	3
			白头翁	—	—	—
	样方6		矮苔草	—	—	—
			黄芩	—	50	2
			沼兰	—	47	2
			黄芪	—	35	3
			地榆	—	—	3
			柴胡	50	—	1
			糙叶败酱	53	—	1
	样方7		华北前胡	48	15	—
			矮苔草	—	—	—
			地榆	—	—	5
			凤毛菊	30	—	1
			纤弱黄芩	—	35	6
	样方8		矮苔草	40	—	—
			黄芩	40	—	7
			柴胡	45	—	1
			地榆	73	—	3
			华北前胡	30	10	30
9	样方1	天然林	铁杆蒿	—	50	10
			柴胡	—	12	1
			铁线菊	—	25	1
			狗哇花	—	—	2
			飞蓬	—	12	4
			抱茎苦荬菜	—	13	1
	样方2		铁杆蒿	100	90	42
			狭叶青蒿	55	—	10
			白羊草	37	—	1丛
	样方3		狭叶青蒿	—	60	42
			铁杆蒿	—	36	28
			远志	—	28	1

（续）

样地序号	样方	样地名称	植物种名	高度（cm）		株数（株）
				最高	平均	
10	样方 4		阴行草	—	50	3
			茵陈蒿	—	50	—
			铁杆蒿	—	40	10
			狭叶青蒿	—	45	15
			柴胡	—	32	1
			白羊草	—	20	5 丛
	样方 5		铁杆蒿	—	40	38
			狭叶青蒿	—	60	13
	样方 6		萎陵菜	—	28	3
			狭叶青蒿	—	40	7
			白羊草	—	—	—
11	样方 1	天然林	龙牙草	—	40	2
			凤毛菊	—	25	—
			蜻蜓兰	—	40	2
			烟管头草	—	100	6
			地榆	—	30	1
	样方 2		矮苔草	—	—	5
			艾蒿	—	45	3
			羊草	—	50	17
			烟管头草	—	120	3
	样方 3		龙牙草	—	45	1
			蜻蜓兰	—	40	2
			凤毛菊	—	15	1
			烟管头草	—	55	3
			茜草	—	—	1
	样方 4		车前	—	20	3
			艾蒿	—	40	10
			蛇莓	—	5	5
			茜草	—	30	1
			蜻蜓兰	—	30	2
			紫花地丁	—	20	3
12	样方 1	天然林	艾蒿	—	80	20
			狭叶青蒿	—	60	15 丛
			铁杆蒿	—	70	15 丛
			白羊草	—	30	2 丛
	样方 2		艾蒿	—	90	5
			茵陈蒿	—	80	4
			草木樨	—	50	1
			抱茎苦荬菜	—	30	5
			茜草	—	30	1
	样方 3		飞蓬	—	20	40
			艾蒿	—	40	5
			茜草	—	—	2
			抱茎苦荬菜	—	20	3
	样方 4		异叶败酱	—	30	—
			铁杆蒿	—	30	2
			抱茎苦荬菜	—	25	4
			茜草	—	—	2
13	样方 1	天然林	紫花地丁	—	10	1
			抱茎苦荬菜	—	36	1
			矮苔草	—	—	10 丛
			年蓬	—	—	1 丛
	样方 2		矮苔草	—	15	—

（续）

样地序号	样方	样地名称	植物种名	高度（cm）		株数（株）
				最高	平均	
13			铁杆蒿	—	44	9
			草木樨	—	100	1
			米口袋	—	10	1 丛
14	样方 1	天然林	纤弱黄芩	—	50	11
			矮苔草	—	10	23
			胡枝子	25	—	24
			异叶败酱	—	46	—
	样方 2		纤弱黄芩	—	25	4
			胡枝子	—	25	6
			细梗胡枝子	—	15	3
			矮苔草	—	10	24
	样方 3		矮苔草	—	10	7
	样方 4		纤弱黄芩	—	35	4
			矮苔草	—	—	8
			细梗胡枝子	—	40	2
			胡枝子	—	30	2
	样方 5		矮苔草	—	10	16
			纤弱黄芩	—	—	6
			王不留行	—	25	5
	样方 6		纤弱黄芩	—	35	2
			矮苔草	—	—	21
15	样方 1	人工林	矮苔草	—	—	6 丛
			林荫千里光	—	—	4
			铁杆蒿	17	—	3
			铁杆蒿（小苗）	7	—	3
			一年蓬	10	—	3
	样方 2		矮苔草	—	—	22
			茜草	10	—	2
	样方 3		旋覆花	35	—	2
			茜草	—	—	2
			矮苔草	—	—	21 丛
	样方 4		异叶败酱	45	—	1
			兔儿伞	—	—	2
			矮苔草	—	—	13 丛
	样方 5		野豌豆	—	—	2
			铁杆蒿	—	4	28
			铁杆蒿（小苗）	—	—	—
			矮苔草	—	—	3
			一年蓬	—	3	3
	样方 6		蜻蜓兰	25	—	3
			千里光	—	—	10
			唐松草	—	15	3
			紫花地丁	—	7	4
			矮苔草	—	—	7 丛
16	样方 1	人工林	千里光	45	—	19
			艾蒿	—	—	—
	样方 2		铁杆蒿	60	—	—
			烟管头草	55	—	3
			茜草	—	—	5
			艾蒿	—	40	8
			抱茎苦荬菜	—	—	2
	样方 3		益母草	—	70	1
			铁杆蒿	—	60	40

（续）

样地序号	样方	样地名称	植物种名	高度（cm）		株数（株）
				最高	平均	
16			艾蒿	—	60	30
			柴胡	—	50	1
	样方 4		铁杆蒿	—	50	45
			茜草	—	55	一大丛
			柴胡	—	40	1
			烟管头草	—	48	22
			艾蒿	—	35	—
	样方 5		益母草	—	70	3
			烟管头草	—	35	2
			抱茎苦荬菜	40	—	3
			铁杆蒿	70	—	8
			蛇莓	20	15	11 丛
	样方 6		林荫千里光	—	80	1
			铁杆蒿	—	70	23
			益母草	—	35	5
			烟管头草	—	40	4
			茜草	—	30	一大丛
			艾蒿	—	35	15
	样方 7		狭叶青蒿	—	65	—
17	样方 1	人工林	黄蒿	110	—	4
			茵陈蒿	140	100	3
			鼠掌老鹳草	—	70	8
			牛蒡	130	—	2
			林荫千里光	130	—	1
			艾蒿	95	—	4
			乱子草	70	—	—
			苜蓿	40	—	—
			地锦	6	—	—
			木贼	8	—	—
	样方 2		日本续断	190	—	20
			铁线莲	—	藤本	1
			鼠掌老鹳草	70	—	7
			乱子草	80	—	—
	样方 3		龙牙草	100	—	18
			风毛菊	90	—	5
			鼠掌老鹳草	60	—	6
			日本续断	60	—	4
	样方 4		日本续断	200	—	2
			风毛菊	160	—	1
			鼠掌老鹳草	80	—	15
			小窃衣	85	—	4
	样方 5		风毛菊	110	—	3
			鼠掌老鹳草	80	—	8
			律草	70	—	2
			野大豆	65	—	1
			野艾蒿	85	—	8
			日本续断	90	—	2
	样方 6		林荫千里光	140	—	13
			日本续断	140	—	2
			铁线莲	50	—	1
			草木樨	100	—	4
	样方 7		风毛菊	140	—	2
			野艾蒿	110	—	13

（续）

样地序号	样方	样地名称	植物种名	高度（cm）		株数（株）
				最高	平均	
17			车前	65	—	2
			鼠掌老鹳草	75	—	15
			异叶败酱	105	—	5
			乱子草	65	—	—
			欧亚旋覆花	70	—	10
18	样方 1	天然林	烟管头草	150	—	7
			矮苔草	—	—	7 丛
			抱茎苦荬菜	—	41	1
			龙牙草	—	48	1
			茜草	—	75	5
	样方 2		牛蒡	—	25	1
			烟管头草	—	55	2
			矮苔草	—	—	8 丛
			蜻蜓兰	—	20	1
	样方 3		林荫千里光	—	70	8
			异叶败酱	—	60	6
			矮苔草	—	—	9
			一年蓬	—	15	3
			龙牙草	—	30	1
			纤弱黄芩	—	30	7
	样方 4		矮苔草	—	—	23 丛
			胡枝子	—	30	3
	样方 5		小升麻	15	—	3
			细梗胡枝子	—	45	13
			矮苔草	—	—	—
			苔藓	—	—	—
	样方 6		纤弱黄芩	—	50	15
			矮苔草	—	—	6 丛
	样方 7		华北前胡	—	30	1 枝
			胡枝子	—	40	15
			细梗胡枝子	—	40	1
			白头翁	—	—	—
			矮苔草	—	—	10 丛
			林荫千里光	—	30	1
19	样方 1	天然林	矮苔草	—	—	—
			委陵菜	10	—	—
			中华卷柏	10	—	许多株
			一年蓬	10	—	15
	样方 2		铁杆蒿	40	—	9
			铃铃香亲草	—	—	22
			矮苔草	—	—	15 丛
			中华卷柏	—	—	—
			风毛菊	15	—	1
	样方 3		中华卷柏	13	—	—
			铁杆蒿	25	—	11
			矮苔草	—	—	—
			茜草	15	—	3
	样方 4		狭叶青蒿	40	—	17
			铁杆蒿	—	—	7
			中华卷柏	—	—	—
			一年蓬	10	—	6

（续）

样地序号	样方	样地名称	植物种名	高度（cm）		株数（株）
				最高	平均	
19			矮苔草	—	—	—
			艾蒿	30	—	4
	样方 5		龙牙草	—	—	1
			野韭菜	55	—	4
			委陵菜	45	—	4
			铁杆蒿	40	—	1
			毛马唐	50	—	10
			矮苔草	—	—	—
	样方 6		异叶败酱	40	—	1
			柴胡	30	—	2
			铁杆蒿	30	—	4
			茜草	25	—	2
			地黄	5	—	2
			一年蓬	10	—	3
			矮苔草	—	—	—
			阴行草	35	—	1
			委陵菜	10	—	1
			石刁柏	15	—	2
20	样方 1	天然林	狭叶青蒿	30	—	4
			角盘兰	10	—	5
			矮苔草	—	—	6 丛
			白羊草	—	—	2 丛
			远志	15	—	2 丛
			中华卷柏	8	—	—
	样方 2		铁杆蒿	40	—	32
			狭叶青蒿	30	—	27
			茜草	30	—	5
			矮苔草	—	—	—
			毛马唐	—	—	—
			中华卷柏	—	—	—
	样方 3		远志	10	—	2
			米口袋	10	—	2
			铁杆蒿	30	—	37
			中华卷柏	3	—	—
			矮苔草	—	—	—
	样方 4		山丹	30	—	1
			铁杆蒿	80	—	17
			狭叶青蒿	55	—	2
			中华卷柏	—	—	4 丛
			矮苔草	—	—	—
	样方 5		毛地黄	7	—	10 丛
			铁杆蒿	50	—	22
			狭叶青蒿	35	—	9
			矮苔草	—	—	—
			中华卷柏	—	—	—
	样方 6		米口袋	8	—	2
			中华卷柏	—	—	—
			铁杆蒿	45	—	4
			狭叶青蒿	35	—	6
			柴胡	15	—	1
	样方 7		紫菀	25	—	1
			铁杆蒿	40	—	5
			狭叶青蒿	40	—	20

（续）

样地序号	样方	样地名称	植物种名	高度（cm）		株数（株）
				最高	平均	
20			矮苔草	—	—	1丛
	样方8		阴行草	—	—	31
			中华卷柏	—	—	—
			委陵菜	30	—	1
			铁杆蒿	40	—	3
21	样方1	天然林	矮苔草	—	—	—
			委陵菜	15	—	2
			华北前胡	65	—	1
			铁杆蒿	20	—	20
			中华卷柏	—	—	—
			角盘兰	20	—	5
	样方2		矮苔草	—	—	—
			远志	40	—	2
			铁杆蒿	15	—	15
			委陵菜	10	—	1
			抱茎苦荬菜	40	—	2
	样方3		烟管头草	50	—	4
			矮苔草	—	—	—
	样方4		白头翁	7	—	2
			矮苔草	—	—	—
	样方5		中华卷柏	—	—	—
			蜻蜓兰	25	—	1
23	样方1	人工林	柴胡	70	—	2
			铁杆蒿	45	—	60
			*白羊草	75	—	4丛
			确山野豌豆	35	—	4
			委陵菜	5	—	2
			紫花地丁	15	—	3
	样方2		甘草	50	—	1
			白头翁	25	—	5
			铁杆蒿	60	—	25枝
			委陵菜	50	—	6
			确山野豌豆	35	—	4
			紫花地丁	15	—	2
			芦苇	95	—	3
			*白羊草	50	—	3丛
	样方3		打碗花	25	—	1
			铁杆蒿	65	—	10
			甘草	55	—	2
			芦苇	100	—	4
			白头翁	30	—	4
			荩草	70	—	—
	样方4		山丹	30	—	1
			白头翁	20	—	6
			铁杆蒿	—	47	33枝
			委陵菜	10	—	3
			紫花地丁	60	—	3
			打碗花	30	—	1
	样方5		苦菜花	31	—	2
			茜草	14	—	3
			甘草	22	—	1
	样方6		铁杆蒿	100	—	25
			白羊草	25	—	7丛

（续）

样地序号	样方	样地名称	植物种名	高度（cm）		株数（株）
				最高	平均	
23			刺儿菜	60	35	12
			甘草	65	—	1
	样方 7		狭叶青蒿	45	—	6 丛
			铁杆蒿	70	—	5 枝
			白羊草	50	—	2
			茵陈蒿	55	—	2
			甘草	60	—	2
			确山野豌豆	14	—	1
	样方 8		* 白羊草	65	—	—
			茜草	25	—	3
			铁杆蒿	35	—	10 枝
			甘草	60	—	2
			确山野豌豆	21	—	2
	样方 9		糙叶败酱	50	—	25
			甘草	20	—	2
			白羊草	50	—	5
			铁杆蒿	60	—	50
			硬毛棘豆	10	—	12
	样方 10		野亚麻	70	—	2
			风毛菊	100	—	+
			甘草	65	—	3
			白头翁	—	—	2
			茵陈蒿	65	—	+
			铁杆蒿	35	—	+
24	样方 1	天然林	阴行草	95	—	4
			矮苔草	15	—	6 丛
			茜草	—	—	3
			苔草	20	—	3 丛
			* 兔儿伞	7	—	4
			王不留行	10	—	2
	样方 2		龙牙草	20	—	3
			华北前胡	80	—	1
			茜草	—	—	1
			铁杆蒿	50	—	10 枝
			异叶败酱	55	—	40（小苗多）
			米口袋	—	—	—
	样方 3		草木樨	70	—	4
			异叶败酱	35	—	2
			铁杆蒿	35	—	25 枝
			黄海棠	40	—	—
			菟丝子	—	—	1
	样方 4		阴行草	90	—	2
			阴行草	75	—	—
			铁杆蒿	40	—	2
			五脉叶香豌豆	28	—	1
			茵陈蒿	60	—	1
			苔草	—	—	2
			甘菊	75	—	15
	样方 5		烟管头草	55	—	1
			甘菊	75	—	39
			紫花地丁	35	—	3
	样方 6		益母草	44	—	3
			龙牙草	55	—	1

（续）

样地序号	样方	样地名称	植物种名	高度（cm）		株数（株）
				最高	平均	
24			甘菊	60	—	10
			茜草	60	—	2
			紫花地丁	20	—	2
			矮苔草	—	—	—
	样方 7		甘菊	90	—	2
			异叶败酱	50	—	6
			龙牙草	50	—	1
			烟管头草	50	—	1
			茜草	—	—	3
	样方 8		委陵菜	55	—	1
			苔草	—	—	16 丛
			烟管头草	60	—	2
			龙牙草	40	—	1
			异叶败酱	60	—	1 株大，小苗多
			米口袋	15	—	1
			荩草	20	—	3
	样方 9		小窃衣	65	—	1
			铁杆蒿	100	—	10 枝
			甘菊	—	—	11
			老鹳草	25	—	1
			阴行草	90	—	2
			矮苔草	—	—	2 丛
			益母草	30	—	1
			柴胡	40	—	3
			粗壮女娄菜	95	—	3
	样方 10		益母草	30	—	2
			异叶败酱	50	—	10
			甘菊	60	—	12
			确山野豌豆	40	—	1
			风毛菊	110	—	1
25	样方 1	天然林	柴胡	60	—	3
			远志	40	—	3
			铁杆蒿	80	—	35 枝
			矮苔草	—	—	10 丛
			白羊草	40	—	1 丛
	样方 2		黄毛棘豆	10	—	4
			硬毛棘豆	20	—	6
			茜草	60	—	—
			柴胡	35	—	2
			矮苔草	—	—	9 丛
			荩草	25	—	5 枝
	样方 3		黄芩	50	—	5
			风毛菊	25	—	1
			茜草	70	—	—
			白头翁	20	—	1
			矮苔草	—	—	—
			白羊草	70	—	2 丛
	样方 4		菟丝子	—	—	一片
			柴胡	70	—	2
			铁杆蒿	70	—	30 枝
	样方 5		阴行草	70	—	6 枝

（续）

样地序号	样方	样地名称	植物种名	高度（cm）		株数（株）
				最高	平均	
25			铁杆蒿	50	—	30
			柴胡	30	—	4
			狭叶青蒿	30	—	10 枝
	样方 6		华北前胡	65	—	2
			柴胡	55	—	3
			甘菊	55	—	9
			铁杆蒿	65	—	6
			矮苔草	—	—	—
			风毛菊	15	—	1
	样方 7		铁杆蒿	45	—	30
			阴行草	60	—	1
			鸦葱	10	—	1
			矮苔草	—	—	—
	样方 8		确山野豌豆	40	—	2
			抱茎苦荬菜	—	—	1
			远志	25	—	6
			茭草	—	—	1
			白头翁	—	—	1
			铁杆蒿	—	—	8 枝
			阴行草	70	—	1
			矮苔草	—	—	—
	样方 9		委陵菜	40	—	7
			柴胡	60	—	2
			远志	20	—	5 枝
			矮苔草	—	—	4 丛
			狭叶青蒿	40	—	8
	样方 10		华北前胡	70	—	2
			多岐沙参	100	—	2
			矮苔草	—	—	4 丛
			铁杆蒿	40	—	25
			甘菊	50	—	7
			柴胡	50	—	1
			远志	15	—	5

4.5 主要树种热量值

1987 年在红旗林场马连滩作业区，选择代表性样地 109 块，样地大小为 400m²，采用燃烧法，树干解析并得到标准木解析树高、胸径、材积生长量总表。然后根据特定方式，计算出各植物种的热量值（表 4－42，资料来源：孙立达，朱金兆主编《水土保持林体系综合效益研究与评价》）。

表 4－41 主要树种热量值

序号	树 种	热值（cal* /g）
1	华北落叶松	5 167
2	油松	5 046
3	花胡颓子	5 045
4	白桦	4 975
5	黑桦	4 910
6	连翘	4 847
7	毛樱桃	4 846

（续）

序号	树　种	热值（cal*/g）
8	沙棘	4 838
9	蒙古栎	4 834
10	小叶锦鸡儿	4 816
11	臭椿	4 825
12	北京丁香	4 816
13	文冠果	4 791
14	扁核木	4 791
15	小蘖	4 772
16	野李子	4 762
17	河北杨	4 753
18	北京杨	4 694
19	小叶杨	4 670
20	毛白杨	4 666
21	旱柳	4 809
22	大果榆	4 733
23	山楂	4 732
24	柠条锦鸡儿	4 729
25	紫丁香	4 727
26	杜梨	4 709
27	山杏	4 708
28	黑果枸杞	4 705
29	红柳	4 695
30	沙柳	4 715
31	柽柳	4 687
32	桑	4 686
33	三裂绣线菊	4 679
34	白榆	4 679
35	山桃	4 640
36	黄刺玫	4 568
37	刺槐	4 544
38	垂柳	4 469
39	卫矛	4 428
40	核桃	4 492
41	新疆杨	4 431
42	柠条	4 712
43	虎榛子	4 473

* cal 为非法定计量单位，1cal=4.187J。

第五章

土壤监测数据

5.1 土壤理化性质

5.1.1 吉县红旗林场观测点

5.1.1.1 1981—1982年不同地类土壤理化性质调查

1981—1982年，在吉县红旗林场对不同地类的土壤理化性质进行了调查。土壤容重、孔隙度用环刀法测定，每土层重复2～3次；土壤机械组成用比重计法测定；土壤有机质用重铬酸钾—硫酸氢化法测定；土壤全氮用氨复合电极法测定；土壤全磷用钼兰比色法测定；土壤速效磷用 $NaHCO_3$ 溶液处理，钼兰比色法测定；土壤速钾用火焰光度计法测定；土壤 $CaCO_3$ 含量用气量法测定；土壤pH用酸度计（甘汞—玻璃电极法）测定（表5-1～表5-3，朱金兆）。

表5-1 各样地基本情况调查

剖面编号	地类	坡向（°）	坡度（°）	坡位	海拔（m）	土地利用状况	母质类型
1	阳沟坡草坡	N180	40	下	1 150	白草、俞丫丫 0.5	黄土
2	阳坡草坡	N180	30	中	1 200	白草、蒿类 0.5	黄土
3	阳坡林地	N180	20	中	1 200	刺槐、人工林13年 0.7	黄土
4	阳坡耕地	N180	23	中	1 200	小麦	黄土
5	梁顶草坡	—	5	顶	1 280	白草 0.5	黄土
6	梁顶林地	—	5	顶	1 280	刺槐13年 0.6	黄土
7	梁顶耕地	—	5	顶	1 250	小麦	黄土
8	残塬耕地	—	0	顶	1 250	小麦	黄土
9	残塬林地	—	5	顶	1 300	刺槐、人工林 0.7	黄土
10	阴沟坡草灌地	N40	45	中下	1 150	黄刺玫、胡枝子、羊胡草 0.8	—
11	阴坡草灌地	N40	28	中	1 200	沙棘 0.4；羊胡草 0.8	—
12	阴坡林地	N40	28	中	1 200	刺槐、油松、人工林 0.8；沙棘；羊胡草	—
13	阴坡耕地	N40	28	中	1 250	马铃薯	黄土
14	西坡草地	N260	30	中	1 200	白草、铁蒿 0.5	黄土
15	东坡草地	N100	25	中	1 200	白草、俞丫丫 0.3	黄土
16	西坡林地	N303	23	中	1 150	刺槐、人工林 0.6；白草、羊胡草	黄土
17	东坡林地	N90	15	中	1 150	刺槐、人工林 0.7；白草、羊胡草	黄土
18	沟坡坡脚草灌地	N0	35	底	1 100	黄刺玫、羊胡草 0.8	黄土塌积物
19	沟坡坡脚草灌坡	N200	30	底	1 100	白草、俞丫丫 0.6	黄土塌积物
20	沟底荒地	—	5	底	1 080	荒地	黄土塌积物
21	沟底淤地坝	—	0	底	1 080	新淤荒地	黄土淤积物
22	沟底林地	—	0	底	960	刺槐、人工林 0.7	黄土淤积物
23	红胶土荒坡	N180	33	中	1 200	白草 0.1	红胶土

表 5-2　不同地类土壤物理性质调查

剖面编号	剖面调查								物理性质分析			
	土层（cm）	颜色	结构	松紧度	质地	植物根	层次过渡	新生体	容重（g/cm^3）	孔隙度（%）	物理性黏粒含量（%）	最大吸湿量（%）
1	0～20	黄褐色	粉粒状	较紧	微黏	较多	—	—	1.19	54.6	—	1.631 2
	20～40	黄褐色	粉粒状	较紧	微黏	有	—	—	—	—	36.65	1.512 5
	40～60	黄褐色	粉粒状	稍紧	微黏	少	不明显	假菌丝	1.15	55.0	—	1.342 8
	60～80	黄褐色	粉粒状	稍紧	微黏	—	—	—	—	—	—	—
	80～100	黄褐色	粉粒状	稍紧	微黏	—	—	—	1.12	55.7	—	—
2	0～20	黄褐色	粉粒状	较松	微黏	较多	—	—	1.09	5.66	4.01	1.879 7
	20～40	黄褐色	粉粒状	较松	微黏	有	—	—	—	—	4.22	1.905 6
	40～60	黄褐色	块柱状	较紧	微黏	稀	不明显	假菌丝	1.15	5.51	4.32	1.776 0
	60～80	黄褐色	块柱状	较紧	微黏	—	—	—	—	—	4.51	1.491 9
	80～100	黄褐色	块柱状	较紧	微黏	—	—	—	1.17	5.58	4.61	1.631 2
3	0～20	灰黄褐色	粉粒状	稍紧	微黏	较多	—	—	1.20	53.2	41.7	1.671 7
	20～40	灰黄褐色	粉粒状	稍紧	微黏	有	不明显	假菌丝	1.26	51.2	36.6	1.750 1
	40～60	灰黄褐色	柱状状	稍紧	微黏	少	—	—	1.21	52.2	—	1.517 7
4	0～20	灰黑褐	粉粒状	较松	微黏	较多	—	—	—	55.9	35.61	1.445 6
	20～40	灰黑褐	粉粒状	稍紧	微黏	有	—	—	1.14	54.3	44.51	1.365 8
	40～60	黄褐	块柱状	紧	微黏	少	不明显	假菌丝				
	60～80	黄褐	块柱状	紧	微黏	—	—	—	1.23	52.6	—	—
	80～100	黄褐	块柱状	紧	微黏	—	—	—	—	—	—	—
5	0～20	黑褐	粉粒状	较松	微黏	较多	—	—	1.03	63.7	—	1.978 4
	20～40	黄褐	块柱状	稍紧	微黏	有	—	—	1.16	57.2	36.71	1.698 4
	40～60	黄褐	块柱状	紧	微黏	少	不明显	假菌丝	—	—	—	1.574 4
	60～80	黄褐	块柱状	紧	微黏	—	—	—	1.28	51.2	34.64	—
	80～100	黄褐	块柱状	紧	微黏	—	—	—	—	—	—	—
6	0～20	黑褐	粒状	较松	微黏	较多	—	—	1.17	51.2	42.7	1.776
	20～50	黄褐	块柱状	稍紧	微黏	有	不明显	假菌丝	1.20	50.6	43.7	1.460 6
	50～100	黄褐	块柱状	紧	微黏	少	—	—	1.08	52.8	44.7	1.610 5
7	0～20	黄褐色	粉粒状	较松	微黏	较多	—	—	1.17	55.0	38.68	1.528 8
	20～40	黄褐色	粉粒状	稍紧	微黏	少	—	—	1.21	50.0	42.81	1.693 2
	40～60	黄褐色	柱状	稍紧	微黏	少	不明显	假菌丝	1.21	50.0	43.84	1.724 2
	60～80	黄褐色	柱状	紧	微黏	—	—	—	1.21	50.2	—	—
	80～100	黄褐色	柱状	紧	微黏	—	—	—	1.21	50.2	—	—
8	0～20	黄褐色	粉粒状	较松	微黏	较多	—	—	1.17	54.0	—	1.651 8
	20～40	黄褐色	粉粒状	稍紧	微黏	有	—		1.17	—	39.0	1.589 9
	40～60	黄褐色	柱状	稍紧	微黏	少	不明显	假菌丝偶见料礓石	1.24	50.0	—	1.734 6
	60～80	黄褐色	柱状	紧	微黏	—	—		1.21	—	—	1.548 6
	80～100	黄褐色	柱状	紧	微黏	—	—	—	1.21	51.7	—	1.265 8
9	0～10	黄褐色	粉粒状	松	微黏	多	—	—	1.17	59.8	43.6	1.327 4
	10～35	黄褐色	粉粒状	较松	微黏	多	不明显	假菌丝	1.17	—	43.6	1.327 4
	35～100	黄褐色	块柱状	较紧	微黏	有	—	—	1.19	52.4	44.8	1.910 8
10	0～20	黄褐色	粉粒状	较松	微黏	较多	—	—	1.10	54.7	41.8	—
	20～40	黄褐色	粉粒状	较松	微黏	有	—	—	—	—	41.9	1.978 4
	40～60	黄褐色	块柱状	较紧	微黏	少	不明显	假菌丝	1.10	52.5	42.0	1.517 7
	60～80	黄褐色	块柱状	较紧	微黏	偶见	—	—	—	—	45.8	—
	80～100	黄褐色	块柱状	较紧	微黏	偶见	—	—	1.13	50.2	43.2	2.072 1
11	0～20	黄褐色	粉粒状	较松	微黏	多	—	—	1.08	55.2	—	1.827 8
	20～40	黄褐色	粉粒状	较松	微黏	较多	—	—	1.08	57.3	—	1.672 5
	40～60	黄褐色	块柱状	较松	微黏	较多	不明显	假菌丝	—	57.3	—	—
	60～80	黄褐色	块柱状	较松	微黏	少	—	—	1.24	51.9	—	—
	80～100	黄褐色	块柱状	较紧	微黏	稀	—	—	1.24	51.9	—	—

（续）

剖面编号	剖面调查								物理性质分析			
	土层（cm）	颜色	结构	松紧度	质地	植物根	层次过渡	新生体	容重（g/cm^3）	孔隙度（%）	物理性黏粒含量（%）	最大吸湿量（%）
12	0～10	黄褐色	粉粒状	较松	微黏	较多	—	—	1.05	57.1	42.7	1.636 4
	10～40	黄褐色	粉粒状	较紧	微黏	多	不明显	假菌丝	1.08	55.2	44.7	1.584 7
	40～100	黄褐色	块柱状	较紧	微黏	少	—	—	1.12	54.2	—	2.097 7
13	0～20	黄褐色	粉粒状	松	微黏	较多	—	—	0.89	64.5	41.79	1.682 9
	20～40	黄褐色	粉粒状	较紧	微黏	有	—	—	—	—	44.78	1.512 5
	40～60	黄褐色	柱状	较紧	微黏	少	不明显	假菌丝	1.19	55.8	44.00	2.098 1
	60～80	黄褐色	柱状	较紧	微黏	—	—	—	—	—	—	—
	80～100	黄褐色	柱状	较紧	微黏	—	—	—	1.29	52.6	—	—
14	0～20	黑黄褐	粉粒状	较紧	微黏	多	—	—	1.16	—	—	1.466 2
	20～40	黑黄褐	粉粒状	较紧	微黏	有	—	—	1.25	—	41.68	1.399 3
	40～60	黄褐色	块柱状	紧	微黏	少	不明显	假菌丝	1.21	—	42.91	1.921 2
	60～80	黄褐色	块柱状	紧	微黏	—	—	—	—	—	—	—
	80～100	黄褐色	块柱状	紧	微黏	—	—	—	—	—	—	—
15	0～20	灰褐	粉粒状	较紧	微黏	较多	—	—	1.18	54.1	35.72	1.765 6
	20～40	黄褐色	块柱状	较紧	微黏	有	—	—	1.23	51.6	42.75	1.538 3
	40～60	黄褐色	块柱状	紧	微黏	少	不明显	假菌丝	1.26	50.2	42.65	1.358 2
	60～80	黄褐色	块柱状	紧	微黏	—	—	—	—	—	—	—
	80～100	黄褐色	块柱状	紧	微黏	—	—	—	—	—	—	—
16	0～40	黑黄褐	粉粒状	较松	微黏	较多	不明显	假菌丝	1.23	54.2	43.7	1.719 3
	40～100	黄褐	柱状	紧	微黏	少		—	1.24	52.4	—	1.936 8
17	0～30	黄褐色	粉粒状	较紧	微黏	多	不明显	假菌丝	1.13	—	41.6	1.548 8
	30～100	黄褐色	块状	紧	微黏	有			1.28	—	40.6	1.502 2
18	0～20	黄褐色	粉粒状	松	微黏	多	—	—	1.05	59.4	—	1.925 8
	20～40	黄褐色	粉粒状	较松	微黏	较多	明显	—	1.32	48.7	—	1.973 2
	40～60	黄褐色	粉粒状	紧	微黏	少	—	假菌丝	—	40.2	2.108 5	
	60～80	棕褐色	核状	紧实	黏	—	不明显	—	1.41	47.1	41.4	2.385 6
	80～100	棕褐色	核状	紧实	黏	—	—	—	—	—	42.3	2.139 8
19	0～20	黄褐色	粉粒状	稍松	微黏	较多	—	—	1.21	54.0	35.0	1.879 7
	20～40	黄褐色	粉粒状	稍松	微黏	有	不明显	假菌丝偶见料礓石	—	45.6	40.2	2.108 5
	40～60	黄褐色	粉粒状	较紧	微黏	少	—		1.43	45.6	40.2	1.973 2
	60～80	棕褐色	块或核状	紧实	黏	—	明显		—	—	39.9	1.322 2
	80～100	棕褐色	块或核状	紧实	黏	—	—	—	—	43.1	51.3	1.724 2
20	0～20	黄褐色	粉粒状	松	微黏	多	—	—	1.28	49.1	43.1	1.672 5
	20～40	黄褐色	粉粒状	较松	微黏	较多	—	—	1.19	51.0	40.0	1.527 9
	40～60	黄褐色	粉粒状	较松	微黏	少	不明显	假菌丝	—	51.0	41.9	1.983 6
	60～80	暗褐色	粉粒状	较紧	微黏	—	—	—	—	50.9	43.7	—
	80～100	暗褐色	粉粒状	较紧	微黏	—	—	—	1.19	50.9	43.8	—
21	0～20	黄褐色	粉粒状	较松	微黏	少	—	—	1.24	60.8	35.72	1.786 4
	20～40	黄褐色	粉粒状	较紧	微黏	—	不明显	—	1.34	51.2	54.57	2.774 9
	40～100	黄褐色	粉粒状	较紧	黏	—	—	—	1.35	—	—	2.459 0
22	0～20	黄褐色	粉粒状	较松	微黏	多	—	—	—	—	—	—
	20～60	黄褐色	粉粒状	较松	微黏	有	不明显	—	—	—	—	—
	60～100	黄褐色	粉粒状	较紧	微黏	少	—	—	—	—	—	—
23	0～20	暗红	核状	紧实	黏	少	—	—	1.40	42.3	51.59	2.971 0
	20～40	暗红	核状	紧实	黏	—	—	—	1.36	47.0	51.49	2.754 0
	40～60	暗红	核状	紧实	黏	—	不明显	—	1.41	46.0	47.12	2.213 0
	60～80	暗红	核状	紧实	黏	—	—	—	1.42	43.3	—	—
	80～100	暗红	核状	紧实	黏	—	—	—	1.39	43.4	—	—

表 5-3 不同地类土壤养分调查

剖面编号	pH	$CaCO_3$ 含量（%）	有机质（%）	全氮（%）	全磷（%）	速效磷（mg/100g）	速效钾（mg/100g）
1	8.30	—	1.338	0.100	0.106	0.107	13.21
	8.68	—	0.529	0.026	0.106	—	6.94
	8.74	—	0.341	0.038	0.121	—	9.80
2	8.10	17.88	1.239	0.090	0.130	0.204	1.698
	8.34	2.219	0.879	0.050	0.130	—	0.13
	8.42	20.45	0.287	0.040	0.110	—	9.84
	8.59	19.81	0.259	0.040	0.094	—	—
	8.13	19.41	0.419	0.030	0.116	—	—
3	—	17.26	1.221	0.08	0.117	0.397	20.33
	8.32	18.00	0.394	0.04	0.118	—	8.14
	8.19	17.81	0.344	—	0.131	—	7.11
4	8.50	—	0.783	0.088	0.098	0.404	12.51
	8.55	—	0.567	0.042	0.120	—	10.81
	8.55	—	0.631	0.024	0.119	—	11.45
5	8.07	—	—	0.052	0.114	0.366	10.20
	8.38	—	1.346	0.045	0.099	—	6.27
	8.55	—	0.521	0.021	0.099	—	4.47
6	8.42	—	0.611	0.040	0.092	—	9.33
	8.06	—	0.311	0.040	0.101	—	7.78
	8.60	—	0.390	0.040	0.094	—	9.19
7	8.47	—	0.855	0.048	0.107	0.414	10.15
	8.46	—	0.373	0.027	0.120	—	7.80
	8.48	—	0.505	0.034	0.100	—	8.48
8	8.26	14.04	1.454	0.08	0.187	0.583	18.64
	8.32	13.60	1.030	0.08	0.182	—	14.22
	8.49	14.20	0.685	0.05	0.157	—	5.44
	7.67	15.59	0.584	0.04	0.163	—	—
	8.46	17.88	0.327	0.04	0.128	—	—
9	8.06	—	0.800	0.06	0.099	0.324	—
	—	—	0.800	0.06	0.099	—	—
	8.33	—	0.631	0.05	0.114	—	—
10	8.10	19.04	1.044	0.08	0.103	—	7.74
	8.11	19.05	0.733	0.07	0.136	—	5.44
	8.41	15.39	0.753	0.06	0.121	—	8.12
	8.33	19.04	0.658	—	0.096	—	—
	8.52	18.96	0.610	—	0.104	—	—
11	7.90	17.18	1.879	0.12	0.157	0.270	17.15
	8.44	17.88	0.307	0.05	0.137	—	6.78
	8.18	17.47	0.529	0.06	0.127	—	8.84
	8.28	18.51	0.455	0.08	0.141	—	—
	8.33	17.28	0.426	0.04	0.147	—	—
12	8.13	18.97	1.030	0.09	0.100	0.315	18.97
	8.30	7.96	0.683	0.05	0.107	—	7.96
	7.92	8.17	0.560	0.05	0.093	—	8.17
13	8.33	—	1.300	0.082	0.099	0.493	9.83
	8.65	—	0.595	0.025	0.112	—	7.44
	8.62	—	0.568	0.02	0.122	—	7.49
14	8.10	—	—	0.064	0.166	0.183	13.36
	8.78	—	0.613 7	0.052	0.124	—	6.67
	8.55	—	0.552 3	0.018	0.101	—	8.49

（续）

剖面编号	pH	CaCO₃含量（%）	有机质（%）	全氮（%）	全磷（%）	速效磷（mg/100g）	速效钾（mg/100g）
15	8.45	—	1.069 5	—	0.125	0.234	9.16
	8.59	—	0.608 4	—	0.120	—	8.12
	8.65	—	0.581 2	—	0.098	—	7.10
16	8.20	—	0.858	0.06	0.111	0.387	—
	8.38	—	0.539	0.05	0.116	—	—
17	8.05	—	0.606	0.05	0.112	—	—
	8.12	—	0.444	—	0.113	—	—
18	8.30	13.36	1.598	0.090	0.126	0.107	12.57
	8.53	14.75	0.582	0.040	0.131	—	11.73
	8.61	14.48	0.491	0.040	0.144	—	11.91
	8.50	12.09	—	—	—	—	—
	8.66	13.00	0.383	—	—	—	—
19	83.6	14.99	1.334	0.080	0.147	0.349	14.26
	88.7	13.27	0.580	0.040	0.118	—	9.36
	93.6	13.26	0.387	0.030	0.102	—	11.56
	93.0	12.13	0.408	—	0.115	—	—
	90.0	12.41	0.381	—	0.113	—	—
20	8.24	16.11	0.831	0.07	0.141	0.092	14.23
	8.39	13.57	0.547	0.05	0.163	—	10.83
	8.61	12.87	0.688	0.06	0.152	—	10.54
	8.46	16.40	—	—	0.114	—	—
	8.54	15.16	0.633	—	0.158	—	—
21	8.36	—	0.370	0.067	0.100	—	14.60
	8.61	—	0.460	0.033	0.135	—	15.76
	8.64	—	0.272	0.033	0.131	—	9.56
22	8.31	—	0.561	0.05	0.136	—	—
	8.31	—	0.681	—	0.112	—	—
	8.01	—	—	—	0.110	—	—
23	9.03	—	0.414	0.053	0.094	0.479	17.51
	8.92	—	0.320	0.022	0.086	—	18.50
	9.12	—	0.388	0.039	0.100	—	18.06

注：以上数据来自北京林业大学水土保持学院朱金兆毕业论文。

5.1.1.2　1987 年不同地类土壤理化性质调查

1987 年 4～10 月，在吉县红旗林场进行了土壤理化性质调查。试验选择了包括林地、农地和荒草地在内的具有一定代表性的 19 块标准地，其中林地 13 块，农地 4 块，荒草地 2 块。每个标准地选有代表性的两个土壤剖面，深 1m 左右，在剖面上分层取样，0～10cm，20～40cm，40～80cm 用环刀取土测定土壤物理性质，土壤化学性质与物理性质同时同点取样，室内做化学分析（表 5－4～表 5－11，王庆国）。

表 5－4　各标准地基本情况调查

编号	林分类型	造林前地类	地貌部位	坡向（°）	坡度（°）	林龄（年）	密度（株/hm²）	平均胸径（cm）	平均树高（m）	郁闭度（%）	蓄积量（m³/hm²）	人为破坏状况	生长状况	植被盖度（%）	鲜草量（kg/hm²）	主要草组成
1	刺槐林	梯田	梁顶	N150	22	18	2 644	7.55	7.35	68	53.95	严重	一般	85	2 600	羊胡子草、白草
2	刺槐林	梯田	坡中	N156	9	19	2 573	7.66	8.58	50	57.1	严重	一般	75	5 300	羊胡子草、白草
3	刺槐林	坡耕地	坡上	N190	10	20	2 137	8.5	8.5	70	83.4	一般	良好	80	2 700	羊胡子草
4	刺槐林	坡耕地	坡中	N100	23	18	1 946	9.27	8.6	50	40.5	一般	一般	70	4 000	白草、羊胡子草

（续）

编号	林分类型	造林前地类	地貌部位	坡向(°)	坡度(°)	林龄(年)	密度(株/hm²)	平均胸径(cm)	平均树高(m)	郁闭度(%)	蓄积量(m^3/hm^2)	人为破坏状况	生长状况	植被盖度(%)	鲜草量(kg/hm²)	主要草组成
5	刺槐林	坡耕地	坡上	N145	25	18	2 798	7.36	8.2	55	47.4	严重	一般	65	5 300	羊胡子草、白草
6	刺槐林	梯田	坡中	N235	28	18	2 855	7.4	8.1	70	58.7	一般	一般	75	3 300	羊胡子草、白草、蒿类
7	刺槐林	坡耕地	坡下	N195	28	16	4 071	6.78	7.9	65	58.7	严重	一般	70	3 400	羊胡子草、白草、蒿类
8	刺槐林	坡耕地	坡下	N235	26	18	1 210	7.75	7.6	40	26.9	严重	差	80	4 500	羊胡子草、白草、蒿类
9	刺槐林	坡耕地	坡中	N220	10	21	2 963	8.54	9.5	75	96.1	一般	良好	55	1 800	羊胡子草、白草、蒿类
10	刺槐林	荒坡	坡中	N56	28	18	1 340	10.03	9.4	70	53.5	轻微	良好	65	1 100	蒿类、羊胡子草
11	刺槐林	坡耕地	坡中	N240	12	20	3 095	8.61	9.8	70	85.2	严重	良好	65	2 100	羊胡子草
12	刺槐林	荒坡	坡中	N343	27	18	1 523	10.5	10.5	85	75.9	轻微	良好	60	5 900	羊胡子草
13	刺槐林	荒坡	—	N65	25	17	3 082	8.01	8.5	80	74.8	轻微	良好	70	1 100	羊胡子草、白草
14	—	梯田	坡中	N170	0	—	—	—	—	—	—	—	—	70	0	—
15	—	坡耕地	—	N105	17	—	—	—	—	—	—	—	—	0	0	—
16	—	梯田	坡中	N140	23	—	—	—	—	—	—	—	—	70	0	—
17	—	荒地	坡中	N155	0	—	—	—	—	—	—	—	—	30	5 600	白草、蒿类
18	—	荒地	坡中	N120	0	—	—	—	—	—	—	—	—	85	9 900	白草、蒿类
19	—	坡耕地	—	N105	26	—	—	—	—	—	—	—	—	0	0	—

表 5-5 不同地类土壤物理性质

标准地号	土层(cm)	土壤饱和含水量(%)	土壤容重(mg/cm³)	毛管孔隙度(%)	总孔隙度(%)	非毛管孔隙度(%)	毛管最大持水(%)	土壤流限(%)	土壤塑限(%)
1	0～10	42.75	1.29	49.31	55.32	6.01	38.10	0.324	0.222
	10～40	44.13	1.21	49.96	53.57	3.61	41.16	—	—
	40～80	42.43	1.30	52.46	54.99	2.53	40.51	—	—
2	0～10	47.05	1.21	55.93	53.92	2.99	44.57	0.320	0.245
	10～40	49.84	1.19	55.12	59.16	4.04	46.47	—	—
	40～80	48.83	1.18	51.46	57.38	5.92	43.83	—	—
3	0～10	45.62	1.25	54.48	56.80	2.32	43.81	0.328	0.287
	10～40	48.99	1.14	52.78	56.04	3.26	46.16	—	—
	40～80	46.73	1.18	51.38	54.91	3.53	43.76	—	—
4	0～10	54.39	1.14	55.44	61.95	6.51	48.67	0.334	0.254
	10～40	39.38	1.32	46.99	52.02	5.03	35.61	—	—
	40～80	38.13	1.34	47.01	50.90	3.89	35.23	—	—
5	0～10	49.99	1.16	52.56	57.84	5.28	45.45	0.299	0.254
	10～40	44.27	1.26	51.81	55.60	3.79	41.29	—	—
	40～80	37.92	1.34	49.91	50.93	2.02	37.13	—	—
6	0～10	53.04	1.14	57.63	60.62	2.99	50.42	0.406	0.406
	10～40	54.92	1.12	57.56	61.57	4.01	51.35	—	—
	40～80	50.50	1.18	54.84	59.34	4.50	46.67	—	—
7	0～10	46.59	1.18	48.86	55.16	6.30	40.84	0.344	0.344
	10～40	46.10	1.23	52.66	56.66	4.00	42.85	—	—
	40～80	42.31	1.25	50.76	52.80	2.04	40.71	—	—
8	0～10	55.13	1.19	56.83	65.33	8.50	47.96	0.376	0.376
	10～40	46.50	1.20	52.40	55.89	3.49	43.59	—	—
	40～80	51.33	1.25	55.26	64.27	9.01	44.14	—	—
9	0～10	51.71	1.15	55.46	59.36	3.90	46.31	0.342	0.342
	10～40	47.43	1.20	52.46	56.96	4.50	43.68	—	—
	40～80	47.01	1.22	53.76	57.26	3.50	44.14	—	—
10	0～10	50.35	1.18	56.16	59.21	3.05	47.80	0.403	0.403
	10～40	47.25	1.15	53.46	54.10	4.64	44.44	—	—
	40～80	44.87	1.23	53.96	54.97	4.50	44.05	—	—

（续）

标准地号	土层（cm）	土壤饱和含水量（%）	土壤容重（mg/cm³）	毛管孔隙度（%）	总孔隙度（%）	非毛管孔隙度（%）	毛管最大持水（%）	土壤流限（%）	土壤塑限（%）
11	0～10	52.94	1.16	54.86	61.36	6.50	47.33	0.371	0.328
	10～40	51.52	1.19	58.36	61.36	3.00	49.00	—	—
	40～80	47.05	1.23	54.06	58.06	4.00	43.81	—	—
12	0～10	49.09	1.21	57.30	59.30	2.00	47.43	0.376	0.234
	10～40	48.70	1.23	55.76	50.76	4.00	43.44	—	—
	40～80	46.74	1.25	55.90	58.24	2.34	44.87	—	—
13	0～10	43.81	1.23	53.06	54.06	3.00	43.00	0.382	0.217
	10～40	45.26	1.24	50.26	56.26	6.00	40.43	—	—
	40～80	46.75	1.26	56.76	58.76	4.00	45.16	—	—
14	0～10	61.82	1.11	56.56	68.56	2.00	51.00	0.314	0.224
	10～40	42.27	1.26	48.89	53.39	4.50	38.71	—	—
	40～80	49.75	1.17	53.06	58.06	5.00	45.47	—	—
15	0～10	52.40	1.09	55.06	57.06	2.00	50.56	0.311	0.125
	10～40	52.07	1.17	56.76	60.77	4.01	48.64	—	—
	40～80	53.16	1.16	55.66	61.67	4.01	49.98	—	—
16	0～10	63.18	1.04	63.96	65.96	2.00	61.26	0.273	0.238
	10～40	46.90	1.27	57.02	59.52	2.50	44.93	—	—
	40～80	44.12	1.25	52.52	55.02	2.50	42.11	—	—
17	0～10	38.23	1.33	47.66	50.96	3.30	55.75	0.303	0.228
	10～40	34.17	1.38	45.26	47.26	3.50	32.73	—	—
	40～80	31.48	1.52	43.76	47.76	3.00	28.85	—	—
18	0～10	40.47	1.33	49.71	53.70	2.75	37.46	0.304	0.228
	10～40	43.90	1.25	50.66	54.66	4.00	40.69	—	—
	40～80	39.43	1.37	51.36	53.86	2.50	37.60	—	—
19	0～10	60.43	1.03	52.90	61.90	9.00	62.66	0.281	0.254
	10～40	50.10	1.18	53.80	59.50	5.70	55.71	—	—
	40～80	50.20	1.23	55.10	61.80	6.70	45.02	—	—

表 5－6　不同地类土壤化学性质

标准地号	土层（cm）	全氮（%）	有机质（%）	速钾（mg/kg）
1	0～10	0.044	1.10	139.2
	10～40	0.036	0.47	107.3
	40～80	0.025	0.63	107.3
2	0～10	0.061	1.14	155.6
	10～40	0.040	1.74	109.8
	40～80	0.027	0.82	96.8
3	0～10	0.050	1.04	123.7
	10～40	0.050	0.57	100.5
	40～80	0.037	0.50	101.7
4	0～10	0.056	1.54	179.4
	10～40	0.050	0.71	117.2
	40～80	0.040	0.70	117.3
5	0～10	0.044	0.89	123.5
	10～40	0.037	0.46	99.7
	40～80	0.037	0.59	91.2
6	0～10	0.059	1.22	174.3
	10～40	0.032	0.70	106.8
	40～80	0.015	0.82	106.8

（续）

标准地号	土层（cm）	全氮（%）	有机质（%）	速钾（mg/kg）
7	0～10	0.056	1.56	1151.1
	10～40	0.045	0.66	109.3
	40～80	0.037	0.33	109.8
8	0～10	0.081	1.74	120.1
	10～40	0.050	0.91	112.4
	40～80	0.037	0.49	115.9
9	0～10	0.056	0.74	169.3
	10～40	0.044	0.61	106.1
	40～80	0.037	0.62	103.1
10	0～10	0.081	1.69	183.6
	10～40	0.037	0.70	112.0
	40～80	0.037	0.79	105.9
11	0～10	0.050	1.27	227.1
	10～40	0.044	0.57	143.4
	40～80	0.037	0.48	128.0
12	0～10	0.119	1.84	206.1
	10～40	0.044	0.75	112.0
	40～80	0.031	0.63	124.2
13	0～10	0.075	1.01	220.3
	10～40	0.037	0.55	121.5
	40～80	0.037	0.42	122.8
14	0～10	0.092	1.71	150.4
	10～40	0.032	0.58	111.8
	40～80	0.038	0.61	125.2
15	0～10	0.043	0.86	135.7
	10～40	0.035	0.52	122.8
	40～80	0.030	0.53	113.5
16	0～10	0.113	1.77	151.5
	10～40	0.053	1.45	116.1
	40～80	0.034	0.62	115.4
17	0～10	0.065	0.99	117.5
	10～40	0.048	0.74	106.9
	40～80	0.032	0.68	106.0
18	0～10	0.077	1.24	113.0
	10～40	0.055	0.78	101.4
	40～80	0.044	0.39	101.4
19	0～10	0.118	2.23	152.2
	10～40	0.049	0.58	118.3
	40～80	0.039	0.49	119.3

表5-7 不同地类土壤容重

土层（cm）	林地					农地			荒草地		
	阳	阴	半阳	半阴	平均	梯田	坡耕地	平均	阳	半阴	平均
0～10	1.206	1.192	1.162	1.187	1.187	1.077	1.060	1.069	1.333	1.327	1.330
10～40	1.205	1.186	1.171	1.282	1.211	1.266	1.171	1.219	1.383	1.245	1.314
40～80	1.243	1.226	1.220	1.296	1.246	1.207	1.197	1.202	1.157	1.366	1.442
平均	1.224	1.207	1.194	1.277	1.226	1.213	1.170	1.192	1.443	1.316	1.380

表 5-8　不同地类土壤总孔隙度

单位：%

土层(cm)	林地					农地			荒草地		
	阳	阴	半阳	半阴	平均	梯田	坡耕地	平均	阳	半阴	平均
0～10	56.40	59.26	62.44	57.83	58.98	67.26	59.48	63.37	50.96	53.70	52.33
10～40	56.33	56.93	59.61	54.14	56.75	56.46	60.14	58.30	47.26	54.66	50.96
40～80	54.71	56.61	60.56	54.83	56.68	56.54	61.74	59.14	47.76	53.86	50.81
平均	55.53	57.06	60.44	54.95	56.99	57.85	60.86	59.35	47.97	54.14	51.06

表 5-9　不同地类土壤非毛管孔隙度

单位：%

土层(cm)	林地					农地			荒草地		
	阳	阴	半阳	半阴	平均	梯田	坡耕地	平均	阳	半阴	平均
0～10	4.47	2.53	5.99	4.76	4.51	2.00	5.50	3.75	3.30	2.75	3.03
10～40	3.87	4.32	3.50	4.52	4.05	3.50	4.86	4.18	3.50	4.00	3.75
40～80	3.26	3.42	5.84	2.95	3.87	3.75	5.36	4.56	3.00	2.50	2.75
平均	3.64	3.65	3.77	3.77	4.02	3.44	5.19	4.32	3.23	3.09	3.16

表 5-10　不同地类土壤塑限、流限、塑性指数

单位：%

土层(cm)	林地					农地			荒草地		
	阳	阴	半阳	半阴	平均	梯田	坡耕地	平均	阳	半阴	平均
流　限	0.326	0.390	0.384	0.358	0.365	0.294	0.296	0.295	0.303	0.304	0.304
塑　限	0.260	0.265	0.320	0.236	0.271	0.231	0.191	0.211	0.228	0.228	0.228
塑性指数	0.066	0.125	0.062	0.123	0.940	0.063	0.107	0.084	0.075	0.076	0.076

表 5-11　不同地类土壤有机质含量

单位：%

土层(cm)	林地					农地			荒草地		
	阳	阴	半阳	半阴	平均	梯田	坡耕地	平均	阳	半阴	平均
0～10	1.08	1.77	1.41	1.28	1.14	1.74	1.55	1.65	0.99	1.24	1.12
10～40	0.59	0.73	0.73	0.63	0.67	1.02	0.55	0.79	0.74	0.78	0.76
40～80	0.58	0.71	0.60	0.56	0.61	0.62	0.51	0.57	0.68	0.39	0.54
平均	0.65	0.85	0.75	0.68	0.73	0.91	0.66	0.79	0.74	0.64	0.69

注：以上数据来自于北京林业大学水土保持学院王庆国硕士毕业论文。

5.1.1.3　1989—1990 年不同整地工程土壤物理性质调查

1989—1990 年在吉县红旗林场所辖的岳家湾小流域对不同整地工程的土壤物理性质进行了观测。试验区整地工程的种类有水平梯田、水平阶、隔坡反坡梯田、鱼鳞坑和穴坑几种局部整地方法（表 5-12至表 5-20，张志强）。

表 5-12　各标准地基本情况调查

编号	地点	整地方法	整地规格			坡向	造林树种	造林密度（株/亩）	造林时间
			田面宽(m)	整地深(m)	田面坡度(°)				
1	梁山咀	水平阶	0.4	0.4	—	阴	刺槐	222	1989 年秋

（续）

编号	地点	整地方法	整地规格			坡向	造林树种	造林密度（株/亩）	造林时间
			田面宽（m）	整地深（m）	田面坡度（°）				
2	梁山咀	水平阶	0.8	0.2	—	阴	刺槐	222	1989年秋
3	梁山咀	水平阶	0.8	0.4	—	阴	油松	222	1990年春
4	梁山咀	水平阶	0.4	0.2	—	阴	油松	222	1990年春
5	梁山咀	水平阶	0.8	0.4	—	阴	侧柏	222	未造
6	梁山咀	水平阶	0.4	0.2	—	阴	侧柏	222	未造
7	梁山咀	隔坡反坡	0.8	0.2	10	阴	油松	222	1990年春
8	梁山咀	隔坡反坡	1.2	0.3	20	阴	油松	222	1990年春
9	梁山咀	隔坡反坡	1.6	0.4	30	阴	油松	222	1990年春
10	梁山咀	穴状	—	—	—	阴	油松	—	1990年春
11	梁山咀	鱼鳞坑	—	—	—	阴	油松	—	1990年春
12	石山湾	水平梯田	2.0	0.3	—	阴	侧柏	—	未造
13	石山湾	隔坡反坡	1.2	0.2	30	阴	侧柏	—	未造
14	石山湾	水平梯田	1.6	0.2	—	阴	侧柏	—	未造
15	石山湾	水平梯田	1.2	0.4	—	阴	侧柏	—	未造
16	石山湾	隔坡反坡	1.6	0.3	10	阴	侧柏	—	未造
17	石山湾	隔坡反坡	0.8	0.4	20	阴	侧柏	—	未造
18	石山湾	水平梯田	1.6	0.3	—	阴	油松	222	1990年春
19	石山湾	水平梯田	2.0	0.4	—	阴	油松	222	1990年春
20	常家岭	水平梯田	1.2	0.3	—	阳	刺槐	222	1989年秋
21	常家岭	水平梯田	1.6	0.4	—	阳	刺槐	222	1989年秋
22	铜岭塔	水平梯田	2.0	0.2	—	半阳	刺槐	222	1989年秋
23	常家岭	隔坡反坡	0.8	0.3	30	阳	刺槐	222	1989年秋
24	常家岭	隔坡反坡	1.2	0.4	10	阳	刺槐	222	1989年秋
25	常家岭	隔坡反坡	1.6	0.2	20	阳	刺槐	222	1989年秋
26	常家岭	鱼鳞坑	—	—	—	阳	刺槐	—	1989年秋
27	常家岭	穴状	—	—	—	阳	刺槐	222	1989年秋
28	梁山咀	荒坡	—	—	—	阴	刺槐	222	1989年秋
29	石山湾	荒坡	—	—	—	阴	侧柏	222	未造
30	常家岭	荒坡	—	—	—	阴	刺槐	222	1989年秋
31	铜岭塔	荒坡	—	—	—	半阳	刺槐	222	1989年秋
32	铜岭塔	水平梯田	1.2	0.2	—	半阳	油松	222	1990年春

表5-13　隔坡反坡梯田整地土壤物理性质

标准地号	土层（cm）	土壤容重（t/m^3）		总孔隙度（%）		毛管孔隙度（%）		非毛管孔隙度（%）		土壤饱和导水率（mm/min）	
		实测	平均	实测	平均	实测	平均	实测	平均	实测	平均
7	0～20	1.18	1.24	55.98	53.17	50.28	50.09	5.7	3.078	0.569	0.533
	20～40	1.22		53.92		51.12		2.8		0.497	
	40～60	1.25		50.77		48.05		2.72		/	
	60～80	1.32		52		50.92		1.08		/	
8	0～20	1.03	1.11	56.3	54.49	49.07	50.19	7.23	4.298	0.747	0.82
	20～40	1.09		54.77		49.12		5.65		0.893	
	40～60	1.14		52.9		50.96		1.94		/	
	60～80	1.18		53.98		51.61		2.37		/	
9	0～20	1.1	1.17	62.45	55.83	50.27	49.63	12.18	6.198	1.1	1.114
	20～40	1.08		57.44		51.27		6.17		1.128	
	40～60	1.23		53.02		50.11		2.91		/	
	60～80	1.27		50.4		46.87		3.53		/	

（续）

标准地号	土层（cm）	土壤容重（t/m³）		总孔隙度（%）		毛管孔隙度（%）		非毛管孔隙度（%）		土壤饱和导水率（mm/min）	
		实测	平均	实测	平均	实测	平均	实测	平均	实测	平均
13	0～20	1.07	1.13	58.72	53.97	51.28	49.57	7.44	4.405	0.769	0.801
	20～40	1.13		59.83		54.83		5		0.833	
	40～60	1.16		49.6		46.45		3.15		/	
	60～80	1.16		47.73		45.7		2.03		/	
16	0～20	1.17	1.22	59.41	54.92	50.7	50.195	8.17	4.725	0.927	0.847
	20～40	1.18		59.94		54.54		5		0.767	
	40～60	1.26		52.19		48.94		3.25		/	
	60～80	1.27		48.14		46.2		1.74		/	
17	0～20	1.13	1.2	55.94	54	51.14	50.67	4.8	3.328	0.52	0.768
	20～40	1.18		56.21		53.22		2.99		1.016	
	40～60	1.22		50.55		48.65		1.9		/	
	60～80	1.27		53.3		49.68		3.62		/	
23	0～20	1.18	1.24	53.47	51.96	49.18	48.71	4.39	3.253	0.079	0.751
	20～40	1.26		52.98		47.98		5		1.423	
	40～60	1.26		51.16		50.14		1.02		/	
	60～80	1.26		50.23		47.53		2.7		/	
24	0～20	1.13	1.21	56.29	52.96	49.72	48.96	6.57	4.005	0.914	0.82
	20～40	1.12		58.43		53.45		4.98		0.726	
	40～60	1.3		48.29		45.49		2.8		/	
	60～80	1.27		48.83		47.16		1.67		/	
25	0～20	1.18	1.19	57.49	56.19	52.75	51.22	4.74	4.968	0.93	0.894
	20～40	1.14		60.32		51.56		8.74		0.858	
	40～60	1.32		52.53		49.13		3.4		/	
	60～80	1.12		54.44		51.45		2.99		/	

表 5－14　水平梯田整地土壤物理性质

标准地号	土层（cm）	土壤容重（t/m³）		总孔隙度（%）		毛管孔隙度（%）		非毛管孔隙度（%）		土壤饱和导水率（mm/min）	
		实测	平均	实测	平均	实测	平均	实测	平均	实测	平均
12	0～20	1.03	1.14	64.53	58.20	51.33	50.97	13.2	7.23	1.451	1.083
	20～40	1.01		60.74		50.14		10.6		0.715	
	40～60	1.35		54.23		51.85		2.38		/	
	60～80	1.27		53.3		50.56		2.74		/	
14	0～20	1.09	1.20	52.48	53.09	47.75	49.09	4.73	4.00	0.774	0.793
	20～40	1.2		50.19		48.3		1.89		0.812	
	40～60	1.26		58.74		53.08		5.66		/	
	60～80	1.27		50.95		47.23		3.72		/	
15	0～20	1.07	1.17	52.93	49.69	46.81	46.22	6.12	3.47	0.437	0.654
	20～40	1.07		50.16		46.16		4		0.871	
	40～60	1.26		47.38		45.34		2.04		/	
	60～80	1.28		48.29		46.57		1.72		/	
18	0～20	1.09	1.16	58.23	55.71	49.22	49.89	9.01	5.82	1.201	0.976
	20～40	1.08		60.11		53.1		7.01		0.751	
	40～60	1.22		54.32		49.99		4.33		/	
	60～80	1.25		50.19		47.26		2.93		/	
19	0～20	1.01	1.16	62.47	58.22	50.33	51.97	12.14	6.25	0.944	1.084
	20～40	1.13		59.73		54		5.73		1.224	
	40～60	1.26		54.96		51.12		3.84		/	
	60～80	1.24		55.72		52.43		3.29		/	

（续）

标准地号	土层 (cm)	土壤容重（t/m³）		总孔隙度 (%)		毛管孔隙度 (%)		非毛管孔隙度 (%)		土壤饱和导水率 (mm/min)	
		实测	平均	实测	平均	实测	平均	实测	平均	实测	平均
30	0～20	1.13	1.21	55.47	50.92	50.1	47.19	5.37	3.73	0.668	0.744
	20～40	1.2		50.8		46.91		3.89		0.82	
	40～60	1.25		47.29		44.4		2.89		/	
	60～80	1.26		50.12		48.79		1.33		/	
21	0～20	1.21	1.24	50.58	49.98	44.81	46.3	5.77	3.68	1.07	0.581
	20～40	1.2		48.74		44.42		4.32		0.092	
	40～60	1.28		49.22		47.05		2.17		/	
	60～80	1.27		51.38		48.92		2.46		/	
22	0～20	1.13	1.19	63.79	57.48	52.45	51.45	11.34	6.03	1.372	0.943
	20～40	1.12		60.99		52.1		8.89		0.514	
	40～60	1.26		54.93		52.82		2.11		/	
	60～80	1.25		50.22		48.44		1.78		/	
32	0～20	1.11	1.2	49.58	47.23	44.68	43.68	4.9	3.55	0.84	0.732
	20～40	1.17		50.23		45.7		4.53		0.624	
	40～60	1.26		46.69		43.86		2.83		/	
	60～80	1.26		42.42		40.48		1.94		/	

表 5-15 水平梯田整地宽度对土壤物理性质的影响

整地宽度 (m)	土壤容重 (t/m³)	总孔隙度 (%)	毛管孔隙度 (%)	非毛管孔隙度 (%)	饱和导水率 (mm/min)
2.0	1.16	57.97	51.47	6.50	1.037
1.6	1.21	52.92	48.42	4.50	0.783
1.2	1.19	49.28	45.72	3.56	0.710

表 5-16 水平阶整地土壤物理性质

标准地号	土层 (cm)	土壤容重（t/m³）		总孔隙度 (%)		毛管孔隙度 (%)		非毛管孔隙度 (%)		土壤饱和导水率 (mm/min)	
		实测	平均	实测	平均	实测	平均	实测	平均	实测	平均
1	0～20	1.10	1.19	56.75	54.30	52.64	51.30	4.11	2.995	0.706	0.589
	20～40	1.14		55.70		51.85		3.85		0.472	
	40～60	1.26		53.21		51.23		1.98		/	
	60～80	1.26		51.52		49.48		2.04		/	
2	0～20	1.08	1.20	53.48	53.11	48.46	50.10	5.02	3.02	0.730	0.507
	20～40	1.19		54.82		52.31		3.25		0.284	
	40～60	1.27		52.76		50.00		2.76		/	
	60～80	1.26		51.36		50.31		1.05		/	
3	0～20	1.11	1.19	52.28	51.25	48.17	48.05	4.11	3.199	0.523	0.477
	20～40	1.13		51.64		47.55		4.09		0.431	
	40～60	1.25		50.75		48.69		2.06		/	
	60～80	1.27		50.31		47.78		2.53		/	
4	0～20	1.18	1.22	51.26	50.33	47.06	48.16	4.20	2.175	0.600	0.591
	20～40	1.16		50.65		47.44		2.21		0.582	
	40～60	1.28		52.30		51.19		1.11		/	
	60～80	1.26		47.12		45.94		1.18		/	
5	0～20	1.08	1.20	52.00	51.52	47.23	48.02	4.77	3.505	0.834	0.698
	20～40	1.20		54.23		49.21		5.02		0.562	
	40～60	1.26		50.23		47.99		2.24		/	
	60～80	1.26		49.62		47.63		1.99		/	

（续）

标准地号	土层(cm)	土壤容重（t/m³）		总孔隙度（%）		毛管孔隙度（%）		非毛管孔隙度（%）		土壤饱和导水率（mm/min）	
		实测	平均	实测	平均	实测	平均	实测	平均	实测	平均
6	0～20	1.16	1.22	50.09	49.81	45.51	46.84	4.58	2.97	0.570	0.500
	20～40	1.19		49.18		45.12		4.06		0.490	
	40～60	1.26		49.63		47.59		2.04		/	
	60～80	1.27		50.32		49.12		1.20		/	

表 5－17　鱼鳞、穴状整地及荒坡土壤物理性质

标准地号	整地方法	土层(cm)	土壤容重（t/m³）		总孔隙度（%）		毛管孔隙度（%）		非毛管孔隙度（%）		土壤饱和导水率（mm/min）	
			实测	平均	实测	平均	实测	平均	实测	平均	实测	平均
11	鱼鳞坑	0～20	1.10	1.20	50.83	49.55	48.00	47.10	2.83	2.443	0.34	0.530
		20～40	1.19		48.25		45.72		2.53		0.72	
		40～60	1.26		49.83		47.33		2.50		/	
		60～80	1.25		49.27		46.30		1.91		/	
26	鱼鳞坑	0～20	1.10	1.21	51.70	49.49	48.39	46.85	3.31	2.635	0.59	0.544
		20～40	1.20		50.54		47.74		2.80		0.498	
		40～60	1.27		48.73		45.98		2.75		/	
		60～80	1.27		46.98		45.31		1.68		/	
10	穴状	0～20	1.18	1.23	49.32	48.80	47.19	46.81	2.13	1.99	0.399	0.460
		20～40	1.20		47.38		45.40		1.98		0.521	
		40～60	1.26		48.38		45.66		2.72		/	
		60～80	1.28		50.13		49.01		1.12		/	
27	穴状	0～20	1.21	1.24	50.38	49.90	47.42	47.52	2.96	2.38	0.587	0.540
		20～40	1.19		49.00		46.15		2.85		0.493	
		40～60	1.27		49.89		47.51		2.38		/	
		60～80	1.29		50.32		48.99		1.33		/	
28	荒坡	0～20	1.24	1.24	50.38	47.86	47.42	45.61	2.96	2.255	0.895	0.594
		20～40	1.19		47.26		46.01		1.25		0.293	
		40～60	1.25		45.48		42.74		2.84		/	
		60～80	1.27		48.23		46.26		1.97		/	
29	荒坡	0～20	1.24	1.25	46.87	49.58	44.27	47.13	2.60	2.453	0.21	0.400
		20～40	1.25		51.38		48.80		2.58		0.59	
		40～60	1.25		49.33		45.77		3.56		/	
		60～80	1.25		50.74		49.67		1.07		/	
30	荒坡	0～20	1.25	1.26	51.66	50.05	49.80	47.94	1.86	2.113	0.04	0.465
		20～40	1.22		50.13		47.80		2.33		0.89	
		40～60	1.27		50.29		48.51		1.78		/	
		60～80	1.28		48.12		45.64		2.48		/	
31	荒坡	0～20	1.25	1.26	48.19	48.79	47.99	47.34	1.20	1.45	0.594	0.533
		20～40	1.24		48.09		45.87		2.22		0.472	
		40～60	1.26		49.13		47.87		1.26		/	
		60～80	1.27		48.76		47.64		1.12		/	

表 5－18　不同整地方法以及荒坡土壤物理性质

整地方法	土壤容重（t/m³）		总孔隙度（%）		毛管孔隙度（%）		非毛管孔隙度（%）		饱和导水率（mm/min）	
	实测	%	实测	%	实测	%	实测	%	实测	%
隔坡反坡梯田	1.19	95.2	54.166	110.4	49.915	106.2	4.251	205.6	0.816	163.86
水平梯田	1.18	94.4	53.391	108.9	48.529	103.2	4.862	235.1	0.840	168.8

（续）

整地方法	土壤容重 (t/m³)		总孔隙度 (%)		毛管孔隙度 (%)		非毛管孔隙度 (%)		饱和导水率 (mm/min)	
	实测	%	实测	%	实测	%	实测	%	实测	%
水平阶	1.20	96.0	51.722	105.4	48.745	103.7	2.977	143.96	0.561	112.7
鱼鳞坑	1.21	96.8	49.514	100.9	46.975	99.9	2.539	122.8	0.537	107.8
穴状	1.24	99.2	49.350	100.6	47.165	100.3	2.185	105.7	0.500	100.4
荒坡	1.25	100	49.073	100	47.005	100	2.068	100	0.498	100

注：以上数据来自北京林业大学水土保持学院张志强硕士论文。

5.1.1.4 1991年不同地类土壤物理性质调查

1991年在吉县红旗林场石山湾周边的人工林、草地、农地和相距约40km的蔡家川流域内的次生林内对土壤剖面形态进行了调查。以梁、峁为调查地段，海拔1 200～1 300m。根据坡向、坡位、土地利用等，选定了14个调查地点。调查依据日本国有林野外调查方法进行，描述了不同土层范围内的形态特征，但未对土壤的层次加以命名。土样是用容积400ml、500ml环刀采集的原状土。对孔隙组成的分析，PF0～3.2范围内，对400ml的环刀用空气加压法测定，＞PF3.2对50ml环刀适用氮气加压法进行测定（表5-19，图5-1～图5-20，佐藤俊等）。

表5-19 各样地基本情况调查

剖面号（No.）	土层（cm）	海拔（m）	坡向（°）	坡位	坡度（°）	堆积方式	土地利用方式
No. 1	0～4 4～24 24～64 64～100	1 210	N30	上部	28	滑塌	28年生刺槐林
No. 2	0～10 10～30 30～50 50～100	1 250	N182	上部	33	滑塌	28年生刺槐林
No. 2	0～10 10～30 30～50 50～100	1 250	N182	上部	33	滑塌	28年生刺槐林
No. 9	0～6 6～18 18～40 40～85 85～100	1 320	N340	上部	29	滑塌	16年生油松林
No. 10	0～5 5～20 20～60 60～100	1 300	N350	中部	27	滑塌	草地（裸地20%）
No. 11	0～6 6～16 16～74 74～100	1 300	N200	中部	30	滑塌	草地（裸地50%）
No. 13	0～5 5～50 50～70 70～100	1 250	N182	中部	33	滑塌—崩塌	虎榛子灌木林
No. 14	0～4 4～38 38～60 60～100	1 270	—	沟底	平坦	残积土	刺槐与灌木混交林
No. 15	0～6 6～28 28～60 60～100	1 200	N178	下	30	塌积土	草灌地

（续）

剖面号（No.）	土层（cm）	海拔（m）	坡向（°）	坡位	坡度（°）	堆积方式	土地利用方式
No. 16	0～6 6～44 44～72 72～100	1 180	N2	下	43	塌积土	虎榛子次生林
No. 17	0～4 4～26 26～40 40～76 76～100	1 080	N340	中	20	滑塌土	山杨次生林
No. 18	0～4 4～12 12～28 28～68 68～100	1 020	N320	下	15	塌积土	山杨与灌木混交林
No. 19	0～5 5～15 15～38 38～100	1 160	N200	中	20	滑塌土—塌积土	山杏、山桃 侧柏次生林
No. 20	0～4 4～12 12～40 40～70 70～100	1 110	N220	下	30	滑塌土	侧柏与灌木混交林
No. 21	0～4 4～12 12～42 42～80	1 220	N210	上	16	滑塌土	灌木次生林

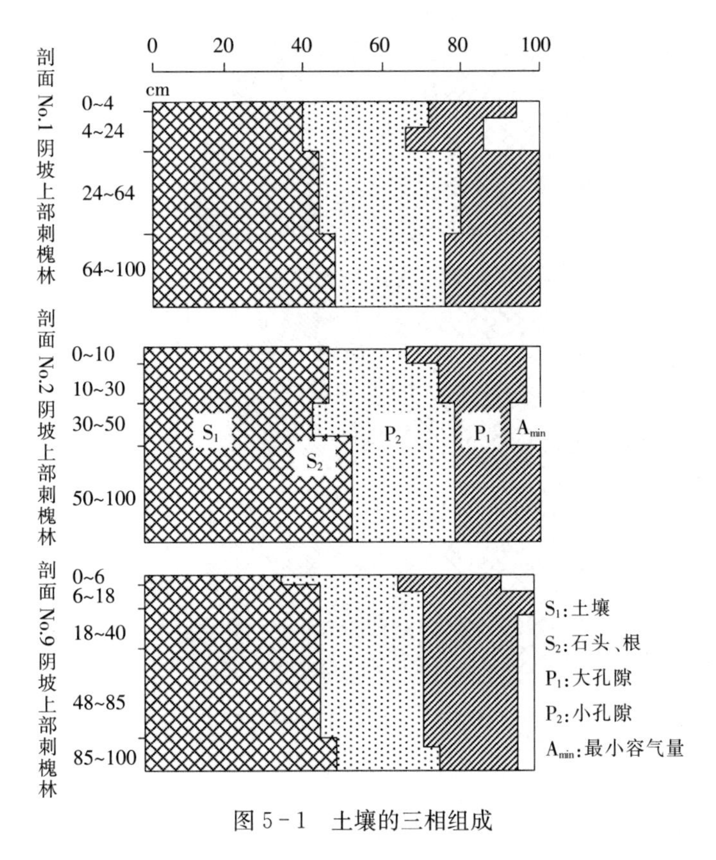

图 5－1　土壤的三相组成

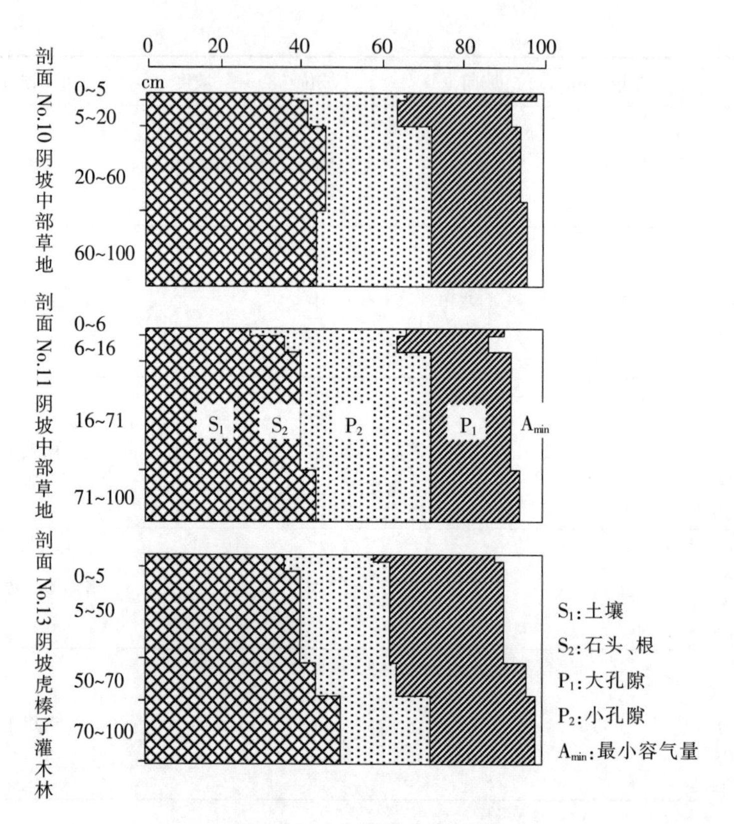

图 5-2 土壤的三相组成

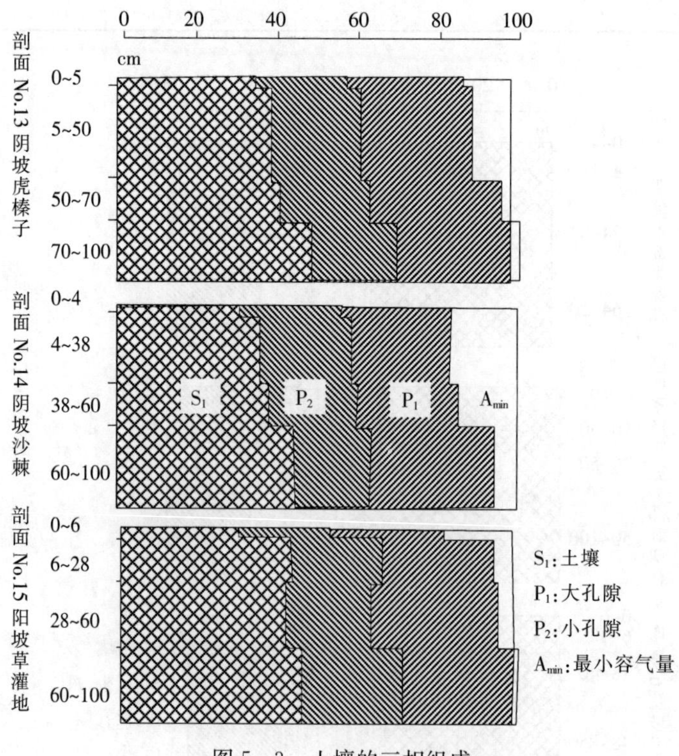

图 5-3 土壤的三相组成

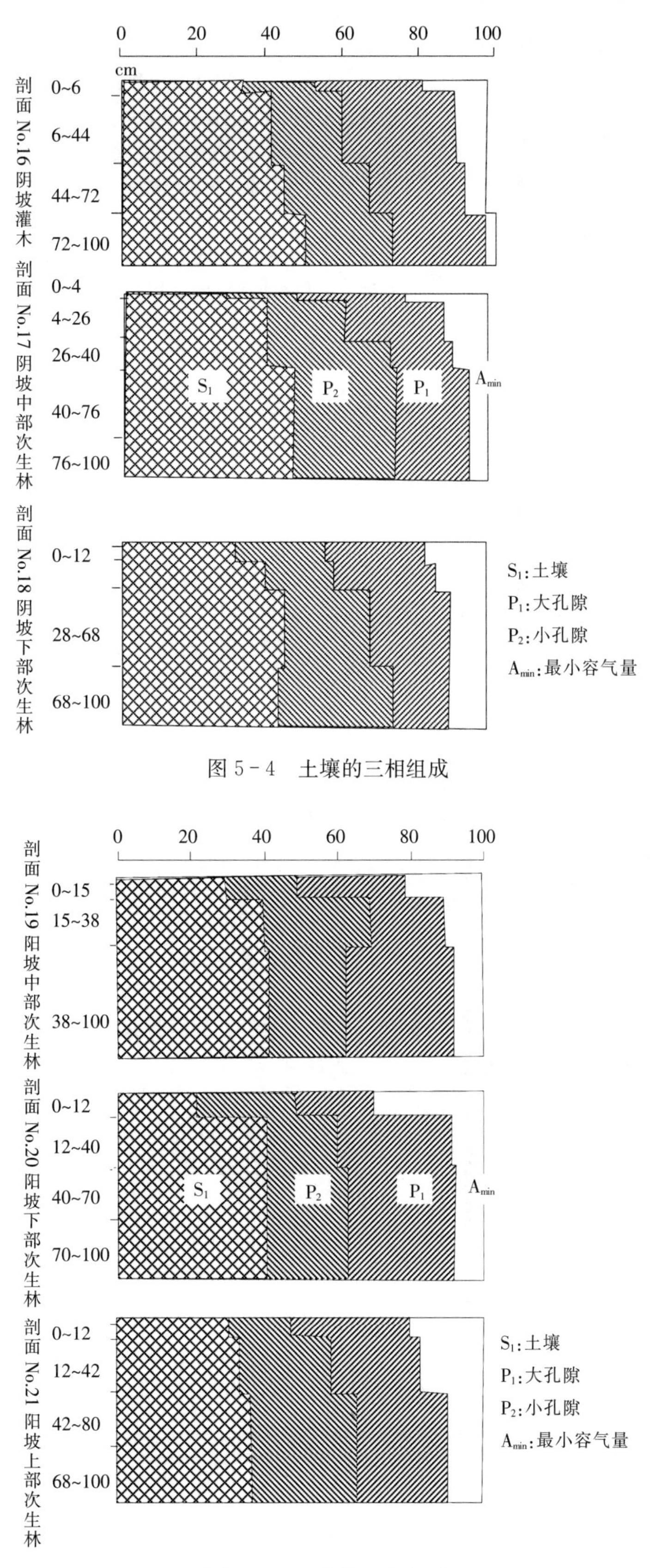

图 5-4　土壤的三相组成

图 5-5　土壤的三相组成

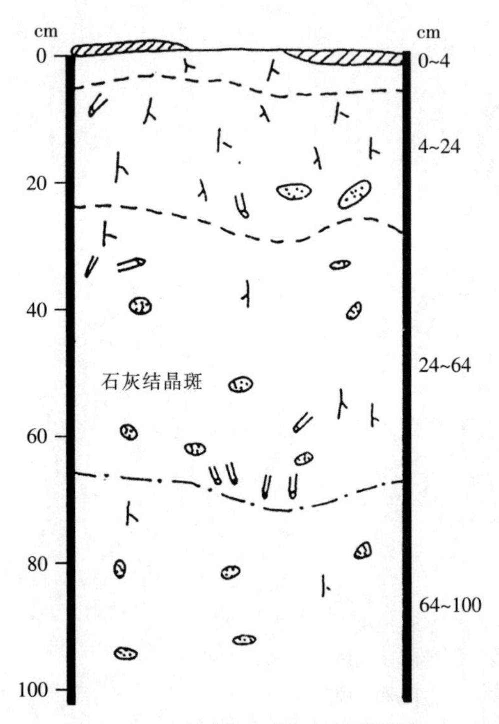

图 5-6　土壤剖面（No. 1）模式图

说明：

0～4：4cm、7.5YR 4/3、含有腐殖质、sil、团粒状结构、松软、湿润、富含细根和中根。

4～24：20cm、7.5YR 5/3、缺少腐殖质、sil、无结构、松软—稍硬、湿润、下部局部可见石灰结晶斑、富含细根和中根。

24～64：40cm、7.5YR 6/3、无腐殖质、sil、块状结构、坚硬、全层可见 1～2cm 石灰结晶斑、可见细根和中根。

64～100：30cm ＋、7.5YR 7/3、无腐殖质、sil、块状结构、坚硬。

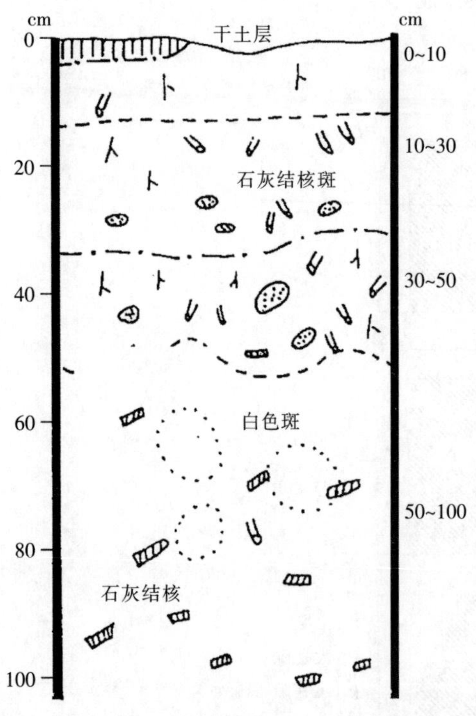

图 5-7　土壤剖面（No. 2）模式图

说明：

0～10：10cm、7.5YR 5/4、含有腐殖质、sil、团粒状·块状结构、松软、湿润—干燥、富含细根、可见中根。

10～30：20cm、7.5YR 5/4、含有腐殖质、sil、无结构、稍硬、干燥、下部局部可见石灰结晶斑、含细根和中根。

30～50：40cm、7.5YR 6/6、无腐殖质、sil、块状结构、坚硬、干燥、全层可见 2cm 石灰结晶斑、富含细根和中根。

50～100：50cm、7.5YR 6/6、无腐殖质、sil、块状结构、坚硬、干燥、多见 5～10cm 的石灰结晶斑且很白、可见 3cm 的大石灰结核、含中、粗根。

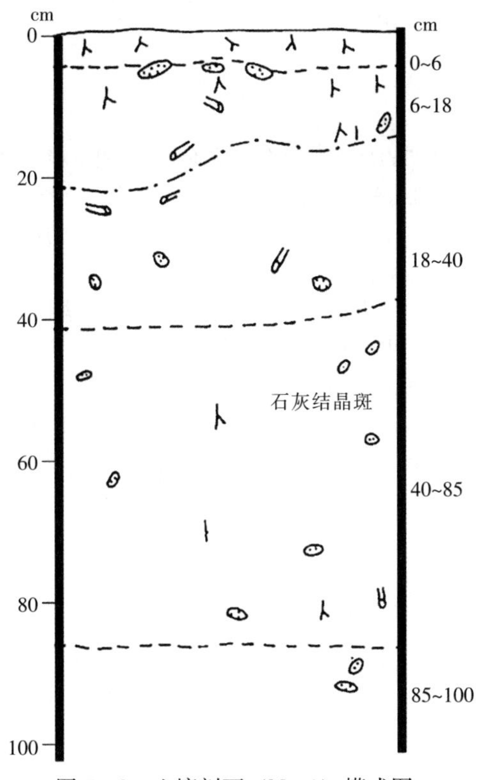
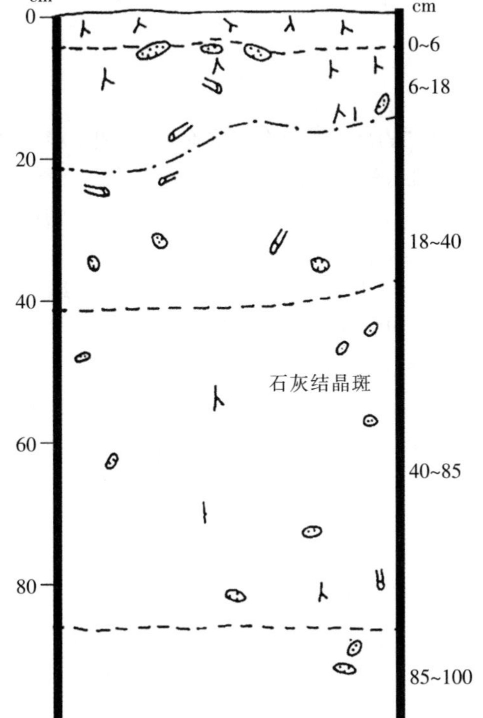

图 5-8 土壤剖面（No.9）模式图

说明：

0～6：6cm、7.5YR 4/4、含有腐殖质、sil、团粒状·块状结构、松软、湿润、含有小的石灰结晶斑、富含细根、可见中根。

6～18：12cm、7.5YR 4/4、缺少腐殖质、sil、无结构、稍硬、湿润、可见小的石灰结晶斑、富含细根、可见中根。

18～40：21cm、7.5YR 5.5/4、无腐殖质、sil、块状结构、较硬、干燥、多见小的石灰结晶斑、含有中根。

40～85：45cm、7.5YR 6/4、无腐殖质、sil、块状结构、较硬、干燥、小的石灰结晶斑较多、含有小根和中根。

85～100：18cm +、7.5YR 6/4、无腐殖质、sil、块状结构、较硬、干燥、有小的石灰结晶斑。

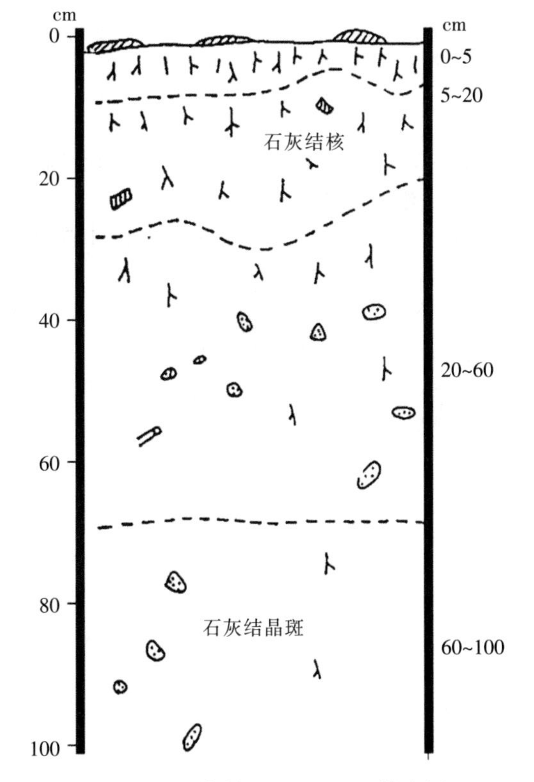

图 5-9 土壤剖面（No.10）模式图

说明：

0～5：5cm、7.5YR 4.5/4、含有腐殖质、sil、团粒状结构、松软、湿润、细根较多。

5～20：15cm、7.5YR 4/6、缺少腐殖质、sil、弱度发育的块状·团粒状结构、松软、湿润、有石灰结核、富含细根。

20～60：40cm、7.5YR 5/5、无腐殖质、sil、块状结构、较硬、湿润、可见石灰结晶斑、含有细根。

60～100：40cm、7.5YR 6/4、无腐殖质、sil、块状结构、较硬、湿润、有小的石灰结晶斑、缺少小根。

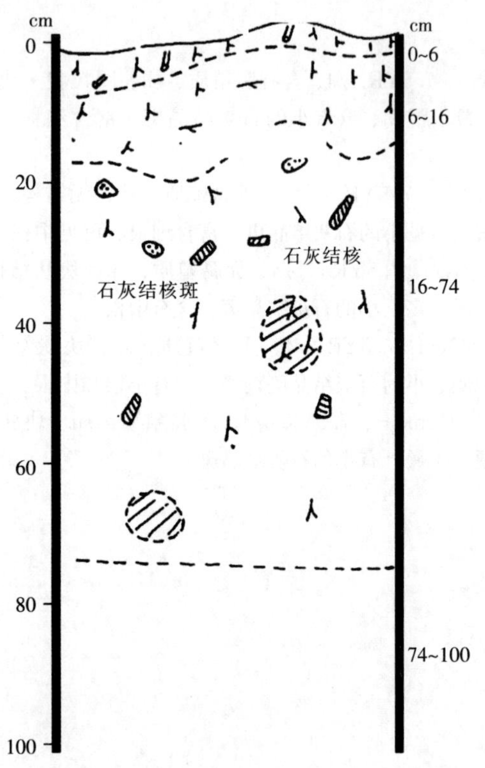
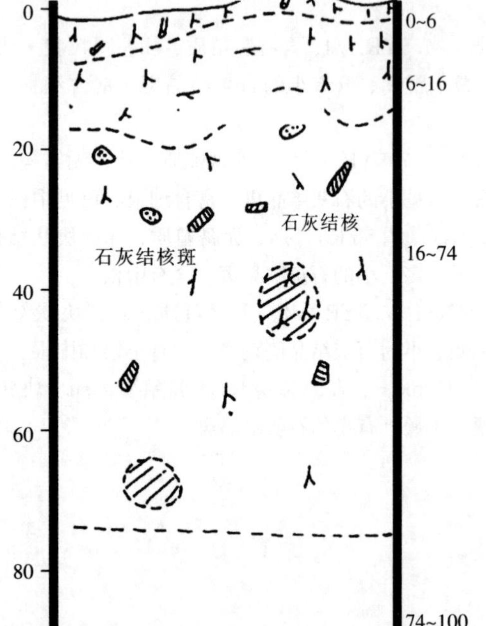

图 5－10　土壤剖面（No. 11）模式图

说明：

0～6：6cm、7.5YR 4/4、含有腐殖质、sil、团粒状·块状结构、干燥、细根较多，有中根。

6～16：10cm、7.5YR 4/4、缺少腐殖质、sil、无结构、松软、干燥、细根和中根较多。

16～74：60cm、7.5YR 6/3.5、无腐殖质、sil、块状结构、较硬、干燥、可见数个 1～2cm 的大石灰结晶斑、可见白色条带、含有细根和中根。

74～100：25cm ＋、7.5YR 6/4、无腐殖质、sil、块状结构、较硬、干燥、有石灰结核、可见白色条带。

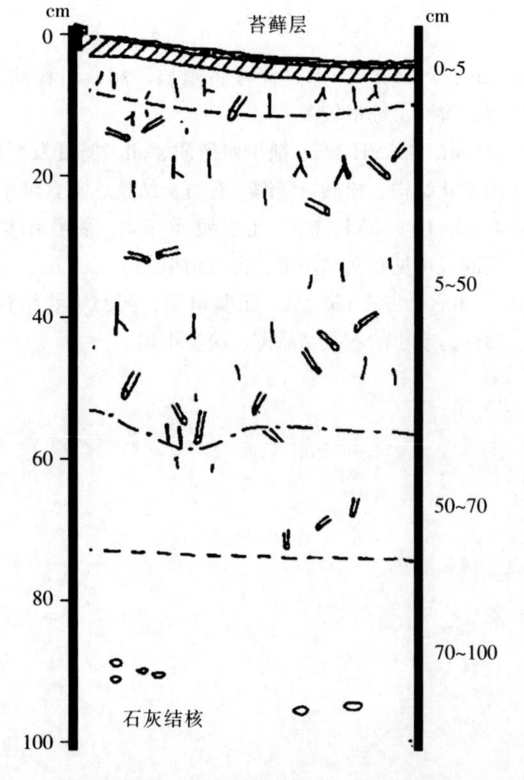

图 5－11　土壤剖面（No. 13）模式图

说明：

0～5：5cm、7.5YR 4/3、富含有腐殖质、sil、团粒状·块状结构、湿润、细根较多。

5～50：45cm、7.5YR 4/4、含有腐殖质、sil、上部块状结构、松软、湿润、富含细根和中根。

50～70：20cm ＋、7.5YR 5/6、无腐殖质、sil、块状结构、较硬、湿润、含有中根、此层为 A2 的分界。

70～100：30cm ＋、7.5YR 6/6、无腐殖质、sil、块状结构、坚硬、干燥、有 1cm 以内的小石灰结核。

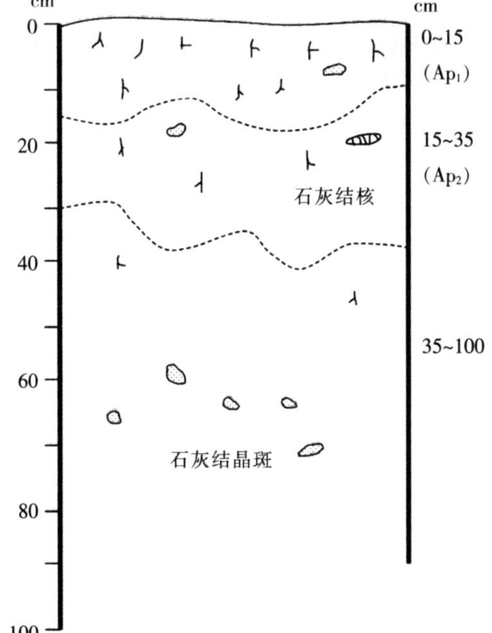
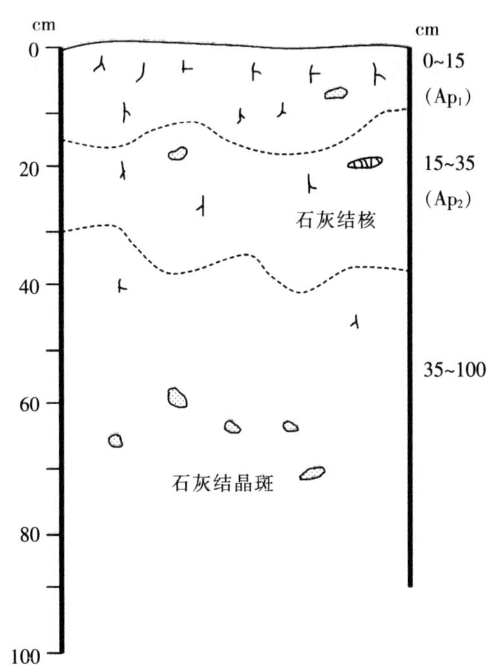

图 5－12　土壤剖面（No. 12）模式图

说明：

0～15：厚 15cm，7.5YR4/4，含腐殖质，sil，团粒状，块状结构，松，湿润，有小的石灰结晶斑，多细根。

15～35：厚 20cm，7.5YR4/4，含腐殖质，无结构，软，湿润，有石灰核 1 个，有少量石灰结晶斑，含细根。

35～100：厚 60cm，7.5YR4.5/6，含腐殖质少，sil，片状结构，坚实，湿润，有直径 1mm～3mm 的石灰核数个，有少量石灰结晶斑，含细根。

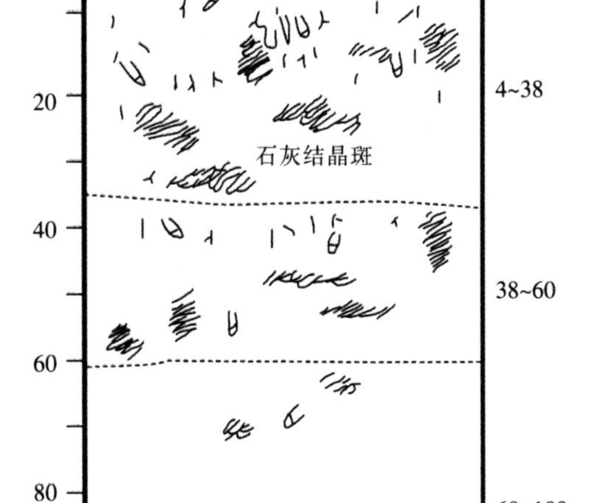

图 5－13　土壤剖面（No. 14）模式图

说明：

1cm，分解良好。

4cm，7.5YR4/6，含腐殖质，sil，团粒状，块状结构，松，湿润，多细根，含中根。

35cm，7.5YR4/6，含腐殖质，sil，上半部块状结构，软—稍坚实，湿润，含中根，局部有细小的石灰结晶斑积累。

25cm，7.5YR5/6，无腐殖质，sil，片状结构，稍坚实—坚实，湿润，含中根，局部有细小的石灰结晶斑积累。

40cm＋，7.5YR6/6，无腐殖质，sil，片状结构，坚实，干燥，含中根。

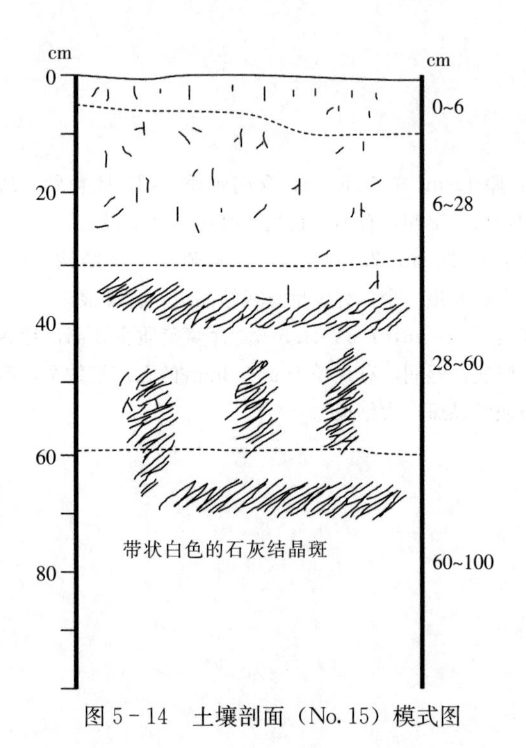

图 5-14　土壤剖面（No.15）模式图

说明：

5～10cm，5YR4/4，含腐殖质，sil，微团粒状结构，软，湿润，多细根。

15～20cm，5YR4/6，含腐殖质，sil，微块状结构，软，湿润，多细根，含中根。

有石灰结核，多细根。

35cm，5YR6/8，无腐殖质，sil，片状结构，坚实，干燥，含中根，有呈带状积累的细小石灰结晶斑。

40cm+，坚实，干燥，有呈带状积累的细小石灰结晶斑。

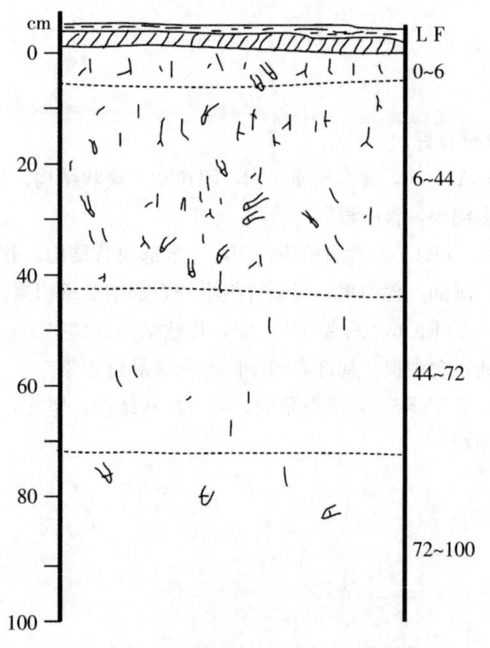

图 5-15　土壤剖面（No.16）模式图

说明：

2cm，有较厚的虎榛子落叶堆积。

1cm，分解良好。

5cm，7.5YR3/3，腐殖质丰富，sil，团粒状，块状结构，松，湿润，多细根。

40cm，7.5YR4/3，含腐殖质，sil，块状结构，软，湿润，多细根。

30cm，7.5YR6/4，少腐殖质，sil，无结构，软，湿润，含细根。

20cm+，7.5YR4.5/4，无腐殖质，sil，无结构，稍紧实，干，含中根，颜色较上层浅。

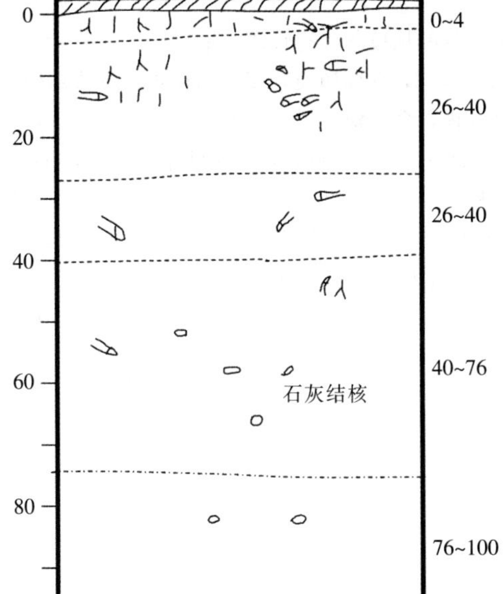
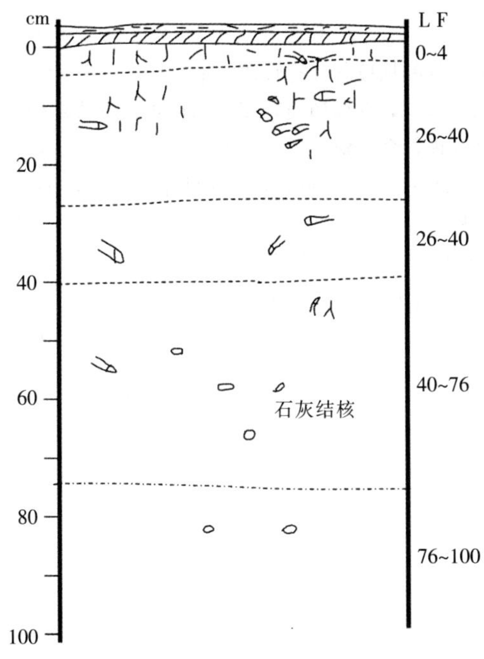

图 5-16　土壤剖面（No.17）模式图

说明：

L 有较厚的山杨，虎榛子等的枯枝落叶堆积。

F 1cm，分解良好。

4cm，7.5YR3/3，含腐殖质，sil，团粒状，块状结构，软，湿润，多细根，含中根。

24cm，7.5YR4/3，含腐殖质，sil，块状结构，软—稍紧实，湿润，多细根，含中根。

12cm，7.5YR5/4，无腐殖质，sil，片状结构，稍紧实，湿润，含中根。

38cm，7.5YR5/6，无腐殖质，sil，片状结构，紧实，湿润，含中根，分布有石灰结核。

22cm+，7.5YR6/6，sil，紧实，湿润，含中根，有少量石灰结核。

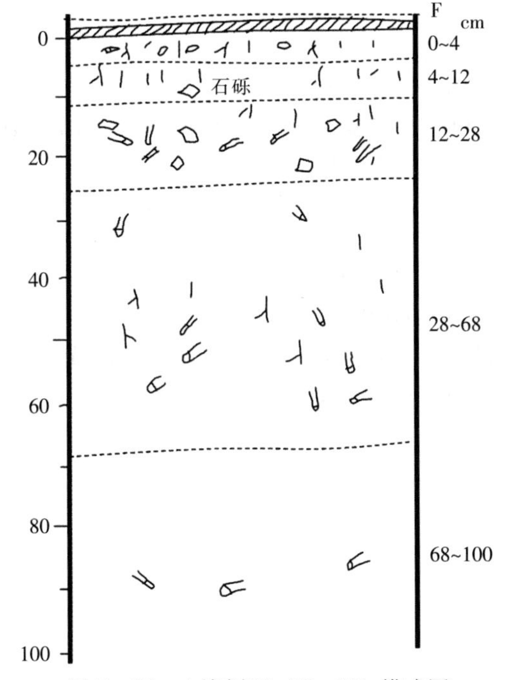

图 5-17　土壤剖面（No.18）模式图

说明：

山杨，虎榛子等的枯枝落叶堆积紧密。

1cm，分解良好。

4cm，7.5YR3/2，含腐殖质，sil，团粒状，块状结构，软，湿润，多细根，有小的石砾。

6cm，7.5YR4/3，含腐殖质，sil，团粒状，块状结构，软—稍紧实，湿润，多细根，中根，有较大的石砾。

18cm，7.5YR4/4，腐殖质少，sil，块状结构，软，湿润，多中根，较大的石砾较多，有石灰结核。

40cm，7.5YR4.5/3，无腐殖质，sil，片状结构，稍紧实，软，湿润，含中根，分布有少量石灰结核。

32cm+，7.5YR3/4，sil，无结构，紧实，湿润，混有母岩的风化物。

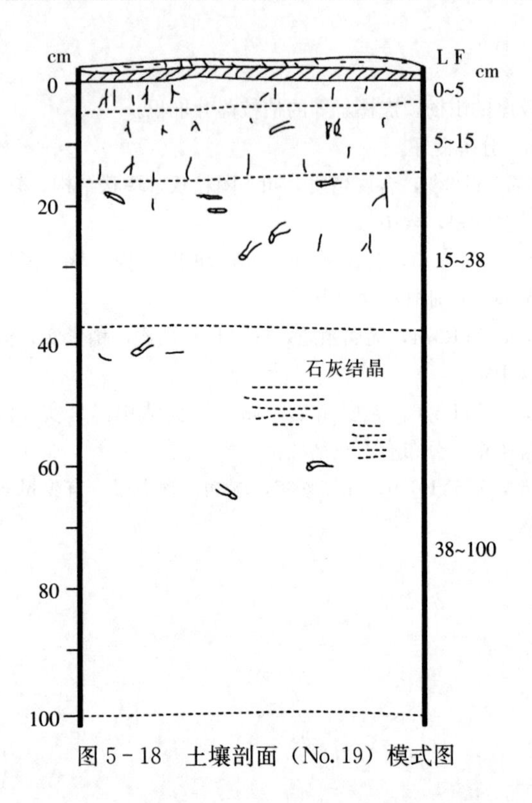

图 5-18 土壤剖面（No.19）模式图

说明：

山杏，山桃等的枯枝落叶有较薄的堆积。

4cm，7.5YR3/2，含腐殖质，sil，团粒状，块状结构，软，湿润，多细根，含中根。

24cm，5YR3/3，含腐殖质，sil，块状结构，软，湿润，含细根，中根。

26cm，5YR4.5/4，无腐殖质，sil，上部有块状结构，紧实，湿润，有中根，有石灰结晶。

62cm，5YR5/6，sil，片状结构，坚实，湿润，含中根，有石灰结晶积累。

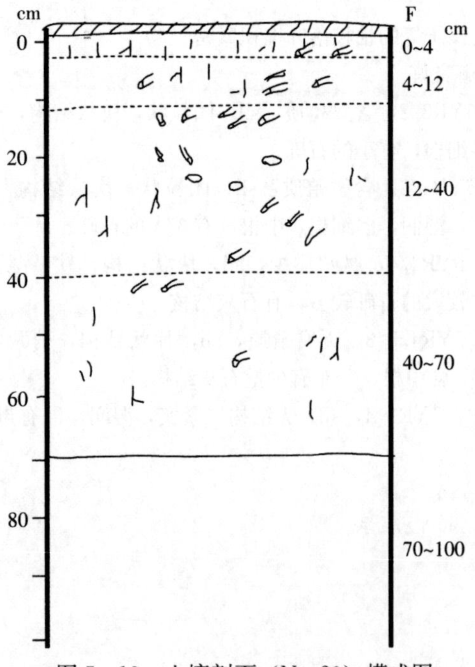

图 5-19 土壤剖面（No.20）模式图

说明：

1cm，散布有灌木类的枯枝落叶。

2～4cm，5YR3/2，含腐殖质，sil，块状结构，有部分团粒状结构，软，干，多细根，含中根。

8cm，5YR4/3，腐殖质少，sil，块状结构，软，湿润，多细根，中根。

28cm，5YR4/6，无腐殖质，sil，上部为块状结构，软，湿润，有中根，有石灰结核。

30cm，5YR4/6，sil，紧实，湿润，有少量石灰结晶。

30cm＋，5YR4/6，sil，紧实，湿润。

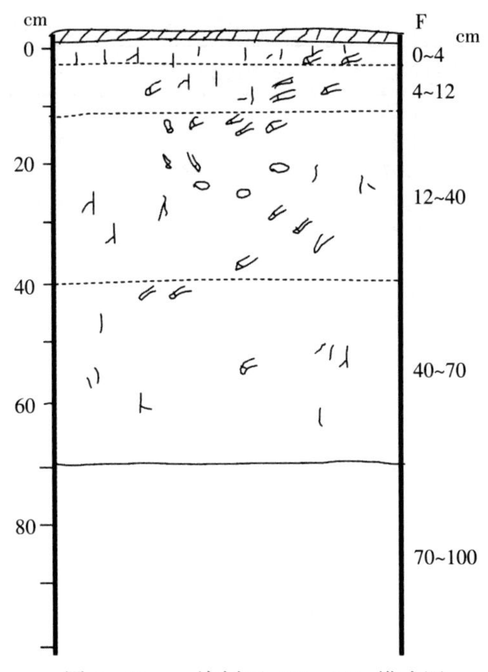

图 5－20　土壤剖面（No. 21）模式图

注：以上数据来自贺庆棠等主编的治山论文集。

说明：

1cm，有灌木类的枯枝落叶堆积。

4cm，7.5YR3/3，含腐殖质，sil，粒状结构，软，湿润，多细根。

8cm，7.5YR4/3，腐殖质少，sil，粒状结构，软，湿润，多细根，有石灰结核。

30cm，7.5YR4/6，无腐殖质，sil，上部为块状结构，软，湿润，多中根，有石灰结晶积累。

38cm，7.5YR5/6，sil，紧实，湿润，有石灰结晶积累。

20cm＋，7.5YR6/6，sil，紧实，湿润。

5.1.1.5　1995 年不同地类土壤物理性质调查

1995 年 7 月至 8 月在红旗林场的石山湾对不同地类的土壤物理性质进行了调查（表 5－20～表 5－21，魏天兴）。

表 5－20　各标准地基本情况调查

编号	地点	植被类型	坡向 (°)	坡度 (°)	坡位	地貌部位	树木年龄	林分密度 (株/hm²)	平均树高 (cm)	平均胸径 (cm)	总生物量 (t/hm²)	冠层平均厚度 (m)	林冠纯郁闭度 (%)	枯枝落物鲜重 (t/hm²)	草本鲜重 (t/hm²)	草本盖度 (%)
1	果园	草本植物	N315	27	中	梁峁坡	—	—	—	—	—	—	—	2.33	9.67	90
3	果园	虎榛子	N335	28	中	梁峁坡	7	3 700	0.8	0.6	—	—	88	7.67	1.33	10
4	果园	刺槐	N90	27	上	梁峁坡	14	2 800	5.0	4.7	26.60	3.5	82	1.30	5.6	55
5	果园	刺槐	N295	22	下	梁峁坡	14	3 200	7.6	6.0	56.00	3.10	76	1.00	3.5	30
6	狼儿岭	油松	N50	27	中	梁峁坡	12	6 800	3.7	6.7	77.35	3.2	85	10.00	0.5	10
12	墙上	沙棘	N0	25	中	梁峁坡	8	2 900	1.1	2.17	—	—	89	1.00	3.5	60
14	和尚岭	油松＊沙棘	N26	25	下	梁峁坡	油松 10 沙棘 7	14 000＊ 2 500	1.2＊3.3	1.2＊33	—	3	65	1.50	0.5	35

表 5－21　各标地土壤物理性质表

1995－07 至 1995－08 测定

标准地号	土层（cm）	容重（g/cm³）	总孔隙度（%）	毛管孔隙度（%）	非毛管孔隙度（%）	备注
1	0～10	1.068	56.75	52.5	4.25	400ml 环刀测
	10～20	1.258	52	49.25	2.75	
	20～30	1.200	53.75	51	2.75	
	30～40	1.238	54.75	51.25	3.5	
	40～50	1.198	58.5	53	5.5	
	50～60	1.258	56.75	53.75	3	
	60～70	1.258	57.5	54.25	3.25	
	70～80	1.258	60.25	55.75	4.5	
	80～90	1.193	60	55.75	4.25	
	90～100	1.225	58.25	52.75	5.5	

（续）

标准地号	土层（cm）	容重（g/cm³）	总孔隙度（%）	毛管孔隙度（%）	非毛管孔隙度（%）	备注
3	0～10	0.454	48.67	44.62	4	400ml 环刀测
	10～20	1.144	53.59	52.59	1	
	20～30	1.123	54.22	53.97	0.62	
	30～40	1.153	54.9	54.4	0.5	
	40～50	1.097	53.34	52.84	0.5	
	50～60	1.212	50.56	50.06	0.5	
	60～70	1.156	51.87	50.62	1.25	
	70～80	1.208	52.42	52.17	0.25	
	80～90	1.179	51.33	50.83	0.5	
	90～100	1.284	56.15	53.14	3	
4	0～10	—	58.25	63.75	5.5	400ml 环刀测
	10～20	—	57	61.75	4.75	
	20～30	—	55.5	59.25	3.75	
	30～40	—	54.25	60	5.75	
	40～50	—	55.75	62	6.25	
	50～60	—	62	63.5	1.5	
	60～70	—	54.5	61.75	7.25	
	70～80	—	57.75	69.25	11.5	
	80～90	—	57.25	62.75	5.5	
	90～100	—	60.25	67.25	7	
5	0～10	0.785	62.25	60.75	1.5	400ml 环刀测
	10～20	1.225	53	51.75	1.25	
	20～30	1.133	56.75	55	1.75	
	30～40	1.195	54	53.5	0.5	
	40～50	1.098	55.25	54.75	0.5	
	50～60	1.113	55.75	54.5	1.25	
	60～70	1.218	54.75	53.5	1.25	
	70～80	1.238	57	54.25	2.75	
	80～90	1.153	54.75	53.75	1	
	90～100	—	56	54	2	
6	0～10	47.75	44.75	3	0.590	400ml 环刀测
	10～20	56.75	54	2.75	1.105	
	20～30	52.25	49.25	2.5	1.283	
	30～40	56.75	54.75	2	1.295	
	40～50	59.50	52.5	7	1.285	
	50～60	60.00	56.75	3.25	1.298	
	60～70	60.50	57.75	2.75	1.288	
	70～80	63.50	60	3.5	1.265	
	80～90	58.75	54.75	4	1.225	
	90～100	62.25	58.5	3.75	1.255	
14（油松）	0～10	1.273	55	50	5	400ml 环刀测
	10～20	1.328	67	64.25	2.75	
	20～30	1.433	59.25	57.5	1.75	
	30～40	1.325	69.25	63	6.25	
	40～50	1.415	65.5	61	4.5	
	50～60	1.263	63.5	57.5	6	
	60～70	1.17	78.25	60	18.25	
	70～80	1.300	66	60	6	
	80～90	1.290	76.75	69.6	7.15	
	90～100	1.160	71.75	59	12.75	
4	0～20	1.15	69.3	63.3	—	100ml 小环刀测
	20～40	1.15	63.3	60.5	—	
	40～60	1.17	63.7	58.3	—	
	60～80	1.24	63.3	58	—	
	80～100	1.24	72.7	58.7	—	

（续）

标准地号	土层（cm）	容重（g/cm³）	总孔隙度（%）	毛管孔隙度（%）	非毛管孔隙度（%）	备注
6	0～20	0.93	54.3	41	13.3	100ml 小环刀测
	20～40	1.24	59.3	51.3	8	
	40～60	1.3	57.3	52	5.3	
	60～80	1.293	58.7	53	5.7	
	80～100	1.296	57	51	6	
12	0～20	1.15	73.3	67	—	100ml 小环刀测
	20～40	1.23	68.3	62	—	
	40～60	1.31	69.3	65.3	—	
	60～80	1.24	66.3	60.7	—	
	80～100	1.28	65	60.5	—	
14（油松）	0～20	1.07	79.3	66.7	—	—
	20～40	1.16	80.3	72.3	—	
	40～60	1.23	79.3	74.3	—	100ml 小环刀测
	60～80	1.25	75.3	71.7	—	
	80～100	1.24	82.3	74.3	—	

注：以上数据由北京林业大学水土保持学院魏天兴提供。

5.1.2 吉县蔡家川流域观测点

5.1.2.1 1991年不同地类土壤化学性质调查

1991年在吉县的北京林业大学科研试验场的周边地区对土壤性质进行了调查。试验的pH用pH计测定，盐基置换量（CEC）及置换性Ca、Mg、Na、K，用Schoollenberger法测定。提取液中的N用MRK型氮素、蛋白质测定装置进行蒸馏测定，用院子吸收分光光度法分别测定各置换性元素。对于水溶性Ca、Mg、Na、K采取的方法是，将样品与水按1∶50的比例混合搅拌，取提取液用原子吸光光度法定量测定。全Fe、Al、Ca、Mg、Na、K的测定，是将样品置于钛福炉，以微波进行分解，对提取液用原子吸收分光光度法定量测定。游离氧化铁依照Tamm法和Mehra-Jackson法，对提取液用原子吸光光度法定量测定（表5-22～表5-26，山家富美子等）。

表5-22 样地及土壤剖面基本情况

剖面编号	样地	土层	土层厚（cm）	颜色	腐殖质	结构	母质	海拔（m）
1	刺槐林	A1	4	7.5 YR4/3	较多	团粒状	黄土	1 210
	阴坡中部	A2	20	7.5 YR5/3	较少	无		
	滑塌土	B	40	7.5 YR6/3	无	片状		
2	刺槐林	A1	10	7.5YR5/4	较多	团粒状、块状	黄土	1 250
	阳坡中部	A2	20	7.5YR5/4	较多	无		
	滑塌土	B	20	7.5YR6/6	较少	片状		
		C	50	7.5YR6/6	较少	片状		
15	草灌坡	A1	10	5YR4/4	含	团粒状	黄土	1 200
	阳坡下部	A2	20	5YR4/6	含	小块状		
	塌积土	B	35	5YR6/8	无	片状		
16	灌木林	A1	5	7.5YR3/3	较多	块状	黄土	1 080
	阴坡下部	A2	40	7.5YR4/3	含	块状		
	塌积土	B1	30	7.5YR6/4	较少	无		
		B2	20+	7.5YR4.5/4	较少	无		
86	红褐色风化岩	B	200	10YR3/6	无	片状	风化岩	1 100
87	红土上面的黄土	B-C	100	7.5YR4/6	无	片状	黄土	1 100
88	红褐色土	B-C	100	5YR4/6	无	片状	黄土	1 100
89	红土	B-C	100	5YR4/8	无	片状	黄土	1 100
90	红褐色风化岩	B-C	100	2.5YR4/6	无	片状	岩石	1 000

表 5-23 pH、CEC 以及置换性 Ca、Mg、Na、K 的含量

剖面号	深度 (cm)	pH（H_2O）	CEC	Ex. Ca	Ex. Mg	Ex. Na	Ex. K	饱和度（%）	
			(meq./100g)					Ca	Ca+Mg+Na+K
1	0～4	7.90	34.64	38.09	2.57	0.25	0.86	110.0	120.6
	4～24	8.35	16.14	26.64	1.79	0.33	0.31	165.1	180.1
	24～64	8.25	16.16	35.71	1.87	0.51	0.25	221.0	237.3
2	0～10	8.40	15.20	31.41	2.67	0.33	0.69	206.6	230.9
	10～30	8.10	16.76	28.57	3.52	0.22	0.37	270.0	308.9
	30～50	8.50	10.58	39.97	5.21	0.46	0.38	238.5	274.6
	50～100	8.40	9.70	39.95	5.21	0.46	0.31	411.9	473.5
15	0～6	8.10	19.66	27.86	1.99	0.34	0.53	141.7	156.3
	6～28	8.20	13.12	26.65	1.52	0.28	0.26	203.1	218.8
	28～60	8.50	14.42	34.28	2.04	0.46	0.28	237.7	257.0
16	0～6	8.05	18.78	22.90	2.16	0.23	0.95	121.9	139.7
	6～44	8.00	18.92	19.04	1.76	0.19	0.67	100.6	114.5
	44～72	8.40	16.46	24.28	3.85	0.48	0.52	147.5	177.0
	72～100	8.15	14.42	32.87	2.70	0.33	0.31	228.0	251.1
86		8.80	26.68	35.68	14.32	1.47	1.24	133.7	197.6
87		8.50	10.48	31.48	9.32	0.37	1.30	300.4	405.3
88		8.20	19.12	5.15	11.80	0.56	0.66	426.6	147.3
89		8.20	20.28	100.71	15.28	0.44	1.01	496.6	579.1
90		8.40	28.82	460.61	10.59	1.53	0.73	1598.2	1642.8

表 5-24 Ca、Mg、Na、K 的全量、置换性及水溶性含量

单位：干土，%

剖面号	深度 (cm)	全量				置换性含量				水溶性含量			
		CaO	MgO	Na_2O	K_2O	CaO	MgO	Na_2O	K_2O	CaO	MgO	Na_2O	K_2O
1	0～4	2.11	1.64	1.48	2.17	1.06	0.051	0.008	0.045	0.014	0.002 7	0.001 2	0.001 3
	4～24	2.21	1.11	1.41	2.11	0.74	0.036	0.010	0.014	0.010	0.002 2	0.001 3	0.000 1
	24～64	2.42	1.18	1.51	2.31	0.99	0.038	0.016	0.011	0.009	0.001 6	0.001 6	0.000 1
2	0～10	2.59	1.48	1.57	2.26	0.88	0.053	0.010	0.033	0.008	0.004 1	0.000 8	0.0017
	10～30	2.85	1.18	1.56	1.85	0.78	0.071	0.007	0.017	0.006	0.005 1	0.001 3	0.000 1
	30～50	3.73	1.33	1.56	2.06	1.12	0.104	0.014	0.008	0.005	0.003 3	0.002 2	0.000 1
	50～100	4.59	1.15	1.46	1.81	1.12	0.104	0.014	0.014	0.003	0.003 1	0.002 3	0.000 1
15	0～6	3.37	1.58	1.62	2.22	0.78	0.040	0.011	0.025	0.014	0.005 4	0.001 5	0.006 4
	6～28	3.89	1.38	1.51	1.75	0.74	0.025	0.009	0.012	0.010	0.003 2	0.001 2	—
	28～60	3.04	1.38	1.55	2.05	0.95	0.041	0.014	0.013	0.006	0.005 9	0.001 2	—
16	0～6	1.32	1.14	1.70	2.16	0.64	0.043	0.007	0.045	0.017	0.005 3	0.001 3	0.002 7
	6～44	1.39	1.05	1.63	2.58	0.53	0.035	0.006	0.032	0.013	0.003 9	0.001 3	0.000 8
	44～72	1.69	1.79	1.46	2.18	0.67	0.078	0.015	0.024	0.007	0.003 4	0.001 4	—
	72～100	1.74	1.68	1.54	1.87	0.92	0.055	0.010	0.014	0.006	0.003 5	0.001 5	—

表 5-25 Ca、Mg、Na、K 的置换性含量、水溶性含量与其全量的比值

单位：干土，%

剖面号	深度 (cm)	置换性含量/全量				水溶性含量/全量			
		CaO	MgO	Na_2O	K_2O	CaO	MgO	Na_2O	K_2O
1	0～4	50.24	3.11	0.54	2.07	0.66	0.16	0.08	0.060
	4～24	33.48	3.24	0.71	0.66	0.45	0.20	0.09	0.007
	24～64	40.91	3.22	1.06	0.48	0.37	0.14	0.11	0.004

（续）

剖面号	深度 (cm)	置换性含量/全量				水溶性含量/全量			
		CaO	MgO	Na_2O	K_2O	CaO	MgO	Na_2O	K_2O
2	0～10	33.98	3.58	3.58	1.46	0.31	0.28	0.05	0.080
	10～30	27.37	6.02	6.02	0.92	0.21	0.43	0.08	0.007
	30～50	30.03	7.82	7.82	0.39	0.13	0.25	0.14	0.007
	50～100	24.40	9.04	9.04	0.77	0.07	0.27	0.16	0.007
15	0～6	23.15	2.53	0.68	1.13	0.42	0.34	0.09	0.290
	6～28	19.02	1.81	0.60	0.69	0.26	0.23	0.08	—
	28～60	31.40	2.97	0.90	0.63	0.20	0.43	0.08	—
16	0～6	48.48	3.77	0.41	2.08	1.29	0.46	0.08	0.130
	6～44	38.13	3.33	0.37	1.24	0.94	0.37	0.08	0.030
	44～72	39.65	4.36	1.03	1.10	0.41	0.19	0.10	0.003
	72～100	52.87	3.27	0.65	0.75	0.34	0.34	0.10	0.003

表 5-26 不同形态铁的含量

剖面号	深度 (cm)	Fe (T) (%)	Fe (d) (%)	Fe (0) (%)	Fe (d) / Fe (0)	Fe (d) / Fe (T)	Fe (d) −Fe (0) / Fe (T)	Al (T) (%)
1	0～4	3.12	1.08	0.17	0.16	0.35	0.29	9.82
	4～24	3.35	1.12	0.20	0.18	0.33	0.27	11.86
	24～64	3.34	1.14	0.20	0.18	0.34	0.28	12.58
2	0～10	3.59	1.04	0.15	0.14	0.29	0.25	11.15
	10～30	3.20	1.08	0.18	0.17	0.34	0.28	11.01
	30～50	2.99	1.13	0.16	0.14	0.38	0.32	11.70
	50～100	2.50	0.77	0.10	0.12	0.31	0.27	10.78
15	0～6	3.39	1.15	0.18	0.15	0.34	0.29	12.40
	6～28	3.19	1.10	0.17	0.15	0.34	0.29	12.31
	28～60	3.33	1.10	0.16	0.15	0.33	0.28	12.46
16	0～6	3.58	1.15	0.12	0.10	0.36	0.32	12.06
	6～44	2.48	1.21	0.11	0.09	0.38	0.35	12.56
	44～72	3.03	1.19	0.12	0.10	0.39	0.35	12.06
	72～100	3.28	1.16	0.14	0.12	0.36	0.32	12.03
86	—	3.58	2.96	0.40	0.17	0.83	0.69	16.97
87	—	2.48	1.18	0.10	0.08	0.48	0.44	12.59
88	—	3.03	1.44	0.14	0.10	0.48	0.32	14.29
89	—	3.48	3.17	0.19	0.06	91.00	0.86	14.84
90	—	3.28	1.43	0.08	0.06	0.63	0.59	14.63

注：以上数据来自贺庆棠等主编的治山论文集。

5.1.2.2 1995年不同地类土壤物理性质调查

1995年在吉县蔡家川流域对有代表性的几个类型（不同树种、不同位置、不同坡向）的林下土壤物理性质进行了调查（表5-27～表5-28，魏天兴）。

表 5-27 样地基本情况调查

样地编号	树种	位置	坡向 (°)	坡度 (°)
1	杨树	坡面	310N	30
2	杨树	塌积土	300N	0～20
3	杨树	坡面	270N	38
4	杨树	塌积土	150N	29
5	荒草	坡面	90N	28
6	荒草	沟坡	90N	29
7	刺槐	塌积土	100N	20

（续）

样地编号	树种	位置	坡向（°）	坡度（°）
8	刺槐	坡面	120N	17
9	荒草	塌积土	270N	25
10	荒草	坡面	170N	25
11	油松*虎榛子	沟坡	90N	25
12	油松	坡面	90N	15
13	虎榛子	沟坡	350N	40
14	黄刺玫	沟头	0N	40/20
15	黄刺玫	沟坡	20N	45
16	虎榛子	沟头	40N	0

表 5-28 各样地土壤物理性质调查

样地号	土层（cm）	含水量（%）	容重（g/cm³）	总空隙度（%）	毛管空隙度（%）	非毛管空隙度（%）
1	0～20	17.236	1.175	54.5	48.75	5.75
	20～40	19.279	1.089	58.5	54.25	4.25
	40～60	18.56	1.078	56.0	53.25	2.75
2	0～20	17.408	1.048	59.8	53.5	6.25
	20～40	18.584	1.196	54.5	50	4.5
	40～60	16.695	1.183	59.8	55	4.75
3	0～20	11.787	1.188	57.0	51.75	5.25
	20～40	16.292	1.166	59.5	54.75	4.75
	40～60	15.914	1.194	55.0	48	7
4	0～20	17.4	1.049	60.3	53	6.75
	20～40	15.317	0.979	51.3	47	4.25
	40～60	15.096	1.143	53.3	51	2.25
5	0～20	10.412	1.214	52.1	50.25	5.75
	20～40	11.036	1.197	50.8	49.25	1.5
	40～60	11.764	1.235	52.8	51	1.75
6	0～20	9.146	1.300	51.8	45	6.75
	20～40	10.437	1.314	53.0	49	4
	40～60	10.965	1.285	50.8	48	2.75
7	0～20	14.67	1.045	58.0	53.75	4.25
	20～40	13.85	0.977	60.5	50	10.5
	40～60	13.73	0.949	61.0	51.5	10.5
8	0～20	11.48	1.176	54.5	50.5	4
	20～40	11.52	1.191	53.0	50	3
	40～60	12.91	1.165	50.5	49	1.5
9	0～20	10.958	1.186	55.8	54.7	1.5
	20～40	17.388	1.207	58.8	47.8	1.0
	40～60	16.147	1.226	49.5	49.3	0.3
10	0～20	17.922	1.046	53.8	51	2.8
	20～40	15.227	1.248	51.0	50.3	0.8
	40～60	16.263	1.245	51.3	50.8	0.5
11	0～20	34.297	0.967	65.0	54.0	11.0
	20～40	20.969	1.037	51.3	48.0	3.3
	40～60	25.029	1.069	50.0	48.8	1.3
12	0～20	18.791	1.014	58.5	49.8	8.8
	20～40	18.366	1.116	51.3	49.5	1.8
	40～60	19.696	1.142	52.0	51.5	0.5
13	0～20	13.94	0.933	60.3	50.0	10.3
	20～40	12.121	0.949	58.5	50.8	7.8
	40～60	13.196	1.08	56.3	51.8	4.5

（续）

样地号	土层(cm)	含水量(%)	容重(g/cm^3)	总空隙度(%)	毛管空隙度(%)	非毛管空隙度(%)
14	0～20	9.216	1.085	57.8	47.8	10.0
	20～40	11.512	1.129	50.5	45.8	4.8
	40～60	12.23	1.165	54.0	51.8	2.3
15	0～20	14.015	0.976	58.8	51.3	7.5
	20～40	13.412	1.048	57.5	50.5	7.0
	40～60	13.866	1.115	55.3	49.75	5.5
16	0～20	11.035	0.985	58.5	49.0	9.5
	20～40	10.76	1.024	56.3	50.8	5.5
	40～60	11.582	1.137	54.0	50.3	3.8

注：以上数据由北京林业大学水土保持学院魏天兴提供。

5.1.2.3　2006年不同地类土壤理化性质调查

2006-7-8～2007-2-12在山西吉县森林生态系统国家野外观测研究站对土壤理化性质进行了调查分析（表5-29～表5-38，毕华兴）。

表5-29　土壤理化性质监测总体情况

样品名称	土壤样品
委托单位	山西吉县森林生态系统国家野外观测研究站
样品数量	9
采样日期	2006-7-10～2006-7-12
监测地点	山西吉县 1. 油松林地 地理坐标：110°45′32.2″E，36°16′25.0″ N 海拔：1 134m 坡向：西坡 坡度：15° 层次：根据发生层次分为3层。0～10cm，10～30cm，>30cm 2. 刺槐林地 地理坐标：110°45′41.0″E，36°16′23.5″N 海拔：1 113m 坡向：南坡 坡度：10° 层次：根据发生层次分为3层。0～10cm，10～30cm，>30cm 3. 次生林地 地理坐标： 海拔： 坡向：北坡 坡度：15° 层次：根据发生层次分为3层。0～10cm，10～30cm，>30cm
监测使用主要仪器设备	1. 美国丽曼公司ICP光谱分析仪 2. 美国瓦里安公司ICP-MS分析仪 3. 美国热电公司X-荧光光谱仪 4. 原子荧光分析仪（中国） 5. 全自动定氮分析仪（中国） 6. 原子吸收分光光度计（中国）

表 5-30 油松林地 0～10cm 土层土壤理化性质

编号	项目		监测结果				监测方法	单位
			重复 1	重复 2	重复 3	平均		
物理 1	表层容重		123.7	109.6	105.2	104.4	环刀法	g/cm^3
物理 2	其他层容重							
物理 3	机械组成	>0.25mm	0.6	0.6	0.6	0.6	比重计法	%
		0.25～0.05mm	35.0	33.0	34.0	34.0		
		0.05～0.01mm	47.0	47.0	46.0	46.6		
		0.01～0.005mm	6.0	5.0	5.0	5.3		
		0.005～0.001mm	5.4	6.4	6.4	6.1		
		<0.001mm	6.0	8.0	8.0	8.7		
物理 4	凋落物厚度		2.7	2.7	2.7	2.7	野外直接测量	cm
化学 1	NO_3-N		—	—	—	5.01	比色法	mg/kg
化学 2	NH_4-N		—	—	—	7.57	比色法	mg/kg
化学 3	速效磷		4.91	4.91	4.69	4.837	钼锑抗比色	mg/kg
化学 4	速效钾		120	121	125	122.000	乙酸铵浸提—火焰光度法	mg/kg
化学 5	有机质		18.3	18.9	7.5	14.9	重铬酸钾氧化法	g/kg
化学 6	全氮		0.84	0.89	0.81	0.85	凯氏法	g/kg
化学 7	pH		8.57	8.56	8.56	8.563	电位法	—
化学 8	阳离子交换量		10.30	10.22	10.48	10.333	乙酸铵交换法	cmol/kg
化学 9	缓效钾		1 052.38	1 059.21	1 107.39	1 072.99	硝酸浸提法	mg/kg
化学 10	土壤交换性钙		42.40	45.87	52.37	46.880	乙酸铵交换—原子吸收法	cmol/kg
化学 11	土壤交换性镁		1.837	2.003	2.317	2.052	乙酸铵交换—原子吸收法	cmol/kg
化学 12	土壤交换性钾		0.325	0.325	0.325	0.325	乙酸铵交换—火焰光度法	cmol/kg
化学 13	土壤交换性钠		0.551 8	0.551 8	0.551 8	0.552	乙酸铵交换—火焰光度法	cmol/kg
化学 14	土壤交换性氢		0	0	0	0.000	中和滴定法	cmol/kg
化学 15	土壤交换性铝		0	0	0	0.000	中和滴定法	cmol/kg
化学 16	速效微量元素	有效钼	0.044	0.055	0.042	0.047	草酸—草酸铵浸提法	mg/kg
		有效锌	0.46	0.48	0.46	0.47	DTPA 浸提	mg/kg
		有效锰	9.32	9.24	9.36	9.31	DTPA 浸提	mg/kg
		有效铁	6.20	5.96	6.10	6.09	DTPA 浸提	mg/kg
		有效硫	209.91	199.50	205.00	204.80	氯化钙浸提	mg/kg
		有机质	18.3	18.9	7.5	14.9	重铬酸钾氧化法	g/kg
		全氮	0.84	0.89	0.81	0.85	凯氏法	g/kg
		全磷	544.11	557.89	570.68	557.56	ICP 法	mg/kg
		全钾	14.4	14.6	10.7	13.2	ICP 法	g/kg
化学 17	微量元素全量	硼	48.25	55.06	44.63	49.31	$HF-HNO_3-HClO4$ 消煮 ICP 法	mg/kg
		钼	3.85	3.62	3.10	3.52		mg/kg
		锌	54.77	56.23	46.29	52.43		mg/kg
		锰	417.34	428.82	413.27	419.81		mg/kg
		铜	26.37	27.12	41.68	31.72		mg/kg
		铁	11.7	12.0	11.6	11.8		g/kg
化学 18	重金属	铬	28.91	29.46	35.6	31.32	ICP-MS 法	mg/kg
		铅	16.36	17.73	16.01	16.70	ICP-MS 法	mg/kg
		镍	21.11	21.75	17.26	20.04	ICP-MS 法	mg/kg
		镉	0.093	0.086	0.097	0.092	ICP-MS 法	mg/kg
		硒	0.35	0.33	0.38	0.35	原子荧光法	mg/kg
		砷	7.72	7.82	11.16	8.90	ICP-MS 法	mg/kg
		汞	0.120	0.104	0.098	0.107	ICP-MS 法	mg/kg
化学 19	土壤矿质全量	磷	544.11	557.89	570.68	557.56	ICP 法	mg/kg
		钙	31.5	30.9	32.0	31.5	ICP 法	g/kg
		镁	10.3	10.5	10.4	10.4	ICP 法	g/kg
		钾	14.4	14.6	10.7	13.2	ICP 法	g/kg
		钠	11.6	11.7	13.5	12.3	ICP 法	g/kg
		铁	11.7	12.0	11.6	11.8	ICP 法	g/kg
		铝	41.8	43.1	41.3	42.1	ICP 法	g/kg
		硅	267.1	265.1	282.1	271.4	X-荧光光谱法	g/kg
		锰	3.85	3.62	3.10	3.52	ICP-MS 法	mg/kg
		钛	0.23	0.24	0.24	0.24	ICP 法	mg/kg
		硫	0.70	0.69	0.64	0.70	X-荧光光谱法	g/kg

表 5-31　油松林地 10～30cm 土层土壤理化性质

编号	项目		监测结果				监测方法	单位
			重复 1	重复 2	重复 3	平均		
物理 1	表层容重		123.7	109.6	105.2	104.4	环刀法	g/cm³
物理 2	其他层容重	10～30cm	132.2	125.0	114.5	92.6	环刀法	g/cm³
物理 3	机械组成	>0.25mm	0.5	0.5	0.5	0.5	比重计法	%
		0.25～0.05mm	24.1	21.1	22.0	22.4		
		0.05～0.01mm	50.0	52.0	51.0	51.0		
		0.01～0.005mm	6.0	8.0	7.0	7.0		
		0.005～0.001mm	7.4	7.4	7.4	7.4		
		<0.001mm	12.0	11.0	10.0	11.0		
物理 4	凋落物厚度		2.7	2.7	2.7	2.7	野外直接测量	cm
化学 1	NO_3-N					4.62	比色法	mg/kg
化学 2	NH_4-N					6.95	比色法	mg/kg
化学 3	速效磷		3.67	3.46	3.65	3.59	钼锑抗比色	mg/kg
化学 4	速效钾		69	66	68	67.67	乙酸铵浸提—火焰光度法	mg/kg
化学 5	有机质		10.6	9.2	8.9	9.6	重铬酸钾氧化法	g/kg
化学 6	全氮		0.39	0.38	0.34	0.37	凯氏法	g/kg
化学 7	pH		8.48	8.53	8.51	8.51	电位法	
化学 8	阳离子交换量		3.35	3.02	2.56	2.98	乙酸铵交换法	cmol/kg
化学 9	缓效钾		988.02	986.66	983.33	986.00	硝酸浸提法	mg/kg
化学 10	土壤交换性钙		60.74	51.10	51.24	54.36	乙酸铵交换—原子吸收法	cmol/kg
化学 11	土壤交换性镁		2.588	2.389	2.460	2.48	乙酸铵交换—原子吸收法	cmol/kg
化学 12	土壤交换性钾		0.325	0.325	0	0.22	乙酸铵交换—火焰光度法	cmol/kg
化学 13	土壤交换性钠		0.5518	0	0	0.18	乙酸铵交换—火焰光度法	cmol/kg
化学 14	土壤交换性氢		0	0	0	0	中和滴定法	cmol/kg
化学 15	土壤交换性铝		0	0	0	0	中和滴定法	cmol/kg
化学 16	速效微量元素	有效钼	0.127	0.137	0.145	0.14	草酸—草酸铵浸提法	mg/kg
		有效锌	0.33	0.44	0.40	0.39	DTPA 浸提	mg/kg
		有效锰	10.66	10.82	10.50	10.66	DTPA 浸提	mg/kg
		有效铁	4.44	4.52	4.45	4.47	DTPA 浸提	mg/kg
		有效硫	138.26	138.26	136.00	137.51	氯化钙浸提	mg/kg
		有机质	10.6	9.2	8.9	9.6	重铬酸钾氧化法	g/kg
		全氮	0.39	0.38	0.34	0.37	凯氏法	g/kg
		全磷	520.22	534.99	537.65	530.95	ICP 法	mg/kg
		全钾	9.3	9.7	11.2	10.1	ICP 法	g/kg
化学 17	微量元素全量	硼	34.73	34.18	51.59	40.17	$HF-HNO_3-HClO_4$ 消煮 ICP 法	mg/kg
		钼	2.91	2.86	2.95	2.91		mg/kg
		锌	58.84	58.73	35.73	51.10		mg/kg
		锰	426.40	432.55	413.76	424.24		mg/kg
		铜	29.95	29.75	30.62	30.11		mg/kg
		铁	12.1	12.4	11.6	12.0		g/kg
化学 18	重金属	铬	28.75	28.66	33.36	30.26	ICP-MS 法	mg/kg
		铅	15.54	15.57	14.97	15.36	ICP-MS 法	mg/kg
		镍	20.70	20.62	17.48	19.60	ICP-MS 法	mg/kg
		镉	0.022	0.019	0.021	0.021	ICP-MS 法	mg/kg
		硒	0.37	0.39	0.35	0.37	原子荧光法	mg/kg
		砷	9.67	9.89	10.09	9.88	ICP-MS 法	mg/kg
		汞	0.093	0.092	0.088	0.091	ICP-MS 法	mg/kg
化学 19	土壤矿质全量	磷	520.22	534.99	537.65	530.95	ICP 法	mg/kg
		钙	33.8	34.0	34.8	34.2	ICP 法	g/kg
		镁	10.1	10.4	10.3	10.3	ICP 法	g/kg
		钾	9.3	9.7	11.2	10.1	ICP 法	g/kg
		钠	11.6	11.8	12.3	11.9	ICP 法	g/kg
		铁	12.1	12.4	11.6	12.0	ICP 法	g/kg
		铝	41.2	43.3	40.2	41.6	ICP 法	g/kg
		硅	253.9	243.6	253.0	250.2	X-荧光光谱法	g/kg
		锰	2.91	2.86	2.95	2.91	ICP-MS 法	mg/kg
		钛	0.22	0.24	0.22	0.23	ICP 法	mg/kg
		硫	0.49	0.48	0.43	0.47	X-荧光光谱法	g/kg

表 5-32 油松林地>30cm 土层土壤理化性质

编号	项目		监测结果				监测方法	单位
			重复 1	重复 2	重复 3	平均		
物理 1	表层容重		123.7	109.6	105.2	104.4	环刀法	g/cm³
物理 2	其他层容重	10～30cm	132.2	125.0	114.5	92.6	环刀法	g/cm³
		>30cm	125.7	132.3	128.6	100.4	环刀法	g/cm³
物理 3	机械组成	>0.25mm	0.6	0.5	0.5	0.53	比重计法	%
		0.25～0.05mm	22.0	23.0	23.1	22.7		
		0.05～0.01mm	48.0	48.0	48.0	48.0		
		0.01～0.005mm	9.0	8.0	8.0	8.33		
		0.005～0.001mm	7.4	7.4	6.4	7.07		
		<0.001mm	13.0	13.0	12.0	12.67		
物理 4	凋落物厚度		2.7	2.7	2.7	2.7	野外直接测量	cm
化学 1	NO_3-N						比色法	mg/kg
化学 2	NH_4-N						比色法	mg/kg
化学 3	速效磷		2.84	2.53	2.63	2.67	钼锑抗比色	mg/kg
化学 4	速效钾		67	66	60	64.33	乙酸铵浸提—火焰光度法	mg/kg
化学 5	有机质		8.8	7.8	8.1	8.2	重铬酸钾氧化法	g/kg
化学 6	全氮		0.36	0.35	0.33	0.35	凯氏法	g/kg
化学 7	pH		8.55	8.44	8.54	8.51	电位法	
化学 8	阳离子交换量		2.03	1.70	1.66	1.80	乙酸铵交换法	cmol/kg
化学 9	缓效钾		1 069.28	1 072.26	1 034.51	1 058.68	硝酸浸提法	mg/kg
化学 10	土壤交换性钙		46.90	49.77	53.22	49.96	乙酸铵交换—原子吸收法	cmol/kg
化学 11	土壤交换性镁		2.600	2.240	2.642	2.494	乙酸铵交换—原子吸收法	cmol/kg
化学 12	土壤交换性钾		0.325	0.325	0.325	0.325	乙酸铵交换—火焰光度法	cmol/kg
化学 13	土壤交换性钠		0	0	0		乙酸铵交换—火焰光度法	cmol/kg
化学 14	土壤交换性氢		0	0	0		中和滴定法	cmol/kg
化学 15	土壤交换性铝		0	0	0		中和滴定法	cmol/kg
化学 16	速效微量元素	有效钼	0.1854	0.1622	0.1926	0.1801	草酸—草酸铵浸提法	mg/kg
		有效锌	0.376	0.326	0.330	0.344	DTPA 浸提	mg/kg
		有效锰	8.54	8.44	8.45	8.48	DTPA 浸提	mg/kg
		有效铁	4.54	4.48	4.39	4.47	DTPA 浸提	mg/kg
		有效硫	56.35	55.50	53.40	55.08	氯化钙浸提	mg/kg
		有机质	8.8	7.8	8.1	8.2	重铬酸钾氧化法	g/kg
		全氮	0.36	0.35	0.33	0.35	凯氏法	g/kg
		全磷	548.05	546.12	561.13	551.77	ICP 法	mg/kg
		全钾	9.2	9.1	12.1	10.1	ICP 法	g/kg
化学 17	微量元素全量	硼	82.16	81.49	19.39	61.01	$HF-HNO_3-HClO_4$ 消煮 ICP 法	mg/kg
		钼	3.22	3.21	3.05	3.16		mg/kg
		锌	51.48	51.02	47.65	50.05		mg/kg
		锰	452.76	443.06	400.46	432.09		mg/kg
		铜	51.92	51.38	34.35	45.88		mg/kg
		铁	12.2	12.1	11.7	12.0		g/kg
化学 18	重金属	铬	42.40	41.34	28.20	37.31	ICP-MS 法	mg/kg
		铅	16.69	16.22	14.88	15.93	ICP-MS 法	mg/kg
		镍	20.23	19.92	19.67	19.94	ICP-MS 法	mg/kg
		镉	0.076	0.073	0.065	0.071	ICP-MS 法	mg/kg
		硒	0.36	0.36	0.34	0.35	原子荧光法	mg/kg
		砷	14.00	13.77	8.27	12.01	ICP-MS 法	mg/kg
		汞	0.052	0.048	0.068	0.056	ICP-MS 法	mg/kg
化学 19	土壤矿质全量	磷	548.05	546.12	561.13	551.77	ICP 法	mg/kg
		钙	34.7	34.3	34.8	34.6	ICP 法	g/kg
		镁	10.4	10.3	10.5	10.4	ICP 法	g/kg
		钾	9.2	9.1	12.1	10.1	ICP 法	g/kg
		钠	13.1	13.1	11.6	12.6	ICP 法	g/kg
		铁	12.2	12.1	11.7	12.0	ICP 法	g/kg
		铝	43.3	42.4	40.9	42.2	ICP 法	g/kg
		硅	251.5	235.0	236.0	240.8	X-荧光光谱法	g/kg
		锰	3.22	3.21	3.05	3.16	ICP-MS 法	mg/kg
		钛	0.25	0.25	0.22	0.24	ICP 法	mg/kg
		硫	0.44	0.41	0.38	0.41	X-荧光光谱法	g/kg

表 5-33　刺槐林地 0～10cm 土层土壤理化性质

编号	项目		监测结果				监测方法	单位
			重复 1	重复 2	重复 3	平均		
物理 1	表层容重		111.0	113.4	104.8	109.7	环刀法	g/cm³
物理 2	其他层容重							
物理 3	机械组成	>0.25mm	0.5	0.6	0.6	0.6	比重计法	%
		0.25～0.05mm	29.1	29.0	28.5	28.9		
		0.05～0.01mm	46.0	45.0	45.0	45.3		
		0.01～0.005mm	7.0	8.0	8.5	7.8		
		0.005～0.001mm	8.4	7.4	7.4	7.7		
		<0.001mm	9.0	10.0	10.0	9.7		
物理 4	凋落物厚度		2.4	2.4	2.4	2.4	野外直接测量	cm
化学 1	NO_3-N					7.110	比色法	mg/kg
化学 2	NH_4-N					6.964	比色法	mg/kg
化学 3	速效磷		3.89	4.29	4.10	4.09	钼锑抗比色	mg/kg
化学 4	速效钾		102	100	97	99.7	乙酸铵浸提—火焰光度法	mg/kg
化学 5	有机质		10.1	9.8	8.5	9.5	重铬酸钾氧化法	g/kg
化学 6	全氮		0.42	0.45	0.47	0.45	凯氏法	g/kg
化学 7	pH		8.53	8.48	8.54	8.52	电位法	
化学 8	阳离子交换量		1.58	1.57	1.57	1.57	乙酸铵交换法	cmol/kg
化学 9	缓效钾		1 315.49	1 319.73	1 337.39	1 324.20	硝酸浸提法	mg/kg
化学 10	土壤交换性钙		51.61	47.87	58.93	52.80	乙酸铵交换—原子吸收法	cmol/kg
化学 11	土壤交换性镁		2.407	2.380	2.603	2.463	乙酸铵交换—原子吸收法	cmol/kg
化学 12	土壤交换性钾		0.325	0.325	0.325	0.325	乙酸铵交换—火焰光度法	cmol/kg
化学 13	土壤交换性钠		0	0	0	0	乙酸铵交换—火焰光度法	cmol/kg
化学 14	土壤交换性氢		0	0	0	0	中和滴定法	cmol/kg
化学 15	土壤交换性铝		0	0	0	0	中和滴定法	cmol/kg
化学 16	速效微量元素	有效钼	0.1966	0.2036	0.1182	0.1728	草酸—草酸铵浸提法	mg/kg
		有效锌	0.386	0.366	0.360	0.37	DTPA 浸提	mg/kg
		有效锰	8.84	8.844	8.86	8.85	DTPA 浸提	mg/kg
		有效铁	3.38	3.54	3.50	3.47	DTPA 浸提	mg/kg
		有效硫	34.82	33.50	31.10	33.14	氯化钙浸提	mg/kg
		有机质	10.1	9.8	8.5	9.5	重铬酸钾氧化法	g/kg
		全氮	0.42	0.45	0.47	0.45	凯氏法	g/kg
		全磷	635.49	596.25	642.22	624.65	ICP 法	mg/kg
		全钾	11.6	11.0	18.7	13.8	ICP 法	g/kg
化学 17	微量元素全量	硼	113.48	102.84	62.77	93.03	HF-HNO_3-$HClO_4$ 消煮 ICP 法	mg/kg
		钼	1.71	1.79	1.67	1.72		mg/kg
		锌	58.24	49.56	55.40	54.40		mg/kg
		锰	456.92	420.25	489.70	455.62		mg/kg
		铜	38.09	34.70	35.03	35.94		mg/kg
		铁	12.3	12.0	13.2	12.5		g/kg
化学 18	重金属	铬	42.02	37.66	34.92	38.20	ICP-MS 法	mg/kg
		铅	17.90	16.24	20.52	18.22	ICP-MS 法	mg/kg
		镍	20.18	17.18	23.46	20.27	ICP-MS 法	mg/kg
		镉	0.053	0.046	0.056	0.052	ICP-MS 法	mg/kg
		硒	0.47	0.44	0.45	0.45	原子荧光法	mg/kg
		砷	16.03	14.27	13.32	14.54	ICP-MS 法	mg/kg
		汞	0.049	0.039	0.046	0.045	ICP-MS 法	mg/kg
化学 19	土壤矿质全量	磷	635.49	596.25	642.22	624.65	ICP 法	mg/kg
		钙	35.7	34.7	36.0	35.5	ICP 法	g/kg
		镁	11.2	10.5	11.2	11.0	ICP 法	g/kg
		钾	11.6	11.0	18.7	13.8	ICP 法	g/kg
		钠	14.8	14.1	13.1	14.0	ICP 法	g/kg
		铁	12.3	12.0	13.2	12.5	ICP 法	g/kg
		铝	44.7	44.0	47.9	45.5	ICP 法	g/kg
		硅	250.7	246.0	254.0	250.2	X-荧光光谱法	g/kg
		锰	1.71	1.79	1.67	1.72	ICP-MS 法	mg/kg
		钛	0.22	0.22	0.26	0.23	ICP 法	mg/kg
		硫	0.48	0.56	0.49	0.51	X-荧光光谱法	g/kg

表 5-34 刺槐林地 10～30cm 土层土壤理化性质

编号	项目		监测结果				监测方法	单位
			重复 1	重复 2	重复 3	平均		
物理 1	表层容重		111.0	113.4	104.8	109.7	环刀法	g/cm^3
物理 2	其他层容重	10～30cm	112.5	130.7	114.0	119.1	环刀法	g/cm^3
物理 3	机械组成	>0.25mm	0.5	0.6	0.6	0.6	比重计法	%
		0.25～0.05mm	25.1	23.0	24.0	24.0		
		0.05～0.01mm	48.0	50.0	49.0	49.0		
		0.01～0.005mm	7.0	7.0	6.5	6.8		
		0.005～0.001mm	8.4	7.4	7.4	7.7		
		<0.001mm	11.0	12.0	12.5	11.8		
物理 4	凋落物厚度		2.4	2.4	2.4	2.4	野外直接测量	cm
化学 1	NO_3-N					9.423	比色法	mg/kg
化学 2	NH_4-N					6.548	比色法	mg/kg
化学 3	速效磷		4.29	4.41	4.50	4.40	钼锑抗比色	mg/kg
化学 4	速效钾		82	80	78	80.33	乙酸铵浸提—火焰光度法	mg/kg
化学 5	有机质		8.7	7.8	7.6	8.0	重铬酸钾氧化法	g/kg
化学 6	全氮		0.42	0.41	0.42	0.42	凯氏法	g/kg
化学 7	pH		8.54	8.54	8.54	8.54	电位法	
化学 8	阳离子交换量		1.52	1.51	1.58	1.54	乙酸铵交换法	cmol/kg
化学 9	缓效钾		1 499.90	1 503.92	1 494.21	1 499.34	硝酸浸提法	mg/kg
化学 10	土壤交换性钙		60.87	58.17	60.01	59.68	乙酸铵交换—原子吸收法	cmol/kg
化学 11	土壤交换性镁		3.003	2.822	2.698	2.841	乙酸铵交换—原子吸收法	cmol/kg
化学 12	土壤交换性钾		0.325	0.325	0.325	0.325	乙酸铵交换—火焰光度法	cmol/kg
化学 13	土壤交换性钠		0.551 8	0.551 8	0	0.367 9	乙酸铵交换—火焰光度法	cmol/kg
化学 14	土壤交换性氢		0	0	0	0	中和滴定法	cmol/kg
化学 15	土壤交换性铝		0	0	0	0	中和滴定法	cmol/kg
化学 16	速效微量元素	有效钼	0.1616	0.2116	0.1754	0.1829	草酸—草酸铵浸提法	mg/kg
		有效锌	0.400	0.406	0.410	0.41	DTPA 浸提	mg/kg
		有效锰	8.30	8.20	8.22	8.24	DTPA 浸提	mg/kg
		有效铁	3.76	3.50	3.66	3.64	DTPA 浸提	mg/kg
		有效硫	63.45	63.10	65.20	63.92	氯化钙浸提	mg/kg
		有机质	8.7	7.8	7.6	8.0	重铬酸钾氧化法	g/kg
		全氮	0.42	0.41	0.42	0.42	凯氏法	g/kg
		全磷	598.94	622.94	602.30	608.06	ICP 法	mg/kg
		全钾	14.0	14.5	11.2	13.2	ICP 法	g/kg
化学 17	微量元素全量	硼	68.28	69.59	78.11	71.99	$HF-HNO_3-HClO_4$ 消煮 ICP 法	mg/kg
		钼	2.07	2.19	2.60	2.29		mg/kg
		锌	54.32	54.96	55.87	55.05		mg/kg
		锰	463.00	463.67	479.27	468.65		mg/kg
		铜	33.60	33.87	40.97	36.15		mg/kg
		铁	12.4	12.5	13.1	12.7		g/kg
化学 18	重金属	铬	33.30	33.31	45.31	37.31	ICP-MS 法	mg/kg
		铅	17.57	17.70	17.66	17.64	ICP-MS 法	mg/kg
		镍	21.41	21.55	22.31	21.76	ICP-MS 法	mg/kg
		镉	0.110	0.101	0.098	0.103	ICP-MS 法	mg/kg
		硒	0.41	0.42	0.39	0.41	原子荧光法	mg/kg
		砷	12.90	13.42	12.56	12.96	ICP-MS 法	mg/kg
		汞	0.17	0.15	0.18	0.17	ICP-MS 法	mg/kg
化学 19	土壤矿质全量	磷	598.94	622.94	602.30	608.06	ICP 法	mg/kg
		钙	36.1	36.4	36.5	36.3	ICP 法	g/kg
		镁	10.7	11.1	10.8	10.9	ICP 法	g/kg
		钾	14.0	14.5	11.2	13.2	ICP 法	g/kg
		钠	12.8	13.2	12.8	12.9	ICP 法	g/kg
		铁	12.4	12.5	13.1	12.7	ICP 法	g/kg
		铝	43.8	44.4	45.3	44.5	ICP 法	g/kg
		硅	246.0	248.1	246.0	246.7	X-荧光光谱法	g/kg
		锰	2.07	2.19	2.60	2.29	ICP-MS 法	mg/kg
		钛	0.24	0.25	0.26	0.25	ICP 法	mg/kg
		硫	0.37	0.36	0.33	0.35	X-荧光光谱法	g/kg

表 5-35　刺槐林地>30cm 土层土壤理化性质

编号	项目		监测结果				监测方法	单位
			重复 1	重复 2	重复 3	平均		
物理 1	表层容重		111.0	113.4	104.8	109.7	环刀法	g/cm^3
物理 2	其他层容重	10～30cm	112.5	130.7	114.0	119.1	环刀法	g/cm^3
		>30cm	122.7	133.3	117.7	124.6	环刀法	g/cm^3
物理 3	机械组成	>0.25mm	0.5	0.5	0.5	0.5	比重计法	%
		0.25～0.05mm	22.1	23.1	22.0	22.4		
		0.05～0.01mm	50.0	48.0	48.0	48.7		
		0.01～0.005mm	7.0	8.0	8.1	7.7		
		0.005～0.001mm	8.4	8.4	8.4	8.4		
		<0.001mm	12.0	12.0	13.0	12.3		
物理 4	凋落物厚度		2.4	2.4	2.4	2.4	野外直接测量	cm
化学 1	NO_3-N						比色法	mg/kg
化学 2	NH_4-N						比色法	mg/kg
化学 3	速效磷		3.48	3.55	3.68	3.57	钼锑抗比色	mg/kg
化学 4	速效钾		85	84	80	83.00	乙酸铵浸提—火焰光度法	mg/kg
化学 5	有机质		8.6	8.2	7.7	8.2	重铬酸钾氧化法	g/kg
化学 6	全氮		0.38	0.39	0.40	0.40	凯氏法	g/kg
化学 7	pH		8.51	8.50	8.45	8.49	电位法	
化学 8	阳离子交换量		1.43	1.89	1.68	1.67	乙酸铵交换法	cmol/kg
化学 9	缓效钾		1 365.29	1 342.34	1 269.84	1 325.82	硝酸浸提法	mg/kg
化学 10	土壤交换性钙		63.66	71.83	65.74	67.08	乙酸铵交换—原子吸收法	cmol/kg
化学 11	土壤交换性镁		2.984	2.988	2.940	2.971	乙酸铵交换—原子吸收法	cmol/kg
化学 12	土壤交换性钾		0.325	0.325	0.325	0.325	乙酸铵交换—火焰光度法	cmol/kg
化学 13	土壤交换性钠		0	0	0.551 8	0.183 9	乙酸铵交换—火焰光度法	cmol/kg
化学 14	土壤交换性氢		0	0	0	0	中和滴定法	cmol/kg
化学 15	土壤交换性铝		0	0	0	0	中和滴定法	cmol/kg
化学 16	速效微量元素	有效钼	0.240 6	0.224 8	0.202 4	0.222 6	草酸—草酸铵浸提法	mg/kg
		有效锌	0.338	0.362	0.350	0.35	DTPA 浸提	mg/kg
		有效锰	6.42	7.62	6.92	6.99	DTPA 浸提	mg/kg
		有效铁	3.42	3.56	3.54	3.51	DTPA 浸提	mg/kg
		有效硫	56.26	55.30	58.10	56.55	氯化钙浸提	mg/kg
		有机质	8.6	8.2	7.7	8.2	重铬酸钾氧化法	g/kg
		全氮	0.38	0.39	0.40	0.40	凯氏法	g/kg
		全磷	574.11	609.92	538.52	574.18	ICP 法	mg/kg
		全钾	9.6	10.2	11.5	10.4	ICP 法	g/kg
化学 17	微量元素全量	硼	72.18	71.57	34.35	59.37	$HF-HNO_3-HClO_4$ 消煮 ICP 法	mg/kg
		钼	1.65	1.53	1.49	1.56		mg/kg
		锌	66.74	66.51	49.79	61.01		mg/kg
		锰	464.53	460.34	429.85	451.57		mg/kg
		铜	45.20	44.48	29.82	39.83		mg/kg
		铁	12.6	12.6	12.4	12.5		g/kg
化学 18	重金属	铬	37.56	36.93	29.94	34.81	ICP-MS 法	mg/kg
		铅	17.16	17.46	15.75	16.79	ICP-MS 法	mg/kg
		镍	21.60	21.21	20.84	21.22	ICP-MS 法	mg/kg
		镉	0.086	0.056	0.077	0.0730	ICP-MS 法	mg/kg
		硒	0.43	0.42	0.40	0.42	原子荧光法	mg/kg
		砷	13.80	13.82	10.15	12.59	ICP-MS 法	mg/kg
		汞	0.092	0.085	0.076	0.084	ICP-MS 法	mg/kg
化学 19	土壤矿质全量	磷	574.11	609.92	538.52	574.18	ICP 法	mg/kg
		钙	37.4	38.5	36.0	37.3	ICP 法	g/kg
		镁	10.9	11.5	10.2	10.9	ICP 法	g/kg
		钾	9.6	10.2	11.5	10.4	ICP 法	g/kg
		钠	12.3	12.9	10.5	11.9	ICP 法	g/kg
		铁	12.6	12.6	12.4	12.5	ICP 法	g/kg
		铝	44.5	44.2	41.0	43.2	ICP 法	g/kg
		硅	238	241	238	239	X-荧光光谱法	g/kg
		锰	1.65	1.53	1.49	1.56	ICP-MS 法	mg/kg
		钛	0.24	0.23	0.21	0.23	ICP 法	mg/kg
		硫	0.34	0.31	0.30	0.32	X-荧光光谱法	g/kg

表 5-36　次生林地 0～10cm 土层土壤理化性质

编号	项目		监测结果				监测方法	单位
			重复 1	重复 2	重复 3	平均		
物理 1	表层容重		100.9	91.1	95.6	95.9	环刀法	g/cm^3
物理 2	其他层容重							
物理 3	机械组成	>0.25mm	0.9	0.9	0.8	0.9	比重计法	%
		0.25～0.05mm	36.1	35.1	35.0	35.4		
		0.05～0.01mm	45.0	46.0	45.0	45.3		
		0.01～0.005mm	6.25	6.50	6.40	6.4		
		0.005～0.001mm	5.5	5.5	5.4	5.5		
		<0.001mm	6.25	6.00	7.40	6.6		
物理 4	凋落物厚度		0.4	0.4	0.4	0.4	野外直接测量	cm
化学 1	NO_3-N					3.337	比色法	mg/kg
化学 2	NH_4-N					7.521	比色法	mg/kg
化学 3	速效磷		7.06	7.16	7.35	7.19	钼锑抗比色	mg/kg
化学 4	速效钾		150	141	148	146.33	乙酸铵浸提—火焰光度法	mg/kg
化学 5	有机质		52.4	50.1	49.8	50.8	重铬酸钾氧化法	g/kg
化学 6	全氮		2.09	1.9	1.86	1.95	凯氏法	g/kg
化学 7	pH		8.30	8.27	8.30	8.29	电位法	
化学 8	阳离子交换量		2.72	2.50	2.78	2.67	乙酸铵交换法	cmol/kg
化学 9	缓效钾		1 517.14	1 512.46	1 573.58	1 534.39	硝酸浸提法	mg/kg
化学 10	土壤交换性钙		46.38	48.54	47.29	47.40	乙酸铵交换—原子吸收法	cmol/kg
化学 11	土壤交换性镁		2.450	2.514	2.481	2.48	乙酸铵交换—原子吸收法	cmol/kg
化学 12	土壤交换性钾		0.325	0.487	0.649	0.487	乙酸铵交换—火焰光度法	cmol/kg
化学 13	土壤交换性钠		0	0	0.551 8	0.183 9	乙酸铵交换—火焰光度法	cmol/kg
化学 14	土壤交换性氢		0	0	0	0	中和滴定法	cmol/kg
化学 15	土壤交换性铝		0	0	0	0	中和滴定法	cmol/kg
化学 16	速效微量元素	有效钼	0	0	0	0	草酸—草酸铵浸提法	mg/kg
		有效锌	0.766	0.792	0.770	0.776	DTPA 浸提	mg/kg
		有效锰	12.82	12.98	12.89	12.90	DTPA 浸提	mg/kg
		有效铁	11.78	12.08	11.90	11.92	DTPA 浸提	mg/kg
		有效硫	32.30	33.45	31.00	32.25	氯化钙浸提	mg/kg
		有机质	52.4	50.1	49.8	50.8	重铬酸钾氧化法	g/kg
		全氮	2.09	1.9	1.86	1.95	凯氏法	g/kg
		全磷	548.33	583.60	605.14	579.02	ICP 法	mg/kg
		全钾	15.3	16	11.4	14.2	ICP 法	g/kg
化学 17	微量元素全量	硼	86.49	85.87	34.79	69.05	$HF-HNO_3-HClO_4$ 消煮 ICP 法	mg/kg
		钼	3.85	3.76	3.89	3.83		mg/kg
		锌	52.39	35.16	57.16	48.24		mg/kg
		锰	406.08	416.23	453.87	425.39		mg/kg
		铜	34.57	35.39	31.54	33.83		mg/kg
		铁	11.9	12.1	12.8	12.3		g/kg
化学 18	重金属	铬	35.66	35.93	30.75	34.11	ICP-MS 法	mg/kg
		铅	16.12	16.10	17.78	16.67	ICP-MS 法	mg/kg
		镍	17.93	14.72	22.13	18.26	ICP-MS 法	mg/kg
		镉	0.079	0.071	0.065	0.072	ICP-MS 法	mg/kg
		硒	0.51	0.50	0.48	0.50	原子荧光法	mg/kg
		砷	12.32	12.38	9.85	11.52	ICP-MS 法	mg/kg
		汞	0.16	0.15	0.18	0.16	ICP-MS 法	mg/kg
化学 19	土壤矿质全量	磷	548.33	583.60	605.14	579.02	ICP 法	mg/kg
		钙	24.4	25.5	25.2	25.0	ICP 法	g/kg
		镁	9.6	10.1	9.9	9.9	ICP 法	g/kg
		钾	15.3	16.0	11.4	14.2	ICP 法	g/kg
		钠	13.1	13.7	12.3	13	ICP 法	g/kg
		铁	11.9	12.1	12.8	12.3	ICP 法	g/kg
		铝	41.0	41.4	44.1	42.2	ICP 法	g/kg
		硅	266.8	269.0	258.0	264.6	X-荧光光谱法	g/kg
		锰	3.85	3.76	3.89	3.83	ICP-MS 法	mg/kg
		钛	0.22	0.23	0.25	0.23	ICP 法	mg/kg
		硫	0.51	0.43	0.46	0.47	X-荧光光谱法	g/kg

表 5-37　次生林地 10～30cm 土层土壤理化性质

编号	项目		监测结果				监测方法	单位
			重复 1	重复 2	重复 3	平均		
物理 1	表层容重		100.9	91.1	95.6	95.9	环刀法	g/cm^3
物理 2	其他层容重	10～30cm	105.0	109.6	111.0	108.5	环刀法	g/cm^3
物理 3	机械组成	>0.25mm	0.6	0.7	0.6	0.63	比重计法	%
		0.25～0.05mm	29.0	29.9	28.0	28.97		
		0.05～0.01mm	48.0	48.0	47.0	47.67		
		0.01～0.005mm	6.0	4.0	5.0	5.00		
		0.005～0.001mm	8.4	10.4	10.6	9.80		
		<0.001mm	8.0	7.0	8.8	7.93		
物理 4	凋落物厚度		0.4	0.4	0.4	0.4	野外直接测量	cm
化学 1	NO_3-N					5.523	比色法	mg/kg
化学 2	NH_4-N					7.170	比色法	mg/kg
化学 3	速效磷		3.46	3.57	3.57	3.53	钼锑抗比色	mg/kg
化学 4	速效钾		90	89	95	91.33	乙酸铵浸提—火焰光度法	mg/kg
化学 5	有机质		20.2	19.8	18.9	19.6	重铬酸钾氧化法	g/kg
化学 6	全氮		0.77	0.75	0.72	0.75	凯氏法	g/kg
化学 7	pH		8.40	8.41	8.44	8.42	电位法	
化学 8	阳离子交换量		1.86	1.79	1.62	1.76	乙酸铵交换法	cmol/kg
化学 9	缓效钾		1 365.77	1 362.03	1 376.44	1 368.08	硝酸浸提法	mg/kg
化学 10	土壤交换性钙		50.16	45.12	48.11	47.80	乙酸铵交换—原子吸收法	cmol/kg
化学 11	土壤交换性镁		2.388	1.958	1.931	2.092	乙酸铵交换—原子吸收法	cmol/kg
化学 12	土壤交换性钾		0.325	0.325	0.325	0.325	乙酸铵交换—火焰光度法	cmol/kg
化学 13	土壤交换性钠		0	0	0	0	乙酸铵交换—火焰光度法	cmol/kg
化学 14	土壤交换性氢		0	0	0	0	中和滴定法	cmol/kg
化学 15	土壤交换性铝		0	0	0	0	中和滴定法	cmol/kg
化学 16	速效微量元素	有效钼	0	0	0	0	草酸—草酸铵浸提法	mg/kg
		有效锌	0.418	0.510	0.450	0.46	DTPA 浸提	mg/kg
		有效锰	12.28	11.98	12.02	12.09	DTPA 浸提	mg/kg
		有效铁	7.92	7.64	7.78	7.78	DTPA 浸提	mg/kg
		有效硫	179.18	176.00	177.00	177.39	氯化钙浸提	mg/kg
		有机质	20.2	19.8	18.9	19.6	重铬酸钾氧化法	g/kg
		全氮	0.77	0.75	0.72	0.75	凯氏法	g/kg
		全磷	602.96	605.00	610.77	606.24	ICP 法	mg/kg
		全钾	9.5	9.4	8.8	9.2	ICP 法	g/kg
化学 17	微量元素全量	硼	70.19	72.62	40.85	61.22	$HF-HNO_3-HClO_4$ 消煮 ICP 法	mg/kg
		钼	4.05	4.10	3.89	4.01		mg/kg
		锌	51.41	53.10	54.22	52.91		mg/kg
		锰	429.82	439.03	434.36	434.40		mg/kg
		铜	38.85	39.98	28.60	35.81		mg/kg
		铁	12.8	12.7	12.8	12.8		g/kg
化学 18	重金属	铬	34.10	35.44	32.27	33.94	ICP-MS 法	mg/kg
		铅	16.06	16.37	16.84	16.42	ICP-MS 法	mg/kg
		镍	19.32	20.10	20.41	19.94	ICP-MS 法	mg/kg
		镉	0.075	0.079	0.062	0.072	ICP-MS 法	mg/kg
		硒	0.57	0.60	0.56	0.58	原子荧光法	mg/kg
		砷	11.96	12.25	10.20	11.47	ICP-MS 法	mg/kg
		汞	0.29	0.28	0.27	0.28	ICP-MS 法	mg/kg
化学 19	土壤矿质全量	磷	602.96	605.00	610.77	606.24	ICP 法	mg/kg
		钙	29.4	28.9	29.2	29.2	ICP 法	g/kg
		镁	10.2	10.2	10.5	10.3	ICP 法	g/kg
		钾	9.5	9.4	8.8	9.2	ICP 法	g/kg
		钠	13.1	13.1	12.4	12.9	ICP 法	g/kg
		铁	12.8	12.7	12.8	12.8	ICP 法	g/kg
		铝	42.8	42.2	44.9	43.3	ICP 法	g/kg
		硅	262.0	261.0	264.0	262.3	X-荧光光谱法	g/kg
		锰	4.05	4.10	3.89	4.01	ICP-MS 法	mg/kg
		钛	0.24	0.24	0.23	0.24	ICP 法	mg/kg
		硫	0.48	0.46	0.45	0.46	X-荧光光谱法	g/kg

表 5-38 次生林地>30cm 土层土壤理化性质

编号	项目		监测结果				监测方法	单位
			重复 1	重复 2	重复 3	平均		
物理 1	表层容重		100.9	91.1	95.6	95.9	环刀法	g/cm^3
物理 2	其他层容重	10～30cm	105.0	109.6	111.0	108.5	环刀法	g/cm^3
		>30cm	127.7	132.9	124.1	128.2	环刀法	g/cm^3
物理 3	机械组成	>0.25mm	0.6	0.6	0.5	0.57	比重计法	%
		0.25～0.05mm	26.0	27.0	27.0	26.67		
		0.05～0.01mm	49.0	47.0	48.0	48.00		
		0.01～0.005mm	7.0	10.0	9.0	8.67		
		0.005～0.001mm	8.4	6.4	6.2	7.00		
		<0.001mm	9.0	9.0	9.3	9.10		
物理 4	凋落物厚度		0.4	0.4	0.4	0.4	野外直接测量	cm
化学 1	NO_3-N						比色法	mg/kg
化学 2	NH_4-N						比色法	mg/kg
化学 3	速效磷		2.52	2.84	2.62	2.66	钼锑抗比色	mg/kg
化学 4	速效钾		77	70	76	74.33	乙酸铵浸提—火焰光度法	mg/kg
化学 5	有机质		13.8	12.8	11.9	12.8	重铬酸钾氧化法	g/kg
化学 6	全氮		0.52	0.57	0.55	0.55	凯氏法	g/kg
化学 7	pH		8.45	8.45	8.41	8.44	电位法	
化学 8	阳离子交换量		1.61	1.50	1.51	1.54	乙酸铵交换法	cmol/kg
化学 9	缓效钾		1 224.01	1 219.45	1 297.26	1 246.91	硝酸浸提法	mg/kg
化学 10	土壤交换性钙		52.06	52.89	54.75	53.23	乙酸铵交换—原子吸收法	cmol/kg
化学 11	土壤交换性镁		1.733	1.707	1.911	1.784	乙酸铵交换—原子吸收法	cmol/kg
化学 12	土壤交换性钾		0.325	0.325	0.325	0.325	乙酸铵交换—火焰光度法	cmol/kg
化学 13	土壤交换性钠		0	0	0	0	乙酸铵交换—火焰光度法	cmol/kg
化学 14	土壤交换性氢		0	0	0	0	中和滴定法	cmol/kg
化学 15	土壤交换性铝		0	0	0	0	中和滴定法	cmol/kg
化学 16	速效微量元素	有效钼	0	0	0.028	0.009	草酸—草酸铵浸提法	mg/kg
		有效锌	0.376	0.328	0.330	0.34	DTPA 浸提	mg/kg
		有效锰	11.76	11.94	11.78	11.83	DTPA 浸提	mg/kg
		有效铁	5.94	5.78	5.88	5.87	DTPA 浸提	mg/kg
		有效硫	41.20	41.20	43.20	41.87	氯化钙浸提	mg/kg
		有机质	13.8	12.8	11.9	12.8	重铬酸钾氧化法	g/kg
		全氮	0.52	0.57	0.55	0.55	凯氏法	g/kg
		全磷	602.44	618.15	629.85	616.81	ICP 法	mg/kg
		全钾	11.9	12.3	12.4	12.2	ICP 法	g/kg
化学 17	微量元素全量	硼	73.74	76.03	79.31	76.36	$HF-HNO_3-HClO_4$ 消煮 ICP 法	mg/kg
		钼	3.67	3.55	3.46	3.56		mg/kg
		锌	94.21	96.25	101.21	97.22		mg/kg
		锰	467.54	476.09	499.89	481.17		mg/kg
		铜	41.36	42.28	44.45	42.70		mg/kg
		铁	12.9	13.1	13.5	13.2		g/kg
化学 18	重金属	铬	37.88	38.54	40.53	38.98	ICP-MS 法	mg/kg
		铅	17.26	17.86	18.61	17.91	ICP-MS 法	mg/kg
		镍	21.52	22.10	23.24	22.29	ICP-MS 法	mg/kg
		镉	0.130	0.110	0.102	0.114	ICP-MS 法	mg/kg
		硒	0.61	0.59	0.56	0.59	原子荧光法	mg/kg
		砷	13.71	13.74	14.16	13.87	ICP-MS 法	mg/kg
		汞	0.11	0.12	0.15	0.13	ICP-MS 法	mg/kg
化学 19	土壤矿质全量	磷	602.44	618.15	629.85	616.81	ICP 法	mg/kg
		钙	30.7	31.2	31.7	31.2	ICP 法	g/kg
		镁	10.1	10.3	10.6	10.3	ICP 法	g/kg
		钾	11.9	12.3	12.4	12.2	ICP 法	g/kg
		钠	12.9	13.3	13.4	13.2	ICP 法	g/kg
		铁	12.9	13.1	13.5	13.2	ICP 法	g/kg
		铝	43.1	43.5	45.3	44.0	ICP 法	g/kg
		硅	259.3	246	256	253.8	X-荧光光谱法	g/kg
		锰	3.67	3.55	3.46	3.56	ICP-MS 法	mg/kg
		钛	0.26	0.26	0.27	0.26	ICP 法	mg/kg
		硫	0.35	0.33	0.32	0.33	X-荧光光谱法	g/kg

注：以上数据由北京林业大学水土保持学院毕华兴提供

5.1.3　吉县东城观测点

5.1.3.1　2006年吉县不同果农复合系统土壤理化性质调查

2006年在吉县东城对不同果农复合系统的土壤养分进行了调查。在黄土坡面以幼年期（4年生）与成年期（9年生）2个不同林龄和缓坡（10°）与陡坡（20°）2个不同坡度选设4块隔坡水平沟果粮复合系统标准地，苹果为红富士苹果，农作物为小麦，各样地作物品种相同，经营水平一致。在每块样地选两棵条件相当的标准木作为研究对象。在标准木所在的水平沟坎下距林带0.5倍平均树高处即坎下0.5H（坎下农田边），坎上距林带0.5倍平均树高处即坎上0.5H（坎上农田边）、坎上距林带1倍平均树高处即坎上1H处及隔坡水平沟内株间分别挖1m×1m×1m的调查样方，每个样方分5层，即0～20cm、20～40cm、40～60cm、60～80cm和80～100cm五层，每层分径级测根系参数。对每个调查样方每层的上、中、下部分别取土样带回实验室进行土壤理化性质的分析检验，确定不同土层土壤养分含量（表5-39～表5-41，李洁）。

表5-39　果农复合各标准地基本情况

标准地		田面宽度（m）	田面坡度（°）	林带走向	平均树高（m）	平均胸径（m）	平均枝下高（m）	平均冠幅（m）	
								南北方向	东西方向
幼龄苹果（4年生）与小麦复合	缓坡	8.5	13	东西	2.49	7.45	0.35	1.09	1.28
	陡坡	8	21	东西	2.70	7.7	0.44	1.25	1.15
成龄苹果（9年生）与小麦复合	缓坡	7.2	12	东西	2.78	7.36	0.42	2.93	2.79
	陡坡	5.2	20	东西	3.29	9.74	0.47	3.45	3.03

表5-40　幼龄苹果土壤养分分布特征

距林带不同距离处	土层（cm）	pH	速效钾（mg/kg）	速效磷（mg/kg）	有机质（g/kg）	全氮（g/kg）	总根重（g）	根长密度（cm/m³）
坎上0.5H	0～20	8.74	70.38	9.96	8.942	0.514	0.00	0.0
	20～60	8.76	72.26	8.84	7.188	0.436	0.00	0.0
	60～100	8.78	68.49	7.46	5.557	0.380	0.00	0.0
	均值	8.76	70.38	8.75	7.229	0.443	0.00	0.0
坎下0.5H	0～20	8.90	83.59	10.87	8.579	0.491	2.04	322.5
	20～60	8.91	70.38	7.91	8.241	0.337	10.60	531.3
	60～100	8.24	59.06	8.47	10.260	0.555	7.21	120.0
	均值	8.68	71.01	9.08	9.027	0.461	6.60	324.6
株间	0～20	8.59	123.21	11.44	11.243	0.673	0.00	0.0
	20～60	8.68	74.15	8.84	8.406	0.429	0.00	0.0
	60～100	8.73	72.26	8.84	7.551	0.450	0.00	0.0
	均值	8.67	89.87	9.71	9.067	0.517	0.00	0.0

表5-41　成龄苹果土壤养分分布特征

距林带不同距离处	土层（cm）	pH	速效钾（mg/kg）	速效磷（mg/kg）	有机质（g/kg）	全氮（g/kg）	总根重（g）	根长密度（cm/m³）
坎上0.5H	0～20	8.45	143.96	9.03	8.551	0.695	5.26	1 137.5
	20～60	8.50	60.94	8.84	11.678	0.534	5.57	525.0
	60～100	8.54	68.49	6.54	12.502	0.485	0.63	115.0
	均值	8.50	91.13	8.14	10.910	0.571	3.82	592.5
坎下0.5H	0～20	8.55	76.04	7.54	12.894	0.433	19.84	2 507.5
	20～60	8.58	79.81	8.10	13.342	0.487	66.70	915.0
	60～100	8.65	72.26	14.23	7.953	0.267	34.80	332.5
	均值	8.59	76.04	9.96	11.396	0.396	40.41	1 251.7

（续）

距林带不同距离处	土层（cm）	pH	速效钾（mg/kg）	速效磷（mg/kg）	有机质（g/kg）	全氮（g/kg）	总根重（g）	根长密度（cm/m³）
坎上1H	0～20	8.63	66.60	13.67	10.134	0.417	0.00	0.0
	20～60	8.65	70.38	9.40	9.370	0.399	3.10	686.3
	60～100	8.65	77.93	9.59	6.738	0.219	0.00	0.0
	均值	8.64	71.64	10.89	8.747	0.345	1.05	228.8
株间	0～20	8.34	115.66	11.81	10.819	0.681	89.02	5 145.0
	20～60	8.37	72.26	10.14	11.937	0.713	104.14	890.0
	60～100	8.42	72.26	6.49	7.674	0.455	161.09	235.0
	均值	8.38	86.73	9.48	10.143	0.616	118.09	2 090.0

注：以上数据来自于北京林业大学水土保持学院李洁博士论文。

5.2 土壤入渗

5.2.1 吉县红旗林场观测点

5.2.1.1 1987年不同地类土壤入渗调查

1987年4月至10月，在山西吉县红旗林场进行了土壤入渗调查。选择了包括林地、农地和荒草地的具有一定代表性的19块标准地，其中林地13块，农地4块，荒草地2块。试验对北京林业大学水保系设计的针头式人工模拟降雨器进行了改进，测定多次不同雨强条件下的土壤入渗与土壤流失，共在19块标准地上做了61次人工降雨实验，据实验结果选择有代表性的实验绘出了土壤入渗曲线（图5-21～图5-27，各标准地基本情况见表5-4，王庆国）。

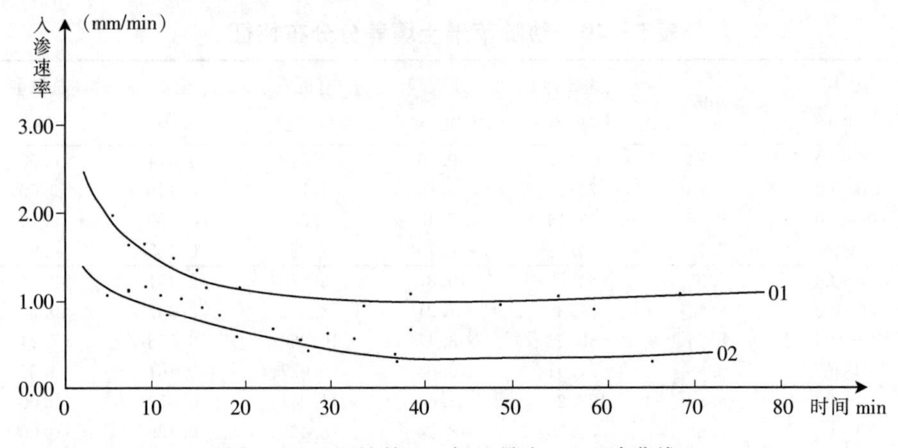

图5-21 阳坡林地（标地号为5）入渗曲线

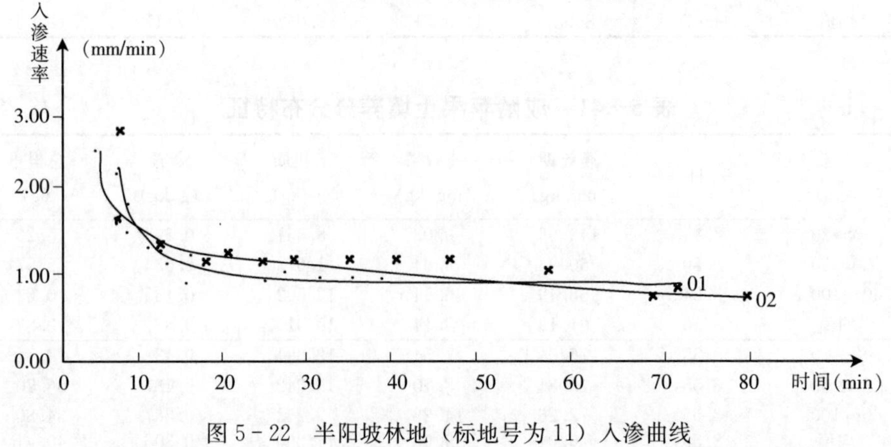

图5-22 半阳坡林地（标地号为11）入渗曲线

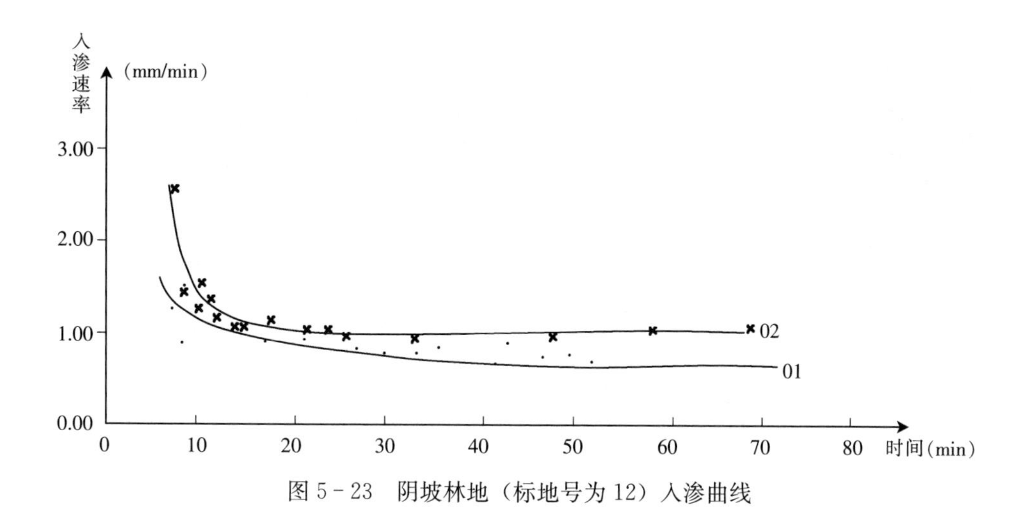

图 5－23　阴坡林地（标地号为 12）入渗曲线

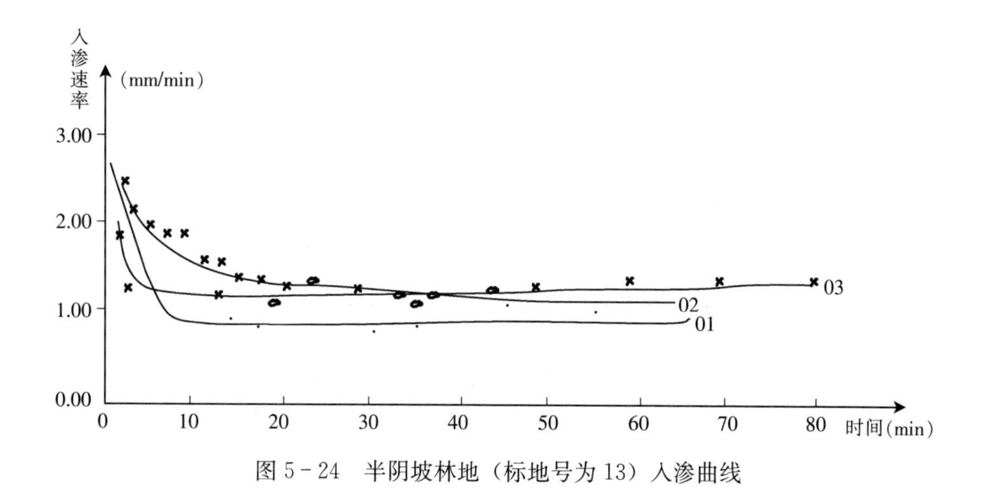

图 5－24　半阴坡林地（标地号为 13）入渗曲线

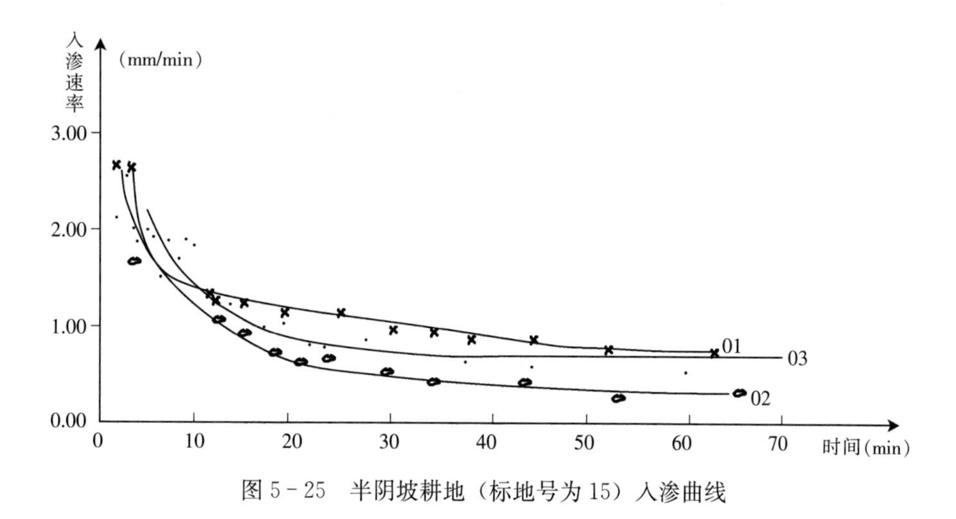

图 5－25　半阴坡耕地（标地号为 15）入渗曲线

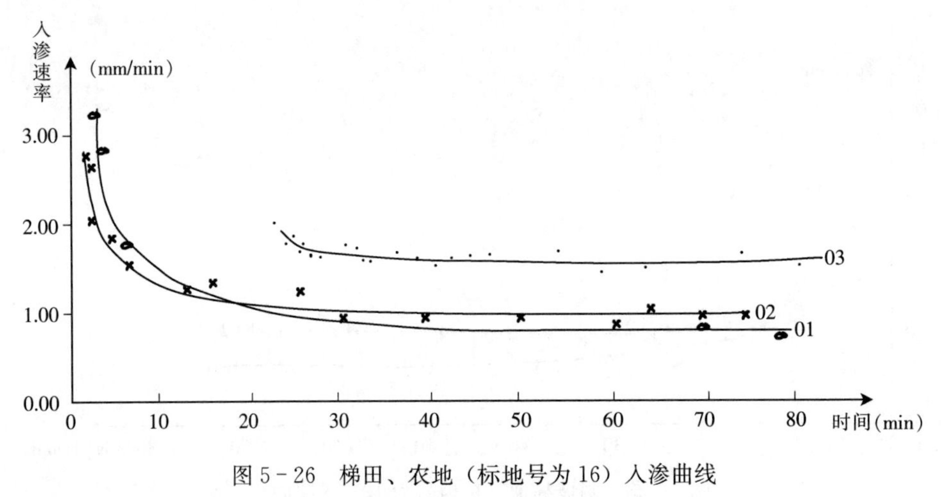

图5-26　梯田、农地（标地号为16）入渗曲线

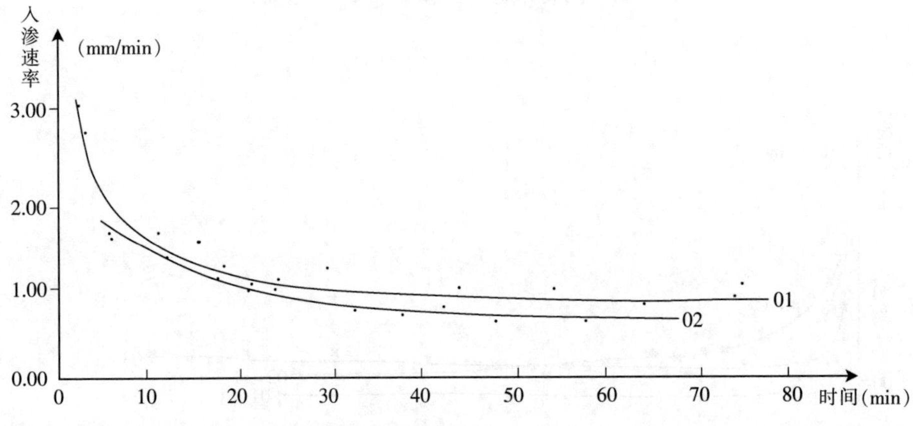

图5-27　半阴坡荒草地（标地号为18）入渗曲线

注：以上数据来自北京林业大学水土保持学院王庆国硕士毕业论文。

5.2.1.2　1989—1990年不同整地工程土壤入渗调查

1989—1990年在吉县红旗林场所辖的岳家湾小流域对不同整地工程进行了土壤入渗试验，试验采用双环入渗仪器。试验区整地工程的种类有水平梯田、水平阶、隔坡反坡梯田、鱼鳞坑和穴坑几种局部整地方法（表5-42，各标准地基本情况见表5-12，张志强）。

表5-42　不同整地工程土壤入渗

整地方法	整地宽度（m）	标准地号入渗试验部位	吸渗率 S（$mm/min^{1/2}$）	稳渗率 A（mm/min）
水平梯田	2.0	No.22上	5.398	0.793
		No. 22中	4.602	1.042
		No. 22下	4.119	0.953
		No. 12上	2.764	0.297
		No.12中	5.322	0.880
		No. 12下	4.930	0.740
		No. 19上	5.760	0.939
		No.19中	4.200	1.000
		No.19下	5.385	0.646
隔坡反坡梯田	1.2	No. 8上	10.271	0.212
		No. 8中	4.027	0.983
		No.8下	5.767	0.745
		No.13上	0.974	1.380
		No.13中	3.542	0.639
		No.13下	3.472	0.194
		No.24上	2.738	1.002
		No.24中	1.654	0.641
		No.24下	1.256	0.554

（续）

整地方法	整地宽度（m）	标准地号入渗试验部位	吸渗率 S（$mm/min^{1/2}$）	稳渗率 A（mm/min）
水平阶	0.8	No. 2 上	4.872	0.310
		No. 2 中	3.782	0.580
		No. 2 下	4.944	0.611
		No. 5 上	2.004	0.500
		No. 5 中	2.447	0.427
		No. 5 下	2.590	0.621
		No. 7 上	1.472	0.489
		No. 7 中	2.738	0.693
		No. 7 下	3.951	0.638
鱼鳞坑	0.6	No. 11 上	3.492	0.157
		No. 11 中	2.270	0.596
		No. 11 下	3.144	0.585
		No. 26 上	3.500	0.297
		No. 26 中	1.033	0.738
		No. 26 下	1.531	0.369
穴状	0.4	No. 27 上	2.930	0.093
		No. 27 中	0.147	0.704
		No. 27 下	0.822	0.613
		No. 10 上	3.960	0.382
		No. 10 中	3.970	0.196
		No. 10 下	0.153	0.412
荒坡	未整地	No. 28 上	6.372	0.029
		No. 28 中	0.145	0.477
		No. 28 下	0.221	0.693
		No. 29 上	1.473	0.288
		No. 29 中	1.229	0.389
		No. 29 下	0.627	0.472
		No. 30 上	3.966	0.197
		No. 30 中	3.041	0.231
		No. 30 下	1.220	0.449
		No. 31 上	1.037	0.521
		No. 31 中	3.994	0.458
		No. 31 下	1.515	0.200

注：以上数据来自北京林业大学水土保持学院张志强毕业论文。

5.2.2　吉县蔡家川流域观测点

5.2.2.1　2004 年在吉县蔡家川流域采用人工降雨机对土壤入渗进行测定的结果见表 5－43～5－52。

表 5－43　不同立地条件土壤入渗

地类	坡度（°）	不同时间入渗速率（mm/min）						稳渗率
		0	2	5	10	40	80	
草地	10	0.87	0.73	0.58	0.51	0.42	0.44	0.44
草地	15	0.77	0.50	0.41	0.37	0.22	0.22	0.24
灌木林地	40	3.12	0.80	0.45	0.36	0.28	0.16	0.19
灌木林地	10	3.93	1.18	0.69	0.60	0.58	0.58	0.54
灌木林地	12	4.46	1.60	0.80	0.54	0.38	0.30	0.24
灌木林地	10	5.51	3.73	2.76	2.31	1.64	1.64	1.68
乔木林地	35	1.90	0.68	0.89	0.68	0.64	0.64	0.72
乔木林地	30	6.54	4.88	3.76	3.54	2.60	2.80	2.86
乔木林地	35	2.71	1.40	1.15	1.20	1.32	1.20	1.07
沟坡	40	2.10	1.18	0.48	0.41	0.23	0.29	0.27
沟坡	35	1.92	0.65	0.27	0.14	0.35	0.29	0.30

（续）

地类	坡度（°）	不同时间入渗速率（mm/min）						稳渗率
		0	2	5	10	40	80	
沟坡	38	2.83	1.77	0.52	0.27	0.14	0.14	0.16
坡耕地	9	1.14	1.00	1.08	1.08	1.05	0.97	0.97
坡耕地	10	0.90	0.81	0.80	0.80	0.73	0.63	0.56
道路1		5.60	1.31	0.10	0.24	0.10	0.15	0.20
道路2		5.05	0.57	0.10	0.09	0.05	0.05	0.05

注：采用自动降雨机，采用的雨强为0.9～2.83mm/min。

表5-44　土壤机械组成对稳定入渗速率的影响

坡度（°）	地类	容重（g/cm³）	含水量（%）	沙粒含量（%）	稳渗率（mm/min）	开始产流时间（min）
9	草地	1.233	18.91	21.23	0.25	5
13	草地	1.244	17.59	27.40	0.31	7
11	草地	1.179	17.08	26.86	0.34	8
10	草地	1.256	16.44	32.74	0.48	10
12	草地	1.183	16.83	33.64	0.51	12
10	草地	1.258	16.57	39.85	0.62	14

表5-45　土壤容重对土壤入渗的影响

坡度（°）	地类	深度（cm）	容重（g/cm³）	开始产流时间（min）	土壤稳渗率（mm/min）
9	林地	0～20	1.119	11	0.46
11	草地	0～20	1.229	9	0.41
12	沟坡	0～20	1.423	8	0.34
9	沟坡	0～20	1.454	7	0.31
10	道路	0～20	1.533	4	0.29
10	道路	0～20	1.584	3	0.26

表5-46　土壤水稳性团粒对土壤入渗的影响

坡度（°）	地类	深度（cm）	>0.25mm水稳定性团粒含量（%）	开始产流时间（min）	土壤稳渗率（mm/min）
9	林地	0～20	5.87	3	0.26
11	草地	0～20	11.25	5	0.32
12	沟坡	0～20	21.38	8	0.38
9	沟坡	0～20	23.44	11	0.43
10	道路	0～20	27.38	14	0.47
10	道路	0～20	29.38	18	0.54

表5-47　土壤初始含水量对产流时间、稳定入渗速率及平均入渗速率的影响

坡度（°）	地类	初始含水量（%）	开始产流时间（min）	稳定入渗速率（mm/min）	平均入渗速率（mm/min）
9	林地	9.98	14	0.31	1.24
11	草地	12.57	11	0.27	0.83
12	沟坡	16.47	10	0.21	0.74
9	沟坡	18.96	9	0.24	0.69
10	道路	20.19	7	0.18	0.59

表 5-48 土壤初始含水量对水分入渗深度的影响

坡度（°）	地类	初始含水量（%）	降雨强度（mm/min）	湿润锋面深度（cm）							
				0min	5min	10min	15min	20min	30min	50min	80min
9	林地	9.98	1.547	0	16.65	22.74	26.31	28.83	32.4	36.89	41.02
11	草地	12.57	1.477	0	14.88	20.36	23.57	25.84	29.05	33.09	36.8
12	沟坡	16.47	1.504	0	13.82	18.89	21.85	23.96	26.92	30.66	34.09
9	沟坡	18.96	1.524	0	11.08	15.18	17.57	19.27	21.66	24.68	27.46
10	道路	20.19	1.498	0	9.38	12.86	14.89	16.33	18.36	20.93	23.28

表 5-49 坡度对土壤入渗的影响

坡度（°）	地类	土壤前期含水量（%）	降雨强度（mm/min）	不同时间土壤水分入渗深度（cm）						
				0min	20min	40min	60min	80min	100min	150min
5	草地	13.12	1.547	0	9.5	24.8	29.96	33.7	36	39
10	草地	12.57	1.477	0	5.67	9.33	16.92	18.14	21.07	22.15
15	草地	12.64	1.504	0	4.93	8.85	12.31	13.66	18.49	19.43
20	草地	13.21	1.524	0	2.66	7.02	9.97	12.22	16.67	17.32
25	草地	11.98	1.498	0	2.43	6.54	9.03	10.02	11.02	13.07
30	草地	12.46	1.512	0	2.2	6.05	8.84	9.17	10.01	11.43
40	草地	12.14	1.507	0	1.96	5.71	8.25	8.46	9.11	10.27

表 5-50 坡位对土壤入渗的影响

坡位	地类	0～20cm 土层容重（g/cm³）	不同深度的土壤含水量（%）					开始产流时间（min）	稳渗率（mm/min）
			表层	20cm	40cm	60cm	80cm		
坡下部	草地	1.245	1.715	11.66	13.19	14.29	16.87	6.8	0.41
坡上部	草地	1.167	2.015	13.16	14.67	15.29	15.56	7.2	0.42
沟坡	草地	1.202	1.617	10.98	13.1	14.47	14.16	6.4	0.38

表 5-51 坡向对土壤入渗的影响

坡向	地类	0～20cm 土层容重（g/cm³）	不同深度的土壤含水量（%）					开始产流时间（min）	稳渗率（mm/min）
			表层	20cm	40cm	60cm	80cm		
阳坡	草地	1.246	2.69	12.72	13.73	15.43	20.17	6	0.27
阴坡	草地	1.284	5.25	15.74	15.12	18.41	19.11	6.9	0.38

表 5-52 不同地类的土壤入渗

坡度（°）	地类	降雨强度（mm/min）	土壤前期含水量（%）	产流时间（min）	稳定入渗速率（mm/min）
9	灌木林地	1.547	18.91	7.8	2.04
11	乔木林地	1.477	17.59	6.4	0.68
12	荒草地	1.504	17.08	4.7	0.27
9	耕地	1.524	16.44	4	0.18
10	路面	1.498	16.83	3.1	0.05

注：以上数据来自北京林业大学水土保持学院孙中锋博士毕业论文。

5.3 土壤水分

5.3.1 吉县红旗林场观测点

5.3.1.1 1982年不同造林立地条件下的土壤水分观测

1982年，在吉县红旗林场对不同造林立地条件的土壤水分进行了观测。在各个初划立地类型上用人为选样的方法布置样地，选择有代表性的地段，每一类型布设2～3个样地，坡面上按上、中、下顺坡布置，梁顶、残塬及沟底在中间及两边横山脊线或合水线方向布设。样地要求土壤植被、土地利用状况均匀一致，基本无小地形变化，样地大小为5m×10m。

试验用烘干法测定土壤水分，春旱期间（4～6月）一般每隔10天测定一次，其余季节一般每隔1个月测定1次。每次测定重复两次，用土钻取土深度为1米，分别在距地表20cm、40cm、60cm、80cm、100cm处取土，钻孔水平间距要求大于50cm。盛土铝盒用1/100拉链天秤称重，烘干箱温度控制在105℃，烘至恒重（表5-53～表5-54，朱金兆）。

表5-53 样地基本情况调查

样地号	初划立地条件类型	坡向	坡度(°)	位置	地形部位	海拔	土地利用状况	植被及盖度	母质
1	阳沟坡草坡	正南	40	上	沟坡	1 180	草坡	白草 0.4	黄土
2	阳沟坡草坡	正南	40	中	沟坡	1 150	草坡	白草 0.4	黄土
3	阳沟坡草坡	正南	40	下	沟坡	1 130	草坡	白草 0.4	黄土
4	阳坡草坡	正南	30	上	斜坡	1 230	草坡	白草、铁杆蒿 0.5	黄土
5	阳坡草坡	正南	30	中	斜坡	1 200	草坡	白草、铁杆蒿 0.6	黄土
6	阳坡草坡	正南	30	下	斜坡	1 180	草坡	白草、铁杆蒿 0.7	黄土
7	阳坡林地	正南	15	上	斜坡	1 200	林地	刺槐 0.7	黄土
8	阳坡林地	正南	15	中	斜坡	1 180	林地	刺槐 0.7	黄土
9	阳坡林地	正南	20	下	斜坡	1 160	林地	刺槐 0.7	黄土
10	阳坡耕地	正南	23	上	斜坡	1 230	耕地	小麦	黄土
11	阳坡耕地	正南	23	中	斜坡	1 200	耕地	小麦	黄土
12	阳坡耕地	正南	23	下	斜坡	1 180	耕地	小麦	黄土
13	梁顶草坡	正南	<5	顶中	梁顶	1 280	草坡	白草 0.5	黄土
14	梁顶草坡	正南	<5	顶边	梁顶	1 280	草坡	白草 0.6	黄土
15	梁顶林地	正南	<5	顶中	梁顶	1 280	林地	刺槐 0.6	黄土
16	梁顶林地	正南	<5	顶中	梁顶	1 280	林地	刺槐 0.6	黄土
17	塬面耕地	正南	<3	塬中	残塬	1 250	耕地	小麦	黄土
18	塬面耕地	正南	<3	塬边	残塬	1 250	耕地	小麦	黄土
19	塬面耕地	正南	<3	塬边	残塬	1 250	耕地	小麦	黄土
20	阴沟坡草灌	北偏东40°	45	上	沟坡	1 150	灌木坡	山刺枚、胡枝子 0.9	黄土
21	阴沟坡草灌	北偏东40°	45	中	沟坡	1 130	灌木坡	沙棘、山刺枚、胡枝子 0.9	黄土
22	阴沟坡草灌	北偏东40°	45	下	沟坡	1 110	灌木坡	山刺枚、胡枝子 0.9	黄土
23	阴坡草灌地	北偏东40°	23	上	斜坡	1 200	灌木坡	沙棘、羊胡草 0.8	黄土
24	阴坡草灌地	北偏东40°	28	中	斜坡	1 180	灌木坡	沙棘、羊胡草 0.8	黄土
25	阴坡草灌地	北偏东40°	33	下	斜坡	1 170	灌木坡	沙棘、羊胡草 0.8	黄土
26	阴坡林地	北偏东40°	28	上	斜坡	1 200	林地	刺槐、油松 0.8	黄土
27	阴坡林地	北偏东40°	28	中	斜坡	1 180	林地	刺槐、油松 0.8	黄土
28	阴坡林地	北偏东40°	28	下	斜坡	1 160	林地	刺槐、油松 0.8	黄土
29	阴坡耕地	北偏东40°	28	上	斜坡	1 200	耕地	马铃薯	黄土
30	阴坡耕地	北偏东40°	15	中	斜坡	1 180	耕地	马铃薯	黄土
31	阴坡耕地	北偏东40°	15	下	斜坡	1 160	耕地	马铃薯	黄土
32	半阳坡草坡	正西	30	上	斜坡	1 230	草坡	白草、铁杆蒿 0.5	黄土
33	半阳坡草坡	正西	30	中	斜坡	1 200	草坡	白草、铁杆蒿 0.5	黄土
34	半阳坡草坡	正西	30	下	斜坡	1 180	草坡	白草、铁杆蒿 0.5	黄土
35	半阴坡草坡	正东	25	上	斜坡	1 230	草坡	白草 0.3	黄土

（续）

样地号	初划立地条件类型	坡向	坡度（°）	位置	地形部位	海拔	土地利用状况	植被及盖度	母质
36	半阴坡草坡	正东	25	中	斜坡	1 200	草坡	白草 0.4	黄土
37	半阴坡草坡	正东	25	下	斜坡	1 180	草坡	白草 0.4	黄土
38	阴向沟坡坡脚	北偏东 40°	20	中	沟坡坡脚	1 100	草坡	蒿类 0.5	塌积
39	阴向沟坡坡脚	北偏东 40°	20	中	沟坡坡脚	1 100	草坡	蒿类 0.5	塌积
40	阳向沟坡坡脚	南偏西 20°	25	中	沟坡坡脚	1 100	草灌坡	刺玫、羊胡草 0.6	塌积
41	阳向沟坡坡脚	南偏西 21°	25	中	沟坡坡脚	1 100	草灌坡	刺玫、羊胡草 0.6	塌积
42	半阴沟坡坡脚	正东	28	中	沟坡坡脚	1 100	草灌坡	刺玫、羊胡草 0.8	塌积
43	半阴沟坡坡脚	正东	28	中	沟坡坡脚	1 100	草灌坡	刺玫、羊胡草 0.8	塌积
44	沟底	—	0	边	沟底	1 090	新淤地	苍耳 0.3	淤积
45	沟底	—	0	中	沟底	1 090	新淤地	苍耳 0.3	淤积
46	沟底	—	0	边	沟底	1 090	新淤地	苍耳 0.3	淤积
47	阳向红胶土	正南	33	上	斜坡	1 200	荒山	白草<0.1	红胶土
48	阳向红胶土	正南	33	中	斜坡	1 180	荒山	白草<0.1	红胶土
49	阳向红胶土	正南	33	下	斜坡	1 160	荒山	白草<0.1	红胶土

表 5－54　不同地类土壤水分（1982－04～1982－06）

单位：mm

样地号	日期（月-日）							平均值（mm）
	04－10	04－20	04－30	05－10	05－30	06－10	06－30	
1	138.00	116.15	129.95	117.30	86.25	73.60	59.80	103.55
2	152.95	109.25	124.20	129.95	93.55	86.25	51.75	106.40
3	148.35	120.75	140.30	102.35	86.25	80.50	62.10	105.25
4	141.45	147.20	133.40	104.65	89.70	87.40	77.05	111.55
5	158.70	172.50	165.60	135.00	132.25	109.20	105.00	139.75
6	140.30	129.95	124.20	120.75	79.35	88.55	89.70	110.40
7	159.82	135.42	147.62	143.96	108.58	108.58	101.26	129.32
8	141.52	128.10	131.76	132.98	75.64	86.62	89.06	112.20
9	150.06	131.76	136.64	126.48	96.38	100.04	71.98	116.50
10	145.20	159.60	158.40	138.00	111.60	118.80	109.20	133.80
11	181.20	152.40	162.00	124.80	102.00	102.00	91.20	130.20
12	159.60	128.40	166.80	121.20	110.40	111.60	75.60	124.20
13	184.54	179.36	147.50	143.96	114.46	112.38	88.50	138.10
14	181.72	175.82	145.14	143.96	109.74	110.92	90.86	136.88
15	197.80	172.50	200.10	166.75	123.05	125.35	101.20	155.30
16	197.80	167.90	207.00	170.20	125.35	125.35	101.20	156.40
17	211.20	216.00	195.60	188.40	158.40	180.00	168.00	188.40
18	180.00	156.00	184.80	154.80	135.60	129.60	126.00	152.40
19	181.20	181.20	186.00	165.60	136.80	140.40	124.20	157.80
20	197.58	155.40	184.26	139.86	87.69	98.79	72.67	133.75
21	238.65	189.81	189.81	162.06	113.22	91.40	83.25	152.60
22	230.88	190.92	190.92	159.84	99.90	101.01	76.53	150.00
23	256.36	223.88	212.28	185.60	155.44	151.96	115.78	185.90
24	226.20	204.16	214.60	165.88	133.40	114.84	93.96	164.70
25	230.84	204.16	199.52	145.00	125.28	112.52	103.03	160.05
26	208.44	187.92	182.52	151.20	104.76	122.04	93.96	150.10
27	217.08	209.52	208.44	190.08	149.04	122.04	98.28	170.60
28	218.16	198.72	199.80	172.80	124.20	126.36	93.96	162.00
29	215.04	188.16	215.04	200.48	200.48	197.12	136.08	193.20
30	206.08	161.28	198.24	180.32	189.84	153.44	145.60	176.40
31	207.20	178.08	220.64	194.88	176.96	190.40	180.32	192.60
32	174.24	160.93	165.77	154.88	118.58	117.37	95.23	141.00

（续）

样地号	日　期（月-日）							平均值 (mm)
	04 - 10	04 - 20	04 - 30	05 - 10	05 - 30	06 - 10	06 - 30	
33	191.18	202.07	177.87	171.82	113.74	118.58	108.90	154.90
34	174.24	168.19	160.93	133.10	106.48	116.16	85.20	134.90
35	196.42	172.02	183.00	172.02	159.82	152.50	121.32	165.30
36	191.54	165.92	172.02	167.14	158.60	168.36	137.86	165.90
37	201.30	174.46	187.88	163.48	164.70	128.10	141.52	165.90
38	229.25	193.88	192.57	195.19	175.54	174.23	150.65	187.33
39	253.11	210.21	244.53	208.78	125.84	154.44	105.82	192.57
40	254.54	207.35	245.96	208.78	121.55	155.87	107.25	185.90
41	226.63	220.08	201.74	203.05	176.85	172.92	146.72	185.90
42	282.1	261.30	280.80	230.10	176.80	171.60	135.20	219.70
43	282.10	260.00	270.40	237.90	171.60	169.00	136.50	218.40
44	294.36	275.88	286.44	258.72	241.56	258.72	250.80	266.64
45	312.84	287.76	304.92	261.36	271.92	258.72	229.23	275.25
46	290.40	281.16	285.85	281.16	274.56	248.16	228.36	269.95
47	211.40	197.40	177.80	235.20	186.20	183.40	183.40	196.40
48	212.80	201.60	232.40	215.60	177.80	207.20	162.40	201.40
49	219.80	210.00	233.80	197.40	166.60	194.60	196.00	202.60

注：以上数据来自于朱金兆毕业论文。

5.3.1.2　1987年不同地类土壤水分观测

1987年4月至10月，在吉县红旗林场进行了土壤水分观测。每周测定一次土壤水分含量，用烘干法测定，取土分0～10cm，10～20cm，20～40cm三层。试验选择了包括林地、农地和荒草地的具有一定代表性的19块标准地，其中林地13块，农地4块，荒草地2块（表5-55～表5-56，各标准地基本情况见表5-4，王庆国）。

表 5-55　各标准地土壤水分（1987-04～1987-10）

单位：%

标地号	土层(cm)	日期																						
		04-01	04-16	04-25	05-02	05-09	05-15	06-13	06-20	07-06	07-14	07-20	07-27	08-03	08-10	08-17	09-23	09-24	09-26	10-04	10-05	10-15	10-21	10-28
1	0～10	7.0	6.9	8.4	9.7	4.6	16.4	7.6	10.3	5.4	13.3	8.9	5.6	4.4	4.3	14.0			4.5	6.4		10.4	14.4	10.8
	10～20	9.0	7.7	7.4	11.0	4.0	13.5	7.0	9.6	7.6	9.5	5.5	6.6	5.2	4.5	13.5			4.6	6.1		4.0	9.5	10.0
	20～40	6.4	7.1	7.3	11.0	3.1	10.4	6.6		7.2	6.5	5.7	7.3	4.9	4.9	14.6			4.0	6.2		3.5	6.6	5.7
2	0～10	10.7	17.6	9.6	14.0	6.9	18.5	10.5	10.6	12.5	12.1	8.6	8.9	5.9	6.7	15.6			6.9	8.2		10.0	17.5	14.4
	10～20	14.6	15.9	12.0	17.3	8.2	17.9	12.5	13.2	12.4	11.5	9.0	10.7	8.2	4.0	15.7			7.5	9.6		7.8	12.5	11.4
	20～40	13.7	13.6	9.5	15.3	9.4	12.9	11.3		11.3	10.2	8.7	10.0	8.7	6.8	14.4			8.0	9.4		7.3	8.9	9.5
3	0～10	16.4	15.8	14.9	14.8	8.6	19.6	8.6	10.6	10.6	10.8	10.6	9.6	6.9	8.3	16.3		9.2		4.4		10.7	16.8	13.2
	10～20	17.3	16.4	11.7	15.4	10.7	14.5	10.9	11.2	10.0	11.0	13.3	11.0	7.8	7.5	17.2		10.6		5.0		6.4	13.3	12.4
	20～40	15.3	16.6	14.6	15.6	12.8	11.1	10.0	11.0	10.9	10.7	5.6	11.1	9.0	9.6	15.9		10.7		6.4		5.1	9.3	9.0
4	0～10	18.1	14.5		6.7	10.6	20.9	13.1	10.6	12.5	14.8	10.4	8.3	6.4	6.9	17.7			5.5	7.0			13.4	14.5
	10～20	16.9	16.3		11.6	10.6	19.1	12.6	13.7	9.8	13.1	9.7	12.9	7.5	8.4	19.7			7.7	8.2			7.7	11.3
	20～40	15.9	16.5		11.3	13.5	14.9	12.7	13.3	10.8	10.6	11.8	14.1	7.9	8.7	18.3			8.0	8.2			4.7	8.5
5	0～10	15.3	14.3	16.6	11.9	7.9	17.9	10.6	10.3	15.0	9.2	10.8	8.3	6.2	7.6	19.9		8.9			9.1		16.7	9.4
	10～20	15.9	14.2		14.1	8.2	14.4	11.4	11.5	9.5	10.8	11.2	9.9	7.4	7.8	16.3		9.7			10.6		10.4	8.8
	20～40	12.9	11.2	11.2	12.4	9.8	14.4	10.7	11.2	9.0	9.0	10.7	10.1	7.8	8.3	13.1		9.9			10.3		9.1	6.5
6	0～10	16.4	15.6		9.6	9.9	20.2	8.5	9.8	8.9	12.0	6.8	8.0	5.3	7.5	17.6		8.8			7.5		15.4	11.7
	10～20	17.3	16.6	9.0	14.1	11.9	13.8	8.9	9.0	7.7	8.0	6.7	9.5	7.5	7.6	16.6		8.6			8.9		11.5	10.5
	20～40	15.0	15.7	13.6	12.5	12.2	8.2	7.8	8.6	8.1	9.2	7.1	10.6	7.8	7.9	15.8		8.3			10.8		7.4	8.5
7	0～10	14.6	14.8	15.5	12.3	10.3	19.7	11.2	9.2	10.0	8.4	5.7	8.3	5.3	6.1	15.4		8.7			8.9		15.7	11.5
	10～20	14.0	14.0	11.3	12.2	10.7	17.1	11.6	9.8	9.4	12.5	6.4	9.2	7.4	6.2	15.5		9.4			10.3		8.6	10.6
	20～40	12.6	13.0	9.7	11.3	10.4	9.0	9.6	10.7	10.6	13.8	7.7	11.0	8.3	7.4	14.7		9.5			10.5		7.4	7.7
8	0～10	16.5	13.8	7.5	11.0	10.6	19.2	9.2	9.8	10.6	16.5	5.7	7.4	5.1	6.5	15.2		6.1			7.4		15.2	13.5
	10～20	13.8	13.7	11.0	9.3	10.6	16.0	10.9	9.3	7.8	9.1	5.8	8.6	5.6	5.5	15.0		8.0			8.0		8.9	12.7
	20～40	14.1	13.4	11.1	9.5	9.7	10.6	9.0	10.1	9.5	8.2	5.8	9.5	6.3	5.3	13.4		7.0			8.5		5.6	7.0
9	0～10	14.5	14.5		13.3	9.7	19.0	8.4	9.9	10.8	17.7	6.8	8.5	6.1	7.2	14.6		9.1			8.1		15.7	11.4
	10～20	19.0	14.8		12.4	12.3	14.4	10.2	9.2	8.9	8.8	7.7	10.5	7.9	7.8	18.2		9.9			10.3		9.3	8.5
	20～40	14.0	14.7		12.8	11.3	10.2	9.5	8.6	8.5	8.4	7.8	11.3	8.9	8.1	14.6		10.0			10.6		8.5	8.3
10	0～10	19.2	16.9	15.3	15.5	11.4	22.0	10.4	10.9	12.8	12.2	7.1	11.4	6.1	7.9	19.5	8.4			3.7			15.5	18.3
	10～20	18.9	16.9	14.0	16.6	11.3	18.3	10.6	10.5	10.0	9.7	8.6	12.5	7.2	7.8	18.6	8.4			3.9			12.8	13.7
	20～40	17.7	16.4	11.5	15.8	11.3	12.3	10.6		9.5	9.9	8.1	13.4	3.0	7.9	18.1	8.6			5.4			7.2	8.9
11	0～10	17.5	14.4		11.6	10.0	18.9	9.4	9.6	12.1	12.3	6.4	8.7	6.3	6.6	16.2		8.2			9.0		14.9	12.6
	10～20	17.3	15.5		12.4	10.8	16.2	10.5	10.3	9.7	11.3	6.9	11.1	8.5	8.2	16.3		10.3			9.2		10.4	10.0
	20～40	17.0	14.4		10.9	11.4	12.8	10.6	10.4	9.8	10.3	8.4	12.4	8.9	8.4	14.1		11.0			11.3		8.7	8.9

（续）

标地号	土层（cm）	日期																						
		04-01	04-16	04-25	05-02	05-09	05-15	06-13	06-20	07-06	07-14	07-20	07-27	08-03	08-10	08-17	09-23	09-24	09-26	10-04	10-05	10-15	10-21	10-28
12	0~10	21.6	19.3		18.9	14.7	22.9	13.6	13.5	16.6	18.5	18.4	8.3	8.3	7.8	21.8	10.1			4.5			16.0	15.8
	10~20	20.6	18.5		17.7	15.6	18.9	12.9	12.7	11.5	13.0	14.6	13.8	8.4	8.1	20.6	9.3			5.5			13.1	12.0
	20~40	17.5	18.2		17.8	16.8	13.5	12.4		10.4	11.8	14.4	14.0	8.2	8.3	21.0	9.6			6.3			8.0	10.9
13	0~10	15.5	13.6		14.1	9.5	19.8	9.8	8.3	8.3	8.1	6.1	11.3	5.6	5.7	16.3	6.1			2.7			11.8	11.9
	10~20	15.7	13.8		13.3	10.6	15.7	10.2	9.5	8.4	7.4	7.5	11.6	6.7	6.1	16.3	6.3			4.4			11.8	10.4
	20~40	11.2	11.2		11.6	11.0	10.5	8.8		9.4	8.8	8.1	13.1	6.1	6.9	14.0	7.8			5.0			6.7	7.5
14	0~10	17.1	11.3		9.0	7.8	20.3	11.2	11.2	14.4	18.7	17.5	7.0	11.8	12.9	20.9	14.4			10.5			17.6	18.1
	10~20	14.0	14.0		10.2	9.8	17.2	13.2	16.0	16.0	18.7	19.4	8.8	13.6	14.8	20.6	15.2			11.4			18.1	17.4
	20~40	16.2			10.9	11.0	15.0	13.9		15.6	17.4	19.5	11.6	13.2	14.5	20.7	15.7			12.4			18.1	18.3
15	0~10	13.3	16.4		7.8	12.5	19.5	16.1	12.4	15.6	15.5	12.6	12.4	11.2	13.3	16.7			11.2	5.7		15.6	17.9	15.6
	10~20	17.0	18.4		13.0	12.5	19.8	17.8	16.7	16.3	15.7	16.6	15.0	13.9	12.5	18.1			12.6	14.9		12.5	17.9	18.4
	20~40	16.4	19.1		11.4	13.2	18.7	19.7	16.8	16.8	16.9	16.3	16.2	14.6	14.1	18.1			14.0	14.8		11.2	15.9	16.4
16	0~10	15.7	13.7		6.0	7.3	18.7	10.8	12.4	13.3	12.8	12.0	6.7	7.6	8.5	16.4	7.3			7.0			17.5	12.8
	10~20	16.7	15.4		6.3	8.2	15.9	12.6	14.6	12.5	12.9	12.4	8.7	8.6	9.5	15.7	10.6			11.7			17.2	13.5
	20~40	16.7	17.3			9.7	12.5	13.3	15.8	13.4	20.8	14.5	10.7	10.3	9.8	17.0	10.4			11.9			12.8	11.7
17	0~10	13.9	13.0	10.0	2.9	5.7	17.4	10.5	11.4	9.4	16.1	10.1	5.1	3.5	4.5	12.6			4.3	5.6		10.6	13.1	9.5
	10~20	15.1	14.9	10.9	4.1	7.8	16.7	12.8	14.0	10.4	15.8	11.3	6.3	6.3	7.0	14.3			5.6	6.9		7.1	12.5	10.8
	20~40	17.0	16.3	10.8	8.5	8.0	16.3	8.9		11.7	14.5	16.0	13.9	10.9	7.5	10.3			7.4	9.3		5.6	9.4	9.3
18	0~10	18.7	15.1	16.8	5.6	8.6	22.4	10.3	14.3	11.3	16.2	14.6	7.2	7.3	7.7	15.3	7.4			4.9			16.3	16.6
	10~20	17.9	15.2	11.4	6.8	11.2	21.1	14.5	15.7	14.7	16.9	16.0	10.7	9.8	8.0	17.1	10.2			6.2			11.5	15.2
	20~40	18.3	16.0	14.1	7.5	12.6	18.9	14.6		15.3	14.8	15.9	11.6	11.2	9.7	16.1	12.9			8.0			10.3	14.2
19	0~10	17.7	13.9		11.0	14.3	21.1	12.4	10.8	14.3	11.6	11.2	10.8	9.9	9.4	16.8			7.9	11.7		15.6	17.9	15.2
	10~20	16.1	15.1		11.6	11.8	20.2	12.1	14.0	14.6	14.9	11.5	13.7	10.8	10.6	17.7			13.3	14.8		12.8	16.6	16.0
	20~40	15.4	15.5			14.4	18.9	12.4	16.8	16.9	13.2	12.4	14.4	11.2	11.6	17.4			14.5	15.5		11.5	15.3	15.3

表 5-56　各标准地不同坡向土壤水分动态变化（1987-04～1987-10）

单位：%

月份	土层(cm)	不同坡向地类										
		林　地					农　地			荒草地		
		阳	阴	半阳	半阴	平均	阳梯田	半阴坡地	平均	阳	半阴	平均
4	0～10	13.4	19.3	15.6	15.4	15.9	14.5	15.3	14.9	13.5	16.9	15.2
	10～20	13.5	18.7	14.2	15.7	15	15	16.7	15.9	15	16.6	15.8
	20～40	12	17.5	14	13.7	14.3	16.7	16.6	16.7	16.7	15.5	16.1
	平均	12.7	18.2	14.4	14.6	15	15.7	16.3	16	15.5	16.1	15.8
5	0～10	9.1	13.3	9.6	10.1	10.5	7.3	11.5	9.4	4.6	7.1	5.9
	10～20	10.8	14.9	11	11.8	12.1	8.7	12.9	10.8	6.1	9.6	7.9
	20～40	11	14.9	11	12.8	12.4	10.8	13.7	12.3	10.2	10.6	10.4
	平均	10.5	14.5	10.7	11.9	11.9	9.4	12.9	11.2	7.8	9.5	8.6
6	0～10	14	17.2	15.5	15.9	15.7	15.3	17.3	16.3	14	16.4	15.2
	10～20	13	12.7	12.7	14.4	14	14.8	17.5	16.2	14.8	17.8	16.3
	2～40	10.5	9.8	9.8	13.4	11.9	13.7	17.4	15.6	12.6	16.8	14.7
	平均	12	11.7	11.7	14.3	13.3	14.4	17.4	15.9	13.5	16.9	15.2
7	0～10	10.3	10	10	9.9	11	13.7	13.3	15.5	11.8	14.1	13
	10～20	9.9	8.5	8.5	9.9	9.9	15.3	15	15.2	13	15.8	14.4
	20～40	9.1	8.8	8.8	10.3	9.8	16.6	15.8	16.2	14.1	15.4	14.8
	平均	9.6	9	9	10.1	9.7	15.6	15	15.3	13.2	15.2	14.2
8	0～10	9.5	9.6	9.6	9.8	10.2	13	12.9	13	4	7.5	5.8
	10～20	9.9	10.1	10.1	10.8	10.7	13.9	13.9	13.9	6.7	8.9	7.8
	20～40	10	9.8	9.8	10.3	10.5	14.3	12.9	13.6	9.2	10.5	9.9
	平均	9.9	9.8	9.8	10.3	10.5	13.9	13.1	13.5	7.3	9.3	8.3
9	0～10	7.9	7.7	7.7	5.8	7.7	10.9	9.6	10.3	4.8	7.4	6.1
	10～20	8.6	9	9	7	8.4	12.9	13	13	5.6	10.2	7.9
	20～40	8.7	8.8	8.8	7.9	8.6	13.1	14.3	13.7	7.4	12.9	10.2
	平均	8.5	8.6	8.6	7.2	8.3	12.5	12.3	12.7	6.3	10.9	8.6
10	0～10	11.6	11.9	11.9	10.2	11.5	13.9	14.4	14.2	9.7	12.6	11.2
	10～20	10.6	9.9	9.9	9	9.9	14.9	15.5	15.2	9.3	11	10.2
	20～40	7.9	8.5	8.5	6.8	7.8	14.2	14.5	14.4	8.4	10.8	9.6
	平均	9.5	9.7	9.7	8.2	9.2	14.3	14.7	14.5	9	11.3	10.2

注：以上数据来自于北京林业大学水土保持学院王庆国硕士毕业论文。

5.3.1.3　1987—1989 年残塬旱作梯田土壤水分观测

1987—1989 年，在吉县红旗林场马莲滩残塬旱作梯田上进行了土壤水分观测。每年从 4 月至 10 月每月 3 次（间隔 10 天）分别测定所选标准地和试验地土壤含水量。测定深度为 160cm，每 20cm 为一个测定层次。每一块标准地都按切土部位和填土部位分别进行观测，坡耕地按坡上部和坡下部进行观测，用烘干法。土壤水分测定采用土钻取土，每一测定层重复三次。

黄土残塬沟壑区耕地分布的特点是塬边、塬面多为水平梯田，沟坡多为坡耕地。由于塬面较大，且平缓，所以老梯田多为人工建筑，梯田边埂多为垂直形式，一般为 1.0～1.5m 高。根据当地梯田的类型，共选择了 9 块田面宽度不同和坡向不同的梯田和坡耕地作为标准地，进行土壤水分动态规律的定位观测（表 5-57 至表 5-59，姚云峰）。

表 5-57　标准地基本情况

标准地类型	标地号	坡向	坡度	田面宽（m）	种植作物
水平梯田	1		0°	18	
水平梯田	2		0°	12.1	
水平梯田	3	阳面	0°	7.5	冬小麦
水平梯田	4		0°	6	
水平梯田	5		0°	3.4	
坡耕地	6		21°	11	

（续）

标准地类型	标地号	坡向	坡度	田面宽（m）	种植作物
水平梯田	7		0°	10.3	
水平梯田	8	阴面	0°	9.5	冬小麦
水平梯田	9		0°	7.5	

表 5-58 各标准地土壤水分含量（1988 年）

单位：%

时间	标准地号								
	1	2	3	4	5	6	7	8	9
04-08	17.17	15.01	14.47	15.89	16.67	11.74	13.48	17.13	14.59
04-18	16.12	13.25	14.41	15.01	15.14	11.58	11.89	17.17	14.2
04-28	13.68	13.28	11.88	13.8	13.86	9.89	11.84	16.93	13.03
05-08	13.38	13.59	13.97	15.73	14.72	11.51	11.59	18.09	15.66
05-18	11.47	12.56	11.45	13.01	14.09	10.18	10.01	16.61	14.73
05-28	10.72	11.57	13.58	12.85	14.33	9.27	10.72	16.99	15.31
06-08	13.3	13	13.11	15.5	15.34	10.23	10.85	17.65	15.14
06-18	8.72	9.15	8.75	10.2	10.3	8.39	8.61	13.97	12.33
06-28	9.14	11.82	9.4	10.68	8.89	7.08	10.76	16.01	12.71
07-08	17.57	12.87	14.38	15.67	16.92	10.35	13.51	22.05	17.45
07-18	18.65	15.02	15.55	18.77	17.27	13.37	15.75	20.41	19.69
07-28	19.79	13.93	15	14.87	15.87	11.2	13.09	19.06	16.83
08-08	20.32	16.36	17.49	17.51	18.52	14.22	14.06	20.6	18.93
08-18	22.75	17.56	19.15	19.3	17.95	16.26	16.87	20.63	20.62
08-28	23.47	20.21	18.09	18.34	18.76	16.9	17.95	20.46	18.74
09-08	21.14	16.51	18.27	18.26	19.5	15.67	15.3	18.76	18.95
09-18	20.4	15.97	16.46	16.34	15.49	13.96	15.27	17.52	16.47
09-28	20.5	15.96	14.97	18.01	12.67	13.45	16.23	16.49	16.9
10-08	21.48	15.06	18.01	18.82	17.49	14.16	13.17	17.75	16.45
10-18	19.81	14.29	15.48	18.47	16.59	13.99	11.17	15.26	16

表 5-59 各标准地土壤垂直水分年平均值（1988 年）

单位：%

部位	深度（cm）	标准地号								
		1	2	3	4	5	6	7	8	9
切土部位	0～20	17.52	13.72	16.24	14.99	15.92	14.51	15.31	15.88	17.44
	20～40	17.43	13.41	16.18	15.87	15.85	12.83	16.42	16.82	16.71
	40～60	17.5	14.25	15.18	16.73	17.03	11.93	16.91	18.38	16.7
	60～80	17.07	14.74	14.42	16.68	17.24	11.48	16.82	18.75	16.82
	80～100	16.18	14.81	14.34	16.7	16.95	11.35	16.92	19.2	16.15
	100～120	16.21	15.91	14.35	16.56	17.3	11.39	17.41	19.68	15.76
	120～140	16.14	15.11	13.79	16.55	10.23	10.55	17.19	20.38	15.64
	140～160	16.93	14.99	12.94	17.13	15.81	10.89	17.52	20.68	15.81
平均	0～160	16.92	14.53	14.69	16.39	15.54	11.83	16.79	18.71	16.41
填土部位	0～20	17.78	13.71	15.88	15.92	15.32	12.82	14.94	14.76	17.43
	20～40	17.41	12.86	15.28	14.98	15.06	12.37	15.71	15.81	17.01
	40～60	16.58	13.42	15.61	14.91	15.15	12.11	15.83	15.91	17.18
	60～80	16.8	14.16	15.33	15.06	14.54	12.44	16.29	17.17	16.73
	80～100	16.73	14.34	14.65	15.23	14.99	12.73	16.39	17.74	16.34
	100～120	16.58	15.2	13.98	15.26	15	13.17	16.29	18.7	15.27
	120～140	16.84	15.14	13.41	15.6	14.79	12.26	16.62	18.9	15.05
	140～160	17.5	15.23	13.44	15.86	14.51	11.61	16.63	18.91	15.06
平均	0～160	17.03	14.35	14.7	15.09	15	12.48	16.16	17.24	16.26

注：切填部位分别为坡耕地的坡上、下部。

以上数据来自于北京林业大学水土保持学院姚云峰毕业论文。

5.3.1.4　1989—1990 年不同整地工程土壤水分观测

1989—1990 年在吉县红旗林场所辖的岳家湾小流域进行了土壤水分观测。土壤水分测定采用烘干法。具体取土时间为每月的 1 日、11 日和 21 日（取土时间间隔为 10 天），每块标准地分上、中、下三个部位各取一个重复，取土剖面分为四层 0～20cm，20～40cm，40～60cm，60～80cm。取土时间为 1989－04－01 到 1989－10－11，1990－04－01 到 1990－10－11。试验区整地工程的种类有水平梯田、水平阶、隔坡反坡梯田、鱼鳞坑和穴坑几种局部整地方法（表 5－60～表 5－61，标准地基本情况见表 5－12，张志强）。

表 5－60　土壤干旱季节不同整地工程土壤剖面含水率（阴坡，1990）

整地方法	标地号	整地规格		土壤剖面含水率（%）			按规格的土壤含水率平均值（%）	增量（%）	按方法的土壤含水率平均值（%）	增量（%）
		宽度（m）	反坡角	4 月	5 月	6 月				
隔坡反坡梯田	9	1.6	30°	15.47	15.83	14.44	15.24	3.55	15.68	3.99
	16	1.6	10°	16.17	17.37	15.69	16.41	4.72	—	—
	13	1.2	30°	15.13	15.64	15.52	15.43	3.74	—	—
	8	1.2	20°	16.23	16.56	15.30	16.03	4.34	—	—
	17	0.8	20°	15.40	15.18	15.62	15.40	3.71	—	—
	7	0.8	10°	16.02	15.68	15.00	15.57	3.88	—	—
水平梯田	19	2	/	4.83	14.00	15.00	14.61	2.92	13.92	2.23
	18	1.6	/	4.13	13.37	14.17	13.89	2.20	—	—
	15	1.2	/	3.07	13.1	13.63	13.27	1.58	—	—
水平阶	2	0.8	/	3.20	12.97	13.53	13.23	1.54	13.10	1.41
	1	0.4	/	2.80	12.77	13.33	12.97	1.28	—	—
鱼鳞坑	11	/	11.73	12.24	13.42	12.46	0.77	12.46	0.77	
穴状	10	/	10.53	11.1	13.13	11.92	0.23	11.92	0.23	
荒坡	28	/	10.23	11.63	13.21	11.69	—	—	—	—

表 5－61　土壤干旱季节不同整地工程土壤剖面含水率（阳坡，1990）

整地方法	标地号	整地规格		土壤剖面含水率（%）			按规格的土壤含水率平均值（%）	增量（%）	按方法的土壤含水率平均值（%）	增量（%）
		宽度（m）	反坡角	4 月	5 月	6 月				
隔坡反坡梯田	23	0.8	30°	13.21	14.13	14.42	13.92	4.10	14.51	4.69
	24	1.2	10°	14.48	13.20	14.56	14.08	4.26	—	—
	25	1.6	20°	13.37	16.84	16.41	15.54	5.72	—	—
水平梯田	20	1.2	/	1.74	10.26	14.00	12.00	2.18	12.47	2.65
	21	1.6	/	1.90	13.82	13.10	12.94	3.12	—	—
鱼鳞坑	26	/	9.42	13.44	10.62	11.16	1.34	11.16	1.34	
穴状	27	/	8.86	12.07	8.95	9.96	0.14	9.96	0.14	
荒坡	31	/	8.49	9.03	11.94	9.82	—	—	—	—

注：以上数据来自于北京林业大学水土保持学院张志强毕业论文。

5.3.1.5　1989—1991 年不同林分土壤水分观测

1989 年 4 月至 12 月，1990 年 4 月至 11 月，1991 年 4 月至 10 月在吉县红旗林场对不同林分的土壤水分进行了观测（表 5－62 至表 5－74，张建军）。

表 5－62　观测点基本情况

样地序号	林分	坡向（°）	坡位	坡度（°）	郁闭度（%）	地盖度（%）	胸径（cm）	树高（m）	林分密度（株/hm²）
1	刺槐林	N90	中	22	0.71	0.45	6.1	5.4	3 400
24	刺槐	N180	上	25	0.75	0.71	8.22	8.5	3 001

（续）

样地序号	林分	坡向 (°)	坡位	坡度 (°)	郁闭度 (%)	地盖度 (%)	胸径 (cm)	树高 (m)	林分密度 (株/hm²)
5	荒坡	N135	中	22	/	0.7	/	/	/
6	虎榛子	N135	中	35	0.95	0.1	0.7	0.8	770 000
21	虎榛子	N350	中	41	0.96	0.96	0.59	1.2	680 000
23	油松	N0	中	25	0.7	0.8	2.86	2.8	7 400
27	油松	N190	中	27	0.8	0.1	4.9	5	6 100
9	沟底	N190	/	0	/	0.75	/	/	/
33	沟底	N0	沟底	23	/	/	/	/	/
20	沙棘	N350	中	23	0.6	0.8	/	/	/
30	油松×刺槐	N60	上	30	0.6	/	7.3×5.4	4.5×6.0	1 800×1 600
40	刺槐×山杨	N280	中	6	0.6	0.6	9.0×10.0	9.0×8.4	300×400

表 5-63 样地 1 土壤含水量

单位：%

年份	月份	0～20cm	20～40cm	40～60cm	60～80cm	80～100cm	平均
1989	4	16.197 5	17.872 5	18.035	19.325	20.17	18.32
	5	18.667 5	19.6775	20.687 5	21.042 5	21.397 5	20.294 5
	6	16.492	14.314	13.01	14.108	15.302	14.645 2
	7	11.315	12.685	11.8	12.722 5	13.8	12.464 5
	8	17.188	17.114	16.936	18.318	18.144	17.54
	9	12.67	12.637 5	8.875	9.565	10.367 5	10.823
	10	22.457 5	22.35	17.917 5	15.555	15.862 5	18.828 5
	11	18.912	18.626	16.672	15.56	14.816	16.917 2
	12	14.195	13.19	11.372 5	12.265	12.18	12.640 5
1990	4	17.32	17.46	17.56	15.58	13.52	16.29
	5	18.24	18.25	16.41	18.01	16.18	17.42
	6	13.15	12.39	11.12	11.54	11.43	11.93
	7	10.41	10.34	12.54	11.55	8.84	10.74
	8	17.4	13.72	11.59	10.93	12.31	13.19
	9	17.81	15.94	11.56	10.73	10.94	13.4
	10	16.6	14.3	13.76	13.83	12.33	14.16
	11	13.83	13.38	13.47	13.15	12.25	13.22
1991	4	17.93	16.88	16.33	13.22	11.82	15.24
	5	15.92	16.69	15.89	14.93	14.07	15.5
	6	15.58	14.27	14.03	13.41	12.14	13.89
	7	10.11	10.26	9.94	10.19	10.43	10.19
	8	13	12.18	10.65	10	8.98	10.96
	9	10.14	8.8	7.53	7.19	6.92	8.11
	10	17.16	15.33	14.47	12.03	11.28	14.05

表 5-64 样地 24 土壤含水量

单位：%

年份	月份	0～20cm	20～40cm	40～60cm	60～80cm	80～100cm	平均
1989	4	12.97	12.282 5	9.337 5	9.057 5	10.44	10.817 5
	5	13.565	13.567 5	14.987 5	15.577 5	14.512 5	14.442
	6	13.594	12.844	13.25	14.128	15.158	13.794 8
	7	12.647 5	13.95	13.917 5	12	12.115	12.926
	8	15.608	13.916	14.616	15.082	15.236	14.891 6
	9	11.66	13.432 5	10.45	10.715	12.09	11.669 5
	10	20.572 5	18.657 5	15.305	13.607 5	12.9	16.208 5
	11	20.216	17.276	15.228	11.248	8.572	14.508
	12	16.807 5	15.522 5	13.785	11.907 5	11.572 5	13.919

（续）

年份	月份	0～20cm	20～40cm	40～60cm	60～80cm	80～100cm	平均
1990	4	17.39	17.55	14.4	12.09	10.98	14.48
	5	16.91	16.89	16.5	14.87	12.25	15.48
	6	13.09	10.05	9.08	9.35	8.9	10.09
	7	14.14	10.23	10.54	10.38	9.42	10.94
	8	14.55	10.73	9.65	9.7	9.53	10.83
	9	14.46	9.21	8.41	9.54	9.09	10.14
	10	15.04	11.68	10.79	9.44	10.01	11.39
	11	10.88	11.02	9.38	12.27	9.84	10.68
1991	4	20.37	17.08	13.18	10.47	9.86	14.19
	5	15.16	14.34	13.65	12.58	12.12	13.57
	6	13.3	10.6	11.28	12.28	12.35	11.96
	7	10.64	10.4	9.88	8.25	8.48	9.53
	8	11.68	11.86	11.14	10.7	9.07	10.89
	9	12.34	9.42	9.01	8.3	8.27	9.47
	10	20.24	17.94	13	13.55	10.06	14.96

表 5－65　样地 5 土壤含水量

单位：%

年份	月份	0～20cm	20～40cm	40～60cm	60～80cm	80～100cm	平均
1989	4	8.855	11.457 5	12.052 5	11.48	12.965	11.362
	5	9.537 5	16.327 5	12.317 5	12.042 5	13.935	12.832
	6	15.064	14.648	13.652	14	14.966	14.466
	7	15.097 5	14.712 5	12.73	12.817 5	12.712 5	13.614
	8	16.932	17.304	16.478	17.268	17.434	17.083 2
	9	12.585	13.165	9.25	9.667 5	11.057 5	11.145
	10	24.532 5	23.66	20.965	18.355	18.17	21.136 5
	11	19.184	20.328	19.854	18.64	16.686	18.938 4
	12	13.452 5	15.33	17.205	14.977 5	13.342 5	14.861 5
1990	4	16.91	17.24	16.74	16.02	14.94	16.37
	5	17.15	17.21	15.91	15.34	15.72	16.27
	6	12.26	11.9	13.63	13.8	14.37	13.19
	7	9.4	11.32	11.09	11.56	11.44	10.96
	8	15.47	16.18	16.09	14.8	14.56	15.42
	9	15.14	16.67	16.8	16.02	15.54	16.03
	10	18.71	15.59	15.32	16.03	14.81	16.09
	11	13.65	16.05	14.8	14.88	14.54	14.79
1991	4	19.53	16.7	16.81	16.23	15.61	16.97
	5	13.64	14.68	15.91	16.7	17.12	15.61
	6	15.48	13.03	13.18	13.64	14.75	14.01
	7	5.5	6.24	6.16	8.58	8.86	7.07
	8	8.21	8.71	9.98	9.93	11.2	9.6
	9	9.12	7.14	8.62	10.05	9.68	8.92
	10	17.46	16.41	15.14	12.15	11.8	14.59

表 5－66　样地 6 土壤含水量

单位：%

年份	月份	0～20cm	20～40cm	40～60cm	60～80cm	80～100cm	平均
1989	4	12.14	14.49	18.852 5	21.562 5	23.027 5	18.014 5
	5	11.245	11.79	13.767 5	15.575	32.727 5	17.021
	6	14.406	12.592	13.542	14.318	15.704	14.112 4

（续）

年份	月份	0～20cm	20～40cm	40～60cm	60～80cm	80～100cm	平均
1989	7	14.925	16.207 5	14.33	14.97	13.25	14.736 5
	8	16.56	16.792	16.732	17.318	16.68	16.816 4
	9	12.587 5	13.777 5	12.252 5	11.945	12.6	12.632 5
	10	22.215	22.725	20.287 5	17.545	17.397 5	20.034
	11	17.058	17.952	17.76	15.926	14.814	16.702
	12	14.857 5	15.137 5	15.032 5	14.002 5	13.502 5	14.506 5
1990	4	23.67	17.96	17.81	10.86	11.23	16.31
	5	18.51	15.6	14.84	13.55	14.14	15.33
	6	13.89	9.75	8.95	8.41	9.16	10.03
	7	10.1	10.12	8.02	9.37	8.31	9.18
	8	19.59	17.41	12.86	11.07	9.65	14.11
	9	20.26	16.8	17.96	15.86	15.03	17.18
	10	19.42	17.18	14.26	13.03	13.5	15.48
	11	14.33	13.05	13.29	14.73	12.36	13.55
1991	4	21.38	19.73	18.41	19.43	17.47	19.28
	5	18.53	17.16	15.33	15.62	15.25	16.38
	6	14.86	13.02	13.39	13.2	12.71	13.43
	7	8.34	8.5	8.89	9.83	10.14	9.14
	8	12.75	12.25	13.56	12.54	13.19	12.86
	9	12.11	12.78	11.2	11.39	11.03	11.7
	10	16.98	15.91	14.4	13.31	11.36	14.39

表 5-67　样地 21 土壤含水量

单位：%

年份	月份	0～20cm	20～40cm	40～60cm	60～80cm	80～100cm	平均
1989	4	11.0775	16.4	13.605	14.32	15.035	14.087 5
	5	13.02	14.095	13.5375	13.93	14.462 5	13.809
	6	11.964	14.082	12.76	14.712	15.766	13.856 8
	7	15.242 5	13.485	9.27	12.675	11.277 5	12.39
	8	14.15	14.9	13.696	13.57	13.928	14.048 8
	9	10.837 5	12.912 5	11.05	8.695	9.11	10.521
	10	17.92	20.31	16.45	14.835	14.467 5	16.796 5
	11	12.324	18.41	11.292	9.58	8.676	12.056 4
	12	12.782 5	17.775	11.677 5	11.147 5	10.247 5	12.726
1990	4	21.46	21.25	15.64	15.11	13.8	17.45
	5	21.48	20.19	18.55	17.36	17.37	18.99
	6	14.93	14.35	14.78	14.21	14.34	14.52
	7	17.12	17.01	13.04	12.95	12.84	14.59
	8	23.68	20.92	23.55	18.72	16.6	20.69
	9	20.55	16.99	15.71	14.84	11.83	15.98
	10	22.87	22.07	18.88	17.03	14.66	19.1
	11	18.98	17.04	15.73	13.68	12.39	15.56
1991	4	28.22	24.32	22.33	20.73	18.25	22.77
	5	20.92	19.94	19.74	18.84	18.68	19.62
	6	18.63	17.87	16.81	16.08	15.51	16.98
	7	13.31	12.69	12.08	10.45	7.79	11.26
	8	19.35	18.62	16.94	16.71	16.11	17.54
	9	16.32	13.56	11.04	11.97	12.27	13.03
	10	23.4	21	21.69	17.65	17.36	20.22

表 5-68　样地 23 土壤含水量

单位：%

年份	月份	0～20cm	20～40cm	40～60cm	60～80cm	80～100cm	平均
1989	4	11.102 5	13.48	15.132 5	16.185	16.35	14.45
	5	14.857 5	15.745	16.377 5	16.875	16.512 5	16.073 5
	6	14.166	12.684	13.29	14.41	16.028	14.1156
	7	13.805	15.452 5	15.457 5	13.79	14.777 5	14.656 5
	8	16.756	17.184	15.7	16.64	16.664	16.588 8
	9	12.287 5	13.422 5	10.832 5	9.137 5	7.922 5	10.720 5
	10	18.735	20.467 5	18.377 5	16.237 5	16.15	17.993 5
	11	16.136	18.492	12.618	10.648	11.782	13.935 2
	12	13.89	16.985	17.187 5	14.945	15.64	15.729 5
1990	4	13.92	12.41	11.76	10.97	8.83	11.58
	5	16.57	13.08	12.09	11.2	10.53	12.69
	6	13.69	9.84	9.42	9.71	9.35	10.4
	7	13.74	14.33	10.48	8.86	9.3	11.34
	8	18.57	16.24	13.99	11.44	9.9	14.03
	9	16.45	13.77	11.42	9.46	9.04	12.03
	10	16.63	14.35	13.29	10.1	10.47	12.97
	11	15.24	13.95	13.66	12.62	12.65	13.62
1991	4	18.9	16.26	9.96	10.21	10.07	13.08
	5	15.26	13.61	12.08	11.15	11.02	12.62
	6	10.62	11.3	9.25	9.57	9.52	10.05
	7	9.32	7.45	6.58	7.82	7.21	7.68
	8	13.45	11.99	12.45	11.42	10.47	11.95
	9	11.2	9.25	8.83	8.72	8.95	9.39
	10	18.49	18.74	14.99	13.66	12.36	15.65

表 5-69　样地 27 土壤含水量

单位：%

年份	月份	0～20cm	20～40cm	40～60cm	60～80cm	80～100cm	平均
1989	4	7.275	10.122 5	11.995	13.41	14.282 5	11.417
	5	7.802 5	8.28	9.742 5	9.687 5	9.917 5	9.086
	6	11.774	12.212	52.044	12.258	14.05	20.467 6
	7	10.47	12.309 25	12.18	11.912 5	12.34	11.842 35
	8	14.098	13.406	12.818	13.028	13.542	13.378 4
	9	13.015	14.455	10.875	10.997 5	11.34	12.136 5
	10	16.297 5	18.167 5	15.867 5	15.09	15.777 5	16.24
	11	11.556	13.56	15.22	13.368	16.368	14.014 4
	12	10.462 5	13.517 5	16.04	14.43	16.927 5	14.275 5
1990	4	13.44	10.26	9.49	9.14	8.43	10.15
	5	13.9	10.67	9.75	8.99	9.11	10.48
	6	11.74	9.84	9.17	9.4	9.56	9.94
	7	13.24	9.44	9.03	8.31	7.2	9.44
	8	16.99	12.9	9.87	9.82	8.26	11.57
	9	11.95	11.37	8.6	9.71	10.56	10.44
	10	10.29	7.75	6.97	8.2	6.63	7.97
	11	10.97	9.1	9.07	9.2	9.08	9.48
1991	4	17.56	10.57	8.16	9.16	8.55	10.8
	5	10.81	8.99	9.15	9.42	9.13	9.5
	6	11.18	9.68	9.01	9.18	9.69	9.75
	7	8.54	7.74	7.83	7.71	7.7	7.9
	8	10.44	9.53	10.17	10.54	9.62	10.06
	9	10.48	7.9	7.29	7.48	8.22	8.27
	10	16.26	13.57	10.96	11.99	10.59	12.68

表5-70　样地9土壤含水量（只有1989年）

单位：%

年份	月份	0～20cm	20～40cm	40～60cm	60～80cm	80～100cm	平均
1989	4	22.097 5	20.792 5	26.59	26.735	27.682 5	24.779 5
	5	19.24	18.092 5	22.012 5	20.99	21.71	20.409
	6	16.822	15.166	15.98	16.15	16.632	16.15
	7	16.175	16.992 5	16.377 5	15.41	16.23	16.237
1989	8	16.798	16.542	16.008	16.106	16.49	16.388 8
	9	12.905	13.952 5	10.42	10.827 5	11.77	11.975
	10	19.57	18.73	18.045	17.14	15.717 5	17.840 5
	11	19.084	19.63	17.694	17.142	17.394	18.188 8
	12	14.267 5	15.782 5	16.23	16.065	17.94	16.057

表5-71　样地33土壤含水量（只有1989年）

单位：%

年份	月份	0～20cm	20～40cm	40～60cm	60～80cm	80～100cm	平均
	4	3.5	27.81	27.69	33.072 5	31.412 5	24.697
	5	7.5	18.75	19.7	21.627 5	22.062 5	17.928
	6	12	17.488	17.854	17.68	19.228	16.85
	7	16.5	17.895	19.235	19.757 5	16.29	17.935 5
1989	8	21	17.966	17.714	16.272	15.62	17.714 4
	9	25.5	15.255	15.56	15.962 5	15.427 5	17.541
	10	29.5	28.67	26.627 5	25.61	27.217 5	27.525
	11	34	26.772	23.24	23.98	26.71	26.940 4
	12	38.5	14.977 5	15.857 5	14.137 5	13.705	19.435 5

表5-72　样地20土壤含水量

单位：%

年份	月份	0～20cm	20～40cm	40～60cm	60～80cm	80～100cm	平均
	4	18.207 5	23.412 5	22.395	20.127 5	18.322 5	20.493
	5	15.325	18.057 5	18.205	17.86	16.192 5	17.128
	6	13.714	14.284	14.84	15.548	16.304	14.938
	7	13.325	11.665	14.1725	9.91	11.305	12.075 5
1989	8	14.674	14.506	12.84	13.54	14.504	14.012 8
	9	9.992 5	14.095	12.875	11.06	10.725	11.749 5
	10	19.39	22.677 5	21.61	18.935	17.312 5	19.985
	11	17.262	21.058	19.65	18.01	15.988	18.393 6
	12	16.082 5	16.467 5	13.477 5	12.127 5	10.735	13.778
	4	21.02	18.82	19.48	18.81	18.92	19.41
	5	20.53	19.42	18.52	18.23	17.13	18.77
	6	13.57	12.93	10.66	11.85	11.97	12.19
	7	17.2	14.09	11.96	11.03	10.75	13
1990	8	19.29	17.07	13.7	11.34	10.3	14.34
	9	17.24	16.3	12.81	12.62	10.86	13.97
	10	17.26	15.21	13.54	12.44	11.85	14.06
	11	15.79	13.62	11.11	11.71	11.74	12.8
	4	23.35	22.38	21.06	19.66	17.87	20.86
	5	19.1	18.22	18.42	17.78	17.04	18.11
	6	18.09	15.51	15.37	14.94	13.83	15.55
1991	7	10.6	11.18	10.82	11.62	10.86	11.01
	8	12.4	11.42	9.95	8.82	8.3	10.18
	9	13.22	8.28	7.81	9.29	8.26	9.37
	10	18.59	17.21	14.67	14.26	12.64	15.47

表 5-73 样地 30 土壤含水量

单位：%

年份	月份	0～20cm	20～40cm	40～60cm	60～80cm	80～100cm	平均
1989	4	3.5	7.112 5	8.71	10.2	11.505	8.205 5
	5	7.5	8.75	8.6	9.022 5	9.652 5	8.705
	6	12	12.462	11.57	11.908	13.184	12.224 8
	7	16.5	10.347 5	10.895	10.607 5	10.622 5	11.794 5
	8	21	14.464	14.074	14.41	15.736	15.936 8
	9	25.5	12.197 5	14.627 5	10.607 5	9.745	14.535 5
	10	29.5	15.18	16.325	14.1	12.787 5	17.578 5
	11	34	12.514	12.918	12.422	11.542	16.679 2
	12	38.5	12.167 5	12.492 5	12.482 5	11.802 5	17.489
1990	4	15.41	10.87	9.91	8.58	7.9	10.53
	5	15.11	13.96	13.29	12.64	11.32	13.26
	6	13.21	9.58	8.2	9.02	8.51	9.7
	7	15.95	11.84	8.7	7.46	7.72	10.33
	8	16.49	13.65	10.36	8.98	8.17	11.53
	9	15.76	11.53	8.63	8.69	7.65	10.45
	10	14.58	11.47	10.73	9.73	9.66	11.23
	11	9.04	9.84	9.68	9.77	9.7	9.61
1991	4	17.68	12.34	8	8.55	8.34	10.98
	5	12.41	8.32	8.66	8.54	8.4	9.27
	6	11.8	9.15	8.23	8.29	8.14	9.12
	7	8.86	8.92	9.01	7.72	6.53	8.21
	8	12.55	9.86	10.25	9.66	9.64	10.39
	9	9.91	7.1	7.21	7.61	7.44	7.85
	10	17.39	14.41	7.74	9.72	9.38	11.73

表 5-74 样地 40 土壤含水量（只有 1989 年）

单位：%

年份	月份	0～20cm	20～40cm	40～60cm	60～80cm	80～100cm	平均
1989	4	3.5	11.017 5	14.267 5	16.725	19.01	12.904
	5	7.5	10.6	13.062 5	14.952 5	16.455	12.514
	6	12	13.176	12.35	10.658	12.398	12.116 4
	7	16.5	14.04	15.905	16.22	15.81	15.695
	8	21	17.644	16.67	18.112	19.056	18.496 4
	9	25.5	12.892 5	14.1825	13.78	14.477 5	16.166 5
	10	29.5	17.147 5	17.47	15.825	15.1	19.008 5
	11	34	17.252	15.382	14.54	14.38	19.110 8
	12	38.5	7.977 5	14.077 5	15.305	15.645	18.301

注：以上数据由北京林业大学水土保持学院张建军提供。

5.3.1.6 1998 年不同林分土壤水分观测

1998 年 8 月至 10 月，在吉县红旗林场的石山湾对不同林分的土壤水分进行了观测（表 5-75～表 5-79，魏天兴）。

表 5-75 部分样地基本情况

编号 (NO)	区号	坡向 (°)	坡度 (°)	坡位	地貌部位	植被类型	树木年龄	林分密度 (株/hm²)	平均数高 (cm)	平均胸径 (cm)	总生物量 (T/hm²)	冠层平均厚度 (m)	林冠纯郁闭度 (%)	枯枝落物鲜重 (T/hm²)	草本鲜重 (T/hm²)	草本盖度 (%)
4	果园刺槐 2	N90	26.5	上	梁峁坡	刺槐	14	2 800	5.0	4.7	26.60	3.5	82	1.30	5.6	55
5	果园刺槐 1	N295	22	下	梁峁坡	刺槐	14	3 200	7.6	6.0	56.00	3.10	76	1.00	3.5	30
6	狼儿岭油松 6	N50	27	中	梁峁坡	油松	12	6 800	3.7	6.7	77.35	3.2	85	10.00	0.5	10
7	狼儿岭刺槐 7	N10	23	上	梁峁坡	刺槐	14	1 300	12.0	11.7	115.05	6.5	50	3.50	2.33	75

（续）

编号(NO)	区号	坡向(°)	坡度(°)	坡位	地貌部位	植被类型	树木年龄	林分密度(株/hm²)	平均数高(cm)	平均胸径(cm)	总生物量(T/hm²)	冠层平均厚度(m)	林冠纯郁闭度(%)	枯枝落物鲜重(T/hm²)	草本鲜重(T/hm²)	草本盖度(%)
8	狼儿岭刺槐 8	N11	27.5	下	梁峁坡	刺槐	14	700	9.5	12.53	73.15	6.5	72	3.68	3.83	92
9	狼儿岭刺槐 9	N190	26	上	梁峁坡	刺槐	14	3 100	7.8	7.9	108.50	3.8	70	0.40	1.5	20
10	狼儿岭刺槐 10	N241	20	上	梁峁坡	刺槐	14	2 300	7.09	8.5	95.45	4	65	1.00	5	40
11	�上油松 11	N340	26.5	中	梁峁坡	刺槐	8	5 100	2.63	3.01	10.84	1.55	60	0.25	2	47
12	垴上沙棘	N0	24.5	中	梁峁坡	油松	8	2 900	1.1	2.17	—	—	89	1.00	3.5	60
13	垴上虎榛子	N40	38.0	中	梁峁坡	虎榛子	7	37 500	1.3	0.64	—	—	98	6.50	—	—
14	和尚岭油松 14	N26	25.0	下	梁峁坡	油松	油 10	14 000*	1.19*	1.19*	—	3	65	1.50	0.5	35
						沙棘	沙 7	2 500	3.25	3.25						
15	和尚岭油松*沙棘 15	N60	30.0	下	梁峁坡	油松	油 10	1 800*	2.54*	4.54*	—	3.8	60	2.80	1.55	50
						刺槐	刺 12	600	6.0	5.38						

表 5-76 土壤水分——石山湾（1998-08-14～1998-08-15）

地点	样地号	林分类型	深度（cm）					
			0～20	20～40	40～60	60～80	80～100	平均值
路对面	/	刺槐林	17.165	12.503	12.026	11.622	9.613	12.585 8
原气象小站	/	二代刺槐林	10.34	11.902	11.841	14.596	13.671	12.47
原气象小站	/	油松林	15.498	10.192	11.045	13.348	14.035	12.823 6
气象观察地	/	油松林	15.55	14.25	14.85	15.6	16.9	15.43
狼儿岭	6	油松林	12.703	11.834	12.468	12.739	12.552	12.459 2
狼儿岭	/	刺槐林（阴地）	15.85	11.745	12.781	13.242	13.581	13.439 8
狼儿岭	/	刺槐林（阳地）	14.541	10.603	9.976	11.073	10.673	11.373 2
垴上	10	油松林	12.396	9.62	10.667	11.817	11.135	11.127
垴上	11	刺槐×油松×沙棘	16.736	11.185	10.653	11.301	11.642	12.303 4
和尚岭	14	刺槐×油松	14.185	13.161	13.273	12.567	13.631	13.363 4
和尚岭	15	油松×刺槐	12.956	9.796	10.629	11.203	11.394	11.195 6
木家岭	/	刺槐林（东坡）	18.029	10.41	11.351	13.565	10.395	12.75
木家岭	/	刺槐林（北坡）	17.023	12.908	10.88	9.909	9.461	12.036 2
木家岭	/	中岭	9.085	6.975	7.517	8.797	18.435	10.161 8
木家岭	/	西坡	12.689	8.99	8.326	9.77	10.32	10.019

表 5-77 石山湾铁塔刺槐 3 米剖面土壤水分（1998-08-16）

深度（cm）	0～20	20～40	40～60	60～80	80～100	100～120	120～140
水分（%）	11.435	11.089	11.046	11.561	10.97	10.51	11.254
深度（cm）	140～160	160～180	180～200	200～220	220～240	240～260	260～280
水分（%）	10.761	13.653	12.001	12.008	12.131	13.168	12.169
深度（cm）	280～300	—	—	—	—	—	—
水分（%）	12.064	—	—	—	—	—	—

表 5-78 土壤水分——石山湾（1998-09-16）

地点	样地号	林分类型	深度（cm）					
			0～20	20～40	40～60	60～80	80～100	平均值
狼儿岭	6	油松林	11.373	12.051	12.957	13.102	12.317	12.36

（续）

地点	样地号	林分类型	深度（cm）					
			0～20	20～40	40～60	60～80	80～100	平均值
狼儿岭	7	刺槐林	11.169	11.911	12.116	12.114	12.441	11.950 2
狼儿岭	8	刺槐林	10.192	10.641	9.087	10.274	11.337	10.306 2
狼儿岭	9	刺槐林	6.815	8.965	8.666	8.832	8.76	8.407 6
狼儿岭	10	刺槐林	5.796	6.189	6.115	5.934	6.412	6.089 2
原气象小站	/	刺槐林	9.128	9.587	11.075	10.628	10.525	10.188 6
原气象小站	/	油松林	9.051	9.372	9.215	9.718	11.272	9.725 6
原气象小站	/	对面刺槐林	6.948	8.758	8.463	9.08	8.891	8.428
果园内	5	刺槐林	7.546	7.891	7.603	8.198	8.366	7.920 8
果园外	4	刺槐林	6.671	9.645	9.601	11.576	9.167	9.332
气象观察地	/	油松林	11.686	11.868	12.071	12.831	13.67	12.425 2
气象观察地	/	刺槐林	7.499	9.214	9.205	9.15	9.293	8.872 2
垴上	11	油松林	11.308	11.432	9.126	10.484	8.293	10.128 6
垴上	12	沙棘×油松×刺槐	13.32	10.53	9.34	9.809	9.659	10.531
和尚岭	14	油松林	8.832	9.861	11.43	10.701	9.09	9.982 8
和尚岭	15	油松林	10.998	10.489	10.993	9.982	8.96	10.284 4
木家岭	/	刺槐林（东）	8.571	8.326	5.486	11.599	9.11	8.618 4
木家岭	/	刺槐林（北）	8.421	8.561	8.971	9.436	9.861	9.05
木家岭	/	刺槐林（东）	9.97	9.378	9.652	9.023	9.93	9.590 6
木家岭	/	刺槐林（中）	9.026	10.201	9.715	9.708	9.855	9.701

表 5－79　土壤水分——石山湾（1998－10－03）

地点	样地号	林分类型	深度（cm）					
			0～20	20～40	40～60	60～80	80～100	平均值
狼儿岭	6	油松林	9.794	10.091	9.491	9.305	9.874	9.711
狼儿岭	7	刺槐林	10.886	10.681	11.218	11.432	10.293	10.902
狼儿岭	8	刺槐林	9.751	8.148	9.955	7.841	7.694	8.677 8
狼儿岭	9	刺槐林	5.573	6.962	8.638	8.833	8.971	7.795 4
狼儿岭	10	刺槐林	5.681	6.306	6.276	5.021	5.221	5.701
原气象小站	/	刺槐林	10.689	10.572	12.681	11.038	10.072	11.010 4
原气象小站	/	油松林	7.303	8.163	8.246	9.52	10.154	8.677 2
原气象小站	/	对面刺槐林	10.075	8.679	8.541	8.6	10.211	9.221 2
果园内	5	刺槐林	7.986	8.531	6.784	7.237	7.859	7.679 4
果园外	4	刺槐林	7.464	7.262	7.445	7.446	6.556	7.234 6
气象观测地	/	油松林	9.596	10.504	10.677	10.244	10.12	10.228 2
气象观测地	/	刺槐林	7.823	6.904	7.545	7.944	8.031	7.649 4
垴上	11	油松林	8.621	9.457	9.664	9.857	9.008	9.321 4
垴上	12	沙棘×油松×刺槐	7.331	8.833	7.786	6.575	6.227	7.350 4
和尚岭	14	油松林	7.666	7.771	8.303	—	8.336	8.019
和尚岭	15	油松林	7.809	8.073	7.773	7.822	7.201	7.735 6
木家岭	/	刺槐林（东）	7.503	7.637	10.474	8.309	5.781	7.940 8
木家岭	/	刺槐林（北）	6.893	7.213	7.728	8.9	8.453	7.837 4
木家岭	/	刺槐林（东）	7.496	7.919	8.069	8.175	8.322	7.996 2
木家岭	/	刺槐林（中）	7.784	8.313	8.034	8.466	8.428	8.205

注：以上数据由北京林业大学水土保持学院魏天兴提供。

5.3.2　吉县蔡家川流域观测点

5.3.2.1　1998 年有林沟与无林沟不同部位土壤水分观测

1998 年在吉县蔡家川流域对有林沟和无林沟的不同部位的土壤含水量进行了调查（表 5－80，魏天兴）。

表 5-80　切沟土壤含水量调查（1998 年）

时间	层次（cm）	有林沟						荒草沟					
		沟朝阳			沟朝阴			沟朝阳			沟朝阴		
		沟头	沟坡	塌积土	沟头	沟坡	塌积土	沟头	沟坡	塌积土	沟头	沟坡	塌积土
08-05	0～20	14.744	15.069	19.721	17.665	16.586	20.276	11.643	13.353	13.797	13.586	14.035	16.721
	20～40	13.138	13.278	18.909	17.334	16.502	20.474	11.279	13.62	15.392	14.343	14.904	15.627
	40～60	14.116	11.26	18.929	16.338	18.751	18.905	12.906	14.329	15.664	15.104	15.665	16.463
08-10	0～20	13.249	14.47	18.583	15.175	16.24	19.477	8.522	10.16	12.177	11.047	11.896	15.704
	20～40	12.366	12.489	17.735	16.563	15.321	19.452	9.87	12.33	14.739	12.147	12.886	14.194
	40～60	13.549	11.072	17.997	15.456	17.487	18.435	11.166	13.468	14.513	14.104	13.636	15.075
08-15	0～20	11.739	13.647	17.49	13.014	15.999	18.655	6.91	7.856	10.682	9.003	9.685	14.976
	20～40	11.524	11.528	16.643	15.732	14.22	18.441	7.964	10.471	13.724	10.076	10.775	12.888
	40～60	12.84	10.911	17.896	14.800	16.481	17.968	9.387	11.739	13.205	12.901	11.596	13.687

注：以上数据由北京林业大学水土保持学院魏天兴提供。

5.3.2.2　1998—1999 年不同地类土壤水分观测

1998—1999 年在吉县蔡家川流域对土壤水分进行了观测。在西杨家峁南坡选择 No.1，No.2，No.3，No.4 进行处理，在西杨家峁西坡选择 No.5，No.6，No.7 进行处理。试验从 4 月到 10 月每隔 10 天取土一次，从各采集点用土钻在土壤的 0～20cm、20～40cm、40～60cm、60～80cm、80～100cm 五层取土，每土层取样本三个进行试验和分析（表 5-81～表 5-113，魏天兴）。

表 5-81　西杨家峁样地基本情况

标准地号	林草比例	林龄（a）	平均胸径（cm）	平均高（m）	冠幅（m×m）	密度（株/hm²）	坡度（°）	坡向	坡位
No.1	4∶1	7	4.19	4.2	2.32×2.47	1 103	23	南坡	中部
No.2	3∶2	7	3.98	4.4	2.36×2.12	1 351	23		
No.3	4∶3	7	4.74	4.6	2.025×2.49	1 750	23		
No.4	纯林	7	4.8	4.54	2.05×2.16	2 095	23		
No.5	纯林	7	4.21	4.7	2.24×2.17	1 600	24	西坡	
No.6	1∶2	7	4.56	4.7	2.6×2.49	574	24		
No.7	1∶1	7	4.36	4.4	2.26×2.32	998	24		

表 5-82　蔡家川流域实验地土壤水分（1998 年）

单位：%

地点	标准地号	林分类型	07-04	07-12	07-20	07-30	08-11	08-26	09-03	09-10	09-22	10-01	10-12
西杨家峁（南坡）	No.1	刺槐林	8.183	18.151	15.86	13.9	13.899	13.43	12.135	9.618 4	12.153	9.094 6	9.212 8
	No.2	草地	7.953	18.993	16.989	14.496	18.025	15.791	13.041	12.381	14.582	10.582	13.275
		刺槐林	7.324	18.873	17.917	17.197	16.215	15.262	12.776	10.931	10.859	8.516	8.277
	No.3	刺槐林	10.669	19.632	17.605	13.696	15.519	15.427	13.704	12.524	12.176	10.275	10.321
		草地	9.448	22.295	17.135	12.857	16.238	14.987	14.692	14.523	13.254	9.878	11.421
	No.4	草地	9.692	18.688	17.752	13.634	15.577	13.401	12.375	10.502	11.935	9.576	10.039
		刺槐林	8.745	19.713	19.982	14.487	14.688	16.429	14.031	11.964	14.576	11.039	11.657
西杨家峁（西坡）	No.5	刺槐林	7.38	19.352	15.222	9.536	9.033 6	9.118 2	8.101 8	6.629 8	9.788	7.379 8	6.849 4
	No.6	草地	9.248	18.522	12.249	8.436 2	13.975	11.927	7.706 2	8.861 6	9.548	7.821 2	6.998
		刺槐林	7.278	17.164	16.935	14.052	8.124 4	9.516 2	12.271	6.824 8	7.794 4	7.341 2	7.313
	No.7	草地	9.205	18.122	15.683	10.411	14.06	13.453	9.7934	9.466	9.384 8	6.720 2	7.243 6
		刺槐林	7.148	17.581	12.271	11.687	9.530 8	8.697 2	7.937	6.654 2	8.534 4	7.041 4	6.225 2

表 5-83　秀家山不同林地株间、行间土壤水分调查表（1998-06-11）

单位:%

林分类型	方式	深度（cm）				
		0～20	20～40	40～60	60～80	80～100
侧柏	行间距	11.822	17.132	16.669	16.574	14.812
	株间距	12.943	15.838	14.812	14.7	13.571
刺槐（阴）	行间距	12.39	13.292	12.367	10.38	7.896
	株间距	10.01	10.651	10.365	9.125	8.251
刺槐（阳）	行间距	7.09 6	9.716 6	10.729	8.241	7.246
	株间距	9.496	11.62	11.67	9.393	12.471

表 5-84　土壤水分（1998-06-20）

单位:%

地点	林分类型	深度（cm）					
		0～20	20～40	40～60	60～80	80～100	平均值
西杨家峁（No.5）	未伐刺槐林	16.238	12.441	14.105	14.274	12.443	13.900 2
实验地	草地 1	13.044	13.554	15.364	14.488	13.814	14.052 8
秀家山（东坡 1 110 株/ha）	刺槐林	12.3	12.715	13.2	12.282	12.734	12.646 2
西杨家峁（No.4）	刺槐林 3	14.553	13.534	14.857	14.523	14.971	14.487 6
秀家山（东南 2 000 株/ha）	侧柏林	16.38	17.786	18.544	18.301	16.81	17.564 2
实验地（No.3）	刺槐林 2	10.633	11.069 3	9.415	9.815	11.124	10.411 26
实验地（No.3）	草地 2	9.295	10.05	13.13	13.153	12.811	11.687 8
西杨家峁（No.6）	草地 1	14.786	13.055	15.227	14.861	14.551	14.496
实验地（No.2）	刺槐林 1	8.388	7.77	7.759	8.807	9.457	8.436 2
西杨家峁（No.4）	草地 3	14.946	14.03	13.338	13.397	12.462	13.634 6
西杨家峁（No.2）	刺槐林 1	16.321	16.243	16.863	17.707	18.852	17.197 2
西杨家峁（No..3）	草地 2	10.525	10.767	15.035	13.638	14.322	12.857 4
实验地（No.5）	未伐刺槐林	10.374	8.746	8.367	10.767	9.426	9.536
西杨家峁（No.3）	刺槐林 2	14.95	11.455	14.064	14.218	13.795	13.696 4

表 5-85　土壤水分（1998-07-04）

单位:%

地点	林分类型	深度（cm）					
		0～20	20～40	40～60	60～80	80～100	平均值
西杨家峁	草地 3	7.273	8.497	10.805	11.689	10.194	9.6916
西杨家峁	刺槐林 3	7.688	8.794	8.922	9.00 3	9.317	8.744 8
西杨家峁	刺槐林	7.311	8.122	8.735	8.43	8.319	8.183 4
西杨家峁	刺槐林 2	8.091	10.315	11.094 3	12.081	11.765	10.669 26
西杨家峁	草地 2	7.085	8.721	10.029	10.741	10.664	9.448
西杨家峁	草地 1	7.472	7.997	8.496	7.647	8.064	7.935 2
西杨家峁	刺槐林 1	4.793	7.315	7.876	8.17	8.464	7.323 6
实验地	草地	9.247	8.567	9.978	9.992	8.239	9.204 6
实验地	草地	10.341	10.269	8.472	9.739	7.418	9.247 8
实验地	刺槐林	6.14	7.795	7.695	7.39	7.371	7.278 2
实验地	未伐刺槐林	7.381	7.654	7.708	7.428	6.731	7.380 4
实验地	伐刺槐林 2	6.791	7.445	7.278	7.435	6.79	7.147 8
秀家山	刺槐林	5.454	8.429	8.381	8.617	8.036	7.783 4
秀家山	侧柏林	11.62	12.791	13.887	12.785 5	13.683	12.953 3

表 5-86 土壤水分（1998-07-12）

单位：%

地点	林分类型	深度（cm）					
		0～20	20～40	40～60	60～80	80～100	平均值
秀家山	刺槐林	21.951	22.553	222.213	17.834	14.913	59.892 8
秀家山	侧柏林	23.305	25.41	24.659	22.152	20.744	23.254
实验地	刺槐林 2	19.854	20.925	18.178	16.849	12.1	17.5812
实验地	草地 2	19.504	20.886	20.012	16.302	13.906	18.122
实验地	刺槐林 1	18.37	19.468	19.914	15.695	12.377	17.164 8
西杨家峁	草地 3（伐刺槐）	21.355	21.205	20.671	18.087	12.126	18.688 8
西杨家峁	草地 1（伐刺槐）	19.83	20.22	20.369	18.305	16.243	18.993 4
西杨家峁	未伐刺槐林 1	20.58	21.384	19.755	17.465	15.181	18.873
西杨家峁	未伐刺槐林 2	22.525	21.987	19.724	18.631	15.295	19.632 4
西杨家峁	草地 2	21.375	22.597	23.227	22.819	21.46	22.295 6
西杨家峁	未伐刺槐林 3	20.86	22.067	21.225	18.28	15.134	19.513 2
西杨家峁	未伐刺槐林	22.046	22.087	20.136	16.265	10.223	18.151 4
实验地	未伐刺林	22.278	20.107	20.248	18.155	15.975	19.352 6
实验地	草地 1	18.423	20.118	19.524	18.804	15.744	18.522 6

表 5-87 土壤水分（1998-07-20）

单位：%

地点	林分类型	深度（cm）					
		0～20	20～40	40～60	60～80	80～100	平均值
秀家山	刺槐林	17.148	14.801	18.442	14.739	14.309	15.887 8
秀家山	侧柏林	14.551	18.706	17.189	15.184	15.325	16.191
实验地	草地 2	15.069	17.639	14.793	15.746	15.171	15.683 6
实验地	刺槐林 2	9.585	12.685	14.43	13.25	11.45	12.28
实验地	刺槐林 2	10.161	13.315	13.165	13.777	10.828	12.249 2
实验地	草地 1	16.273	16.292	18.345	16.298	17.469	16.935 4
实验地	刺槐林	15.606	15.23	16.41	15.219	13.645	15.222
西杨家峁	刺槐林	15.988	17.189	17.338	14.658	14.142	15.863
西杨家峁	草地 3	16.989	20.701	18.182	16.699	16.192	17.752 6
西杨家峁	刺槐林 3	22.02	20.1	20.84	18.733	18.218	19.982 2
西杨家峁	刺槐林 2	17.085	17.305	15.703	18.397	19.535	17.605
西杨家峁	草地 2	16.611	17.955	17.87	16.878	16.363	17.135 4
西杨家峁	草地 1	15.88	17.066	20.122	17.434	14.443	16.989
西杨家峁	刺槐林 1	10.383	19.37	19.139	21.525	19.17	17.917 4

表 5-88 土壤水分（1998-08-11）

单位：%

地点	林分类型	深度（cm）					
		0～20	20～40	40～60	60～80	80～100	平均值
秀家山	侧柏林	16.421	15.568	17.392	17.773	16.352	16.701 2
秀家山	刺槐林	12.916	13.473	11.688	11.351	14.092	12.704
实验地	未伐刺槐林	9.006	8.927	9.661	9.564	8.01	9.033 6
实验地	草地 1	12.629	14.093	14.118	14.56	14.479	13.975 8
实验地	伐刺槐林 1	7.713	8.121	7.658	8.556	8.574	8.124 4
实验地	草地 2	13.572	14.334	14.365	14.258	13.772	14.060 2
实验地	伐刺槐林 2	9.047	9.823	9.674	9.681	9.429	9.530 8
西杨家峁	刺槐林 1	16.295	18.313	17.9	18.425	19.195	18.025 6

（续）

地点	林分类型	深度（cm）					
		0～20	20～40	40～60	60～80	80～100	平均值
西杨家峁	草地 1	13.519	15.009	16.897	17.463	18.19	16.215 6
西杨家峁	草地 2	13.765	15.556	16.658	15.749	15.871	15.519 8
西杨家峁	刺槐林 2	16.851	15.659	16.568	16.626	15.486	16.238
西杨家峁	伐刺槐林 3	15.633	15.729	15.538	15.751	15.238	15.577 8
西杨家峁	刺槐林 3	16.36	12.275	15.604	15.171	14.033	14.688 6
西杨家峁	伐刺槐林	13.917	13.265	14.413	14.19	13.712	13.899 4

表 5-89　土壤水分（1998-08-26）

单位：%

地点	林分类型	深度（cm）					
		0～20	20～40	40～60	60～80	80～100	平均值
秀家山	侧柏林	19.2	18.65	15.95	16.55	17.75	17.62
秀家山	刺槐林	18.4	10.25	10.1	9.35	9.9	11.6
梨园上	刺槐林	18.146	9.719	10.073	8.731	10.868	11.507 4
实验地	未伐刺槐林	11.932	8.642	8.132	8.507	8.351	9.112 8
实验地	草地 1	17.77	9.974	9.401	11.103	11.389	11.927 4
实验地	刺槐林 1	15.642	9.671	7.225	7.462	7.581	9.516 2
实验地	草地 2	19.704	11.855	11.016	11.822	12.871	13.453 6
实验地	刺槐林 2	14.529	7.685	7.297	7.689	6.286	8.697 2
西杨家峁	刺槐林 1	18.529	16.35	15.214	15.687	13.178	15.791 6
西杨家峁	草地 1	18.923	15.242	14.789	13.508	13.849	15.262 2
西杨家峁	草地 2	18.988	13.223	14.374	14.964	15.589	15.427 6
西杨家峁	刺槐林 2	18.96	15.568	14.351	12.87	13.189	14.987 6
西杨家峁	草地 3	18.613	11.372	11.574	12.565	12.885	13.401 8
西杨家峁	刺槐林 3	21.123	16.171	14.71	14.112	16.033	16.429 8
西杨家峁	未伐刺槐林	18.553	12.711	12.619	11.191	12.078	13.430 4

表 5-90　土壤水分（1998-09-03）

单位：%

地点	林分类型	深度（cm）					
		0～20	20～40	40～60	60～80	80～100	平均值
秀家山	侧柏林	15.518	16.736	18.107	17.638	16.091	16.818
秀家山	刺槐林	15.202	12.192	9.967	9.87	8.207	11.087 6
梨园上	刺槐林	9.685	9.573	8.878	9.341	8.771	9.249 6
西杨家峁	未伐刺槐林	8.001	9.055	7.594	7.614	8.245	8.101 8
西杨家峁	伐刺槐林 1	8.857	8.639	6.699	6.117	8.219	7.706 2
西杨家峁	草地 1	13.671	12.79	12.38	11.78	10.735	12.271 2
西杨家峁	草地 2	10.178	10.25	9.029	9.665	9.845	9.793 4
西杨家峁	刺槐林 2	9.756	9.484	6.869	6.881	6.698	7.937 6
西杨家峁	刺槐林 1	14.677	13.577	12.078	12.974	11.9	13.041 2
西杨家峁	草地 1	13.724	14.456	11.766	11.9	12.035	12.776 2
西杨家峁	草地 2	14.459	13.502	14.493	13.126	12.94	13.704
西杨家峁	刺槐林 2	15.791	15.424	14.12	14.219	13.909	14.692 6
西杨家峁	草地 3	12.925	12.752	12.054	11.966	12.18	12.375 4
西杨家峁	刺槐林 3	14.706	15	14.704	13.186	13.047	14.031
西杨家峁	未伐刺槐林	14.338	13.323	11.782	10.189	11.043	12.135

表 5-91 土壤水分（1998-09-10）

单位：%

地点	林分类型	深度（cm）					
		0～20	20～40	40～60	60～80	80～100	平均值
秀家山	侧柏林	12.021	13.573	14.501	14.488	14.864	13.889 4
秀家山	刺槐林	9.425	10.427	9.095	10.044	9.02	9.602 2
梨园上	刺槐林	8.27	9.688	8.853	9.507	9.466	9.156 8
实验地	未伐刺槐林	6.717	6.289	6.069	7.112	6.962	6.629 8
实验地	草地 1	7.48	7.101	8.852	10.273	10.602	8.861 6
实验地	刺槐林 1	8.528	6.596	6.459	6.652	5.889	6.824 8
实验地	草地 2	9.824	8.381	9.63	9.861	9.634	9.466
实验地	刺槐林 2	5.896	6.403	7.231	7.655	6.086	6.654 2
西杨家峁	刺槐林 1	9.891	12.305	12.965	13.3	13.447	12.381 6
西杨家峁	草地 1	9.001	10.748	11.689	11.626	11.591	10.931
西杨家峁	草地 2	10.748	12.071	12.286	14.404	13.111	12.524
西杨家峁	刺槐林 2	13.372	14.712	16.579	14.275	13.677	14.523
西杨家峁	草地 3	9.872	10.515	10.935	10.468	10.721	10.502 2
西杨家峁	刺槐林 3	10.657	11.934	11.982	12.555	12.695	11.964 6
西杨家峁	未伐刺槐林	8.487	8.75	10.878	10.21	9.767	9.618 4

表 5-92 土壤水分（1998-09-22）

单位：%

地点	林分类型	深度（cm）					
		0～20	20～40	40～60	60～80	80～100	平均值
秀家山	侧柏林	19.116	16.72	16.623	15.389	14.863	16.542 2
秀家山	刺槐林	14.034	10.462	10.157	9.137	10.354	10.828 8
梨园上	刺槐林	15.234	9.232	8.695	8.594	8.109	9.972 8
实验地	未伐刺槐林	14.883	11.424	7.759	7.581	7.293	9.788
实验地	草地 1	14.469	10.835	7.641	7.37	7.425	9.548
实验地	刺槐林 1	11.456	7.808	6.459	6.293	6.956	7.794 4
实验地	草地 2	15.434	10.138	7.024	7.076	7.252	9.384 8
实验地	刺槐林 2	11.568	6.708	6.514	7.895	9.987	8.534 4
西杨家峁	刺槐林 1	18.021	14.814	14.761	12.081	13.235	14.582 4
西杨家峁	草地 1	12.007	10.681	10.712	9.54	11.357	10.859 4
西杨家峁	草地 2	14.662	10.442	11.796	11.951	12.03	12.176 2
西杨家峁	刺槐林 2	17.428	13.966	9.846	12.539	12.495	13.254 8
西杨家峁	草地 3	18.652	12.244	10.286	9.619	8.874	11.935
西杨家峁	刺槐林 3	19.306	14	13.313	12.792	13.369	14.576 2
西杨家峁	未伐刺槐林	18.495	11.065	10.032	9.238	11.939	12.153 8

表 5-93 土壤水分（1998-10-01）

单位：%

地点	林分类型	深度（cm）					
		0～20	20～40	40～60	60～80	80～100	平均值
秀家山	侧柏林	14.555	16.812	14.399	15.227	17.55	15.708 6
秀家山	刺槐林	10.596	10.491	7.744	9.374	9.802	9.601 4
梨园上	刺槐林	10.355	8.495	9.387	7.512	7.931	8.736
实验地	未伐刺槐林	10.281	6.242	5.921	6.848	7.607	7.379 8
实验地	草地 1	9.813	8.453	7.546	6.967	6.327	7.821 2
实验地	刺槐林 1	8.988	7.273	7.427	6.409	6.609	7.341 2

（续）

地点	林分类型	深度（cm）					
		0～20	20～40	40～60	60～80	80～100	平均值
实验地	草地2	5.585	5.653	7.838	8.166	6.359	6.720 2
实验地	刺槐林2	8.588	6.523	5.597	7.363	7.135	7.041 2
西杨家峁	刺槐林1	11.919	10.232	10.238	9.885	10.636	10.582
西杨家峁	草地1	9.823	8.889	8.454	7.571	7.843	8.516
西杨家峁	草地2	12.311	9.068	9.781	9.802	10.413	10.275
西杨家峁	刺槐林2	10.966	12.563	8.587	7.204	10.042	9.872 4
西杨家峁	草地3	10.679	8.17	10.587	9.267	9.189	9.578 4
西杨家峁	刺槐林3	11.19	12.71	10.816	11.113	9.364	11.038 6
西杨家峁	未伐刺槐林	9.425	8.412	8.47	8.11	11.056	9.094 6

表5-94　土壤水分（1998-10-12）

单位：%

地点	林分类型	深度（cm）					
		0～20	20～40	40～60	60～80	80～100	平均值
秀家山	侧柏林	11.582	13.335	13.956	14.939	15.174	13.797 2
秀家山	刺槐林	8.998	9.538	8.21	8.953	8.967	8.933 2
梨园上	刺槐林	7.801	6.321	8.109	7.108	6.668	7.201 4
实验地	未伐刺槐林	6.845	6.742	6.513	7.149	6.998	6.849 4
实验地	草地1	7.206	6.926	7.029	6.839	6.988	6.997 6
实验地	刺槐林1	6.854	6.527	7.382	8.716	7.089	7.313 6
实验地	草地2	8.386	6.726	6.926	7.246	6.934	7.243 6
实验地	刺槐林2	59.47	6.935	5.902	6.53	5.812	16.929 8
西杨家峁	刺槐林1	12.54	12.797	13.716	13.855	13.47	13.275 6
西杨家峁	草地1	9.14	9.222	8.036	7.648	7.339	8.277
西杨家峁	草地2	9.799	10.127	10.841	10.683	10.158	10.321 6
西杨家峁	刺槐林2	12.767	11.5	10.155	11.21	11.475	11.421 4
西杨家峁	草地3	9.389	10.839	10.199	9.768	10.082	10.055 4
西杨家峁	刺槐林3	12.587	9.163	12.355	11.729	12.454	11.657 6
西杨家峁	未伐刺槐林	7.875	8.659	10.338	9.686	9.506	9.212 8

表5-95　1999年蔡家川基地侧柏盆栽试验土壤水分

单位：%

日期（月-日）	0～20cm	20～40cm	40～60cm	60～80cm	平均
06-30	4.98	6.55	7.56	10.38	7.37
07-09	16.77	13.24	15.72	7.67	13.35
07-20	10.82	10.42	9.34	8.18	9.69
07-28	4.90	7.00	6.53	6.21	6.16
08-11	9.90	13.42	10.20	8.21	10.43
08-21	6.88	6.91	6.93	7.34	7.02
08-31	8.93	5.40	6.64	7.10	7.02
09-11	14.92	14.39	8.10	8.88	11.57
09-20	16.94	15.24	11.01	10.77	13.49
10-01	13.86	12.75	11.57	10.26	12.11
10-19	8.29	9.28	11.75	9.94	9.82

表5-96　1999年蔡家川基地刺槐盆栽试验土壤水分

单位：%

日期（月-日）	0～20cm	20～40cm	40～60cm	60～80cm	平均
06-30	15.64	18.51	21.18	20.37	18.93

（续）

日期（月-日）	0～20cm	20～40cm	40～60cm	60～80cm	平均
07-09	21.16	21.99	21.21	19.59	20.99
07-20	17.55	18.68	19.56	19.26	18.76
07-28	11.53	11.74	13.55	12.94	12.44
08-11	10.54	8.10	9.52	10.09	9.56
08-21	7.00	8.04	7.69	13.81	9.14
08-31	10.81	8.73	7.87	7.22	8.66
09-11	18.57	10.51	8.43	8.56	11.52
09-20	16.68	15.40	14.60	8.01	13.67
10-01	10.30	10.34	10.05	9.63	10.08
10-19	9.03	8.72	9.14	8.58	8.87

表 5-97　1999 年蔡家川基地杏树盆栽试验土壤水分

单位：%

日期（月-日）	0～20cm	20～40cm	40～60cm	60～80cm	平均
06-30	13.89	17.13	16.82	16.44	16.07
07-09	23.39	21.53	19.63	16.30	20.21
07-20	18.48	18.71	19.35	18.32	18.72
07-28	16.91	14.34	20.87	19.17	17.82
08-11	24.58	18.76	17.55	16.84	19.43
08-21	14.08	14.00	16.45	16.67	15.30
08-31	14.64	16.28	15.49	17.01	15.86
09-11	17.63	16.10	15.19	15.76	16.17
09-20	20.38	18.89	12.43	16.00	16.93
10-01	20.30	19.35	17.79	17.39	18.71
10-19	21.11	21.62	19.86	20.65	20.81

表 5-98　1999 年蔡家川基地梨树盆栽试验土壤水分

单位：%

日期（月-日）	0～20cm	20～40cm	40～60cm	60～80cm	平均
06-30	17.83	15.54	20.76	23.76	19.47
07-09	23.80	23.59	18.58	21.29	21.82
07-20	20.21	22.61	21.53	18.71	20.77
07-28	21.05	47.75	20.89	17.35	26.76
08-11	19.27	20.38	27.74	26.58	23.49
08-21	15.68	16.48	17.15	17.53	16.71
08-31	15.69	16.35	16.01	16.17	16.06
09-11	18.46	14.27	13.12	12.66	14.63
09-20	18.13	16.98	14.15	12.78	15.51
10-01	15.45	16.92	16.01	14.30	15.67
10-19	19.57	14.37	19.66	15.86	17.37

表 5-99　1999 年秀家山东南坡侧柏林土壤水分

单位：%

日期（月-日）	0～20cm	20～40cm	40～60cm	60～80cm	80～120cm	平均
06-30	6.44	10.11	8.71	9.12	8.67	8.61
07-09	22.11	26.21	13.32	10.56	10.79	16.60
07-20	9.83	13.26	12.54	9.95	10.96	11.31

（续）

日期（月-日）	0～20cm	20～40cm	40～60cm	60～80cm	80～120cm	平均
07-28	6.83	6.90	8.77	9.01	8.39	7.98
08-11	8.06	8.47	10.33	9.41	8.11	8.88
08-21	4.98	7.04	7.86	7.81	8.21	7.18
08-31	8.72	8.36	8.14	8.94	8.38	8.51
09-11	16.84	11.85	10.00	9.54	9.78	11.60
09-20	16.68	11.66	8.51	9.24	9.40	11.10
10-01	23.31	16.38	15.29	12.53	11.82	15.87
10-19	12.39	15.74	16.42	15.56	15.11	15.04

表 5-100　1999 年秀家山东坡刺槐林土壤水分

单位：%

日期（月-日）	0～20cm	20～40cm	40～60cm	60～80cm	80～120cm	平均
06-30	8.18	9.25	7.93	7.70	7.64	8.14
07-09	19.55	16.50	12.36	7.07	8.22	12.74
07-20	9.13	8.25	8.65	7.58	6.56	8.03
07-28	5.51	6.91	5.64	8.91	7.39	6.87
08-11	6.55	7.88	7.01	7.31	6.46	7.04
08-21	7.78	7.53	8.53	7.42	6.78	7.61
08-31	8.61	7.90	7.52	7.35	7.43	7.76
09-11	14.37	8.77	8.39	8.33	8.29	9.63
09-20	13.32	10.04	8.65	8.74	9.00	9.95
10-01	15.12	10.71	7.32	7.96	9.42	10.11
10-19	14.23	15.29	14.06	13.13	12.26	13.79

表 5-101　1999 年西杨家峁南坡刺槐林土壤水分

单位：%

日期（月-日）	0～20cm	20～40cm	40～60cm	60～80cm	80～120cm	平均
06-30	5.86	6.69	6.37	6.24	6.53	6.34
07-09	19.51	8.83	6.65	6.32	6.62	9.59
07-20	8.33	6.99	8.31	10.32	6.05	8.00
07-28	4.02	5.53	5.20	5.05	5.03	4.97
08-11	6.28	5.64	7.62	7.21	6.17	6.58
08-21	3.85	4.99	5.65	5.59	5.37	5.09
08-31	8.66	6.85	5.99	6.23	6.52	6.85
09-11	16.41	8.99	9.68	7.63	7.10	9.96
09-20	13.95	8.74	6.76	7.09	6.85	8.68
10-01	17.98	10.35	8.12	7.34	6.79	10.12
10-19	9.85	10.90	9.45	7.54	7.37	9.02

表 5-102　1999 年西杨家峁南坡草地土壤水分

单位：%

日期（月-日）	0～20cm	20～40cm	40～60cm	60～80cm	80～120cm	平均
06-30	5.82	7.07	6.01	6.76	6.41	6.41
07-09	18.11	8.28	8.98	6.44	6.47	9.66
07-20	8.68	6.72	7.19	6.24	6.49	7.06
07-28	3.91	4.90	4.90	4.92	5.36	4.80
08-11	5.82	9.26	5.56	5.86	6.75	6.65
08-21	4.45	5.44	5.49	5.68	6.00	5.41

（续）

日期（月一日）	0～20cm	20～40cm	40～60cm	60～80cm	80～120cm	平均
08-31	8.10	5.94	6.25	6.04	6.03	6.47
09-11	14.68	10.23	10.63	7.98	7.34	10.17
09-20	13.21	8.01	6.33	6.74	6.09	8.08
10-01	9.48	10.07	10.91	7.51	7.03	9.00
10-19	11.50	11.79	11.02	10.31	7.94	10.51

表 5-103　1999 年西杨家峁南坡刺槐林土壤水分

单位：%

日期（月一日）	0～20cm	20～40cm	40～60cm	60～80cm	80～120cm	平均
06—30	5.74	7.49	6.94	7.20	9.61	7.40
07—09	13.49	6.46	5.83	6.77	6.25	7.76
07—20	8.26	8.87	6.05	7.51	5.12	7.16
07—28	4.43	5.00	5.17	5.09	5.46	5.03
08—11	6.88	6.13	4.92	6.30	6.81	6.21
08—21	4.30	5.14	5.68	5.32	5.60	5.21
08—31	5.46	5.35	7.15	5.43	5.96	5.87
09—11	12.35	9.19	6.97	6.20	6.39	8.22
09—20	13.93	6.49	6.70	7.40	6.33	8.17
10—01	17.75	12.36	8.33	10.89	8.34	11.53
10—19	10.76	11.41	10.46	9.56	8.06	10.05

表 5-104　1999 年西杨家峁南坡草地土壤水分

单位：%

日期（月一日）	0～20cm	20～40cm	40～60cm	60～80cm	80～120cm	平均
06—30	4.78	6.31	7.02	6.60	6.70	6.28
07—09	19.21	10.69	6.75	7.26	5.89	9.96
07—20	13.88	10.64	8.99	7.19	6.17	9.37
07—28	4.14	5.51	4.88	5.15	5.99	5.13
08—11	4.84	6.19	6.65	5.98	6.59	6.05
08—21	3.58	5.23	5.45	5.42	5.67	5.07
08—31	7.45	5.37	5.89	5.77	4.30	5.76
09—11	8.94	6.31	6.71	6.53	6.57	7.01
09—20	13.08	4.40	6.58	6.44	4.85	7.07
10—01	16.57	10.99	6.97	7.69	6.57	9.76
10—19	8.40	11.22	10.77	10.51	9.99	10.18

表 5-105　1999 年西杨家峁西坡刺槐林土壤水分

单位：%

日期（月一日）	0～20cm	20～40cm	40～60cm	60～80cm	80～120cm	平均
06—30	4.94	5.80	6.71	6.48	6.75	6.14
07—09	18.05	14.94	11.52	6.62	6.95	11.62
07—20	7.18	6.40	7.44	7.12	6.15	6.86
07—28	5.39	4.93	6.14	4.92	5.86	5.45
08—11	7.65	5.70	6.13	6.21	9.12	6.96
08—21	4.81	4.40	5.30	5.59	6.77	5.37
08—31	6.96	5.87	5.83	5.83	5.78	6.05
09—11	13.89	6.26	8.03	5.94	7.08	8.24
09—20	13.65	9.08	6.20	6.37	5.86	8.23
10—01	15.24	12.45	10.34	8.23	6.73	10.60
10—19	16.83	10.28	8.96	9.44	7.04	10.51

表 5-106　1999 年 No. 1 标地草地土壤水分

日期（月一日）	0～20cm	20～40cm	40～60cm	60～80cm	80～120cm	平均
06—30	7.43	10.27	10.47	10.38	7.87	9.28
07—09	19.17	9.57	7.02	6.90	7.67	10.07
07—20	11.86	11.46	14.50	18.58	8.83	13.05
07—28	5.88	7.16	6.56	7.95	5.58	6.63
08—11	6.69	6.73	6.45	7.44	7.16	6.89
08—21	5.75	6.16	6.42	6.62	7.00	6.39
08—31	6.62	6.86	7.38	6.60	6.98	6.89
09—11	9.60	7.86	8.11	7.00	6.89	7.89
09—20	15.56	8.50	7.07	7.43	7.90	9.29
10—01	19.31	16.52	14.32	14.20	10.54	14.98
10—19	13.90	13.35	12.95	11.64	10.10	12.39

表 5-107　1999 年 No. 2 标地草地土壤水分

日期（月一日）	0～20cm	20～40cm	40～60cm	60～80cm	80～120cm	平均
06—30	7.76	7.31	7.64	7.68	7.88	7.65
07—09	11.94	13.57	11.95	10.39	10.50	11.67
07—20	12.67	13.18	12.31	9.03	9.49	11.34
07—28	5.88	7.32	7.27	7.34	8.15	7.19
08—11	7.54	7.48	8.25	7.68	7.70	7.73
08—21	6.27	7.03	7.24	8.47	9.90	7.78
08—31	11.97	7.75	7.86	7.43	7.31	8.46
09—11	14.17	8.16	10.58	7.98	8.73	9.92
09—20	16.98	9.07	8.42	8.41	8.50	10.28
10—01	10.20	16.80	15.39	13.09	12.28	13.55
10—19	16.99	15.49	12.81	11.83	11.11	13.65

表 5-108　1999 年 No. 3 标地草地土壤水分

日期（月一日）	0～20cm	20～40cm	40～60cm	60～80cm	80～120cm	平均
06—30	6.48	8.19	8.94	7.03	8.68	7.86
07—09	18.36	12.85	7.91	8.39	7.99	11.10
07—20	9.36	9.25	9.31	7.81	7.41	8.63
07—28	8.35	6.99	7.09	6.97	6.98	7.28
08—11	5.74	7.86	8.21	7.66	6.87	7.27
08—21	5.75	7.28	7.13	6.88	7.00	6.81
08—31	7.07	7.21	7.28	7.25	6.94	7.15
09—11	16.33	7.66	7.99	8.38	8.48	9.77
09—20	15.61	12.98	8.50	8.47	7.66	10.64
10—01	15.59	10.66	10.24	13.49	7.88	11.57
10—19	10.15	14.67	13.79	11.04	9.68	11.87

表 5-109　1999 年 No. 1 标地刺槐林土壤水分

日期（月一日）	0～20cm	20～40cm	40～60cm	60～80cm	80～120cm	平均
06—30	9.09	9.67	9.83	4.42	8.79	8.36
07—09	18.60	10.82	7.25	7.62	8.22	10.50
07—20	11.98	11.80	29.34	10.12	8.73	14.39
07—28	5.99	7.51	8.65	6.24	7.25	7.13
08—11	7.16	7.95	7.42	8.09	9.15	7.95
08—21	5.81	6.06	6.58	7.51	7.45	6.68
08—31	9.03	6.83	7.37	7.59	7.30	7.62
09—11	15.93	8.96	8.10	8.48	8.25	9.94
09—20	13.50	11.14	8.26	9.30	7.46	9.93
10—01	16.25	15.08	12.39	12.60	9.47	13.16
10—19	14.00	13.66	13.19	12.69	12.66	13.24

表 5-110　1999 年 No.2 标地刺槐林土壤水分

日期（月一日）	0～20cm	20～40cm	40～60cm	60～80cm	80～120cm	平均
06—30	5.41	7.40	8.43	8.58	8.65	7.69
07—09	19.05	11.49	9.97	9.14	7.83	11.50
07—20	14.18	12.79	10.47	10.99	9.56	11.60
07—28	8.18	9.46	9.13	9.54	11.03	9.47
08—11	8.71	8.57	8.77	7.74	8.08	8.37
08—21	6.71	6.84	7.40	7.21	7.26	7.08
08—31	10.55	8.04	10.52	8.32	7.33	8.95
09—11	12.66	8.88	8.02	8.10	8.21	9.17
09—20	15.11	12.16	8.07	8.11	8.27	10.34
10—01	18.42	15.53	17.53	11.80	9.63	14.58
10—19	14.14	14.00	13.34	12.02	12.91	13.28

表 5-111　1999 年 No.3 标地刺槐林土壤水分

日期（月一日）	0～20cm	20～40cm	40～60cm	60～80cm	80～120cm	平均
06—30	7.76	8.92	8.45	8.85	7.01	8.20
07—09	16.60	12.70	7.95	8.57	8.78	10.92
07—20	13.65	8.68	8.89	9.18	8.59	9.80
07—28	5.53	5.94	6.26	4.58	9.97	6.46
08—11	7.23	8.15	10.32	8.23	8.01	8.39
08—21	6.29	6.85	7.34	7.29	7.15	6.98
08—31	9.92	8.29	12.98	8.81	8.00	9.60
09—11	8.57	10.09	8.77	8.37	8.11	8.78
09—20	17.30	14.05	10.01	7.59	8.30	11.45
10—01	18.65	12.59	9.52	8.15	9.43	11.67
10—19	15.75	15.26	16.54	14.52	14.47	15.31

表 5-112　1999 年 No.4 标地刺槐林土壤水分

日期（月一日）	0～20cm	20～40cm	40～60cm	60～80cm	80～120cm	平均
06—30	8.68	9.02	8.49	10.37	8.13	8.94
07—09	20.61	11.46	7.88	8.64	10.59	11.84
07—20	10.49	10.03	11.40	9.19	8.76	9.97
07—28	6.49	6.04	6.72	5.88	7.38	6.50
08—11	8.19	7.83	8.63	7.27	6.96	7.78
08—21	5.86	6.27	6.80	6.67	7.18	6.56
08—31	7.27	7.92	7.54	7.33	7.16	7.44
09—11	15.46	9.91	8.45	7.45	7.93	9.84
09—20	16.37	13.22	9.46	7.34	8.13	10.90
10—01	18.49	13.67	10.02	9.78	8.30	12.05
10—19	13.68	13.78	13.08	13.02	13.24	13.36

表 5-113　1999 年梨园上南坡刺槐林土壤水分

日期（月一日）	0～20cm	20～40cm	40～60cm	60～80cm	80～120cm	平均
06—30	6.70	7.07	6.48	6.91	6.88	6.81
07—09	17.87	11.86	8.17	7.11	7.24	10.45
07—20	5.61	9.40	7.00	6.97	9.74	7.74
07—28	5.29	6.55	6.99	5.80	8.03	6.53
08—11	9.04	7.89	8.93	17.75	8.55	10.43
08—21	5.42	6.11	6.08	9.93	8.87	7.28
08—31	9.25	6.24	6.65	6.34	7.56	7.21
09—11	15.03	7.61	10.81	7.22	6.22	9.38
09—20	16.07	10.71	7.25	8.05	8.48	10.11
10—01	19.22	14.54	10.77	10.96	10.78	13.25
10—19	14.11	13.99	12.21	10.66	8.93	11.98

注：以上数据由北京林业大学水土保持学院魏天兴提供。

5.3.2.3　2000年不同地类土壤水分观测

2000年在吉县蔡家川流域采用烘干称重法对不同地类的土壤水分进行了观测（表5-114～表5-115，朱清科）。

表5-114　2000年各样地基本情况

样地序号	地名	土地利用
56	梨园上	林地—刺槐
57	西杨家峁	草地1
58	西杨家峁	草地2
59	西杨家峁	草地3
60	西杨家峁	林地—刺槐1
61	西杨家峁	林地—刺槐2
62	西杨家峁	林地—刺槐3
63	西杨家峁	林地—刺槐4
64	油桶小区1	林地—刺槐
65	油桶小区2	草地1
66	油桶小区2	林地—刺槐
67	油桶小区3	草地
68	油桶小区3	林地—刺槐
69	闫家社院	林地—刺槐
70	闫家社院	林地—梨树
71	闫家社院	林地—杏树
72	闫家社院	林地—侧柏
73	秀家山	林地—侧柏
74	秀家山	林地—刺槐

表5-115　各样地土壤含水量（2000年）

单位：%

样地号	日期（月—日）	土层（cm）				
		0～20	20～40	40～60	60～80	80～100
56	05—21	5.85	7.45	7.47	9.07	9.43
	05—31	5.85	7.09	4.90	8.53	6.35
	06—11	10.96	10.06	10.15	8.61	7.49
	06—23	13.56	12.91	9.43	10.63	9.42
	07—07	23.52	12.15	10.55	8.78	10.47
57	05—21	4.34	6.08	7.26	7.28	8.14
	05—31	5.64	5.78	6.11	8.58	4.70
	06—11	10.65	8.02	7.44	7.56	7.57
	06—23	14.60	7.80	7.25	7.27	7.32
	07—07	19.26	13.90	10.40	10.63	9.51
58	05—21	3.54	7.31	7.47	7.39	7.54
	05—31	8.61	5.57	5.50	7.49	5.93
	06—11	11.99	10.03	7.83	6.18	7.06
	06—23	10.44	10.18	7.82	7.97	8.52
	07—07	18.11	11.75	13.63	8.25	12.88
59	05—21	6.89	7.65	7.90	6.70	8.58
	05—31	5.88	7.88	9.05	5.88	7.92
	06—11	12.16	9.25	8.38	8.06	7.99
	06—23	9.33	8.06	7.76	8.40	6.96
	07—07	15.71	11.64	9.41	8.48	9.01
60	05—21	6.15	6.91	9.41	7.81	7.97
	05—31	7.92	6.32	5.08	7.48	5.31
61	05—31	8.70	10.91	5.99	6.68	6.32
	06—11	10.93	10.36	8.72	9.13	8.39
	06—23	11.40	8.87	8.40	10.00	8.24
	07—07	20.00	15.83	12.94	10.86	7.85
	05—21	7.52	7.89	8.43	9.06	9.11

（续）

样地号	日期（月一日）	土层（cm）				
		0～20	20～40	40～60	60～80	80～100
62	05－31	8.83	6.17	10.01	6.28	8.29
	06－11	9.79	7.44	7.99	6.94	7.19
	06－23	15.21	9.46	8.86	8.16	7.09
	07－07	21.00	18.33	15.99	13.01	13.34
63	05－21	7.04	6.49	8.60	8.70	8.78
	05－31	6.82	9.63	11.00	8.29	6.22
	06－11	13.02	8.94	8.74	13.58	8.50
	06－23	14.86	8.82	9.15	8.40	8.10
	07－07	16.24	13.99	13.40	10.91	10.13
64	05－21	4.02	5.69	6.23	5.77	5.20
	05－31	6.46	5.32	6.58	8.24	5.95
	06－11	12.80	7.15	6.35	5.89	6.39
	06－23	14.29	7.18	7.05	6.82	7.40
	07－07	21.29	13.74	22.87	11.84	10.24
65	05－21	4.94	6.44	6.35	6.74	5.56
	05－31	3.87	4.38	10.42	5.17	8.11
	06－11	9.64	7.86	7.24	8.28	6.58
	06－23	14.21	7.83	6.85	8.50	6.48
	07－07	15.46	8.93	7.19	6.68	6.61
67	05－21	4.92	5.35	4.94	7.07	6.93
	05－31	6.39	5.91	4.39	8.13	6.64
	06－11	11.52	6.40	6.41	6.40	6.46
	06－23	9.47	7.06	6.54	6.32	5.90
	07－07	19.30	17.02	13.44	9.22	7.94
68	05－21	4.29	6.64	4.25	5.56	5.73
	05－31	6.95	7.35	5.30	5.87	9.50
	06－11	7.90	7.37	5.82	5.83	6.01
	06－23	9.69	6.59	6.15	6.32	6.81
	07－07	16.59	9.42	7.69	9.66	7.03
69	05－21	8.06	6.76	7.13	7.22	—
	05－31	5.00	7.26	8.42	7.36	—
	06－11	6.09	6.50	6.78	7.35	—
	06－23	13.84	9.85	8.43	7.04	—
	07－07	6.83	6.37	6.69	6.45	—
70	05－21	12.99	11.00	10.52	11.00	—
	05－31	14.92	14.40	13.82	9.58	—
	06－11	9.57	8.65	11.23	9.87	—
	06－23	11.95	8.58	11.29	11.96	—
	07－07	12.63	11.48	10.02	10.38	—
71	05－21	18.78	20.24	19.49	16.54	—
	05－31	20.08	35.91	28.45	11.25	—
	06－11	17.59	17.40	17.46	17.54	—
	06－23	17.38	17.52	17.23	16.79	—
	07－07	15.67	15.62	16.25	16.70	—
72	05－21	5.10	4.96	6.89	5.51	—
	05－31	4.77	10.58	8.54	7.46	—
	06－11	5.51	5.04	4.90	4.43	—
	06－23	17.21	14.62	10.28	7.85	—
	07－07	10.63	8.20	8.46	6.81	—
73	05－21	6.69	8.27	8.53	11.54	8.90
	05－31	4.32	7.66	13.62	13.28	8.27
	06－11	8.76	10.43	9.24	6.61	8.43
	06－23	13.56	9.57	9.65	9.79	9.42
	07－07	17.64	13.35	10.62	10.06	10.57
74	05－21	7.54	7.45	9.48	10.53	10.14
	05－31	5.87	4.95	17.16	8.76	11.66
	06－11	9.76	8.32	8.36	7.89	8.72
	06－23	16.38	8.73	9.58	8.80	8.92
	07－07	17.19	15.26	12.80	9.83	9.25

注：以上数据由北京林业大学水土保持学院朱清科提供。

5.3.2.4　2002年不同地类土壤水分观测

2002年在吉县蔡家川流域采用烘干称重法对不同地类的土壤水分进行了观测（表5-116～表5-117，朱清科）。

表5-116　2002年样地基本情况

样地序号	地名	土地利用
1	北林基地	杏树
2	北林基地	刺槐
3	北林基地	梨树
4	北林基地	侧柏
5	秀家山	梨园
6	秀家山	杏树
7	秀家山	刺槐
8	秀家山	侧柏
9	基地院内	杏树雨量筒
10	基地院内	梨树雨量筒
11	基地院内	侧柏雨量筒
12	基地院内	刺槐蒸渗筒
13		山杏
14	场部	梨树
15	杏园	杏林（套圈）
16	杏园	杏林（普通）
17	北坡	林带－天然混交林
18	东杨家峁	刺槐＋油松
19	东杨家峁	油松
20	东杨家峁	草地－退耕地
21	西杨家峁西	林地－刺槐林
22	西杨家峁	林地－刺槐林
23	西杨家峁	林地－刺槐林
24	西杨家峁西	林地－刺槐林
25	西杨家峁	林地－刺槐林
26	西杨家峁	人工混交林－刺槐
27	西杨家峁	人工混交林－侧柏

表5-117　2002年各样地土壤含水量

单位：%

样地号	日期（月－日）	土层（cm）				
		0～20	20～40	40～60	60～80	80～100
1	05－16	21.62	21.77	21.19	20.59	—
	06－15	11.71	11.25	11.82	12.54	—
	07－03	8.34	7.85	7.47	7.85	—
	07－15	3.19	6.91	6.75	6.83	—
	07－31	8.89	6.96	6.36	6.49	—
	08－15	11.05	9.83	69.85	9.48	—
	09－30	5.84	9.47	17.79	2.59	—
2	05－16	22.02	20.78	20.55	21.19	—
	06－15	5.79	6.46	6.49	6.52	—
	07－03	15.91	8.02	6.53	6.06	—
	07－15	5.84	5.51	5.87	5.75	—
	07－31	10.58	7.72	5.72	5.50	—
	08－15	12.03	9.38	9.72	9.51	—
	09－30	10.64	5.24	8.59	7.64	—
	05－16	20.04	19.95	19.72	19.55	—
	06－15	8.49	10.35	12.70	14.24	—

（续）

样地号	日期（月—日）	土层（cm）				
		0～20	20～40	40～60	60～80	80～100
3	07—03	14.17	9.57	7.08	12.67	—
	07—15	6.03	7.40	9.23	11.10	—
	07—31	10.04	9.71	9.19	9.51	—
	08—15	17.04	13.02	12.41	14.53	—
	09—30	5.52	12.25	5.46	6.61	—
4	05—16	20.91	19.74	18.98	19.47	—
	06—15	8.52	11.93	12.44	14.82	—
	07—03	7.90	8.38	8.62	8.45	—
	07—15	4.63	5.37	5.11	5.16	—
	07—31	5.22	4.94	4.95	5.30	—
	08—15	10.02	7.91	7.76	9.20	—
	09—30	15.46	8.69	10.05	4.90	—
5	05—26	12.44	12.73	12.86	16.87	12.64
	06—02	12.33	17.19	18.43	18.78	18.85
	06—12	20.39	19.76	20.50	17.86	18.49
	06—27	18.19	17.13	22.51	16.86	15.62
	07—08	10.52	8.95	8.20	2.94	6.25
	07—26	9.71	9.36	9.40	10.14	10.99
	08—07	8.55	9.26	10.28	10.28	11.14
	08—14	12.96	8.55	11.56	12.41	12.33
	09—16	4.59	8.79	8.06	7.87	9.35
	09—26	11.61	7.17	3.36	6.75	4.26
	10—05	7.95	11.55	8.51	8.78	5.15
6	06—02	8.98	12.99	13.27	14.90	16.57
	06—12	18.38	17.76	16.76	16.76	17.77
	06—27	19.50	16.24	16.89	16.66	16.76
	07—08	15.85	11.47	10.19	3.95	2.51
	07—26	15.95	15.07	13.18	14.06	14.30
	08—07	10.45	13.55	13.13	12.97	14.10
	08—14	11.60	8.79	7.50	10.92	11.69
	09—16	9.65	9.50	5.95	5.08	2.71
	09—26	11.66	10.69	6.55	10.24	4.53
	10—05	29.74	10.59	8.73	10.05	7.40
7	06—02	8.35	9.88	9.81	10.04	10.87
	06—12	14.70	11.33	11.03	11.23	11.46
	06—27	14.37	9.32	8.45	8.53	9.03
	07—08	17.17	8.14	8.75	3.54	4.70
	07—26	8.92	6.39	6.46	6.86	6.56
	08—07	8.32	7.84	7.53	9.17	7.41
	08—14	9.18	5.79	7.80	5.82	6.76
	09—16	10.24	10.81	6.88	7.24	8.08
	09—26	9.35	12.81	14.18	6.89	4.23
	10—05	10.45	11.10	7.09	7.91	5.01
8	06—02	8.41	11.69	13.37	13.51	13.64
	06—12	17.84	17.17	14.19	13.21	13.14
	06—27	18.22	18.33	18.19	17.33	16.53
	07—08	12.80	13.49	7.38	6.77	6.53
	07—26	11.74	9.92	14.43	16.12	16.54
	08—07	8.16	11.20	13.38	15.56	14.61
	08—14	9.02	8.12	8.66	9.82	9.90
	09—16	11.74	5.88	9.91	4.56	4.32
	09—26	10.21	6.09	10.75	8.77	10.24
	10—05	9.55	10.59	15.07	9.92	6.07

（续）

样地号	日期（月一日）	土层（cm）				
		0～20	20～40	40～60	60～80	80～100
9	05—30	16.35	16.68	16.83	17.70	—
10	05—30	11.13	15.27	16.17	17.38	—
11	05—30	16.67	16.95	18.38	17.68	—
12	05—30	9.89	10.59	10.52	14.60	—
13	05—02	22.31	21.47	18.06	20.22	—
14	05—02	20.01	17.83	18.51	16.36	—
15	05—30	8.46	10.06	10.71	11.41	11.79
16	05—30	9.37	13.23	29.20	15.04	16.10
	06—04	21.00	17.33	14.19	19.29	13.97
	06—12	17.76	14.58	13.64	12.77	13.45
	06—27	22.02	14.78	12.40	12.62	12.45
	07—08	15.59	15.99	9.96	11.71	10.99
17	07—25	10.56	10.99	11.59	13.35	10.82
	08—06	12.39	9.13	11.86	12.10	12.49
	08—16	14.77	11.83	9.55	9.41	10.27
	09—17	13.14	10.57	9.57	5.42	13.06
	09—26	10.06	12.28	9.41	9.63	8.03
	10—05	7.53	7.28	7.29	6.12	9.31
	06—06	14.29	10.92	10.01	11.06	11.76
	06—14	12.88	11.60	11.89	11.57	11.64
	06—27	18.11	13.71	8.62	4.44	10.09
	07—08	7.28	8.37	11.37	11.01	7.97
18	07—26	9.79	7.50	7.39	8.15	8.45
	08—08	6.74	6.95	7.05	7.10	7.62
	08—14	8.09	6.85	6.64	8.48	7.17
	09—17	9.07	10.18	3.15	5.62	4.32
	09—27	10.43	12.10	8.73	5.02	8.61
	10—05	10.08	8.41	5.49	10.27	5.38
	06—02	10.41	8.89	10.67	12.26	12.80
	06—14	10.62	9.81	11.99	12.65	13.15
	06—27	13.26	14.41	9.54	7.29	9.97
	07—08	13.11	7.26	9.19	10.70	10.42
19	07—26	8.47	7.53	7.96	9.15	9.35
	08—08	7.70	7.77	8.54	8.43	8.74
	08—14	15.22	15.79	19.72	11.16	20.19
	09—17	5.32	12.38	11.07	6.60	5.05
	09—27	11.93	10.07	9.08	9.09	4.78
	10—05	8.65	15.07	10.18	8.65	7.15
	06—27	14.80	11.85	6.86	8.03	5.90
	08—01	7.23	8.06	8.35	8.75	9.90
	08—08	8.06	6.23	9.37	9.08	9.44
20	08—14	12.90	8.18	6.93	8.86	10.04
	09—17	7.01	9.13	12.32	3.00	5.25
	09—27	7.90	8.48	8.08	7.45	4.93
	10—05	10.56	10.26	7.24	7.48	4.98
	05—27	7.75	8.75	9.00	9.30	10.77
	06—02	5.54	6.92	7.38	7.47	7.59
	06—12	10.66	9.14	7.28	7.39	7.35
	06—27	15.05	6.49	7.37	6.99	6.33
	07—08	3.98	7.01	8.26	5.58	3.68
21	07—26	7.20	7.27	7.29	7.27	7.27
	08—06	4.76	7.76	7.95	5.44	8.12
	08—14	8.89	4.82	5.31	5.38	8.01

（续）

样地号	日期（月一日）	土层（cm）				
		0～20	20～40	40～60	60～80	80～100
	09—16	6.48	7.73	8.37	6.06	4.70
	09—26	12.35	11.32	13.83	8.42	4.43
	10—05	11.69	7.59	11.83	9.28	3.69
22	05—25	7.25	8.31	8.55	12.28	8.54
	06—02	4.21	6.55	7.67	8.21	8.94
	06—12	11.59	7.56	7.10	7.15	7.10
	06—27	8.74	6.54	6.72	6.56	6.36
	07—08	5.49	6.74	7.30	5.26	5.66
	07—26	7.93	5.99	5.98	5.98	6.19
	08—06	7.07	8.16	7.12	7.07	6.95
	08—14	11.01	4.03	6.19	5.28	4.77
	09—16	7.10	11.84	8.54	8.05	5.12
	09—26	11.70	14.37	9.83	5.63	7.32
	10—05	10.69	13.21	7.92	8.34	6.33
23	06—02	4.88	6.52	6.70	7.23	7.09
	06—12	10.91	9.72	8.40	7.77	10.05
	06—27	14.32	7.45	7.89	7.43	7.29
	07—08	4.56	6.53	10.47	4.37	8.37
	07—26	6.05	6.29	6.17	6.28	6.11
	08—06	4.61	7.00	6.90	6.58	7.11
	08—14	12.23	5.03	5.53	5.31	5.73
	09—16	9.84	8.63	6.37	5.68	6.96
	09—26	7.53	9.78	8.24	11.80	10.91
	10—05	10.10	8.21	8.31	6.09	5.12
24	06—04	18.72	9.66	9.93	10.07	9.67
	06—12	11.71	12.88	11.70	10.22	9.00
	06—27	13.48	8.18	8.05	7.72	8.11
	07—08	18.17	6.77	10.81	4.86	6.63
	07—26	8.42	7.36	7.38	7.63	7.73
	08—06	6.41	6.86	7.17	7.68	7.40
	08—14	22.26	13.05	11.54	10.61	11.40
	09—16	7.30	11.65	6.54	5.36	5.26
	09—26	11.59	8.74	5.82	8.54	3.90
	10—05	11.31	7.37	5.83	7.91	6.01
25	06—05	10.90	12.97	10.60	10.67	11.01
	06—12	12.98	10.09	9.87	11.10	11.44
	06—27	17.17	11.96	9.13	9.82	10.23
	07—08	7.84	9.59	6.50	10.02	11.00
	07—26	10.89	7.63	8.43	8.59	9.26
	08—07	7.84	7.20	7.96	9.55	8.27
	08—14	20.88	11.50	13.07	13.68	7.73
	09—16	5.18	10.66	10.93	6.10	3.81
	09—26	10.65	9.01	12.44	9.55	4.16
	10—05	11.25	9.45	10.49	8.25	6.26
26	06—05	18.45	17.60	9.35	7.58	8.15
	06—12	12.31	11.14	8.91	8.48	9.05
	06—27	14.34	9.94	8.87	9.17	8.94
	07—08	13.35	7.77	6.89	4.70	5.07
	07—26	13.63	7.76	7.18	6.91	7.40
	08—07	6.92	8.93	8.16	4.24	6.50
	08—14	22.29	15.55	10.01	10.67	12.36
	09—16	6.99	6.87	5.64	7.57	3.12
	09—26	9.44	11.21	11.32	9.33	9.47

（续）

样地号	日期（月—日）	土层（cm）				
		0～20	20～40	40～60	60～80	80～100
27	10—05	11.75	9.98	9.88	5.29	6.79
	06—05	16.22	11.31	14.08	7.58	7.68
	06—12	12.76	9.00	7.40	8.42	8.46
	06—27	12.75	8.53	7.51	7.66	8.25
	07—08	14.66	7.48	6.63	6.39	7.74
	07—26	9.56	7.49	7.33	6.59	6.77
	08—07	5.80	5.30	5.69	6.08	6.04
	08—14	22.53	18.39	11.65	14.38	14.61
	09—16	11.17	10.90	7.12	11.78	7.51
	09—26	11.58	8.98	7.55	9.93	8.04
	10—05	10.11	8.37	10.11	9.93	7.13

注：以上数据由北京林业大学水土保持学院朱清科提供。

5.3.2.5 2003年不同地类土壤水分观测

2003年在吉县蔡家川流域采用烘干称重法对不同地类的土壤水分进行了观测（表5-118～表5-119，朱清科）。

表5-118 2003年样地基本情况

样地序号	地名	土地利用
1	东杨家峁坡顶部	林地—侧柏纯林
2	东杨家峁西面上部	林地—刺槐纯林
3	东杨家峁西坡坡上部	林地—侧柏纯林
4	东杨家峁西方中部	林地—刺槐侧柏混交林
5	东杨家峁西方下部	林地—刺槐侧柏混交林
6	东杨家峁西坡坡下部	林地—侧柏纯林
7	基地院内	林地—刺槐
8	基地院内	林地—侧柏
9	基地院内	林地—杏树
10	基地院内	林地—梨树
11	西杨家峁	林一草
12	西杨家峁 No1	林地—刺槐纯林
13	西杨家峁 No2	林一草
14	西杨家峁 No2	林地—刺槐纯林
15	西杨家峁 No3	林地—刺槐纯林
16	西杨家峁西 No4	林地—刺槐纯林
17	西杨家峁西 No5	林地—刺槐纯林
18	西杨家峁西 No6	林地—刺槐纯林
19	秀家山	林地—刺槐纯林
20	北坡（中部）	林地—仿自然林
21	北坡（顶部）	灌木天然更新林
22	北坡（坡中部）	刺槐天然更新林
23	东杨家峁	退耕地
24	东杨家峁	林地—刺槐油松混交林
25	东杨家峁	林地—油松纯林
26	秀家山（背面）	林地—侧柏纯林
27	秀家山梨园	林地—梨树
28	秀家山杏园	林地—杏树
29	东杨家峁东方上部	刺槐、侧柏隔行混交
30	东杨家峁东方中部	林地—油松刺槐混交林
31	东杨家峁东方下部	林地—油松刺槐混交林
32	东杨家峁北方上部	林地—油松刺槐混交林
33	东杨家峁北方中部	林地—油松刺槐混交林
34	东杨家峁北方下部	林地—油松纯林
35	东杨家峁南方上部	林地—侧柏纯林
36	东杨家峁南方中部	林地—侧柏刺槐混交林
37	东杨家峁南方下部	林地—刺槐纯林

表 5-119　2003 年各样地土壤含水量

单位：%

样地号	日期（月一日）	土层（cm）				
		0～20	20～40	40～60	60～80	80～100
1	04－24	24.38	21.25	18.52	17.68	15.67
	05－08	21.32	18.96	17.69	17.50	17.89
	05－23	10.27	13.22	13.96	15.72	16.55
	06－09	6.35	10.15	11.62	12.76	13.83
	06－21	7.22	7.29	8.45	10.52	11.42
	07－09	10.32	10.31	9.68	8.94	9.95
2	04－24	23.14	20.81	19.32	17.96	16.08
3	05－08	20.94	18.80	19.05	18.54	17.38
	05－23	11.01	14.12	15.85	16.93	16.13
	06－09	5.25	7.76	10.26	12.60	13.74
	06－21	5.59	8.27	5.65	7.67	9.68
	07－09	10.72	19.62	9.64	11.36	11.86
4	04－24	21.76	31.22	9.42	8.78	9.18
	05－08	19.77	13.92	20.06	14.53	13.65
	05－23	5.61	12.31	12.03	11.28	12.67
	06－09	9.96	9.65	13.15	14.71	13.56
	06－21	5.52	7.36	9.49	10.78	11.79
	07－09	7.12	7.36	7.60	8.69	10.56
5	04－24	20.32	18.17	16.08	11.77	10.80
6	05－08	20.64	15.80	15.70	14.66	16.27
	05－23	6.09	7.60	8.35	11.42	11.00
	06－09	6.50	8.71	10.29	13.03	13.30
	06－21	5.87	5.53	7.39	6.94	8.57
	07－09	6.55	6.72	6.73	6.93	7.10
7	04－16	15.48	16.04	15.78	13.25	15.32
	05－03	14.02	17.34	19.01	19.89	17.98
	05－17	10.29	10.55	13.78	15.73	12.49
	06－02	10.22	7.39	7.46	7.53	7.41
	06－17	4.98	6.88	6.95	6.77	6.74
	07－02	17.35	9.34	8.01	7.39	7.61
8	04－16	5.82	7.00	7.05	7.42	6.47
	05－03	6.42	8.54	9.00	8.74	9.34
	05－17	7.34	7.10	7.06	6.99	7.03
	06－02	10.00	7.02	7.16	7.36	7.38
	06－17	5.71	6.99	6.39	5.88	6.04
	07－02	11.03	6.25	5.99	5.97	6.20
9	04－16	17.88	20.63	19.68	18.96	18.92
	05－03	15.51	19.72	19.91	21.26	20.15
	05－17	16.03	14.42	15.04	16.01	18.74
	06－02	14.24	8.81	8.70	8.84	9.44
	06－17	6.85	8.28	9.99	8.82	55.41
	07－02	12.73	6.91	7.17	6.86	7.14
10	04－16	15.10	16.58	16.47	55.29	12.20
	05－03	12.31	19.37	19.75	18.59	18.87
	05－17	16.51	14.18	15.51	16.77	17.69
	06－02	9.02	8.54	9.24	11.13	14.05
	06－17	6.45	7.33	7.17	9.27	12.07
	07－02	13.73	7.65	7.57	8.90	9.92
11	04－20～04－22	17.04	9.58	9.57	8.76	8.71
	05－05	7.93	9.07	8.86	8.88	8.27
	06－05	10.17	7.39	6.91	7.00	6.94
12	05－21	6.36	7.19	8.19	8.68	9.65

（续）

样地号	日期（月一日）	土层（cm）				
		0～20	20～40	40～60	60～80	80～100
	06－19	4.90	5.49	6.48	6.53	7.04
	07－05	11.14	6.75	6.15	6.56	6.61
13	04－20	16.03	12.31	9.87	10.28	9.89
	05－05	7.13	9.27	8.90	8.58	7.88
	05－21	6.46	7.54	7.99	8.83	9.29
14	06－05	11.65	6.37	6.89	7.25	9.13
	06－19	5.16	5.84	6.67	7.03	7.19
	07－05	15.86	8.31	6.45	6.91	8.80
	04－20	17.75	12.09	9.96	8.96	8.45
	05－05	7.41	9.45	9.44	9.35	9.39
15	05－21	6.55	7.45	8.61	8.31	8.65
	06－05	11.05	7.34	8.26	7.76	7.38
	06－19	4.88	5.84	6.22	6.83	7.58
	07－05	12.83	7.37	6.11	6.33	6.66
	04－20	20.06	14.82	13.58	11.94	21.66
	05－05	12.69	14.97	14.20	13.03	11.52
16	05－21	6.02	7.62	10.33	10.57	10.28
	06－05	10.51	7.14	7.62	6.75	8.05
	06－19	5.04	6.17	6.36	6.94	5.54
	07－05	12.97	7.13	6.13	6.70	6.48
	04－20	21.29	15.59	14.19	12.74	12.56
	05－05	9.62	13.51	12.81	12.28	11.98
17	05－21	6.82	7.13	9.18	8.72	9.19
	06－05	12.06	7.06	7.12	7.12	8.19
	06－19	5.39	5.66	6.15	6.85	6.83
	07－05	15.64	8.39	5.63	6.69	6.93
	04－20	27.05	12.04	10.65	10.35	14.44
	05－05	10.64	12.45	11.39	11.25	11.47
18	05－21	6.30	7.95	8.10	8.92	8.76
	06－05	10.81	9.19	7.02	6.75	7.14
	06－19	5.12	5.97	6.24	6.55	6.87
	07－05	14.66	8.53	6.64	6.79	7.29
	04－20	23.64	20.29	17.12	17.02	14.77
	05－05	13.01	16.48	16.25	15.68	14.58
19	05－21	9.37	12.39	12.55	15.93	17.01
	06－05	17.79	14.41	14.97	14.81	16.39
	06－19	7.91	11.64	12.53	12.11	12.32
	07－05	18.06	10.67	12.07	12.34	12.31
	04－20	27.47	21.27	22.32	19.45	22.05
	05－05	13.23	17.89	19.98	21.31	20.30
20	05－21	13.85	15.68	17.45	18.28	18.62
	06－05	17.15	14.33	16.88	14.91	15.05
	06－19	9.40	10.04	11.11	13.68	15.35
	07－05	20.36	10.74	10.59	11.10	12.19
	04－20	23.00	34.04	10.99	10.26	9.36
	05－05	7.76	11.22	12.10	10.29	10.75
21	05－21	6.06	10.87	8.94	9.52	10.10
	06－05	12.14	10.02	10.58	11.72	11.75
	06－19	6.41	5.20	15.25	7.98	8.26
	07－05	17.22	9.43	7.83	7.16	6.99
	04－20	23.12	18.15	17.17	16.64	14.54
	05－05	12.16	15.79	15.18	15.67	15.60
22	05－21	10.55	14.12	15.17	15.86	15.72

（续）

样地号	日期（月一日）	土层（cm）				
		0～20	20～40	40～60	60～80	80～100
	06－05	14.36	10.84	11.44	11.78	11.12
	06－19	6.35	6.10	7.69	9.00	12.57
	07－05	19.04	9.41	8.60	9.65	9.42
23	04－24	20.07	17.42	16.85	16.72	17.02
	05－09	15.19	14.83	14.35	13.48	12.40
	05－24	9.03	10.00	11.30	11.80	10.70
	06－01	5.89	11.46	12.58	11.95	11.49
	06－21	4.61	9.51	95.74	12.31	11.48
	07－10	9.78	9.68	10.68	10.25	9.75
24	04－24	21.40	20.65	19.30	18.91	17.03
	05－09	17.89	17.73	17.11	16.47	16.70
	05－24	8.65	10.91	11.65	12.81	13.35
	06－01	6.63	9.53	9.68	11.70	12.93
	06－21	7.93	9.05	9.98	10.92	11.12
	07－10	10.63	10.33	9.72	9.79	9.56
25	04－24	22.81	21.40	19.99	18.34	17.81
	05－09	28.13	18.43	15.96	18.40	16.66
	05－24	9.48	13.12	12.95	13.89	14.43
	06－01	8.11	9.07	10.76	11.82	12.77
	06－21	7.99	8.68	9.90	10.54	10.79
	07－10	9.30	9.68	9.99	9.61	11.11
26	04－20	20.76	18.37	16.36	15.82	15.56
	05－05	12.09	15.68	14.63	13.87	12.41
	05－21	9.43	13.38	13.97	14.20	14.96
	06－05	14.18	12.53	22.19	19.27	14.65
	06－19	8.32	9.07	11.63	12.37	12.64
	07－05	16.86	12.19	12.22	12.99	13.00
27	04－20	25.18	21.00	17.27	16.77	15.69
	05－05	14.49	17.01	15.70	16.85	16.99
	05－21	15.45	15.64	15.20	13.50	12.62
	06－05	18.87	15.69	13.66	15.19	17.64
	06－19	11.12	11.42	11.93	12.01	14.26
	07－05	19.54	13.65	11.49	11.21	11.37
28	04－20	26.95	25.73	22.58	19.19	13.02
	05－05	13.09	15.66	18.71	19.27	10.36
	05－21	16.60	15.67	10.97	16.33	18.13
	06－05	14.81	15.17	15.30	15.20	15.54
	06－19	11.06	8.35	10.60	10.47	9.90
	07－05	20.66	14.57	10.69	10.32	10.75
29	04－24	24.60	21.63	22.50	18.78	15.68
	05－08	19.56	16.92	17.34	17.04	16.59
	05－23	9.37	14.27	14.42	16.35	15.59
	06－09	9.90	10.19	12.31	13.71	14.62
	06－19	6.76	7.27	9.26	8.20	11.25
	07－10	9.02	8.66	8.13	8.99	9.17
30	04－24	25.16	23.53	19.78	17.10	13.24
	05－08	21.38	19.30	17.50	17.38	16.71
	05－23	9.98	10.52	14.13	15.36	15.46
	06－09	11.32	13.29	14.83	15.80	16.19
	06－21	7.54	8.70	8.22	8.57	9.27
	07－10	13.26	11.26	10.06	10.01	11.00
	04－24	24.09	21.52	21.45	21.03	20.51
	05－08	21.22	20.36	19.20	18.48	19.23

（续）

样地号	日期（月—日）	土层（cm）				
		0～20	20～40	40～60	60～80	80～100
31	05—23	7.47	9.69	11.49	13.30	14.32
	06—09	7.71	9.55	11.18	13.13	13.15
	06—21	6.82	8.60	10.07	10.18	9.84
	07—10	11.41	10.30	9.51	10.36	11.03
	04—24	27.54	25.12	24.38	21.56	17.93
	05—08	22.12	15.87	19.49	19.72	18.70
32	05—23	12.03	15.12	15.86	16.63	16.30
	06—09	9.39	10.75	13.56	11.14	14.43
	06—21	7.47	8.07	9.38	11.69	13.83
	07—10	11.66	11.38	10.24	10.83	11.93
	04—24	36.00	27.05	23.10	22.72	21.85
	05—08	21.38	18.45	18.18	18.62	16.77
33	05—23	10.02	11.28	14.06	15.17	15.96
	06—09	8.45	7.44	11.16	12.08	14.01
	06—21	7.41	9.45	12.04	9.69	10.50
	07—10	13.77	13.47	25.10	10.76	12.33
	04—24	25.15	28.44	20.99	19.64	15.29
	05—08	21.22	20.36	19.20	18.48	19.23
34	05—23	7.47	9.69	11.49	13.30	14.32
	06—09	7.71	9.55	11.18	13.13	13.15
	06—21	6.82	8.60	10.07	10.18	9.84
	07—10	12.94	13.04	11.07	11.39	11.53
	04—24	23.15	21.44	19.05	15.43	12.04
	05—08	17.21	14.33	14.13	12.61	10.28
35	05—23	8.36	13.61	14.24	13.12	14.59
	06—09	6.76	8.62	8.54	9.21	8.41
	06—21	6.31	7.26	9.79	13.67	14.71
	07—10	9.81	4.96	6.00	6.27	8.92
	04—24	21.62	18.13	13.72	12.33	10.83
	05—08	16.86	11.59	9.36	9.40	8.75
36	05—23	6.97	9.93	10.66	10.23	11.05
	06—09	7.19	6.96	8.02	9.13	8.96
	06—21	3.58	6.26	6.08	5.77	6.37
	07—10	9.56	7.85	8.32	7.62	8.28
	04—24	19.68	13.28	9.96	8.80	8.71
	05—08	19.43	17.05	14.38	14.50	13.52
37	05—23	8.19	8.40	8.55	12.54	12.10
	06—09	5.43	6.13	6.80	7.86	8.41
	06—21	6.64	7.18	5.94	7.65	8.54
	07—10	9.65	9.04	8.02	7.85	8.00

注：以上数据由北京林业大学水土保持学院朱清科提供。

5.3.2.6　2004 年不同地类土壤水分观测

2004 年在吉县蔡家川流域采用烘干称重法对不同地类的土壤水分进行了观测（表 5－120 至表 5－121，朱清科）。

表 5－120　2004 年各样地基本情况

样地序号	地名	土地利用
38	基地	林地—梨
39	基地	林地—刺槐
40	基地院内	林地—侧柏
41	基地院内	林地—杏树

（续）

样地序号	地名	土地利用
42	基地对面	退耕第二年
43	秀家山	林地—梨
44	秀家山	林地—侧柏
45	秀家山	林地—杏树
46	十道弯中部	退耕第二年
47	北坡南坡	油松 * 刺槐
48	北坡 No1	林地—次生林
49	东杨家峁东坡	林地—油松刺槐混交林
50	东杨家峁	退耕地
51	东杨家峁	林地—油松
52	西杨家峁东坡	林地—刺槐
53	西杨家峁 No2	林地—刺槐
54	西杨家峁 No3	林地—刺槐
55	西杨家峁 No6	林地—刺槐

表 5-121 2004 年各标地土壤含水量

单位：%

样地号	日期（月—日）	土层（cm）				
		0～20	20～40	40～60	60～80	80～100
38	05—29	6.52	8.12	8.46	8.39	—
	07—16	20.60	20.40	15.86	14.49	—
	07—30	21.61	17.71	16.72	15.44	—
	08—13	23.27	21.49	18.18	16.27	—
	08—24	20.42	18.53	17.91	14.91	—
39	05—29	6.11	7.03	6.69	6.96	—
	07—16	24.86	21.87	17.99	8.97	—
	07—30	22.44	22.00	20.83	20.14	—
	08—13	19.76	19.77	17.97	16.14	—
	08—24	16.84	14.65	15.07	13.49	—
40	05—29	5.10	5.78	5.68	5.56	—
	07—16	21.71	21.62	19.47	12.82	—
	07—30	15.00	10.16	8.87	8.14	—
	08—13	19.71	18.47	13.78	16.22	—
	08—24	11.90	10.60	9.37	9.51	—
41	05—30	7.08	7.53	7.44	6.42	—
	07—16	19.65	10.83	8.11	8.43	—
	07—30	25.86	18.54	13.16	10.55	—
	08—13	21.86	19.97	16.32	12.40	—
	08—24	21.08	19.51	18.61	16.61	—
42	05—29	7.30	9.78	10.60	11.68	12.40
	07—16	21.91	19.38	13.14	12.13	12.89
	07—30	19.96	17.03	15.47	13.78	11.64
	08—13	18.60	16.02	15.34	14.68	14.52
	08—24	18.94	15.36	14.46	13.76	13.04
43	05—28	8.37	11.06	12.80	12.41	14.74
	07—16	26.69	24.83	22.92	17.97	17.65
	07—30	20.93	18.52	19.07	18.38	19.49
	08—13	22.67	19.62	18.53	17.50	17.40
	08—24	23.71	22.08	21.12	19.32	19.78
44	05—29	8.31	11.75	14.50	14.43	14.83
	07—16	22.52	14.12	11.41	12.04	12.33
	07—26	19.47	18.44	18.03	18.47	16.70
	08—11	16.38	16.79	16.57	16.08	15.66

（续）

样地号	日期（月一日）	土层（cm）				
		0～20	20～40	40～60	60～80	80～100
	08—24	16.62	17.30	17.18	16.91	16.51
45	05—28	8.84	10.86	11.30	12.30	13.67
	07—16	23.67	21.64	16.01	16.28	16.33
	07—30	21.92	18.91	20.16	18.23	19.40
	08—11	17.36	17.07	16.99	18.03	18.15
	08—24	21.68	19.77	20.10	20.33	21.70
46	05—29	7.37	10.17	11.59	12.73	14.12
	07—16	20.74	13.47	12.07	10.22	8.98
	07—30	21.58	16.36	14.61	13.93	13.31
	08—13	16.2	15.35	14.61	15.11	14.46
	08—24	16.58	14.45	11.77	10.72	9.59
47	05—28	8.2	8.66	9.71	11.27	12.57
	07—16	22.49	19.54	14.46	15.5	16.32
	07—28	22.44	17.3	14.41	13.17	11.42
	08—11	16.98	14.51	12.88	11.44	11.86
	08—24	19.8	18.27	15.73	15.28	15.61
48	05—28	14.67	15.37	19.55	20.27	19.21
	07—16	23.92	18.69	16.24	14.61	13.06
	07—28	22.42	22.72	22.56	18.41	16.64
	08—11	22.88	21.64	21.76	19.28	16.82
	08—24	21.54	20.06	20.91	19.37	16.92
49	05—29	7.96	9.66	9.69	10.91	12.84
	07—16	22.88	15.25	13.25	12.00	12.52
	07—30	23.78	21.62	21.91	21.54	21.36
	08—13	23.52	21.05	21.46	19.6	19.66
	08—24	24.36	23.08	21.45	19.53	21.48
50	05—29	6.17	6.45	10.33	14.27	13.73
	07—16	20.87	16.55	11.82	10.79	9.09
	07—30	19.59	17.6	12.75	11.17	9.37
	08—13	17.02	14.41	13.14	12.69	12.83
	08—24	18.24	15.69	15.78	16.03	14.5
51	05—29	10.55	11.46	13.83	14.92	15.83
	07—16	25.52	17.93	16.07	15.39	15.81
	07—30	25.39	23.03	19.77	19.15	18.21
	08—13	22.43	20.46	20.79	19.25	18.74
	08—24	23.75	20.64	21.17	19.40	20.10
52	05—28	6.35	7.22	6.32	6.37	7.83
	07—16	23.83	17.45	14.28	13.82	14.63
	07—30	16.59	12.60	12.04	12.24	11.08
	08—13	15.21	11.68	11.56	10.96	9.86
	08—24	18.50	16.80	14.87	14.15	14.11
53	05—28	7.09	7.86	8.14	8.16	8.61
	07—16	23.40	15.21	12.86	12.04	11.37
	07—30	15.76	13.85	12.18	12.81	11.93
	08—13	18.47	14.88	14.05	13.60	12.60
	08—24	16.21	10.65	10.74	11.22	10.55
54	05—28	5.29	6.73	8.30	8.79	9.16
	07—16	23.28	20.90	16.52	13.14	13.01
	07—30	20.55	18.21	16.95	15.65	15.51
	08—13	15.10	12.23	11.80	11.31	9.07
	08—24	16.17	14.15	13.36	12.51	10.14
55	05—28	5.78	6.79	7.57	8.34	8.68
	07—16	23.91	15.96	13.65	12.69	11.87
	07—30	19.02	15.75	14.43	13.82	12.75
	08—13	10.30	9.99	9.41	8.71	13.74
	08—24	16.02	12.34	11.31	11.49	11.65

注：以上数据由北京林业大学水土保持学院朱清科提供。

5.3.2.7　2005—2006 年不同地类土壤水分观测

2005—2006 年，在吉县蔡家川流域对不同地类的土壤水分进行了观测。试验用 TDR（TR1ME—FM）测定土壤水分（表 5－122～表 5－124，毕华兴）。

表 5－122　各标地基本情况

标地号（No）	地点	土地利用状况
1	北坡	次生林
2	北坡南坡	油松＊刺槐
3	西杨家峁 1	刺槐
4	西杨家峁 1	刺槐
5	西杨家峁 1	刺槐
6	西杨家峁 2	刺槐
7	西杨家峁 3	刺槐
8	西杨家峁	刺槐
9	西杨家峁	刺槐
10	西杨家峁	刺槐＊侧柏
11	秀家山	侧柏
12	秀家山	侧柏
13	秀家山	侧柏
14	东杨家峁东	油松＊刺槐
15	东杨家峁东	侧柏＊刺槐
16	东杨家峁	油松
17	东杨家峁	油松
18	东杨家峁	油松
19	十道弯坡中	退耕第二年
20	2 号堰沟面	荒草坡
21	2 号堰坡面	灌草坡
22	北坡	农田
23	十道弯	四倍体刺槐
24	十道弯	四倍体刺槐
25	闫家社	四倍体刺槐

表 5－123　吉县各标地土壤水分含量（2005 年）

单位：%

日期（月－日）	标地号	土层（cm）									
		0～20	20～40	40～60	60～80	80～100	100～120	120～140	140～160	160～180	180～200
2005－04－21	1	22.3	20.4	19.3	21.4	19.5	19.2	20.3	20.3	21.3	20.7
	2	17.2	18.7	18.9	18.5	18.3	17.0	16.4	16.8	16.3	16.2
	3	14.2	16.0	16.6	15.8	15.4	14.1	15.1	14.7	14.5	14.6
	4	12.7	12.5	12.1	12.5	12.1	12.1	12.0	12.2	11.7	12.2
	5	10.0	12.0	13.4	14.0	13.8	13.2	13.5	13.8	14.0	14.3
	6	11.6	12.0	13.2	11.4	13.5	14.7	14.6	16.2	15.4	14.8
	7	12.6	12.6	14.9	14.6	14.8	15.0	14.2	13.5	14.4	14.9
	8	19.6	28.6	26.3	23.3	23.2	21.7	21.8	21.1	20.6	20.7
	9	19.4	17.7	18.5	16.6	15.5	13.0	15.4	15.4	16.1	16.1
	10	12.1	14.3	13.6	13.7	12.4	14.0	13.1	14.0	14.6	14.5
	11	18.6	20.2	19.3	19.8	20.2	—	—	—	—	—
	12	15.8	17.5	18.7	19.5	21.3	20.6	21.4	19.7	20.9	21.1
	13	20.3	20.1	22.2	22.1	21.2	—	—	—	—	—
	14	21.3	18.0	19.4	19.5	17.9	17.4	17.3	17.0	16.7	17.5
	15	18.5	18.0	20.2	18.6	18.0	17.4	18.9	19.5	18.9	18.2
	16	11.8	13.6	14.2	12.8	14.5	16.1	17.7	18.6	18.0	20.6
	17	19.6	21.7	21.3	19.8	21.6	22.0	20.9	20.6	22.5	21.9

（续）

日期（月一日）	标地号	土层（cm）									
		0～20	20～40	40～60	60～80	80～100	100～120	120～140	140～160	160～180	180～200
	18	14.0	15.4	15.8	17.4	19.4	19.7	20.4	20.2	19.7	19.1
	19	16.1	17.2	18.5	19.3	19.2	19.0	19.2	19.9	21.6	21.9
	20	8.1	8.5	12.9	15.5	16.0	—	—	—	—	—
	21	8.5	9.0	14.9	14.2	14.3	18.0	18.1	17.2	18.3	18.4
	22	20.8	23.4	26.4	26.5	24.0	21.9	23.0	26.2	25.7	24.7
	1	16.5	17.6	17.8	20.4	19.7	20.5	20.2	20.8	20.6	21.5
	2	13.8	16.6	17.9	17.7	17.4	16.7	16.2	16.4	16.4	16.2
	3	11.2	12.5	14.6	14.7	14.7	15.1	13.9	13.7	14.5	14.6
	4	11.1	12.1	11.4	12.7	12.1	12.0	12.0	12.3	11.7	11.9
	5	11.4	13.8	16.6	15.7	14.4	13.4	14.5	14.9	14.4	14.1
	6	9.7	11.2	13.2	11.2	13.5	14.3	14.4	16.3	15.7	15.0
	7	8.9	11.4	13.6	13.6	14.1	13.1	13.7	13.0	13.5	13.6
	8	19.3	24.9	24.3	22.8	22.8	21.0	21.1	20.8	20.7	20.6
	9	15.5	15.9	17.4	16.1	14.9	12.9	15.7	15.7	16.7	16.2
	10	10.2	12.0	12.7	13.2	13.4	13.0	13.8	13.9	13.7	14.1
2005—05—06	11	16.1	18.2	18.2	19.3	19.5	—	—	—	—	—
	12	12.3	15.4	16.9	18.6	20.7	19.5	20.9	19.5	21.2	20.1
	13	17.0	17.7	19.8	19.6	20.1	—	—	—	—	—
	14	15.9	14.8	17.1	19.4	17.2	17.3	17.0	16.8	16.5	17.4
	15	15.5	16.0	18.9	17.6	17.4	16.7	17.9	18.4	18.6	17.3
	16	9.9	12.1	12.8	11.9	13.1	15.0	17.2	17.9	17.2	20.1
	17	15.0	18.0	18.8	17.7	20.7	20.1	19.9	19.6	20.8	20.9
	18	9.6	12.4	13.9	15.3	16.6	18.4	19.4	18.9	18.5	18.6
	19	14.0	16.3	17.1	18.8	18.2	17.5	17.5	19.2	20.8	21.2
	20	6.9	7.5	12.2	14.6	15.5	—	—	—	—	—
	21	5.3	7.1	13.7	13.2	12.4	17.1	18.0	16.6	18.0	18.3
	22	17.0	23.9	25.6	27.3	25.8	24.7	24.2	24.7	27.0	24.4
	1	15.7	14.6	14.8	17.4	17.8	19.6	19.4	20.3	19.8	20.7
	2	15.4	14.4	15.5	15.6	15.7	15.6	15.5	15.6	15.6	15.8
	3	10.0	12.7	14.9	15.2	14.5	12.6	14.0	14.3	13.6	13.5
	4	10.6	10.6	10.2	11.6	11.1	10.9	11.2	11.5	11.1	11.2
	5	9.0	9.6	12.0	12.8	13.2	12.3	12.3	12.3	12.7	13.2
	6	11.7	9.5	12.3	10.1	13.1	13.7	13.7	15.3	14.4	13.5
	7	13.2	11.1	13.3	13.1	13.1	13.7	12.9	12.4	12.7	13.3
	8	17.1	22.7	22.4	20.7	20.8	20.3	20.6	20.1	19.6	19.8
	9	16.4	14.9	15.8	16.0	14.9	13.3	14.8	14.8	16.3	16.0
	10	9.9	11.5	11.3	12.9	13.0	13.0	13.5	13.8	14.0	14.7
2005—05—21	11	16.3	17.1	16.3	17.5	18.0	—	—	—	—	—
	12	13.3	14.4	16.2	17.7	19.9	18.7	19.2	19.2	19.2	19.2
	13	17.5	16.2	18.3	19.3	19.4	—	—	—	—	—
	14	14.0	12.4	12.2	13.8	17.3	17.0	16.7	16.3	15.7	16.9
	15	15.7	14.5	17.5	17.4	17.0	16.5	18.1	18.4	18.6	17.8
	16	11.5	12.1	12.6	11.5	13.0	14.6	16.4	17.5	16.9	19.7
	17	15.1	18.3	17.0	17.6	16.8	18.6	19.4	19.3	20.3	20.7
	18	11.2	11.9	11.7	14.1	16.3	18.4	19.7	19.2	19.6	19.0
	19	14.9	15.4	17.1	18.3	17.7	17.5	17.7	17.6	20.5	21.0
	20	8.8	8.2	10.4	14.0	14.9	—	—	—	—	—
	21	8.3	7.3	12.5	13.3	11.8	16.1	18.3	16.7	17.9	17.6
	22	19.6	22.2	24.3	25.4	26.1	22.9	22.0	24.1	25.6	23.5
	1	18.3	13.8	13.5	16.6	16.9	19.0	19.3	20.0	19.8	20.9
	2	19.1	13.7	14.3	15.0	14.9	15.1	14.9	15.2	15.4	15.5
	3	12.9	12.4	14.3	14.4	14.2	12.5	13.2	13.6	13.2	13.3
	4	13.2	10.7	10.4	12.0	11.5	11.4	11.6	12.0	11.3	11.5

（续）

日期（月—日）	标地号	土层（cm）									
		0～20	20～40	40～60	60～80	80～100	100～120	120～140	140～160	160～180	180～200
	5	13.9	10.0	12.3	12.9	13.3	12.3	12.3	12.4	12.7	13.0
	6	16.1	9.7	12.5	10.2	12.4	13.6	13.5	15.2	14.7	14.1
	7	16.1	11.7	13.4	13.4	13.4	14.0	13.5	12.4	12.8	13.8
	8	17.7	19.9	20.9	21.4	21.0	20.2	20.5	19.8	19.1	19.2
	9	17.3	14.3	15.1	15.1	14.4	12.8	14.4	14.8	16.0	15.6
	10	15.3	12.9	10.4	12.0	11.3	11.4	12.3	12.7	13.1	14.0
2005—06—06	11	19.0	15.2	16.8	18.2	18.2	—	—	—	—	—
	12	17.1	13.5	15.5	17.5	19.7	17.7	19.3	19.1	19.8	18.8
	13	18.5	16.6	15.8	17.3	17.6	—	—	—	—	—
	14	18.5	11.3	12.7	15.8	15.3	15.7	16.4	16.0	15.6	16.5
	15	18.4	14.1	16.3	16.1	16.3	16.2	17.0	17.5	18.4	17.3
	16	16.8	15.3	17.7	15.4	18.1	18.7	18.9	18.6	19.9	19.9
	17	12.6	11.0	11.5	10.9	12.0	13.8	15.4	16.1	16.1	18.5
	18	13.8	12.5	12.4	14.4	15.2	17.3	18.5	18.6	20.0	18.5
	19	17.6	14.4	15.5	17.1	16.8	15.7	15.6	16.7	19.1	19.7
	20	13.6	8.3	10.5	14.3	15.1	—	—	—	—	—
	21	12.7	7.6	12.5	12.9	11.4	15.7	17.6	15.7	17.0	17.1
	22	25.0	24.2	24.8	25.8	26.1	23.4	22.0	23.8	24.4	24.2
	1	11.2	12.1	12.2	13.9	15.8	17.3	18.1	19.2	18.6	19.8
	2	11.3	12.9	14.0	14.3	13.8	14.0	13.7	14.0	14.5	14.4
	3	9.1	12.6	14.3	13.9	13.2	11.7	12.9	13.0	12.6	12.7
	4	10.1	11.5	10.8	11.9	11.6	11.4	11.5	11.6	11.4	11.5
	5	7.3	9.7	12.1	12.4	13.1	12.1	12.2	12.5	12.5	12.3
	6	7.5	9.3	12.5	10.1	11.8	13.5	13.6	14.6	14.2	13.7
	7	9.6	11.3	12.9	13.1	13.2	13.8	12.7	11.9	12.5	13.2
	8	13.5	18.6	19.9	19.7	19.7	18.4	18.6	18.4	18.3	18.1
	9	10.7	14.0	14.2	14.6	14.0	12.0	13.7	14.2	14.6	14.6
	10	8.7	10.3	10.4	11.9	11.2	11.9	12.1	12.3	12.8	13.4
2005—06—21	11	11.7	14.5	14.6	15.8	16.4	—	—	—	—	—
	12	11.0	13.0	15.0	16.9	18.8	17.9	18.6	17.8	18.4	18.8
	13	13.6	14.8	16.3	17.5	18.2	—	—	—	—	—
	14	10.4	10.5	11.6	14.2	14.1	14.5	14.8	14.7	13.9	15.0
	15	12.0	12.8	15.2	15.1	15.0	14.5	15.2	16.4	16.7	15.3
	16	6.7	10.9	11.7	10.5	11.2	13.1	14.4	16.0	15.5	18.0
	17	10.7	13.5	15.2	14.4	17.0	18.7	18.4	17.8	19.0	20.0
	18	8.7	11.8	11.9	12.9	15.0	16.6	17.6	18.1	18.7	17.7
	19	10.3	12.7	14.6	15.1	15.4	14.2	14.1	15.6	17.8	17.9
	20	6.2	7.6	10.0	13.8	14.6	—	—	—	—	—
	21	5.2	5.8	12.2	12.5	11.1	15.6	17.1	15.6	16.5	16.6
	22	19.1	23.0	26.1	26.9	26.7	25.0	23.8	24.4	24.1	24.8
	1	18.8	15.0	11.1	13.9	14.6	15.9	16.6	17.4	17.9	17.8
	2	18.7	20.3	14.5	13.4	13.2	13.0	12.9	13.6	13.3	13.7
	3	13.6	12.6	13.6	13.4	12.9	12.0	12.8	12.7	12.4	12.2
	4	17.9	14.4	10.7	11.4	11.1	10.7	10.9	11.1	10.7	11.4
	5	15.1	13.7	11.7	12.0	12.2	11.6	12.3	11.7	12.1	12.5
	6	17.0	14.7	11.7	9.0	11.6	13.0	13.2	14.8	13.8	13.7
	7	18.6	14.9	12.5	12.5	12.8	13.0	12.5	12.1	12.4	13.2
	8	21.2	26.1	21.3	19.1	18.1	16.9	17.6	17.3	16.5	17.6
	9	21.8	17.0	14.7	14.3	13.5	11.7	13.7	13.8	14.6	13.9
	10	17.6	14.2	11.2	11.1	10.0	11.4	11.9	12.5	13.4	14.0
2005—07—05	11	19.3	20.5	15.7	15.8	16.0	—	—	—	—	—
	12	17.7	16.3	15.4	17.2	18.4	17.6	18.6	19.0	19.8	19.9
	13	22.8	19.4	17.3	17.6	17.8	—	—	—	—	—

（续）

日期（月一日）	标地号	土层（cm）									
		0～20	20～40	40～60	60～80	80～100	100～120	120～140	140～160	160～180	180～200
	14	19.1	16.0	12.4	14.3	14.2	14.6	14.9	14.8	14.1	15.5
	15	20.9	16.6	14.8	14.9	15.1	14.4	15.7	15.9	16.3	15.8
	16	16.0	14.2	10.3	11.0	12.4	13.8	15.5	16.1	15.7	18.6
	17	18.1	17.7	14.9	15.3	17.6	18.4	18.3	19.1	20.4	20.4
	18	15.7	15.0	12.5	14.4	15.5	16.7	18.4	18.6	18.2	17.5
	19	19.7	18.0	14.1	15.1	14.8	13.8	15.1	15.4	17.9	19.0
	20	14.5	9.3	11.7	14.2	14.6	—	—	—	—	—
	21	12.3	10.3	13.1	13.0	11.6	16.9	17.4	15.8	16.8	16.8
	22	22.7	27.3	27.6	25.5	24.7	22.0	21.5	24.0	24.0	24.5
	1	10.8	11.8	11.1	13.4	14.1	15.1	16.1	17.0	17.6	18.3
	2	11.8	13.5	14.0	13.5	13.0	13.0	12.8	13.3	13.4	13.6
	3	8.2	13.3	12.9	14.3	12.7	11.4	12.6	12.6	12.0	12.1
	4	10.3	11.4	10.4	11.6	11.0	10.5	11.0	11.5	10.9	11.4
	5	7.4	9.8	12.0	11.6	12.0	12.3	11.5	11.9	12.1	12.1
	6	8.7	9.8	11.4	9.3	11.9	13.0	13.1	14.3	13.4	13.3
	7	10.0	10.7	12.6	12.6	12.7	12.9	11.6	11.8	12.0	12.8
	8	14.4	18.7	18.8	18.4	17.3	16.5	16.5	16.1	15.0	15.0
	9	13.6	13.7	14.7	14.1	13.4	11.3	13.3	13.8	13.8	13.6
	10	9.9	10.4	11.3	10.0	11.3	11.9	12.1	12.6	13.5	13.7
2005—07—19	11	14.4	16.4	15.9	15.5	15.7	—	—	—	—	—
	12	11.4	14.6	15.1	16.7	18.7	18.0	18.7	18.1	19.4	18.4
	13	14.9	15.5	16.8	17.8	17.7	—	—	—	—	—
	14	11.3	9.8	11.7	13.7	14.1	14.3	14.2	14.0	13.6	14.6
	15	12.5	12.6	14.3	14.3	14.6	14.2	13.5	15.1	15.2	14.4
	16	8.6	11.6	12.2	11.0	12.0	13.7	15.4	16.0	15.4	18.0
	17	11.4	15.1	14.8	14.9	17.4	17.6	18.2	18.1	19.8	20.2
	18	8.7	11.8	12.3	14.1	15.0	16.0	17.3	17.6	17.7	17.5
	19	10.7	13.0	13.4	13.7	13.3	12.3	12.1	13.6	15.4	16.6
	20	5.9	7.5	11.6	13.9	14.3	—	—	—	—	—
	21	5.0	6.2	12.9	12.2	11.3	16.2	16.7	15.1	15.8	16.0
	22	19.0	23.8	25.4	25.3	25.4	23.2	23.4	23.9	22.9	22.7
	1	9.3	10.6	9.8	13.0	13.8	14.8	15.8	16.5	16.7	17.2
	2	9.7	12.7	13.4	13.0	12.6	12.6	12.3	12.9	13.0	12.9
	3	8.5	11.9	12.9	12.8	12.3	10.9	12.0	11.7	11.7	11.5
	4	9.4	10.7	9.9	10.8	10.5	10.2	10.5	10.9	10.2	10.4
	5	6.6	9.1	11.2	11.6	11.8	11.1	11.4	11.2	11.6	11.7
	6	8.2	9.0	11.1	8.5	11.2	12.4	12.4	14.1	13.0	13.0
	7	9.5	10.0	12.1	11.8	12.2	12.2	11.5	10.7	11.6	12.3
	8	14.0	18.5	18.2	17.7	15.9	15.4	15.9	15.4	15.4	15.1
	9	12.8	13.3	14.2	13.8	13.3	10.9	12.9	13.1	13.7	13.5
	10	8.7	10.7	10.9	10.7	10.2	11.7	11.5	12.8	12.8	13.8
2005—07—21	11	12.8	15.2	15.1	15.5	15.3	—	—	—	—	—
	12	14.5	14.2	15.0	16.6	17.8	16.3	17.9	17.9	18.5	18.8
	13	14.0	15.6	16.8	17.5	17.5	—	—	—	—	—
	14	10.6	9.8	11.9	14.2	14.0	14.1	14.1	14.1	13.9	15.0
	15	12.5	12.6	14.5	14.2	14.2	14.3	15.8	15.2	15.4	14.0
	16	8.1	10.2	11.3	10.8	12.3	13.7	14.9	15.7	15.2	18.0
	17	9.6	15.0	14.7	14.4	17.1	18.0	18.0	17.9	19.3	20.3
	18	9.3	11.8	11.7	13.8	14.6	16.3	17.2	18.0	16.7	17.1
	19	10.3	13.4	13.1	13.9	13.9	12.0	12.0	13.2	15.5	16.6
	20	5.9	7.1	11.4	13.9	14.2	—	—	—	—	—
	21	5.4	6.6	13.1	12.5	11.3	15.9	16.9	15.2	16.4	16.2
	22	17.3	22.2	124.2	25.4	23.9	23.0	22.0	24.0	23.5	23.1

（续）

日期（月一日）	标地号	土层（cm）									
		0～20	20～40	40～60	60～80	80～100	100～120	120～140	140～160	160～180	180～200
	1	10.2	11.3	10.5	13.1	13.6	14.6	15.6	16.5	17.3	17.9
	2	10.8	13.0	13.6	13.3	13.3	13.1	13.1	13.6	13.4	13.4
	3	9.0	13.1	14.4	14.1	12.7	11.7	12.7	12.8	12.5	12.4
	4	10.2	11.5	10.6	11.7	11.3	11.0	11.3	11.5	11.2	11.6
	5	6.7	10.1	12.0	12.3	12.4	11.7	11.9	12.1	12.1	12.4
	6	8.6	10.4	11.6	9.6	12.1	13.2	13.3	14.7	13.9	13.7
	7	9.8	10.9	12.8	12.8	12.8	13.1	11.9	11.4	12.3	12.8
	8	13.3	17.2	17.7	17.2	16.2	15.7	16.2	16.0	15.5	15.6
	9	12.4	13.4	14.3	14.0	13.2	11.0	13.2	13.6	13.9	13.7
	10	9.9	10.6	11.4	11.5	10.3	12.4	12.4	12.9	13.7	13.7
2005－07－27	11	14.0	15.1	16.8	17.3	17.8	—	—	—	—	—
	12	10.3	14.0	15.2	16.6	18.0	17.1	18.0	17.3	18.2	18.4
	13	13.2	14.9	15.4	15.5	15.5	—	—	—	—	—
	14	10.7	9.9	11.5	14.0	14.0	14.3	14.4	14.2	14.0	15.1
	15	12.0	12.7	14.4	14.5	13.9	13.9	15.3	15.5	14.9	14.0
	16	8.3	11.1	11.1	11.0	12.3	13.9	15.2	16.0	15.3	18.1
	17	10.2	14.2	14.3	13.9	17.2	18.1	18.0	18.5	19.9	20.4
	18	8.7	11.3	12.0	13.8	14.8	15.7	16.3	17.2	17.3	17.1
	19	10.2	12.6	13.0	13.3	12.8	12.6	11.8	12.3	14.7	15.6
	20	5.9	7.1	11.6	13.8	14.4	—	—	—	—	—
	21	5.6	7.5	13.3	12.7	11.0	16.1	16.7	15.2	16.2	15.8
	22	18.3	22.2	24.3	25.7	23.8	21.5	22.8	24.0	23.5	23.1
	23	8.2	7.9	11.5	12.5	12.6	—	—	—	—	—
	1	11.5	11.0	10.6	13.1	13.6	14.6	15.5	16.4	17.3	18.1
	2	11.8	12.6	13.4	13.2	13.0	12.9	12.7	13.4	13.3	13.6
	3	9.5	12.8	13.8	14.1	12.7	11.9	12.8	12.7	12.3	12.6
	4	10.6	11.0	10.6	11.6	11.3	10.9	11.4	11.6	11.1	11.4
	5	8.9	10.0	11.8	12.1	12.3	11.7	12.0	11.8	12.1	12.4
	6	11.1	9.5	11.7	9.1	11.7	13.0	13.0	14.3	13.7	13.3
	7	10.6	10.0	12.5	12.3	12.6	13.0	11.8	11.6	12.3	13.0
	8	15.2	17.2	17.3	16.9	15.9	15.7	16.2	15.8	15.3	15.4
	9	13.4	13.3	14.5	14.2	13.6	11.5	13.5	13.4	13.9	13.4
	10	10.2	10.6	11.6	11.9	11.8	12.5	12.4	12.9	13.5	14.0
2005－07－31	11	12.9	14.4	15.2	15.3	15.1	—	—	—	—	—
	12	11.1	15.2	16.8	18.4	17.8	16.8	18.2	18.0	19.8	19.3
	13	15.0	15.0	16.5	17.4	17.8	—	—	—	—	—
	14	13.7	8.2	11.6	13.7	13.7	13.9	14.1	13.9	13.5	14.7
	15	13.7	12.3	14.1	14.3	13.8	14.0	15.2	15.2	14.8	14.2
	16	8.5	11.1	11.7	10.8	12.2	13.6	15.0	15.5	15.0	17.6
	17	11.3	14.0	14.0	13.6	16.8	17.9	17.6	18.3	19.8	19.8
	18	9.7	11.2	11.7	13.6	14.5	15.4	16.9	17.7	17.2	17.2
	19	10.1	11.2	11.7	12.6	11.8	11.0	11.5	12.2	13.6	14.5
	20	5.0	5.9	10.6	13.2	13.9	—	—	—	—	—
	21	7.1	6.1	12.5	11.8	10.7	15.6	16.0	14.4	15.0	14.7
	22	18.0	21.5	23.8	25.2	23.3	23.6	22.9	24.0	23.6	23.2
	23	10.8	6.4	10.5	11.5	11.7	—	—	—	—	—
	1	9.8	10.3	9.8	12.3	12.9	13.6	14.6	15.4	16.2	16.9
	2	9.7	12.1	12.9	12.8	12.7	12.6	12.4	12.8	12.8	13.0
	3	7.6	12.1	13.2	12.9	12.1	11.3	12.2	12.1	11.6	11.7
	4	8.6	10.4	10.0	10.9	10.6	10.3	10.7	10.6	10.3	10.4
	5	5.8	9.0	11.0	11.5	11.8	11.1	11.5	11.2	11.3	11.6
	6	7.9	9.0	10.8	8.6	11.2	12.5	12.8	14.1	13.0	12.9
	7	9.2	9.7	12.1	11.9	12.2	12.5	11.6	11.1	11.8	12.4

（续）

日期（月一日）	标地号	土层（cm）									
		0～20	20～40	40～60	60～80	80～100	100～120	120～140	140～160	160～180	180～200
	8	12.9	16.6	16.6	16.2	15.4	15.0	15.5	15.0	14.6	14.7
	9	12.5	12.7	13.9	13.7	13.0	10.7	13.0	12.8	13.3	12.8
	10	9.3	10.2	11.2	10.8	11.0	11.8	11.9	12.5	13.2	13.4
2005－08－06	11	11.5	13.6	13.9	14.0	13.9	—	—	—	—	—
	12	8.3	12.3	14.1	15.5	16.8	16.6	17.3	16.7	18.6	18.3
	13	13.0	13.8	15.5	16.4	16.7	—	—	—	—	—
	14	11.1	10.0	11.8	14.1	14.0	14.1	14.3	13.9	13.6	14.6
	15	12.1	12.1	14.2	14.0	13.9	14.0	15.2	14.9	14.1	13.6
	16	7.9	10.6	10.8	10.6	12.0	13.5	14.8	15.4	14.7	17.7
	17	10.8	14.2	14.1	13.6	17.1	17.9	17.4	18.2	19.7	20.1
	18	9.0	11.6	11.7	13.9	14.7	15.6	16.6	17.4	17.1	17.3
	19	10.9	12.5	12.6	13.2	12.4	11.9	11.4	12.0	13.1	13.7
	20	7.0	6.7	11.4	13.6	14.2	—	—	—	—	—
	21	6.3	6.8	13.0	12.6	11.1	16.3	16.8	15.4	16.1	15.8
	22	15.8	19.7	22.3	23.3	22.5	22.6	22.4	23.0	22.7	23.0
	23	9.6	7.6	11.5	12.2	12.1	—	—	—	—	—
	1	14.5	11.1	10.2	12.8	13.2	14.3	15.2	16.0	16.8	17.5
	2	14.6	12.2	52.9	13.0	12.9	12.8	12.5	13.3	13.1	13.2
	3	11.9	10.5	12.5	13.3	12.2	11.1	12.1	12.0	11.3	11.6
	4	11.8	10.4	9.9	11.3	10.9	10.6	10.9	11.1	10.8	11.0
	5	10.8	9.1	11.3	11.7	12.0	11.4	11.8	11.7	11.8	12.0
	6	13.6	9.1	11.1	8.8	11.5	12.7	12.6	13.8	13.1	13.1
	7	13.2	10.0	12.4	12.2	12.5	12.7	11.9	11.2	11.9	12.4
	8	16.0	16.7	16.8	16.1	15.5	15.2	15.5	15.0	14.6	14.7
	9	14.8	13.1	14.7	13.9	13.2	11.2	13.2	13.2	13.5	13.1
	10	11.8	10.4	11.0	10.5	11.2	12.4	12.2	12.5	13.1	13.6
2005－08－08	11	15.7	14.1	14.5	14.4	14.4	—	—	—	—	—
	12	13.4	12.9	14.7	16.0	17.3	16.9	17.3	17.4	18.7	18.5
	13	17.4	14.3	15.4	16.5	17.1	—	—	—	—	—
	14	17.9	9.8	11.4	13.9	13.8	15.0	14.1	13.7	13.5	14.2
	15	15.1	12.0	14.0	14.2	14.0	13.7	15.1	14.8	14.2	13.5
	16	11.7	10.2	11.5	10.8	12.2	13.4	14.6	15.3	14.6	17.2
	17	14.8	14.0	13.9	13.2	16.8	17.6	17.3	17.9	19.6	19.8
	18	11.2	11.0	11.7	13.4	14.6	15.2	16.1	16.8	17.3	17.0
	19	17.1	12.2	12.5	13.0	12.2	11.3	10.9	12.4	13.6	14.2
	20	11.4	5.8	10.6	13.1	13.9	—	—	—	—	—
	21	10.7	5.1	11.8	11.7	10.1	15.4	16.0	14.5	15.2	15.0
	22	18.6	19.9	22.5	23.0	23.8	23.0	21.9	24.0	23.9	23.4
	23	16.1	7.4	10.8	11.8	11.7	—	—	—	—	—
	1	11.6	11.0	10.3	12.6	12.9	13.8	14.5	15.0	15.7	16.3
	2	13.2	12.5	12.9	13.0	12.9	12.8	12.5	12.9	12.8	13.0
	3	9.4	12.9	13.4	13.4	12.4	11.5	12.3	12.2	12.3	12.1
	4	10.7	11.0	10.4	11.5	11.2	10.9	11.2	11.1	10.8	11.1
	5	8.5	9.8	11.7	11.9	12.1	11.4	11.9	11.7	11.5	11.8
	6	9.8	9.2	10.9	8.7	11.2	12.4	12.4	13.5	12.6	12.4
	7	10.5	9.8	12.1	11.9	12.0	12.4	11.5	11.3	11.8	9.2
	8	14.9	16.9	16.7	15.8	15.2	14.8	15.2	14.8	14.2	14.4
	9	13.4	13.1	14.0	13.7	13.0	10.8	13.0	12.9	13.3	12.8
	10	10.6	10.1	10.8	10.6	11.0	12.2	11.9	12.4	13.4	9.9
2005－08－14	11	12.9	14.0	14.1	14.2	14.2	—	—	—	—	—
	12	10.8	12.6	14.1	15.8	16.9	16.6	17.2	16.6	18.1	17.5
	13	14.7	13.9	15.2	16.7	16.7	—	—	—	—	—
	14	16.0	8.5	11.4	13.6	13.4	13.5	13.8	13.3	13.0	14.0

（续）

日期（月—日）	标地号	土层（cm）									
		0～20	20～40	40～60	60～80	80～100	100～120	120～140	140～160	160～180	180～200
	15	14.2	11.9	13.6	13.8	13.6	13.3	14.7	14.4	13.9	13.1
	16	8.5	10.3	10.5	9.8	11.4	13.0	14.2	14.7	14.0	16.6
	17	11.7	13.8	13.6	12.8	16.2	16.9	16.5	17.4	18.8	19.3
	18	10.0	11.5	11.4	13.1	14.4	15.2	15.7	16.8	16.4	16.6
	19	13.4	12.2	12.3	12.6	12.0	11.4	11.2	11.6	13.0	13.6
	20	8.1	6.4	11.2	13.5	14.3	—	—	—	—	—
	21	6.8	6.8	12.8	12.6	10.9	16.0	16.6	14.9	15.8	15.4
	22	16.8	20.0	22.0	22.5	22.4	22.2	20.8	23.3	23.9	22.6
	23	10.2	7.2	10.6	11.5	11.5	—	—	—	—	—
	1	21.8	19.0	12.8	11.7	13.1	14.0	14.7	15.9	16.0	16.9
	2	22.6	23.5	19.9	13.2	12.7	13.0	12.7	13.2	13.2	13.5
	3	17.1	15.0	13.0	13.3	12.6	11.1	12.3	12.7	11.9	12.1
	4	22.9	22.2	18.6	14.2	11.1	10.9	10.5	10.9	11.0	11.7
	5	17.8	16.7	11.8	11.6	12.2	11.6	11.9	12.1	12.0	12.3
	6	19.8	18.5	15.2	8.8	11.2	13.0	13.2	14.4	14.1	13.5
	7	21.3	18.3	13.0	11.9	12.2	12.7	12.3	11.3	11.7	12.6
	8	22.2	21.3	18.4	16.8	14.9	14.9	15.3	14.8	14.4	14.4
	9	24.2	21.9	15.3	13.6	12.8	11.4	12.7	13.0	13.6	12.7
	10	20.7	22.5	12.8	11.4	10.3	10.7	12.1	12.2	12.1	12.8
2005—08—19	11	23.8	23.6	17.4	14.0	14.2	—	—	—	—	—
	12	20.0	20.6	15.3	15.6	16.6	15.8	17.2	16.5	18.1	17.9
	13	26.8	23.9	19.7	16.0	16.4	—	—	—	—	—
	14	23.9	20.4	13.5	13.5	13.4	13.4	13.9	13.5	13.1	14.1
	15	23.9	21.0	15.4	13.9	14.0	13.6	14.6	14.3	14.4	13.7
	16	20.2	19.0	13.2	10.2	11.5	12.9	14.3	14.7	14.0	16.8
	17	21.7	22.9	15.6	12.7	15.6	16.7	17.1	16.9	17.8	19.2
	18	18.3	19.1	13.7	13.3	14.2	15.7	15.9	16.1	17.4	16.5
	19	23.2	11.8	16.1	12.7	11.9	11.0	10.4	11.8	12.9	13.8
	20	16.7	16.3	10.9	13.4	14.2	—	—	—	—	—
	21	12.6	13.4	13.0	12.2	11.4	14.9	16.8	15.2	16.0	15.9
	22	24.1	26.5	27.7	24.2	22.9	21.0	21.7	22.8	23.3	23.6
	1	17.6	16.4	13.8	11.9	12.6	13.6	14.3	15.2	15.5	17.0
	2	17.9	19.4	18.9	14.5	13.1	13.0	12.6	12.9	13.2	13.4
	3	12.2	13.9	13.9	13.0	12.6	11.0	12.3	12.6	12.1	12.1
	4	16.8	18.0	17.4	17.0	12.0	10.7	10.9	11.1	10.9	11.3
	5	12.1	13.9	12.2	12.0	12.6	11.7	11.8	12.1	12.3	12.2
	6	15.4	15.0	16.2	10.0	11.2	13.0	13.0	14.4	13.7	13.4
	7	15.0	14.5	14.3	12.3	12.2	12.6	11.8	11.0	11.9	12.8
	8	20.0	24.8	24.2	18.8	15.3	15.0	15.2	15.1	14.6	14.8
	9	18.6	17.7	16.1	14.0	13.3	11.6	12.9	12.9	13.7	13.0
	10	14.1	14.8	11.9	11.3	10.2	11.5	11.8	12.4	12.8	13.2
2005—08—29	11	18.7	20.8	18.6	15.4	14.5	—	—	—	—	—
	12	16.1	17.6	16.6	16.1	16.7	16.0	17.0	16.7	17.8	17.4
	13	19.5	20.0	19.9	18.0	17.1	—	—	—	—	—
	14	16.3	12.8	13.6	14.0	13.3	13.5	13.8	13.5	13.0	14.0
	15	18.2	16.7	17.2	14.1	14.1	13.3	14.2	14.4	14.5	13.0
	16	13.4	15.8	14.7	10.7	11.5	13.0	14.2	15.2	14.4	16.7
	17	17.5	20.1	19.7	15.8	16.1	16.7	16.9	16.6	17.8	19.1
	18	13.6	15.2	14.1	13.8	14.2	15.1	15.9	16.1	16.6	16.4
	19	16.3	18.6	16.9	13.5	12.2	11.7	10.8	11.7	13.0	14.1
	20	12.1	13.1	11.7	13.5	13.9	—	—	—	—	—
	21	10.1	11.1	15.1	12.8	11.3	15.4	16.9	15.2	16.3	15.5
	22	20.2	23.3	25.0	23.3	23.7	22.5	21.5	23.2	22.6	23.8

（续）

日期（月一日）	标地号	土层（cm）									
		0～20	20～40	40～60	60～80	80～100	100～120	120～140	140～160	160～180	180～200
	23	17.2	21.7	20.9	19.0	17.7	—	—	—	—	—
	24	14.2	12.9	13.9	12.5	12.2	—	—	—	—	—
	1	11.8	12.2	12.3	11.2	11.9	12.8	13.3	14.6	15.3	16.2
	2	12.9	14.7	15.4	14.3	12.9	12.9	12.6	13.0	13.1	13.1
	3	9.9	12.6	13.5	13.2	12.5	10.7	11.9	12.3	11.2	11.5
	4	11.9	12.7	13.2	14.8	12.2	10.3	10.1	10.4	9.9	10.3
	5	8.0	9.3	11.0	11.0	11.3	10.3	10.7	10.8	10.5	10.9
	6	8.2	10.0	12.1	8.7	10.4	11.9	11.9	13.4	12.8	12.9
	7	11.0	10.5	12.7	11.6	11.7	12.2	11.4	10.5	11.0	11.9
	8	17.1	21.2	21.3	18.3	14.9	14.7	14.8	14.4	14.4	14.3
	9	14.4	14.5	14.8	14.0	12.6	11.2	12.5	12.4	13.0	12.7
	10	8.8	10.6	10.7	11.3	10.5	10.3	11.1	12.0	12.6	13.1
2005—09—09	11	15.1	17.0	16.1	15.4	13.7	—	—	—	—	—
	12	12.7	15.2	15.5	15.4	16.6	15.2	16.0	15.8	16.9	16.8
	13	16.6	17.5	18.0	17.4	17.0	—	—	—	—	—
	14	11.7	9.6	11.6	13.5	13.3	13.5	13.4	13.7	12.9	14.0
	15	13.6	13.5	15.4	13.9	13.7	13.3	14.1	13.9	13.8	13.2
	16	9.6	11.6	12.0	10.3	11.6	13.0	13.8	14.6	13.8	16.4
	17	13.8	16.2	17.3	14.5	15.4	16.4	16.8	16.7	18.2	19.0
	18	10.5	12.5	12.9	13.3	14.1	15.2	15.7	15.9	16.5	15.9
	19	12.1	15.4	16.2	14.1	12.2	11.4	10.7	11.6	12.8	13.8
	20	6.2	7.5	9.7	12.9	13.8	—	—	—	—	—
	21	5.5	7.2	13.0	12.1	10.5	15.4	16.1	14.7	15.3	14.7
	22	17.1	20.1	22.5	22.4	22.5	21.4	21.2	22.0	23.1	22.9
	1	19.1	18.0	15.8	13.6	13.3	13.5	13.5	13.6	13.0	14.0
	2	22.0	27.5	28.3	15.1	12.7	12.8	12.7	13.1	13.5	13.7
	3	9.9	12.4	13.7	12.8	12.0	10.9	12.1	12.7	11.7	11.6
	4	11.9	11.3	11.3	13.5	12.3	11.1	10.7	11.0	10.8	11.0
	5	9.2	9.1	11.4	11.9	11.8	11.2	11.4	11.9	6.8	11.9
	6	10.3	9.8	11.7	9.0	11.1	12.5	12.5	13.9	13.4	13.5
	7	12.6	10.7	12.0	12.2	12.2	12.7	12.1	11.1	11.8	12.5
	8	16.9	20.0	20.4	18.7	15.4	15.1	15.0	15.1	14.3	15.1
	9	14.8	13.6	14.2	14.0	13.2	11.7	12.9	13.1	13.4	13.0
	10	11.5	10.1	10.6	11.5	10.5	11.3	12.0	12.2	12.8	13.7
2005—09—19	11	16.0	16.8	15.9	15.3	14.4	—	—	—	—	—
	12	14.0	15.0	15.6	15.9	16.8	16.1	17.2	16.3	17.3	18.2
	13	17.3	16.7	17.9	18.1	17.9	—	—	—	—	—
	14	13.3	10.2	11.6	14.0	13.7	13.8	14.0	13.9	13.4	14.4
	15	14.3	13.5	14.7	14.6	14.1	13.5	14.5	15.0	14.7	13.4
	16	9.8	11.3	11.9	10.5	12.0	13.4	14.5	14.8	14.4	16.8
	17	14.7	16.2	16.2	14.3	16.2	16.5	16.9	17.2	18.6	19.2
	18	10.9	12.0	12.0	13.3	14.2	15.2	16.1	16.5	17.1	16.5
	19	13.1	14.2	15.1	13.5	12.1	11.1	11.1	11.7	13.1	14.3
	20	20.2	21.4	13.2	13.1	14.0	—	—	—	—	—
	21	14.5	14.7	16.9	12.5	11.2	15.8	16.7	15.2	15.9	15.4
	22	20.7	23.3	23.6	23.5	24.0	22.5	21.7	22.7	23.1	24.8
	1	26.4	26.6	23.9	24.4	23.4	15.0	14.2	15.6	15.3	16.5
	2	25.9	32.4	30.9	29.2	26.1	17.8	13.0	13.9	14.6	27.9
	3	23.1	25.8	24.3	24.9	16.3	10.9	12.2	12.2	11.9	12.1
	4	25.1	29.0	26.0	30.0	28.9	26.7	24.8	15.8	10.9	11.2
	5	22.6	23.5	25.4	24.3	11.0	11.0	11.1	11.3	11.6	11.9
	6	24.9	24.9	29.8	22.0	22.2	13.1	12.3	13.7	13.3	13.0
	7	26.8	23.4	28.7	27.3	20.3	12.7	11.8	11.4	12.1	12.8

（续）

日期（月一日）	标地号	土层（cm）									
		0～20	20～40	40～60	60～80	80～100	100～120	120～140	140～160	160～180	180～200
	8	28.6	35.1	35.2	30.7	27.2	21.2	15.1	14.7	14.5	14.6
	9	29.2	29.2	28.9	28.3	25.2	12.6	12.8	13.0	13.2	12.9
	10	25.7	26.9	25.7	25.4	15.8	11.3	12.1	13.0	12.5	13.6
2005—10—03	11	26.1	29.2	26.6	26.6	28.2	—	—	—	—	—
	12	23.8	25.9	25.4	25.0	24.9	21.6	16.8	16.4	17.1	17.3
	13	31.5	29.2	29.8	31.0	28.3	—	—	—	—	—
	14	27.5	24.8	25.1	25.3	16.9	13.5	13.6	13.8	13.0	14.1
	15	26.3	26.9	29.6	28.3	25.3	14.9	14.4	14.5	14.4	13.6
	16	22.6	24.3	22.7	20.0	21.1	14.9	14.3	14.6	13.9	16.2
	17	25.2	28.5	29.4	23.6	24.8	24.4	18.5	16.4	17.6	18.9
	18	21.3	24.9	23.0	25.4	23.7	19.5	16.1	15.9	16.4	16.1
	19	27.7	29.1	27.3	25.1	23.7	14.9	10.9	11.8	14.5	15.0
	20	20.7	22.2	24.3	27.9	39.1	—	—	—	—	—
	21	14.8	15.6	24.2	24.5	16.1	14.8	16.8	14.9	16.1	15.5
	22	32.9	35.5	34.8	31.3	29.8	25.0	23.2	24.0	23.7	23.2
	1	18.4	19.5	17.9	19.6	20.7	18.4	16.2	12.8	12.8	14.2
	2	18.6	22.1	23.6	23.5	21.0	20.5	15.9	11.5	11.8	23.9
	3	17.0	18.6	20.2	19.8	18.2	13.6	9.3	9.2	8.7	9.4
	4	18.4	20.7	19.9	23.4	23.6	22.2	21.5	20.0	14.4	8.6
	5	15.8	18.3	21.1	20.4	19.3	13.8	8.6	9.1	8.8	9.2
	6	16.3	16.3	23.2	17.4	19.1	19.2	12.9	11.4	10.7	10.8
	7	18.4	17.6	23.0	21.5	19.9	16.8	9.4	9.2	9.3	10.2
	8	22.2	27.6	28.2	25.4	23.2	20.7	19.4	13.6	12.4	12.7
	9	12.5	21.6	22.7	23.4	21.9	16.8	11.2	10.3	10.8	10.8
	10	18.4	18.8	18.8	20.1	17.3	13.9	9.6	9.1	9.8	11.1
2005—10—13	11	19.7	20.4	23.1	23.7	23.4	—	—	—	—	—
	12	18.2	19.7	20.4	22.1	23.0	21.6	20.3	17.2	15.6	14.9
	13	23.2	22.9	24.8	24.2	23.6	—	—	—	—	—
	14	20.2	18.4	19.9	22.0	19.1	14.2	11.7	11.3	10.5	11.6
	15	20.7	20.4	24.3	23.5	22.7	19.4	14.9	12.4	12.3	11.4
	16	16.0	17.8	19.3	17.0	17.6	19.2	15.6	12.4	12.0	14.1
	17	18.9	22.8	23.4	19.5	21.4	22.1	20.6	18.4	17.6	17.8
	18	17.1	18.6	19.2	20.8	21.7	20.9	17.7	15.1	14.6	13.6
	19	18.0	20.5	20.7	21.6	20.7	17.9	15.1	11.1	12.5	20.2
	20	14.1	14.5	17.6	22.8	39.1	—	—	—	—	—
	21	10.1	10.9	18.8	19.8	17.7	17.3	14.4	12.6	13.5	12.9
	22	24.7	27.6	27.8	27.4	25.0	22.6	21.8	22.8	21.6	21.3
	1	18.5	20.7	18.7	21.5	21.0	21.0	20.6	19.6	17.3	17.1
	2	17.1	22.2	22.6	22.1	22.1	20.7	19.5	17.9	15.4	26.8
	22	19.0	26.4	27.8	27.6	25.7	23.5	22.2	23.6	23.3	23.1
	3	15.1	19.1	21.9	20.7	19.2	18.0	15.7	12.5	11.4	11.9
	4	16.9	20.1	19.3	22.3	22.7	22.8	22.5	21.2	19.2	18.2
	5	14.5	18.3	20.8	21.5	20.9	18.1	17.2	12.8	11.8	12.0
	6	15.0	17.8	21.6	17.8	20.7	21.3	19.3	17.3	13.7	13.5
	7	16.8	17.2	21.7	21.7	20.8	19.2	15.6	12.2	12.3	12.9
	8	19.6	29.4	27.4	26.1	24.8	23.0	23.0	20.4	17.3	15.6
	9	19.2	22.4	23.0	23.2	22.8	18.3	18.2	14.5	13.5	13.0
	10	18.1	19.6	20.8	20.6	19.4	18.0	14.3	12.6	12.6	13.6
2005—11—21	11	17.7	20.7	22.3	23.2	23.4	—	—	—	—	—
	12	16.8	19.0	20.5	24.0	20.6	21.6	19.2	19.8	20.8	20.4
	13	20.4	21.4	23.6	23.4	24.8	—	—	—	—	—
	14	20.1	17.2	21.6	23.0	21.4	19.9	17.4	14.2	13.4	14.4
	15	19.0	20.6	23.0	21.5	21.1	20.3	20.1	18.5	15.0	13.6

（续）

日期（月—日）	标地号	土层（cm）									
		0～20	20～40	40～60	60～80	80～100	100～120	120～140	140～160	160～180	180～200
	16	15.5	17.0	15.9	18.5	20.0	19.5	18.4	16.2	13.9	16.1
	17	17.7	22.9	22.4	20.2	22.6	23.0	21.6	21.3	22.2	21.6
	18	15.5	18.0	19.2	21.3	21.9	22.8	20.7	20.0	19.2	17.7
	19	17.5	19.8	19.8	20.0	21.3	18.5	17.4	17.8	17.8	24.8
	20	12.4	14.4	17.0	22.5	22.0	—	—	—	—	—
	21	11.3	12.3	19.6	20.1	17.5	21.5	18.4	15.0	16.0	15.4
	1	7.6	10.2	17.0	20.6	20.3	20.4	20.2	20.8	18.7	18.2
	2	11.2	17.3	20.5	21.7	21.8	21.3	19.5	18.7	16.3	26.3
	3	11.3	18.3	19.8	20.2	20.1	17.8	16.8	13.2	11.9	11.9
	4	15.0	19.2	18.6	21.5	22.1	22.1	22.3	21.2	19.6	18.2
	5	14.3	16.3	17.0	19.3	19.8	20.1	17.8	16.9	12.9	11.8
	6	11.8	14.4	19.6	16.8	19.0	20.6	18.6	18.6	15.7	13.3
	7	11.4	16.2	19.9	20.2	20.2	19.3	16.2	13.2	12.4	12.6
	8	17.5	26.2	26.9	25.3	23.6	22.6	22.1	21.0	18.5	16.6
	9	12.1	15.8	21.6	22.9	22.4	18.6	18.2	15.4	13.4	12.9
	10	13.9	19.7	20.1	19.4	18.8	17.5	15.9	13.5	12.2	12.9
2005—12—07	11	13.6	19.8	20.6	21.8	12.6	—	—	—	—	—
	12	11.2	19.2	19.8	20.8	22.4	21.6	22.2	21.7	20.9	21.1
	13	13.9	19.0	22.2	23.8	23.5	—	—	—	—	—
	14	12.5	14.5	19.6	21.9	20.7	19.5	18.8	15.1	13.1	13.8
	15	11.1	15.7	21.8	21.8	21.7	20.4	20.5	19.5	16.2	13.6
	16	13.0	16.3	16.1	16.1	17.5	19.2	18.0	17.1	14.4	16.1
	17	9.7	16.3	21.6	20.2	22.5	21.8	21.8	20.2	21.6	21.5
	18	6.6	11.5	16.6	18.7	21.4	20.7	19.8	19.1	19.7	17.8
	19	12.5	18.7	18.9	19.3	18.9	17.7	17.8	17.4	18.3	28.5
	20	9.3	12.7	14.9	21.5	21.2	—	—	—	—	—
	21	9.8	10.5	16.8	18.2	17.3	21.2	19.0	14.2	7.9	14.7
	22	15.7	22.9	26.4	25.6	26.3	24.5	22.1	24.8	23.9	25.0
	1	7.1	8.6	10.0	15.7	19.6	19.6	19.7	20.6	18.7	18.1
	2	8.8	11.8	16.8	20.2	20.6	20.3	19.1	18.5	16.5	24.8
	3	11.1	16.7	21.2	20.2	18.6	17.7	16.9	13.7	11.2	11.8
	4	13.3	17.7	18.0	20.7	21.7	21.3	21.2	20.8	19.1	18.1
	5	13.3	16.5	19.1	20.0	20.2	17.7	17.2	15.4	12.8	11.8
	6	10.6	12.7	18.9	16.6	18.0	19.8	18.8	18.6	15.7	13.5
	7	14.6	16.5	19.9	20.1	20.4	19.1	16.6	14.2	12.4	12.4
	8	10.9	15.7	21.6	21.7	23.5	22.0	21.6	20.2	18.4	17.2
	9	10.8	11.2	13.025	20.4	21.1	17.9	17.9	15.5	13.7	12.8
	10	8.9	9.8	14.9	18.2	18.4	18.0	16.6	13.8	11.5	12.7
2005—12—22	11	9.9	12.9	18.4	20.1	21.5	—	—	—	—	—
	12	10.6	14.2	18.9	20.3	24.8	22.0	22.3	20.9	20.9	20.7
	13	11.5	12.8	18.8	20.5	21.8	—	—	—	—	—
	14	9.7	7.8	16.8	20.7	20.1	19.4	18.3	15.7	12.7	13.5
	15	9.6	11.5	16.6	20.8	21.6	20.6	20.4	18.8	17.5	14.2
	16	12.3	15.5	16.1	15.4	17.8	18.8	18.3	16.9	14.4	16.1
	17	8.6	11.4	13.2	16.8	20.2	20.7	19.7	19.7	20.8	21.5
	18	6.2	8.3	11.2	17.3	19.3	20.7	19.2	19.1	19.4	17.1
	19	9.1	13.8	17.7	19.3	18.8	18.0	17.1	16.1	18.2	29.1
	20	9.0	11.8	14.9	19.7	20.0	—	—	—	—	—
	21	4.6	7.9	16.3	17.9	16.9	19.2	18.7	14.4	14.6	14.1
	22	13.2	17.7	23.6	25.8	25.8	21.8	22.1	23.8	24.4	25.1
	23	10.5	14.3	22.0	22.5	23.3	—	—	—	—	—
	24	7.6	11.8	17.1	21.0	19.8	—	—	—	—	—

表 5-124　吉县各标地土壤水分含量（2006 年）

单位：%

日期（月一日）	标地号	土层（cm）									
		0～20	20～40	40～60	60～80	80～100	100～120	120～140	140～160	160～180	180～200
	1	9.4	9.8	10.5	13.8	15.7	16.6	17.9	18.4	17.4	17.7
	2	21.2	22.4	21.2	19.7	19.3	18.6	17.8	17.8	17.1	14.9
	3	15.9	17.5	19.2	19.0	18.3	16.6	16.8	14.1	12.4	11.8
	4	18.1	18.2	17.0	19.0	20.0	19.6	19.8	19.3	18.2	17.3
	5	15.0	15.3	17.5	17.9	18.5	16.5	16.5	15.4	13.5	12.1
	6	16.1	15.3	18.7	15.8	17.4	18.9	18.0	18.6	16.8	14.3
	7	16.8	15.4	18.7	18.7	18.7	17.9	16.0	13.9	12.5	12.1
	8	15.7	19.0	21.3	20.3	18.7	19.7	19.9	19.4	17.9	17.2
	9	17.3	14.8	16.6	18.4	18.5	17.0	16.2	15.1	14.5	13.2
	10	16.1	18.4	17.9	17.0	16.6	16.8	15.6	13.7	12.1	12.4
2006—03—04	11	21.5	22.6	19.9	20.3	20.2	—	—	—	—	—
	12	18.2	18.3	18.0	19.4	21.7	20.1	20.8	20.0	18.9	19.8
	13	23.9	21.9	20.8	21.1	20.0	—	—	—	—	—
	14	14.0	11.7	15.3	17.8	17.3	17.3	17.4	16.1	13.8	13.6
	15	17.5	14.0	17.4	18.2	18.1	18.1	18.5	18.5	17.3	15.0
	16	14.1	15.5	15.9	14.8	16.5	17.7	17.8	16.9	14.9	15.8
	17	14.6	14.6	16.9	16.9	17.7	19.1	18.8	18.3	19.0	19.7
	18	8.8	11.3	12.2	16.2	17.6	18.0	18.6	17.9	17.7	16.4
	19	17.4	18.0	17.7	18.4	18.0	16.7	15.9	15.7	17.1	16.9
	20	12.2	12.7	14.9	19.8	19.8	—	—	—	—	—
	21	11.4	12.8	13.5	18.3	16.7	20.8	19.5	16.4	15.7	14.4
	22	20.7	23.6	25.3	25.6	23.6	24.1	23.0	23.6	24.0	24.0
	23	14.25	18.05	19.95	19.8	20.1	—	—	—	—	—
	24	14.85	13.65	16.25	19.65	19.55	—	—	—	—	—
	1	17.3	14.4	12.4	15.2	16.6	18.0	18.2	18.6	17.6	17.8
	2	18.4	21.9	21.0	20.6	19.7	19.2	18.4	17.7	17.1	15.0
	3	15.7	17.4	18.2	18.8	18.2	16.6	16.3	14.5	12.0	11.8
	4	17.3	17.8	17.6	19.4	20.1	19.9	20.1	19.6	18.3	18.0
	5	13.6	15.8	17.9	18.6	18.5	16.7	16.4	15.6	14.0	13.7
	6	14.0	14.9	18.7	15.4	17.6	19.0	17.9	17.9	16.8	14.4
	7	16.3	15.4	18.7	19.1	19.1	18.1	16.3	14.0	13.5	12.7
	8	24.1	27.1	24.1	22.0	20.2	20.4	20.2	19.4	18.3	17.9
	9	20.8	22.4	21.5	19.6	19.2	17.2	16.6	15.5	14.8	13.2
	10	12.8	14.3	16.9	17.7	18.3	17.2	15.9	14.5	12.8	12.9
2006—03—14	11	19.3	22.8	20.8	20.6	22.4	—	—	—	—	—
	12	17.1	18.2	18.7	19.8	22.1	21.6	21.2	19.2	19.5	19.3
	13	21.3	21.8	22.1	22.3	21.9	—	—	—	—	—
	14	24.1	18.2	17.7	18.9	18.0	17.5	17.8	16.8	14.3	14.1
	15	19.0	20.8	21.9	20.1	19.2	18.1	18.4	18.3	17.3	15.3
	16	13.5	15.2	15.7	15.0	16.2	18.4	18.2	17.6	15.4	16.5
	17	15.8	23.0	22.8	18.9	19.7	20.0	19.8	18.7	20.2	20.3
	18	10.9	17.9	13.7	16.7	18.0	18.7	18.7	17.4	18.4	16.9
	19	15.7	19.5	18.5	18.7	18.8	17.3	15.4	15.6	17.3	17.8
	20	11.5	12.8	14.8	19.6	19.9	—	—	—	—	—
	21	10.7	11.2	17.3	18.3	17.5	20.8	19.9	16.1	15.7	15.0
	22	10.7	11.2	17.3	18.3	17.5	20.8	19.9	16.1	15.7	15.0
	23	14.6	19.05	20.85	20.9	21.15	—	—	—	—	—
	24	12.9	14.15	16.45	20.4	19.15	—	—	—	—	—
	1	18.3	13.8	13.0	15.5	16.6	17.3	17.7	18.1	17.6	17.7
	2	18.7	20.5	20.0	19.7	19.3	19.2	17.9	17.6	16.3	14.9
	3	14.9	18.0	19.7	17.6	17.1	16.4	16.2	14.2	11.6	11.3
	4	16.7	17.8	16.9	18.9	19.7	19.2	19.2	19.3	18.0	17.4

（续）

日期（月一日）	标地号	土层（cm）									
		0～20	20～40	40～60	60～80	80～100	100～120	120～140	140～160	160～180	180～200
	5	13.6	15.5	17.6	18.1	18.7	16.7	16.4	15.6	13.6	11.8
	6	12.8	14.4	18.1	15.0	17.2	18.2	17.6	18.0	16.8	14.8
	7	15.5	15.4	19.0	18.6	18.5	17.6	15.7	13.9	13.3	12.3
	8	21.7	29.1	26.6	20.8	20.1	19.6	19.2	18.7	17.8	16.5
	9	22.0	21.0	21.4	21.1	19.4	17.1	16.4	15.3	14.6	12.8
	10	13.5	16.4	16.5	17.9	17.3	16.2	15.8	14.5	12.8	12.7
2006—03—24	11	18.1	19.9	17.4	19.4	19.7	—	—	—	—	—
	12	15.2	17.0	18.1	18.9	21.2	19.2	20.3	18.7	19.2	19.9
	13	20.8	20.6	21.6	20.7	20.6	—	—	—	—	—
	14	22.8	21.2	18.8	19.3	18.4	17.6	17.4	16.0	13.7	13.6
	15	19.9	20.2	22.7	20.4	20.1	18.7	18.0	17.8	16.7	15.0
	16	12.6	15.0	15.8	14.6	16.3	17.9	18.2	17.4	15.1	16.2
	17	17.8	22.3	22.6	18.5	19.8	20.4	19.7	18.6	19.6	20.0
	18	16.8	20.0	16.5	17.8	17.8	18.7	17.9	18.1	17.9	16.2
	19	16.3	17.8	18.2	18.9	17.8	16.6	16.6	16.5	17.0	17.5
	20	10.8	12.2	14.6	19.5	19.5	—	—	—	—	—
	21	10.2	10.7	16.9	17.8	17.2	20.0	19.3	15.6	15.6	14.5
	22	20.0	23.5	26.5	25.0	23.8	24.0	23.1	23.5	23.4	23.7
	23	11.7	18.1	20.6	20.2	20.3	—	—	—	—	—
	24	10.9	13.0	17.3	19.6	18.5	—	—	—	—	—
	1	22.3	20.6	16.3	16.5	16.8	17.4	17.7	18.2	17.1	17.4
	2	16.2	18.6	19.4	19.5	18.7	19.0	17.8	17.3	16.4	15.0
	3	15.5	17.8	20.1	19.3	18.4	16.7	16.1	14.5	12.3	11.7
	4	15.8	17.6	17.4	19.0	19.6	19.6	19.6	19.3	17.8	16.7
	5	14.7	15.8	17.7	17.9	17.8	16.8	16.2	15.7	14.1	12.3
	6	12.4	14.7	18.7	15.8	17.4	19.1	17.8	18.0	17.4	15.1
	7	14.7	15.3	19.3	18.5	18.3	17.8	15.8	14.2	13.5	12.7
	8	22.5	26.2	26.0	21.8	19.9	20.5	20.1	19.2	18.3	16.8
	9	20.8	20.6	21.8	21.4	20.2	17.6	16.8	15.6	14.5	12.9
	10	12.9	15.5	16.8	18.3	17.3	16.6	16.0	15.4	12.8	12.5
2006—04—04	11	17.4	18.8	17.8	20.1	20.6	—	—	—	—	—
	12	14.9	17.0	17.6	19.2	21.2	19.0	20.0	20.5	18.6	18.9
	13	19.2	20.0	21.7	20.7	20.8	—	—	—	—	—
	14	18.2	18.8	21.9	19.6	20.3	19.0	18.8	18.2	17.1	15.1
	15	16.1	19.7	20.1	21.2	19.8	18.2	17.6	16.4	14.3	14.7
	16	12.0	15.1	14.9	14.3	16.0	17.9	18.0	17.6	15.7	16.8
	17	16.7	21.8	21.9	19.5	20.3	20.6	19.7	18.3	19.6	20.6
	18	15.9	17.7	17.8	19.4	18.7	19.2	108.0	17.7	18.3	17.5
	19	15.7	17.4	17.7	18.9	17.7	17.4	16.2	17.2	16.9	17.5
	20	9.2	11.6	15.0	19.7	20.1	—	—	—	—	—
	21	8.6	10.0	10.2	17.0	17.8	16.8	19.5	20.2	15.5	14.4
	22	17.3	22.6	23.9	24.2	25.4	23.7	23.1	23.8	21.5	23.0
	23	11.3	17.9	20.7	20.1	20.8	—	—	—	—	—
	24	11.5	13.3	16.2	19.6	19.1	—	—	—	—	—
	1	23.2	21.9	20.4	20.7	18.9	17.8	17.9	18.0	17.1	17.7
	2	17.1	17.7	18.6	19.5	19.4	19.2	18.2	17.9	17.1	15.3
	3	14.5	17.8	19.0	19.6	18.2	16.7	16.4	15.2	12.6	12.7
	4	15.5	17.0	17.4	19.1	19.4	19.7	19.7	19.7	18.4	17.5
	5	14.7	14.6	17.2	18.1	18.6	17.2	16.8	16.3	14.2	12.8
	6	12.6	13.2	17.4	15.4	17.1	18.9	18.1	18.6	17.5	15.5
	7	15.8	15.2	18.2	18.3	18.6	18.0	16.0	14.5	13.9	13.1
	8	23.4	27.8	25.4	22.8	22.4	21.9	20.7	19.8	18.4	17.0
	9	20.8	19.7	20.8	21.3	20.4	17.7	17.0	15.7	14.9	13.4

（续）

日期（月一日）	标地号	土层（cm）									
		0～20	20～40	40～60	60～80	80～100	100～120	120～140	140～160	160～180	180～200
	10	15.8	16.8	17.4	17.8	17.6	16.7	16.6	15.1	13.2	13.2
2006—04—14	11	17.2	18.5	18.0	19.1	20.2	—	—	—	—	—
	12	14.7	15.8	16.2	17.7	19.5	21.5	20.0	20.4	20.3	20.1
	13	21.2	19.1	20.6	21.3	21.3	—	—	—	—	—
	14	25.7	18.6	19.5	21.2	20.0	18.5	17.9	16.6	14.6	14.5
	15	19.2	17.5	20.4	20.2	19.6	18.7	18.6	18.1	17.0	15.1
	16	10.6	13.4	14.1	13.3	15.5	17.3	17.9	17.2	15.4	16.5
	17	17.3	19.5	20.1	18.2	19.4	20.8	20.1	18.4	19.8	20.4
	18	13.5	15.7	16.0	18.2	18.5	18.7	19.1	17.4	18.1	17.1
	19	15.8	16.0	17.6	17.9	17.9	16.1	16.8	16.7	17.4	18.1
	20	9.5	10.3	13.6	18.9	19.3	—	—	—	—	—
	21	9.4	9.9	16.5	17.6	16.7	19.7	19.6	15.9	15.5	14.8
	22	18.7	21.9	24.7	23.9	24.6	23.3	22.7	24.1	23.5	23.4
	23	14.5	17.6	20.1	19.3	19.8	—	—	—	—	—
	24	12.3	12.6	15.7	20.1	19.8	—	—	—	—	—
	1	22.4	21.2	20.2	20.9	20.6	19.2	18.5	18.1	17.5	17.3
	2	19.3	18.8	18.7	19.2	19.1	19.3	18.2	17.8	17.0	15.6
	3	16.7	17.7	19.1	19.1	16.3	16.5	16.4	14.8	12.7	11.6
	4	17.6	17.1	16.2	18.3	19.0	18.9	18.8	18.8	17.9	17.2
	5	16.6	15.8	17.5	17.8	17.8	16.5	16.4	15.8	14.0	12.6
	6	14.75	14.25	17.25	14.45	16.5	18.6	18.25	18.65	17.55	15.45
	7	16.8	15.2	17.7	17.4	17.8	17.8	15.7	14.3	13.4	12.7
	8	23.6	27.9	25.3	21.5	20.5	20.1	19.7	19.4	17.7	17.5
	9	23.2	20.4	20.5	19.8	19.9	16.8	16.8	15.6	14.7	13.1
	10	15.8	16.8	15.5	17.4	16.8	16.9	16.2	14.8	13.1	12.9
2006—04—24	11	19.3	20.5	19.3	19.0	19.9	—	—	—	—	—
	12	16.3	16.5	17.3	18.4	21.8	19.7	19.1	18.2	20.0	19.3
	13	20.2	18.9	10.8	20.0	19.8	—	—	—	—	—
	14	22.5	18.8	19.4	22.1	19.5	18.8	18.4	16.2	14.0	13.8
	15	19.1	18.2	20.0	19.3	19.5	18.6	18.6	17.5	16.7	14.7
	16	11.8	12.5	13.1	12.4	14.1	16.6	17.1	17.0	14.9	16.4
	17	18.1	19.7	19.6	17.6	18.5	19.7	19.2	19.1	19.6	19.6
	18	14.7	16.1	15.4	17.0	18.0	18.6	18.1	17.4	17.6	16.3
	19	16.8	17.4	17.0	18.5	16.8	16.3	16.2	16.9	16.7	17.0
	20	11.7	10.2	13.0	18.5	19.1	—	—	—	—	—
	21	10.9	9.6	16.2	17.6	15.9	20.1	19.9	16.2	15.8	14.9
	22	19.9	22.4	25.2	24.8	22.8	21.1	21.5	22.9	23.0	23.7
	23	14.8	20.0	20.3	19.8	20.3	—	—	—	—	—
	24	14.7	12.8	15.9	18.9	18.5	—	—	—	—	—
	1	17.4	19.1	18.8	20.4	20.2	19.6	19.2	19.7	17.6	17.6
	2	16.2	18.3	18.7	19.0	18.9	19.1	18.1	18.1	17.0	15.8
	3	13.4	16.3	17.8	18.1	16.8	16.5	16.4	15.0	12.5	11.9
	4	15.4	16.6	16.1	18.1	19.0	18.9	19.0	19.0	17.5	17.4
	5	13.4	15.6	17.7	17.7	17.7	16.7	16.3	16.1	14.3	12.8
	6	11.2	12.8	16.8	14.5	16.7	18.6	18.2	18.6	17.4	15.5
	7	14.5	14.4	17.4	17.7	17.8	17.3	15.6	14.1	13.5	13.1
	8	20.6	25.1	24.2	22.4	21.8	21.6	21.3	19.2	18.2	17.9
	9	21.2	19.9	20.7	21.7	20.5	17.4	17.4	16.1	15.7	13.8
	10	14.8	15.4	16.8	17.7	17.2	16.8	14.8	15.3	13.6	13.2
2006—05—04	11	17.1	18.2	16.8	19.5	19.5	—	—	—	—	—
	12	14.9	16.4	17.6	19.2	22.4	19.7	20.5	19.6	20.2	19.5
	13	16.2	17.7	19.8	21.1	20.5	—	—	—	—	—
	14	19.1	18.3	19.4	22.4	20.6	19.6	18.5	16.9	14.7	14.6

（续）

日期（月—日）	标地号	土层（cm）									
		0～20	20～40	40～60	60～80	80～100	100～120	120～140	140～160	160～180	180～200
	15	16.2	16.8	20.1	20.6	20.4	19.2	18.1	17.4	17.2	15.1
	16	11.1	12.9	13.3	13.1	14.4	16.6	16.9	16.9	15.6	16.8
	17	15.5	18.7	19.3	16.7	18.6	20.4	19.7	18.7	19.6	19.8
	18	12.7	14.7	14.8	16.8	18.2	18.8	19.2	18.3	18.5	17.5
	19	14.2	15.8	16.6	17.6	16.2	15.8	15.3	16.6	16.8	17.5
	20	7.9	9.1	12.4	18.4	19.5	—	—	—	—	—
	21	8.2	9.5	15.4	17.0	15.9	18.3	19.6	15.6	15.2	14.6
	22	18.7	22.2	24.3	24.4	22.7	23.3	21.9	22.6	22.0	23.1
	23	13.0	18.2	18.8	20.4	20.5	—	—	—	—	—
	24	10.9	12.8	15.0	18.9	18.5	—	—	—	—	—
	1	17.7	17.4	17.1	18.9	18.3	18.8	19.1	19.6	18.7	17.2
	2	16.2	15.6	16.5	17.9	18.5	18.4	17.3	17.1	16.5	15.5
	3	14.0	16.2	17.8	17.8	17.3	15.4	15.8	14.3	11.8	11.2
	4	14.4	14.5	14.9	16.7	17.6	18.0	18.5	18.2	17.7	16.8
	5	12.4	13.3	15.8	17.0	17.2	15.6	15.6	15.4	13.6	12.3
	6	11.8	10.8	14.4	13.2	15.6	17.4	17.2	17.7	16.6	15.4
	7	13.6	12.7	16.8	17.1	17.3	16.8	15.6	14.0	13.7	13.4
	8	19.7	23.5	22.6	22.2	21.8	20.6	20.8	18.7	17.9	17.3
	9	20.5	19.2	19.8	20.0	19.8	17.2	16.7	15.5	14.9	13.4
	10	15.0	14.1	14.6	17.0	16.8	16.8	15.6	14.7	13.4	13.0
2006—05—14	11	16.6	18.4	18.1	18.6	18.7	—	—	—	—	—
	12	15.6	15.7	17.1	18.2	21.1	18.5	19.6	19.3	19.6	18.7
	13	17.4	17.2	18.7	20.2	19.7	—	—	—	—	—
	14	18.2	14.2	17.6	20.2	20.2	19.2	18.3	17.0	14.8	14.4
	15	16.2	15.5	18.2	18.1	18.3	18.1	18.4	18.6	17.6	15.5
	16	9.5	10.5	11.5	11.0	13.3	15.2	16.1	16.7	15.0	16.0
	17	15.9	17.9	16.8	18.4	18.3	19.7	19.6	18.7	19.4	20.1
	18	12.0	12.4	12.8	15.3	17.4	17.9	17.9	18.1	18.0	16.8
	19	14.2	15.0	16.0	18.2	18.0	17.1	16.3	16.1	17.0	17.3
	20	9.2	7.9	11.0	17.3	18.3	—	—	—	—	—
	21	9.2	8.4	14.5	16.2	15.1	18.7	19.7	16.4	16.1	15.3
	22	18.6	20.4	22.5	22.8	23.3	22.8	21.6	22.2	21.4	21.5
	23	13.6	18.4	20.3	20.0	20.9	—	—	—	—	—
	24	11.6	10.9	14.5	18.8	18.8	—	—	—	—	—
	1	15.3	15.7	17.6	17.5	17.6	18.2	18.9	19.3	18.6	18.6
	2	14.8	16.0	16.2	16.3	16.9	17.4	16.8	16.6	16.3	15.2
	3	11.7	14.4	15.7	15.9	15.6	14.1	15.5	14.7	12.4	11.6
	4	12.2	12.7	13.2	15.2	16.5	17.6	17.6	17.8	16.9	16.3
	5	10.3	11.3	13.8	14.8	15.5	14.9	14.8	14.5	13.6	12.4
	6	10.4	9.6	12.6	11.2	13.7	15.9	16.3	17.6	16.6	15.1
	7	11.8	11.3	14.6	15.6	16.4	16.2	15.5	14.0	13.3	13.2
	8	18.0	21.4	22.1	21.6	19.8	20.5	21.3	19.2	19.0	17.7
	9	18.4	17.6	19.1	19.6	19.0	17.0	17.3	15.8	15.1	13.5
	10	12.3	12.2	13.1	15.7	15.2	15.1	14.4	13.8	12.9	12.8
2006—05—24	11	15.3	16.9	15.8	17.3	18.6	—	—	—	—	—
	12	13.8	15.7	17.1	17.7	19.4	18.1	20.1	19.2	19.7	19.4
	13	16.3	16.6	18.2	19.9	20.0	—	—	—	—	—
	14	13.6	11.0	16.2	19.5	18.4	18.7	18.6	17.1	14.8	14.6
	15	14.4	14.5	17.6	18.4	18.8	17.9	18.7	18.4	17.6	15.7
	16	9.3	10.4	10.8	10.6	12.2	14.4	15.9	16.5	15.1	16.3
	17	13.0	16.2	17.1	15.9	17.4	18.1	18.4	17.9	19.2	19.9
	18	11.0	12.5	12.7	14.7	16.6	17.9	18.4	17.5	17.8	17.4
	19	12.5	15.0	16.4	18.0	17.6	16.1	15.9	15.9	16.9	17.0

（续）

日期（月—日）	标地号	土层（cm） 0～20	20～40	40～60	60～80	80～100	100～120	120～140	140～160	160～180	180～200
	20	7.7	7.1	9.2	14.9	16.9	—	—	—	—	—
	21	6.6	7.2	13.7	14.6	13.4	17.7	18.8	16.5	15.8	15.2
	22	16.7	20.2	23.3	22.8	22.2	21.0	20.7	22.4	22.6	22.3
	23	12.0	16.6	19.3	19.6	20.0	—	—	—	—	—
	24	12.4	9.2	13.6	17.4	17.9	—	—	—	—	—
	1	25.0	25.7	21.1	20.0	18.7	19.3	19.1	18.9	18.0	18.2
	2	24.4	29.2	24.9	16.6	16.2	16.7	16.4	16.6	16.1	15.7
	3	20.6	24.3	19.1	16.3	14.0	13.8	14.5	13.8	12.7	12.7
	4	22.8	27.6	23.9	21.1	15.2	16.6	17.2	17.5	16.9	16.8
	5	19.1	22.3	16.9	14.5	15.1	14.8	15.3	14.8	14.1	13.3
	6	23.0	24.3	22.0	11.6	13.9	15.4	15.9	17.5	15.8	15.2
	7	24.0	21.8	22.7	14.8	14.8	15.4	14.2	13.3	13.2	13.3
	8	23.6	34.8	32.6	27.4	22.5	19.8	20.2	19.1	17.9	17.3
	9	26.6	26.3	25.0	19.6	19.2	16.3	17.5	16.1	15.3	14.1
	10	23.7	25.9	19.9	14.7	15.0	15.4	14.5	13.7	13.7	14.0
2006—06—05	11	23.6	25.9	26.0	24.1	22.1	—	—	—	—	—
	12	22.3	23.7	20.8	18.7	21.4	19.6	18.9	18.0	18.5	18.6
	13	28.4	26.8	27.2	23.3	21.6	—	—	—	—	—
	14	29.2	23.7	27.8	25.3	18.9	18.1	17.5	16.2	14.6	15.0
	15	24.6	24.4	23.8	17.0	16.2	16.7	18.0	17.6	16.5	15.6
	16	20.2	20.6	18.8	11.9	12.9	14.6	15.9	16.4	15.1	16.6
	17	21.8	25.5	21.4	16.5	18.9	18.9	18.2	18.4	19.9	20.0
	18	18.9	20.0	17.7	15.1	16.1	17.4	18.0	17.9	16.8	16.4
	19	21.8	19.2	20.3	17.8	16.3	15.3	14.8	15.1	15.5	15.6
	20	17.6	16.6	13.2	15.6	16.3	—	—	—	—	—
	21	14.7	14.2	16.2	13.3	12.6	17.5	17.9	15.7	16.1	15.3
	22	24.8	29.2	27.7	22.2	20.8	24.7	22.0	23.4	23.4	22.5
	23	20.5	30.0	28.2	25.3	25.7	—	—	—	—	—
	24	23.4	19.1	17.8	16.1	16.2	—	—	—	—	—
	1	11.2	15.8	15.9	18.0	18.2	18.7	18.3	18.1	16.7	17.5
	2	16.9	19.8	19.7	17.8	15.2	14.7	14.6	14.3	14.8	14.6
	3	13.3	16.8	18.4	17.6	13.6	12.3	13.4	13.7	12.8	12.4
	4	15.3	16.2	15.9	17.6	16.6	15.4	15.1	15.3	14.9	14.7
	5	8.5	12.8	15.4	13.6	13.6	13.1	13.3	13.7	12.6	11.9
	6	10.8	13.2	17.2	13.3	11.8	13.3	14.1	15.8	14.8	14.0
	7	15.0	15.5	18.6	16.2	14.2	14.3	13.4	12.6	12.7	12.9
	8	20.1	25.3	25.2	23.7	21.2	20.5	20.6	18.4	17.0	16.4
	9	17.8	17.7	18.8	19.4	18.3	16.0	16.4	15.6	15.0	13.4
	10	13.3	15.6	16.9	16.6	13.8	13.2	12.8	12.7	12.9	13.2
2006—06—15	11	19.5	21.4	22.3	21.6	23.2	—	—	—	—	—
	12	16.4	19.0	19.3	19.1	21.8	19.6	19.5	18.2	17.5	17.4
	13	20.1	21.5	23.2	23.7	21.7	—	—	—	—	—
	14	17.8	15.0	18.9	21.4	19.3	17.8	17.1	16.4	14.7	15.1
	15	18.1	17.6	20.0	18.6	17.0	15.8	15.5	16.6	16.6	14.6
	16	12.6	14.4	14.8	11.5	11.5	13.4	14.2	15.0	13.9	15.8
	17	15.2	19.6	19.8	17.3	18.5	19.1	18.3	17.9	18.8	19.8
	18	13.2	15.2	15.6	16.6	16.9	17.2	17.8	17.3	18.0	16.7
	19	14.9	18.4	19.4	18.1	15.5	13.2	13.6	13.9	14.5	14.9
	20	11.4	11.7	11.7	14.3	15.3	—	—	—	—	—
	21	10.3	11.4	17.0	14.3	12.4	16.2	17.6	15.0	16.2	15.1
	22	17.5	21.7	23.7	25.2	24.4	23.2	22.1	22.4	22.9	22.7
	23	13.3	20.0	22.5	22.6	22.8	—	—	—	—	—
	24	11.4	10.6	14.4	17.4	16.4	—	—	—	—	—

（续）

日期（月—日）	标地号	土层（cm）									
		0～20	20～40	40～60	60～80	80～100	100～120	120～140	140～160	160～180	180～200
	1	13.7	14.0	14.5	16.6	18.3	19.0	18.8	18.8	17.8	18.5
	2	16.8	15.9	15.6	14.8	14.2	13.8	13.4	14.1	14.3	14.3
	3	10.7	13.3	15.3	14.9	13.5	11.5	12.8	13.2	12.3	11.7
	4	13.2	11.8	11.2	12.6	13.2	13.2	12.8	13.4	13.5	13.7
	5	8.9	10.1	12.4	12.7	13.1	12.2	12.5	13.1	12.8	12.4
	6	11.2	11.4	13.1	10.7	12.4	13.8	13.5	15.5	14.5	13.7
	7	12.3	12.2	14.7	13.7	13.3	13.5	12.5	11.8	12.4	12.6
	8	17.1	20.4	20.8	20.5	19.6	18.9	18.8	18.2	16.8	16.5
	9	15.6	15.1	16.2	16.4	16.7	14.9	15.4	14.6	14.7	13.6
	10	12.3	12.5	12.7	13.7	13.4	12.6	12.4	12.4	12.9	13.9
2006—06—25	11	19.0	20.2	19.8	21.4	21.1	—	—	—	—	—
	12	16.2	17.8	18.6	19.3	21.7	20.1	19.5	18.4	17.8	18.2
	13	19.2	19.1	20.6	21.9	21.1	—	—	—	—	—
	14	13.4	10.5	14.4	16.1	14.9	15.8	15.8	15.2	14.3	14.6
	15	14.8	13.8	16.5	16.0	15.8	15.2	16.0	16.3	15.9	14.6
	16	11.6	12.4	11.8	11.4	11.6	13.2	14.7	15.7	14.4	16.1
	17	14.4	17.7	18.3	15.1	17.3	19.1	18.4	17.6	18.5	19.2
	18	11.6	13.1	13.5	15.4	16.2	16.4	17.6	17.3	17.7	16.6
	19	15.0	14.2	15.1	14.4	14.8	13.2	12.3	12.5	12.8	13.4
	20	8.9	8.3	9.7	14.6	15.1	—	—	—	—	—
	21	7.9	8.5	13.7	13.3	11.6	15.5	17.0	15.7	16.4	15.3
	22	18.1	22.4	23.2	23.9	23.2	22.9	22.2	22.5	23.6	22.4
	23	11.6	15.8	18.6	19.7	20.4	—	—	—	—	—
	24	10.6	8.7	12.1	15.2	15.5	—	—	—	—	—
	1	18.8	14.4	13.0	14.9	16.9	17.8	18.2	18.9	17.5	17.8
	2	19.8	16.2	14.3	14.2	13.4	13.8	13.2	13.5	14.0	14.6
	3	12.9	13.3	14.4	13.5	12.3	11.3	12.4	12.8	12.2	12.5
	4	14.8	11.8	10.3	11.6	11.7	12.2	12.1	12.1	12.6	13.0
	5	12.2	10.4	11.0	12.1	12.3	11.6	11.8	12.1	11.7	12.2
	6	14.8	10.5	11.3	9.1	11.3	12.6	12.8	14.2	13.5	13.2
	7	16.0	10.9	12.9	12.7	12.8	13.2	12.2	11.6	12.2	12.6
	8	16.8	20.4	19.6	19.9	19.8	18.4	17.8	17.5	16.9	16.4
	9	16.3	14.3	15.0	15.3	15.2	14.1	14.8	14.8	15.3	13.8
	10	16.3	14.4	11.7	11.8	12.1	12.3	12.6	12.6	12.4	13.4
2006—07—05	11	20.0	19.7	18.2	20.1	19.9	—	—	—	—	—
	12	18.3	17.5	17.6	18.2	20.7	19.5	18.2	18.6	18.7	17.2
	13	22.2	20.1	20.5	20.5	20.9	—	—	—	—	—
	14	15.3	12.3	13.8	14.7	14.0	14.6	15.1	14.6	13.2	14.4
	15	16.5	13.4	14.8	14.6	14.3	14.4	15.3	15.3	15.2	14.2
	16	12.2	10.4	11.0	10.3	11.2	12.6	13.8	15.0	13.5	15.1
	17	15.6	15.7	16.8	15.5	17.7	19.2	18.7	18.4	19.2	19.5
	18	14.1	13.4	13.0	15.1	15.9	16.8	17.7	17.5	17.5	17.2
	19	16.6	14.7	15.1	15.9	14.5	12.6	11.8	12.2	13.1	13.6
	20	10.0	7.5	8.9	14.1	14.9	—	—	—	—	—
	21	9.1	7.1	12.4	13.0	11.8	16.1	16.9	15.5	15.9	15.0
	22	22.3	23.5	23.7	24.5	24.3	23.2	21.3	22.5	21.4	22.2
	23	15.3	16.6	17.1	17.9	19.2	—	—	—	—	—
	24	15.4	9.6	11.3	13.9	14.9	—	—	—	—	—
	1	13.4	13.6	13.5	16.0	16.7	17.6	18.1	18.7	18.2	18.5
	2	14.6	14.4	14.1	13.6	13.4	13.1	13.3	13.6	14.1	14.0
	3	10.9	13.9	13.5	14.3	13.3	11.4	12.4	12.6	12.2	12.2
	4	11.8	11.0	10.1	11.4	11.2	11.3	11.4	11.9	11.7	12.3
	5	9.3	10.0	12.0	12.2	12.8	11.6	11.8	12.3	11.9	12.1

（续）

日期（月一日）	标地号	土层（cm）									
		0~20	20~40	40~60	60~80	80~100	100~120	120~140	140~160	160~180	180~200
	6	9.4	10.4	12.0	9.9	11.7	13.1	13.1	14.5	13.8	13.6
	7	11.4	11.6	13.2	12.9	12.9	13.4	12.3	11.3	12.1	12.9
	8	16.0	19.0	18.9	18.9	19.1	17.3	17.6	17.1	16.4	16.4
	9	14.6	13.8	14.7	14.4	14.1	13.4	14.2	14.3	14.4	13.8
	10	12.5	12.2	11.6	12.3	11.6	13.0	12.9	12.7	13.1	14.1
2006—07—15	11	17.9	19.9	18.4	19.8	20.4	—	—	—	—	—
	12	16.0	17.6	18.1	18.8	21.4	18.6	19.8	18.7	19.7	19.1
	13	19.1	19.1	20.7	21.4	20.5	—	—	—	—	—
	14	13.3	10.4	12.6	14.3	13.5	13.9	14.2	14.1	13.5	14.6
	15	13.9	13.2	14.8	14.9	14.7	14.2	15.2	15.9	14.9	14.1
	16	10.3	11.1	11.5	10.8	11.9	13.4	14.3	15.0	14.4	16.3
	17	12.9	16.1	16.5	15.6	17.7	17.9	17.9	17.4	18.2	19.1
	18	11.6	12.9	12.9	14.6	15.8	16.7	17.3	17.5	18.1	17.0
	19	14.2	14.5	14.5	14.3	13.1	11.5	11.0	11.6	12.5	13.1
	20	6.9	6.7	9.7	13.2	14.4	—	—	—	—	—
	21	5.3	6.7	11.8	12.2	10.7	14.8	16.2	14.8	15.2	14.9
	22	23.8	25.4	25.6	23.9	22.6	22.6	22.5	22.7	23.5	23.5
	1	18.4	12.9	12.4	15.4	16.4	17.2	17.5	17.8	17.3	18.0
	2	19.6	14.1	13.9	13.3	13.3	13.1	12.9	13.6	13.6	14.1
	3	11.9	13.3	13.7	14.1	12.6	11.9	12.7	12.5	11.8	12.2
	4	14.5	10.7	10.3	11.3	11.2	11.0	11.4	11.3	11.3	11.7
	5	13.6	11.0	12.0	12.5	12.6	11.9	12.4	12.1	12.3	12.4
	6	14.9	11.1	11.4	9.4	12.1	13.0	13.1	14.6	13.9	13.7
	7	17.0	11.6	13.1	12.9	13.0	13.2	12.3	12.0	12.5	13.1
	8	19.3	19.1	18.1	18.5	18.0	16.9	17.0	15.8	15.4	15.7
	9	16.1	14.0	14.9	14.4	14.0	12.0	14.1	14.0	14.3	13.6
	10	—	—	—	—	—	—	12.1	12.1	12.8	13.0
2006—07—26	11	19.9	18.6	18.7	19.2	19.2	—	—	—	—	—
	12	18.2	17.6	17.8	18.9	20.1	19.2	19.5	18.4	19.1	19.3
	13	22.3	18.8	20.2	19.7	20.4	—	—	—	—	—
	14	18.3	10.4	12.4	14.2	13.8	14.0	14.1	14.1	13.7	14.5
	15	16.9	13.3	14.5	14.3	14.6	14.2	15.3	14.4	14.7	13.9
	16	14.9	11.7	11.0	10.7	12.1	13.6	14.8	14.9	13.8	15.6
	17	16.8	15.4	15.6	15.4	18.4	18.6	17.9	18.6	19.6	20.1
	18	14.3	12.6	13.1	14.8	15.5	16.3	17.1	17.9	16.8	16.6
	19	20.5	14.5	13.7	12.9	12.0	10.5	11.4	11.6	12.2	13.0
	20	12.1	6.8	10.7	13.7	14.0	—	—	—	—	—
	21	11.1	7.4	12.5	11.9	11.0	15.5	16.2	14.7	15.3	14.7
	22	22.0	24.5	24.9	24.8	25.1	23.5	23.2	24.0	24.7	23.2
	1	16.3	12.1	12.2	14.3	15.3	16.2	16.6	17.2	16.7	17.5
	18	11.7	12.9	12.5	14.6	15.1	15.7	16.8	16.7	17.7	16.7
	19	13.8	16.5	14.9	13.7	12.8	11.6	10.8	11.0	12.8	12.7
2006—08—13	20	7.9	7.6	9.2	13.8	14.4	—	—	—	—	—
	21	8.9	9.0	12.8	12.7	11.4	15.2	16.7	15.4	15.9	15.2
	23	10.6	10.0	11.1	13.2	13.7	—	—	—	—	—
	24	12.2	19.5	20.0	18.2	17.5	—	—	—	—	—
	25	12.3	15.8	19.7	19.1	19.2	—	—	—	—	—
	1	11.9	11.4	10.6	12.1	13.0	13.8	14.4	15.1	14.5	15.2
	2	14.7	14.3	13.2	11.4	11.1	11.0	10.5	11.0	11.6	11.5
	3	8.1	11.0	11.7	11.5	11.3	9.4	10.3	10.4	9.9	10.0
	4	8.8	8.6	7.7	8.7	8.7	8.7	8.9	9.3	8.6	8.7
	5	7.0	7.6	9.3	9.9	10.3	9.3	9.6	9.7	9.5	10.0
	6	8.3	7.9	9.5	6.7	9.2	10.7	10.6	11.8	11.6	11.4

（续）

日期（月一日）	标地号	土层（cm）									
		0～20	20～40	40～60	60～80	80～100	100～120	120～140	140～160	160～180	180～200
	7	9.4	9.6	11.3	10.6	10.6	11.1	10.1	8.8	10.0	10.6
	8	14.3	17.6	16.7	15.1	14.3	13.7	13.8	13.3	12.8	13.1
	9	12.1	11.3	12.0	12.0	11.6	10.1	10.8	10.9	11.8	11.4
	10	10.7	9.9	9.7	10.0	9.2	9.5	10.6	10.9	10.7	11.7
2006—08—23	11	16.7	16.7	16.6	17.1	17.3	—	—	—	—	—
	12	13.4	15.0	15.7	16.7	17.5	16.9	17.2	16.4	16.7	16.7
	13	17.2	17.1	19.2	19.3	18.7	—	—	—	—	—
	14	10.9	9.6	11.5	12.8	11.7	11.8	12.1	11.7	11.2	12.0
	15	12.3	10.8	12.6	12.5	12.3	11.9	12.9	13.0	12.7	12.3
	16	7.9	9.6	8.7	8.4	9.9	11.3	12.4	12.7	12.8	13.3
	17	12.6	14.6	14.3	13.6	15.1	15.8	16.2	15.5	17.0	17.8
	18	8.8	10.6	11.1	12.4	13.2	13.6	15.0	14.6	15.5	14.4
	19	11.4	12.9	13.2	11.0	8.8	8.4	8.6	9.3	10.3	10.9
	20	4.1	3.5	6.4	10.7	11.7	—	—	—	—	—
	21	4.6	3.7	9.4	9.9	8.6	12.8	14.4	12.9	13.8	13.0
	22	12.3	16.7	19.3	20.9	20.9	21.7	21.0	21.2	22.4	21.2
	23	10.6	14.9	16.4	15.9	15.9	—	—	—	—	—
	24	7.7	6.3	8.6	10.5	11.0	—	—	—	—	—
	25	10.15	11.45	16.15	17.1	17.25	—	—	—	—	—
	1	22.1	21.3	19.1	16.4	14.5	15.3	14.4	16.4	15.7	15.4
	2	22.8	25.7	23.4	20.2	12.7	12.4	11.3	12.4	12.8	12.3
	3	18.8	19.6	15.9	12.2	10.6	9.9	10.8	11.1	10.3	10.3
	4	23.2	24.5	23.1	23.5	18.5	10.5	10.4	10.8	10.4	10.7
	5	17.9	19.1	16.4	11.9	12.0	10.9	10.9	10.9	11.5	11.6
	6	21.1	20.4	22.3	10.9	10.2	11.6	11.9	13.1	12.7	12.4
	7	21.0	19.8	22.6	14.6	11.4	11.6	11.0	10.4	11.0	11.7
	8	24.6	30.1	30.1	29.0	24.2	17.4	14.9	13.8	13.5	14.1
	9	23.9	22.0	19.9	13.1	12.3	10.9	11.6	11.7	12.5	12.0
	10	17.0	21.5	21.0	17.5	9.7	9.5	10.5	10.6	11.3	12.3
2006—09—03	11	22.5	24.8	23.8	24.2	23.4	—	—	—	—	—
	12	20.0	20.9	19.2	17.2	18.5	15.9	17.7	16.3	15.6	16.4
	13	26.4	24.5	24.2	25.8	122.6	—	—	—	—	—
	14	24.1	20.2	22.9	21.0	13.8	12.3	12.9	12.7	11.8	13.2
	15	23.2	22.7	23.7	15.8	12.6	12.1	12.8	14.0	13.7	12.7
	16	19.4	18.8	17.9	11.6	9.7	11.8	12.6	12.8	12.2	14.5
	17	21.1	24.1	23.3	18.8	16.1	16.5	15.7	15.5	17.0	17.9
	18	17.4	19.3	16.8	13.7	13.2	14.0	14.8	14.7	15.3	15.3
	19	20.8	22.6	20.8	17.6	11.3	9.8	10.2	11.0	12.3	13.2
	20	16.35	15.7	12.7	11.6	12.2	—	—	—	—	—
	21	15.45	15.1	20.3	13.8	10.8	14.3	14.8	15.0	15.1	14.5
	22	22.95	25.4	26.5	25.0	23.2	21.3	20.1	22.3	22.1	22.0
	23	17.6	25.7	26.5	25.0	24.4	—	—	—	—	—
	24	20.15	17.5	14.3	10.8	11.0	—	—	—	—	—
	25	20.4	19.5	17.3	14.8	16.3	—	—	—	—	—
	1	21.3	22.4	20.3	21.2	22.6	21.6	20.6	19.2	18.1	18.6
	2	22.1	25.3	25.9	24.4	23.4	19.1	14.5	14.8	15.5	15.7
	3	17.4	19.6	21.2	18.1	13.9	12.8	13.7	14.4	13.3	13.8
	4	21.8	23.3	21.7	25.2	25.8	24.5	21.7	16.6	13.2	13.1
	5	18.2	22.4	21.4	19.1	14.8	13.5	13.6	13.9	13.8	14.1
	6	18.7	18.6	22.7	23.8	19.3	16.1	14.5	15.2	14.8	15.2
	7	18.8	20.6	19.5	23.8	21.8	16.9	14.3	12.6	13.4	14.2
	8	23.8	30.8	30.5	29.8	23.8	21.5	18.8	16.7	15.9	16.2
	9	22.1	22.8	23.7	20.2	15.5	13.8	14.4	14.6	15.4	14.7

（续）

日期（月—日）	标地号	土层（cm）									
		0～20	20～40	40～60	60～80	80～100	100～120	120～140	140～160	160～180	180～200
	10	17.8	21.2	21.8	22.1	20.8	16.4	14.1	14.3	14.2	14.7
2006—09—13	11	23.4	26.1	23.4	26.1	27.1	—	—	—	—	—
	12	20.1	21.9	22.7	22.2	23.4	21.2	20.8	19.3	19.1	18.7
	13	24.2	26.7	29.0	28.1	27.7	—	—	—	—	—
	14	22.3	21.5	19.4	22.2	24.3	20.5	16.7	15.7	15.4	16.6
	15	21.7	23.1	23.3	26.6	23.1	17.4	15.8	16.2	16.7	15.5
	16	17.6	20.9	21.4	20.4	18.7	20.1	16.2	16.7	16.7	18.3
	17	22.3	26.5	24.4	23.5	24.8	23.9	21.7	20.4	21.0	21.5
	18	19.1	20.8	21.4	20.8	19.6	18.0	17.6	18.3	19.1	18.7
	19	19.0	22.6	24.6	26.2	24.6	19.0	14.8	14.9	15.3	14.8
	20	15.1	16.5	17.7	22.1	18.9	—	—	—	—	—
	21	15.0	15.7	23.4	22.5	17.7	17.55	18.3	16.6	17.2	16.35
	22	24.5	28.7	27.4	27.2	25.5	24.7	24.4	25.5	24.7	25.2
	23	17.3	25.3	28.1	29.3	31.2	—	—	—	—	—
	24	16.3	16.9	17.7	22.2	20.5	—	—	—	—	—
	25	21.4	21.8	26.5	32.5	30.0	—	—	—	—	—
	1	26.0	25.8	22.1	24.7	23.7	22.2	21.7	20.1	18.6	18.8
	2	25.8	29.9	27.8	25.7	23.8	19.6	15.4	15.2	15.7	23.6
	3	22.2	25.2	22.7	22.6	16.4	13.6	14.4	14.5	13.7	14.0
	4	26.9	28.2	25.7	27.5	27.5	24.6	22.9	18.1	13.4	13.6
	5	23.4	23.6	23.5	22.0	17.1	13.8	13.6	13.8	13.7	14.1
	6	24.8	24.3	27.3	20.3	20.6	16.3	14.6	15.3	15.6	15.5
	7	26.4	22.0	26.4	23.7	19.7	14.8	14.2	13.3	14.0	14.7
	8	29.8	33.8	31.8	28.1	27.0	22.9	20.0	16.8	16.3	16.1
	9	27.8	25.1	24.5	23.1	17.7	13.6	14.3	14.5	14.7	14.9
	10	26.2	24.4	22.7	22.7	17.8	13.5	13.8	14.3	14.2	15.3
2006—09—25	11	26.4	28.6	26.6	27.8	30.4	—	—	—	—	—
	12	23.7	23.5	23.9	23.1	23.7	22.6	23.2	21.75	21.4	20.8
	13	31.1	29.2	29.8	27.8	29.1	—	—	—	—	—
	14	26.8	26.5	26.2	26.1	22.7	17.3	15.45	15.4	14.6	15.8
	15	26.4	27.4	28.7	25.3	24.2	18.8	16.2	15.9	16.6	15.7
	16	22.6	23.5	23.2	19.3	20.0	18.2	16.2	16.7	15.9	17.8
	17	24.4	28.5	27.0	24.5	23.8	26.1	24.1	21.2	22.4	22.2
	18	21.2	24.2	22.1	22.7	21.7	19.0	18.6	17.2	17.6	17.5
	19	25.4	25.4	23.8	23.5	22.1	20.6	15.1	13.0	14.3	15.1
	20	20.4	19.8	20.6	22.5	19.6	—	—	—	—	—
	21	18.4	17.9	23.8	23.3	20.1	19.55	18.85	16.95	17.55	17.25
	22	28.0	32.4	32.0	28.8	29.7	26.1	25.1	25.3	25.5	25.5
	23	20.3	29.5	30.2	27.2	28.9	—	—	—	—	—
	24	22.5	20.6	21.3	22.5	20.3	—	—	—	—	—
	25	28.2	30.0	33.4	35.0	33.2	—	—	—	—	—
	1	24.4	25.0	23.7	25.6	23.2	25.6	23.1	22.4	18.8	19.6
	2	23.8	28.6	27.5	25.8	24.9	22.4	16.6	14.9	15.5	21.6
	3	20.8	23.8	23.8	22.3	17.5	13.3	13.9	14.2	13.5	13.8
	4	22.8	25.9	24.6	26.8	26.7	25.9	23.9	20.7	15.0	13.4
	5	20.8	22.8	24.9	23.9	21.0	13.9	13.3	13.6	13.6	13.7
	6	22.7	25.1	27.8	21.2	23.1	22.1	15.5	15.3	15.5	25.6
	7	23.7	22.1	25.8	24.9	22.5	16.3	13.7	12.9	13.6	14.3
	8	27.6	33.9	31.5	27.6	27.3	26.1	23.6	17.7	16.1	16.2
	9	27.6	26.5	27.0	25.6	22.4	14.3	14.4	14.5	14.7	14.4
	10	17.6	24.5	23.4	24.4	20.7	14.7	14.0	14.1	14.2	15.7
2006—10—03	11	24.8	25.0	27.0	29.2	30.2	—	—	—	—	—
	12	22.8	24.6	24.7	23.8	25.9	23.5	24.45	23.25	23.85	22.4

（续）

日期（月—日）	标地号	土层（cm）									
		0～20	20～40	40～60	60～80	80～100	100～120	120～140	140～160	160～180	180～200
	13	29.6	27.9	29.7	29.3	29.6	—	—	—	—	—
	14	25.1	24.1	25.2	25.1	23.9	18.65	16	15.35	14.75	15.9
	15	26.6	26.2	29.0	28.2	26.7	22.4	17.2	16.8	16.5	15.8
	16	21.1	23.7	22.5	19.6	21.7	22.7	17.1	16.5	15.5	18.1
	17	24.5	27.9	27.6	23.2	25.9	27.0	25.7	22.7	23.3	23.4
	18	21.7	24.6	23.7	24.3	24.8	23.1	19.9	18.1	18.3	17.6
	19	23.2	25.9	24.2	26.4	22.6	21.6	18.4	14.6	14.5	15.3
	20	17.8	18.8	22.9	24.7	23.6	—	—	—	—	—
	21	16.9	16.6	24.4	24.6	21.7	22.4	18.65	16.95	17.5	17.15
	22	25.6	31.1	33.0	30.2	29.7	27.9	26.0	25.5	25.2	24.9
	23	20.2	29.8	28.4	27.2	29.1	—	—	—	—	—
	24	22.4	20.6	21.8	23.7	22.6	—	—	—	—	—
	25	25.1	28.0	32.8	36.0	34.1	—	—	—	—	—
	1	22.7	22.4	21.7	24.6	23.1	23.6	25.2	24.5	22.4	20.3
	2	21.5	26.2	25.5	24.8	24.2	22.3	19.0	15.3	15.5	21.8
	3	19.0	22.3	22.3	22.0	20.5	14.8	14.1	14.0	13.5	13.7
	4	19.8	22.3	22.2	24.9	23.5	23.8	23.1	21.6	18.5	13.4
	5	18.0	20.8	21.5	21.4	21.8	16.4	13.4	13.6	13.6	13.7
	6	19.4	20.8	24.5	21.6	21.6	21.2	16.4	13.9	14.3	14.4
	7	20.4	20.0	24.6	23.6	21.8	18.9	14.2	12.7	13.2	14.1
	8	25.7	31.0	29.9	27.8	25.7	24.5	23.4	20.0	15.9	16.0
	9	25.5	24.5	25.5	22.3	21.4	16.1	14.4	14.2	14.4	14.5
	10	20.4	21.6	22.3	21.4	19.7	15.7	14.2	13.9	13.8	16.0
2006—10—13	11	23.3	26.2	26.4	27.0	27.0	—	—	—	—	—
	12	19.7	21.6	24.1	25.1	25.0	24.35	26.05	22.8	23.3	21.9
	13	24.2	24.1	26.1	25.6	26.4	—	—	—	—	—
	14	22.4	19.6	22.6	23.5	20.8	18.5	15.8	15.1	14.75	15.5
	15	24.2	23.4	26.1	25.9	24.4	21.9	19.2	16.0	15.8	15.2
	16	17.4	20.4	20.6	19.8	20.5	21.7	19.2	16.3	15.6	17.9
	17	21.3	26.9	25.4	22.5	26.1	24.6	24.9	22.6	24.1	24.4
	18	18.8	21.0	21.6	22.8	23.2	22.5	21.5	18.3	18.8	17.6
	19	20.2	23.3	23.3	23.2	22.7	21.3	19.7	17.6	14.8	14.6
	20	15.0	16.1	19.9	24.0	23.8	—	—	—	—	—
	21	14.4	16.2	23.0	23.8	20.4	23.45	21.25	16.55	17.05	16.35
	22	21.4	29.6	30.5	29.3	28.8	26.5	25.2	25.5	26.4	25.5
	23	19.5	24.7	25.3	24.5	27.0	—	—	—	—	—
	24	16.4	17.3	19.7	22.4	21.6	—	—	—	—	—
	25	20.43	27.13	27.88	26.90	27.88	—	—	—	—	—
	1	20.9	21.4	20.8	24.0	23.7	23.1	23.4	23.7	22.9	22.9
	2	19.7	22.2	23.6	23.4	23.4	21.9	19.7	16.3	15.5	18.6
	3	16.5	21.0	21.4	21.9	18.6	15.7	14.3	14.2	13.4	13.7
	4	19.3	20.7	20.3	22.6	23.0	22.4	21.5	20.8	19.0	15.3
	5	15.6	18.5	20.2	20.7	20.3	17.6	14.3	13.5	13.5	13.7
	6	16.8	19.1	22.0	18.4	21.0	21.6	17.1	16.9	15.1	14.9
	7	18.8	18.6	22.4	21.4	20.7	19.3	15.1	13.1	13.4	14.1
	8	28.2	29.4	27.4	25.0	24.6	24.7	23.4	21.9	19.1	17.1
	9	22.8	21.9	23.9	23.4	22.1	17.4	15.3	14.2	14.8	14.2
	10	16.5	19.0	20.8	21.1	19.9	18.5	14.3	14.1	13.9	15.1
2006—10—23	11	21.2	22.8	24.8	25.3	26.6	—	—	—	—	—
	12	19.2	21.0	21.5	21.9	23.6	24.3	23.8	23.1	23.6	23.7
	13	23.4	23.0	25.5	26.3	24.9	—	—	—	—	—
	14	19.1	19.0	20.8	21.3	20.0	18.5	16.3	14.8	14.8	15.7
	15	21.3	21.1	24.2	23.3	24.8	22.1	21.4	18.2	16.3	15.1

（续）

日期（月—日）	标地号	土层（cm）									
		0～20	20～40	40～60	60～80	80～100	100～120	120～140	140～160	160～180	180～200
	16	14.6	16.7	18.3	16.4	18.2	20.1	19.1	16.5	15.3	17.4
	17	19.5	23.9	23.8	20.6	24.7	23.4	24.2	22.4	24.2	24.4
	18	16.8	19.1	20.2	22.2	22.4	21.5	21.8	19.7	19.9	18.2
	19	18.5	21.6	22.6	23.3	21.1	20.3	18.2	18.3	17.9	15.6
	20	13.1	14.0	17.8	21.1	22.6	—	—	—	—	—
	21	12.7	14.1	20.2	21.2	19.8	23.9	22.5	16.9	17.7	17.0
	22	22.6	27.5	30.0	29.0	27.8	27.0	24.4	25.8	25.0	25.5
	23	18.3	22.7	24.7	24.6	24.3	—	—	—	—	—
	24	14.5	16.5	19.2	21.7	20.1	—	—	—	—	—
	25	20.05	22.8	29.9	32.55	31.45	—	—	—	—	—
	1	20.2	20.5	20.2	24.1	23.2	23.4	22.6	24.1	22.2	21.1
	2	18.7	21.8	22.6	22.1	22.4	21.1	19.0	16.3	14.8	16.8
	3	15.2	18.6	19.4	19.0	19.8	15.5	13.6	13.5	13.1	13.3
	4	19.1	19.6	19.4	21.4	22.0	21.6	21.2	20.6	18.5	15.1
	5	14.1	17.7	19.0	19.6	20.1	17.2	14.0	13.2	13.0	13.5
	6	15.4	18.5	21.1	18.0	19.6	21.3	19.5	17.5	14.6	14.1
	7	17.7	18.0	19.5	20.6	20.1	18.8	15.3	12.8	13.0	13.6
	8	18.9	23.6	27.0	25.3	23.8	24.6	23.4	21.0	19.6	17.4
	9	18.9	23.6	27.0	25.3	23.8	24.6	23.4	21.0	19.6	17.4
	10	14.9	18.6	19.5	20.1	18.9	17.3	14.6	13.7	13.6	14.6
2006—11—03	11	20.5	21.3	22.1	23.9	24.7	—	—	—	—	—
	12	17.9	19.9	21.2	23.3	23.5	23.1	24.4	23.4	23.3	23.6
	13	22.6	22.9	24.0	23.8	25.4	—	—	—	—	—
	14	19.4	18.2	20.0	20.9	19.7	18.2	16.3	15.1	14.7	15.6
	15	20.7	21.1	23.3	23.4	23.5	21.5	21.3	18.9	16.1	15.0
	16	13.6	15.9	16.1	16.9	18.4	20.0	19.0	16.8	15.3	17.3
	17	19.7	23.4	23.0	21.3	23.5	24.3	22.6	22.2	23.1	24.0
	18	16.7	19.2	19.6	20.9	22.7	22.0	19.9	19.7	19.5	18.0
	19	17.6	20.5	21.1	21.9	20.9	19.6	17.7	17.6	18.2	16.2
	20	11.8	13.3	18.2	21.7	21.1	—	—	—	—	—
	21	12.8	14.2	20.1	20.7	19.2	23.8	22.7	16.7	17.2	16.2
	22	21.1	21.5	28.5	27.3	25.6	24.1	25.8	25.5	25.8	25.3
	23	14.9	23.1	23.6	23.5	24.9	—	—	—	—	—
	24	14.0	16.1	18.9	20.4	21.5	—	—	—	—	—
	25	19.1	22.9	29.5	31.0	30.2	—	—	—	—	—
	1	19.6	20.2	18.9	20.5	21.5	21.9	22.9	23.4	22.5	21.7
	2	17.6	21.1	21.6	22.1	21.4	20.6	19.2	17.3	14.9	16.1
	3	14.6	19.2	19.8	20.1	17.9	15.6	14.3	13.9	13.0	13.6
	4	18.6	19.7	19.5	21.7	21.3	21.3	21.1	20.6	18.6	16.4
	5	12.5	16.7	18.7	19.4	20.1	17.1	14.8	13.0	13.1	13.0
	6	13.8	17.8	20.7	17.3	19.6	20.9	18.8	18.1	14.8	14.2
	7	16.0	17.5	20.6	20.0	19.7	18.5	15.4	13.4	13.5	14.1
	8	22.9	26.6	23.9	23.9	23.4	24.0	22.2	21.4	19.6	18.5
	9	21.3	20.9	22.3	22.4	22.0	18.0	16.4	14.7	15.0	14.0
	10	13.3	18.3	18.7	19.0	18.1	18.5	13.9	14.2	14.3	14.7
2006—11—13	11	20.4	20.9	21.3	23.0	24.0	—	—	—	—	—
	12	17.5	19.9	21.2	22.0	23.9	21.8	23.8	22.5	21.35	23.25
	13	21.8	22.5	24.3	23.1	24.4	—	—	—	—	—
	14	19.2	17.1	19.5	20.5	20.0	18.55	16.75	15.9	15.55	15
	15	19.9	20.1	22.9	23.0	23.5	21.6	21.3	18.8	16.9	15.2
	16	13.1	16.4	15.6	15.4	17.7	19.4	18.6	16.9	15.7	17.4
	17	19.0	21.9	21.9	20.2	24.7	23.6	22.8	22.4	23.0	24.0
	18	15.5	18.6	18.5	20.4	20.5	22.0	21.1	19.9	19.6	18.2

（续）

日期（月－日）	标地号	土层（cm）									
		0～20	20～40	40～60	60～80	80～100	100～120	120～140	140～160	160～180	180～200
	19	17.2	19.8	20.4	20.5	21.3	19.6	18.6	18.9	19.1	18.1
	20	11.1	12.6	17.2	20.2	21.2	—	—	—	—	—
	21	11.2	13.9	20.0	20.2	18.7	23.35	22.1	17.1	17.35	16.75
	22	20.6	25.8	27.8	26.4	25.9	23.9	23.4	25.5	26.3	26.2
	23	14.1	21.8	24.4	23.7	24.1	—	—	—	—	—
	24	12.8	15.7	18.6	20.5	20.3	—	—	—	—	—
	25	17.6	22.6	27.6	30.7	29.7	—	—	—	—	—
	1	19.5	19.5	18.9	21.9	21.6	22.6	22.0	21.9	21.8	21.0
	2	16.2	20.8	21.5	21.3	21.1	20.4	19.0	16.9	15.0	15.5
	3	14.4	17.7	18.8	18.5	19.8	15.9	14.3	13.8	13.6	13.6
	4	16.8	19.2	19.0	21.2	20.6	21.3	20.8	20.3	18.4	16.1
	5	15.7	16.2	19.1	18.7	18.5	17.2	15.5	13.4	13.1	13.2
	6	14.1	17.6	20.2	17.2	19.1	20.5	19.2	18.1	15.4	14.2
	7	16.4	16.9	20.1	20.0	19.9	18.6	15.5	13.4	13.3	14.1
	8	22.5	26.9	26.1	24.5	24.0	23.3	22.9	21.0	19.2	17.9
	9	20.7	20.0	22.2	21.8	21.4	18.0	16.1	14.5	14.5	14.4
	10	13.5	17.4	19.5	18.9	19.6	17.9	16.0	14.0	14.2	14.5
2006－11－23	11	19.7	20.4	22.8	22.6	25.1	—	—	—	—	—
	12	17.1	19.0	20.5	21.8	22.5	20.5	24.35	22.4	23.05	22.55
	13	22.1	21.6	24.1	23.4	23.7	—	—	—	—	—
	14	19.3	17.2	18.9	20.4	20.1	18.45	16.7	15.45	14.7	15.55
	15	19.9	19.8	22.2	22.4	22.5	21.3	21.2	19.3	17.3	15.8
	16	12.1	15.6	14.8	15.0	16.9	18.2	18.1	17.0	15.0	17.1
	17	18.7	21.8	22.0	20.1	22.2	22.4	23.1	21.5	23.5	23.7
	18	15.7	17.7	18.6	20.2	21.4	20.7	20.7	19.0	19.8	19.0
	19	16.7	18.8	20.7	20.1	19.6	19.4	18.5	19.0	19.0	18.6
	20	10.2	12.5	16.6	20.7	21.3	—	—	—	—	—
	21	12.1	13.3	19.6	19.5	18.9	23.7	22.05	17.25	17.4	16.15
	22	21.2	24.7	27.6	25.6	27.3	23.3	24.1	25.4	24.1	24.3
	23	13.1	21.4	22.6	22.0	23.6	—	—	—	—	—
	24	12.8	15.0	18.5	20.4	20.1	—	—	—	—	—
	25	18.2	20.9	28.5	30.8	29.8	—	—	—	—	—
	1	18.5	20.2	18.8	21.4	22.8	23.2	22.3	23.2	21.3	21.8
	2	19.7	20.6	20.9	20.9	21.2	20.8	19.5	18.0	15.7	16.2
	3	16.4	18.3	19.6	18.7	18.1	16.1	14.4	13.8	13.5	13.9
	4	19.7	19.4	18.8	20.9	20.7	20.6	20.9	19.8	18.8	16.8
	5	14.2	16.3	18.8	18.0	19.2	17.0	15.5	13.6	13.4	13.4
	6	16.1	17.2	19.5	16.9	19.1	20.4	19.3	18.9	16.5	14.8
	7	17.6	17.1	19.9	19.5	19.6	18.4	15.8	13.2	13.3	13.9
	8	25.4	28.6	25.5	22.5	23.8	23.6	23.0	21.2	19.7	18.1
	9	21.1	20.8	22.2	21.9	20.9	18.3	16.5	14.9	14.8	14.5
	10	17.5	17.8	18.7	18.7	18.7	17.7	16.9	14.1	14.4	14.9
2006－12－03	11	21.9	21.7	22.8	22.7	24.8	—	—	—	—	—
	12	18.4	19.3	20.2	21.2	24.5	22.75	21.45	21.7	21.25	20.8
	13	22.9	21.6	23.8	23.9	23.8	—	—	—	—	—
	14	19.8	18.9	19.7	21.1	19.8	18.6	16.65	16	14.85	15.35
	15	20.9	20.1	22.2	21.9	22.2	20.6	20.5	18.9	17.5	15.7
	16	13.4	14.5	15.1	15.2	17.5	18.7	18.8	17.4	15.7	17.6
	17	19.5	22.5	22.1	19.7	23.5	23.5	23.0	21.6	22.9	23.6
	18	15.7	17.8	18.4	20.4	21.2	20.3	20.6	19.4	20.1	18.8
	19	18.0	18.4	20.3	19.8	20.5	18.1	16.4	18.8	19.3	18.9
	20	11.4	12.2	16.1	18.5	20.4	—	—	—	—	—
	21	13.5	13.0	18.9	19.2	17.6	22.6	21.6	16.9	16.9	16.1

（续）

日期（月一日）	标地号	土层（cm）									
		0～20	20～40	40～60	60～80	80～100	100～120	120～140	140～160	160～180	180～200
	22	21.1	25.3	28.0	26.9	25.6	25.4	24.3	24.0	25.4	24.7
	23	15.7	22.4	22.3	22.6	23.4	—	—	—	—	—
	24	16.0	15.4	18.2	20.1	20.4	—	—	—	—	—
	25	17.1	21.6	28.6	29.9	28.0	—	—	—	—	—
2006—12—13	1	11.3	13.7	17.1	19.6	20.9	20.5	21.5	22.3	20.5	21.5
	2	14.4	19.9	20.4	19.9	20.3	19.8	18.6	17.7	15.7	15.3
	3	15.8	17.7	18.0	17.5	17.0	15.8	14.2	13.6	12.7	13.7
	4	18.2	19.0	18.4	20.5	20.4	20.3	20.3	20.0	18.4	17.2
	5	13.9	15.5	16.7	18.3	17.9	16.8	15.7	13.5	13.0	13.1
	6	15.5	16.5	18.6	16.5	18.5	19.6	18.6	18.3	15.8	14.4
	7	16.4	16.3	18.9	18.5	18.9	17.7	15.6	13.2	13.1	13.6
	8	17.4	24.7	24.9	24.3	23.4	23.3	22.7	21.2	19.9	18.7
	9	14.3	17.5	20.2	20.8	20.3	17.6	16.3	14.7	14.6	13.9
	10	12.8	17.4	17.6	18.4	18.0	16.1	16.0	14.1	13.2	13.8
	11	17.5	21.2	21.5	21.8	22.0	—	—	—	—	—
	12	15.7	18.2	19.9	20.5	24.1	22.45	22	21.4	22.2	20.75
	13	16.7	20.8	22.8	22.5	21.5	—	—	—	—	—
	14	13.5	16.6	19.2	20.3	19.5	18.35	16.75	15.4	14.4	15.35
	15	14.7	18.4	21.1	21.6	22.2	20.5	20.3	18.6	18.1	16.0
	16	13.3	14.8	15.5	15.0	16.5	17.6	18.3	17.1	15.5	17.5
	17	12.6	17.0	20.4	20.2	22.1	22.2	22.4	21.4	22.5	23.3
	18	9.4	13.8	16.7	19.3	20.3	20.8	20.3	19.3	19.7	18.9
	19	15.7	17.9	18.2	18.8	19.4	18.6	17.7	17.8	18.3	18.7
	20	10.6	11.7	15.5	19.1	20.2	—	—	—	—	—
	21	11.9	13.3	18.0	17.6	22.0	20.7	16.45	16.3	16.2	15.55
	22	18.0	23.4	26.6	25.9	25.0	22.7	23.1	24.2	25.5	24.5
	23	15.5	20.6	21.3	21.5	22.7	—	—	—	—	—
	24	14.7	15.0	18.0	19.4	19.0	—	—	—	—	—
	25	10.0	15.9	25.6	28.6	29.7	—	—	—	—	—
2006—12—23	1	12.0	13.5	19.4	22.1	21.1	20.5	21.2	22.6	22.6	21.3
	2	15.6	19.3	19.9	20.1	19.7	19.6	18.6	17.5	16.1	15.1
	3	16.1	18.9	19.4	19.5	17.2	15.6	14.1	13.2	12.6	13.2
	4	17.2	18.8	18.2	20.0	20.5	20.0	19.9	20.1	18.3	17.1
	5	14.8	15.2	18.0	18.8	17.4	16.7	15.5	13.4	12.9	13.1
	6	15.1	17.1	19.7	15.7	18.3	19.6	18.9	18.5	16.5	14.6
	7	16.0	16.9	19.2	19.0	18.3	17.8	15.6	13.0	13.2	13.8
	8	18.8	23.7	23.9	23.2	22.7	22.4	22.3	20.8	19.1	18.4
	9	15.4	16.5	19.8	20.6	20.0	16.7	16.6	14.6	14.5	14.1
	10	15.5	17.3	18.6	18.4	17.8	16.8	15.2	13.8	13.5	14.4
	11	18.4	20.2	20.0	21.3	22.5	—	—	—	—	—
	12	16.7	19.0	19.4	20.7	24.3	21.15	23.1	19.95	21.75	21.05
	13	18.8	20.4	21.9	22.4	23.3	—	—	—	—	—
	14	13.4	16.2	18.3	19.5	18.6	17.65	16.55	15.35	14.05	14.95
	15	14.4	17.1	20.9	21.6	21.1	20.2	19.8	18.5	17.4	15.5
	16	13.1	14.5	14.8	13.8	17.0	17.9	18.3	16.7	15.4	17.1
	17	13.1	17.4	19.1	19.2	20.2	22.1	22.3	21.3	22.0	22.7
	18	10.8	13.6	16.0	19.0	19.5	21.0	20.6	19.6	20.2	19.1
	19	16.8	17.2	18.9	20.3	18.5	18.6	16.5	18.0	18.2	18.1
	20	11.9	12.6	17.2	18.8	20.2	—	—	—	—	—
	21	12.7	12.9	18.5	18.9	16.6	20.15	21.65	16.55	17	16.05
	22	18.8	24.3	25.7	25.7	25.5	22.1	23.4	24.6	23.3	24.5
	23	14.6	15.4	17.8	19.7	19.9	—	—	—	—	—
	24	15.2	21.7	21.7	22.4	23.1	—	—	—	—	—
	25	11.5	17.6	24.2	28.6	30.0	—	—	—	—	—

注：以上数据由北京林业大学水土保持学院毕华兴提供

5.3.3　吉县东城观测点

（1）2006年不同果农复合类型土壤水分观测

2006年在吉县东城对不同果农复合系统的土壤水分进行了调查。在黄土坡面以幼年期（4年生）与成年期（9年生）两个不同林龄和缓坡（10°）与陡坡（20°）2个不同坡度选设4块隔坡水平沟果粮复合系统标准地，苹果为红富士苹果，农作物为小麦，各样地作物品种相同，经营水平一致。在每块样地选两课条件相当的标准木作为研究对象。在标准木所在的水平沟坎下距林带0.5倍平均树高处即砍下0.5H（砍下农田边），坎上距林带0.5倍平均树高处即坎上0.5H（坎上农田边）、坎上距林带1倍平均树高处即坎上1H处及隔坡水平沟内株间分别挖1m×1m×1m的调查样方，每个样方分5层，即0～20cm、20～40cm、40～60cm、60～80cm和80～100cm五层，每层分径级测根系参数。同时，在每个调查样方每层的上、中、下部分别取土样，然后均匀混合，用烘干称重法计算各层土壤的含水量，最后对两棵标准木的各层、各剖面的土壤含水量求平均值，代表该复合类型的土壤水分分布特征（表5-125，果农复合标准地基本情况同表5-39，李洁）。

表5-125　各果农复合系统果农界面土壤水分

单位：%

地点	土层（cm）				
	0～20	20～40	40～60	60～80	80～100
缓坡幼龄苹果坎下地边处	9.50	10.20	11.00	12.80	12.80
缓坡幼龄苹果坎上地边处	5.20	5.30	6.90	7.50	7.50
缓坡幼龄苹果坎上1H处	7.50	6.80	6.50	8.00	8.80
缓坡成龄苹果坎下地边处	5.00	8.10	10.70	8.80	9.20
缓坡成龄苹果坎上地边处	5.30	4.90	7.90	8.10	7.60
缓坡成龄苹果坎上1H处	9.20	5.90	15.00	15.10	8.20
陡坡幼龄苹果坎下地边处	5.90	6.80	7.40	7.90	8.60
陡坡幼龄苹果坎下地边处	6.00	9.00	8.50	9.10	9.00
陡坡幼龄苹果坎上1H处	6.80	7.60	7.00	7.80	8.50
陡坡成龄苹果坎下地边处	14.80	13.00	15.10	11.20	9.30
陡坡成龄苹果坎上地边处	12.50	11.30	11.20	7.50	9.00
陡坡成龄苹果坎上1H处	11.10	9.20	10.80	8.00	8.70

注：以上数据来自北京林业大学水土保持学院李洁博士论文

第六章

水分监测数据

数据来源于1987—2003年吉县红旗林场马连滩作业区和蔡家川流域北京林业大学科研基地观测数据。

6.1 自然降雨条件下林冠截留

1988—1990年5月至10月在红旗林场马连滩作业区内采用林内集雨槽法测定了油松林、刺槐林、油松+刺槐混交林、虎榛子灌木林和沙棘灌木林等5种林分类型的林内降雨量（表6-1，表6-2，张建军等）。

表6-1 林内降雨观测样地基本情况表

编号	林分类型	海拔（m）	坡向（°）	坡度（°）	坡位	郁闭度（%）	胸径（cm）	树高（m）	密度（株/hm^2）	地点
1	油松林	1 150	NW20	27	中	80	6.4	4.3	6 800	狼儿岭
2	刺槐林	1 100	NE15	20	上	60	11.9	9.8	1 300	狼儿岭
3	油松+刺槐混交林	1 250	NE60	30	上	80	6.6×5.9	4.9×5.3	2 400×2 000	和尚岭
4	虎榛子灌木林	1 100	NW10	41	上	90	地径0.6	1.2	680 000	百乐
5	沙棘灌木林	1 200	NW10	23	中	60	地径2.0	1.1	290 000	塬上

表6-2 1988—1990年5月至10月各观测样地林内降水量与林冠平均截留量表

编号	林分类型	林外平均水量（mm）	林内平均水量（mm）	林冠截留量（mm）	截留率（%）
1	油松林	356.9	268.6	88.3	24.7
2	刺槐林	356.9	291.3	65.7	18.4
3	油松+刺槐混交林	356.9	283.7	72.2	20.2
4	虎榛子灌木林	356.9	383.4	73.5	20.6
5	沙棘灌木林	356.9	257.3	99.1	27.8

6.2 枯落物截留降水

6.2.1 自然降雨条件下林内枯落物截留降雨量测定

1992—1994年5～10月在红旗林场马连滩作业区内采用林内枯落物截留槽法测定了油松林、刺槐林、虎榛子灌木林和沙棘灌木林等4种林分类型的林内枯落物截留降水量（表6-3至表6-7，魏天兴等）。

表6-3 自然降雨条件下林内枯落物截留降雨观测样地基本情况表

编号	地类	海拔（m）	坡度（°）	坡位	林龄（a）	密度（株/hm^2）	郁闭度（%）	胸径（m）	树高（m）	冠厚（m）	地点
1	刺槐林	1 100	22	中	19	3 100	76	7.9	11.5	3.1	百乐
2	油松林	1 100	22	中	17	5 800	88	6.5	6.8	3.5	狼儿岭
3	沙棘灌木林	1 200	25	中	8	12 000	85	2.7地径	1.2	1.0	塬上
4	虎榛子灌木林	1 100	28	中	8	18 800	90	1.4地径	1.5	1.2	百乐

表 6-4　1992—1994 年不同雨量级的枯落物平均截留量和截留率

地类			刺槐林		油松林		沙棘灌木林		虎榛子灌木林	
降雨量（mm）	次数	平均雨量（mm）	截留量（mm）	截留率（%）	截留量（mm）	截留率（%）	截留量（mm）	截留率（%）	截留量（mm）	截留率（%）
0～5	26	3.4	1.2	34.0	1.0	29.4	1.6	47.0	1.7	50.0
6～10	16	8.7	1.9	21.8	1.8	20.7	1.8	20.7	1.6	18.4
11～20	13	16.9	2.4	14.2	4.0	23.6	3.9	23.0	3.6	21.3
21～30	11	24.6	4.1	16.6	5.3	21.4	4.6	18.7	4.9	19.9
31～40	6	33.2	4.8	14.5	7.1	21.3	4.8	14.5	5.4	16.3
> 40	10	49.3	7.2	14.6	6.3	14.8	9.5	19.3	9.6	19.5

表 6-5　1992 年枯落物截留率月变化及年截留量表

年份	样地编号	不同月份截留率（%）							5～10 月截留量（mm）
		5	6	7	8	9	10	5～10	
1992	1	15.0	21.0	11.8	11.6	23.0	24.6	15.5	62.4
	2	14.1	22.4	14.6	13.6	24.5	26.1	16.8	67.6
	3	15.9	25	16.2	13.0	22.5	29.3	17.6	71.0
	4	13.3	27.1	15.2	13.7	25.8	28.2	17.5	70.5
降雨量（mm）		96.5	42.0	78.5	118.0	40.0	28.5	403.5	—

表 6-6　1993 年枯枝落叶物截留率月变化及年截留量表

年份	编号	不同月份截留率（%）							5～10 月截留量（mm）
		5	6	7	8	9	10	5～10	
1993	1	12.5	36.6	18.2	11.4	25.0	23.4	18.8	95.5
	2	18.9	41.0	18.2	24.6	9.1	11.5	23.4	119.0
	3	14.9	18.8	18.8	17.4	23.3	23.5	19.1	97.0
	4	8.3	13.7	20.2	23.2	16.7	6.8	18.5	94.0
降雨量（mm）		47.6	72.4	214.6	107.0	12.5	54.5	509.0	—

表 6-7　1994 年枯枝落叶物截留率月变化及年截留量表

年份	编号	不同月份截留率（%）							5～10 月截留量（mm）
		5	6	7	8	9	10	5～10	
1994	1	0	17.4	13.0	22.5	12.0	9.1	13.5	41.8
	2	0	17.2	15.5	19.6	15.0	13.2	15.4	47.7
	3	0	19.9	18.7	25.4	20.0	13.9	18.0	55.8
	4	0	17.7	17.4	27.9	35.0	12.9	17.4	54.0
降雨量（mm）		1.5	70.5	111.5	24.0	10.0	92.0	309.5	—

6.2.2　枯落物最大持水量

枯落物最大持水量采用浸泡法测定（表 6-8）。

表 6-8　不同地类枯落物厚度和枯落物最大持水量测定表

地类	坡度（°）	坡向（°）	坡位	郁闭度（%）	盖度（%）	平均树高（m）	枯落物厚度（cm）	枯落物最大持水量（mm）
草地	22	N140	坡上部	—	60	—	1.7	—
沙棘	20	N205	坡中部	70	—	1.1	4.4	2.1
油松Ⅰ	16	N200	坡上部	88	—	3.6	4.0	—
油松Ⅱ	22	N210	坡中部	90	—	4.2	4.0	3.9
刺槐Ⅰ	29	N165	坡中部	50	—	9.7	2.0	1.5
刺槐Ⅱ	21	N164	坡中部	76	—	9.7	4.0	3.5
刺槐Ⅲ	30	N165	坡上部	65	—	3.7	1.5	1.0

6.3 土壤入渗

人工降雨条件下土壤入渗

2001 年在红旗林场马连滩作业区采用人工降雨器测定了不同密度的油松、刺槐林地土壤入渗（表 6 - 9、表 6 - 10，张建军等）。

表 6 - 9 不同密度的油松、刺槐林地基本情况表

编号	林分类型	林龄 (a)	林分密度 (株/hm^2)	平均树高 (m)	平均胸径 (cm)	郁闭度 (%)	鲜草重 (g/m^2)
1	油松林	16	750	6.07	7.5	60	184
2	油松林	16	1 500	6.8	6.8	75	133
3	油松林	17	2 025	5.6	6.7	85	143
4	油松林	16	2 250	5.7	6.4	90	118
5	油松林	15	3 000	5.2	6.3	95	95
6	油松林	15	5 100	5.4	5.8	95	66
7	油松林	17	8 490	5.4	5.4	95	63
8	刺槐林	17	495	9.4	6.6	40	321
9	刺槐林	20	1 200	9.2	6.7	80	372
10	刺槐林	18	1 500	9.5	6.2	50	284
11	刺槐林	16	2 475	9.6	6，8	60	191
12	刺槐林	14	3 000	8.7	6.3	80	226
13	刺槐林	17	3 750	9.0	6.1	60	124
14	草地	—	—	—	—	—	658
15	裸地	—	—	—	—	—	0

表 6 - 10 人工降雨条件下不同密度的油松、刺槐林地土壤入渗测定表

编号	林分类型	降雨强度（mm/min）	入渗量（mm）	稳渗率（mm/min）
1	油松林	2.396	21.256	0.227
2	油松林	2.420	25.880	0.221
3	油松林	2.726	46.538	0.372
4	油松林	2.557	38.994	0.405
5	油松林	2.471	77.702	0.47
6	油松林	2.540	81.107	0.482
7	油松林	2.682	82.537	0.494
8	刺槐林	2.586	40.154	0.172
9	刺槐林	2.809	44.113	0.209
10	刺槐林	2.595	52.410	0.281
11	刺槐林	2.266	42.436	0.352
12	刺槐林	2.341	50.219	0.458
13	刺槐林	2.658	76.436	0.466
14	草地	2.778	43.816	0.179
15	裸地	2.644	17.836	0.113

6.4 产流产沙

6.4.1 红旗林场作业区降雨

1988—1999 年在红旗林场马连滩作业区采用自记雨量计测定的降雨量数据（表 6 - 11，表 6 - 12，魏天兴等）。

表 6-11　吉县 1988—1999 年降雨量和侵蚀性降雨量数据

测定年份	4～10 月降雨量（mm）	6～9 月降雨量（mm）	4～10 月侵蚀性降雨量（mm）
1988	416.8	171.8	277.0
1989	381.7	314.8	198.5
1990	471.2	397.3	100.1
1991	407.5	239.4	118.9
1992	502.2	383.7	134.1
1993	565.0	420.5	41.7
1994	416.0	232.0	141.9
1995	411.0	341.8	120.7
1996	505.5	383.8	78.4
1997	226.0	178.2	124.0
1998	502.2	368.7	118.9
1999	369.3	270.6	76.4
平均	397.3	308.6	127.6

表 6-12　吉县 1988—1998 年月平均降雨量及各级降雨量平均值

月份	平均雨量（mm）	最大雨量（mm）	最小雨量（mm）	总次数	0～5（mm）	5～10（mm）	10～20（mm）	20～30（mm）	30～40（mm）	40～50（mm）	>50（mm）
4	33.7	93	10.6	53	3.1	0.8	1.0	0.3	0	0	0
5	34.3	107	1.5	58	3.7	1.7	0.6	0.2	0.1	0.1	0
6	64.9	141	0.9	73	4.4	1.9	1.0	0.9	0.1	0	0
7	108.3	226	84.4	95	5.6	1.5	1.8	0.5	0.7	0.4	0
8	90.4	193	20.3	113	5.6	1.7	2.0	0.6	0.2	0.1	0.1
9	49.4	102	10.7	80	4.7	1.3	0.9	0.2	0.1	0.1	0
10	37.4	90	4.2	64	3.4	1.4	1.2	0.2	0.1	0	0

6.4.2　人工降雨条件下不同林地的产流产沙

1989 年在红旗林场马连滩作业区采用人工降雨器测定了不同林地的产流产沙（表 6-8，表 6-13，余新晓等）。

表 6-13　人工降雨条件下不同林地产流产沙表

地类	坡度（°）	雨强（mm/min）	降雨量（mm）	径流深（mm）	损失量（mm）	初损历时（min）	后损历时（min）	初损量（mm）	后损量（mm）	径流系数	雨前土壤含水量（%）	平均含沙量（kg/m³）	最大含沙量（kg/m³）
草地（1）	22	2.1	119.1	40.0	79.2	3.8	53.3	7.8	71.3	0.3	19.6	—	—
沙棘（1）	20	2.9	174.8	0.9	173.9	31.5	31.9	86.5	87.1	0.0	19.0	17.6	34.1
油松Ⅰ（1）	16	2.8	139.8	10.4	129.4	9.0	41.7	27.8	104.6	0.1	13.4	2.8	6.2
油松Ⅱ（1）	22	2.8	105.1	14.3	90.8	6.1	32.0	16.8	74.0	0.1	15.3	1.2	3.3
刺槐Ⅰ（1）	29	2.9	86.9	21.2	65.8	2.2	27.9	6.4	59.4	0.2	15.3	—	—
刺槐Ⅱ（1）	21	2.8	169.9	39.3	130.6	2.5	5.9	7.0	123.6	0.2	16.9	24.5	66.1
刺槐Ⅲ（1）	30	2.8	165.6	16.6	149.1	9.1	51.0	25.1	124.0	0.1	14.1	40.9	74.8
草地（2）	22	2.6	140.1	63.6	76.5	3.4	51.1	8.6	67.9	0.5	24.3	33.7	59.2
沙棘（2）	20	2.6	142.0	8.6	133.4	3.5	48.0	9.7	123.7	0.1	21.4	—	—
油松Ⅱ（2）	22	2.8	174.3	29.1	145.1	3.1	60.1	8.4	136.7	0.2	19.1	1.7	4.7
刺槐Ⅱ（2）	21	2.6	167.9	48.5	119.4	2.5	61.6	6.6	112.9	0.3	22.9	17.9	51.6

6.4.3　人工降雨条件下不同密度林分产流产沙

2001 年在红旗林场马连滩作业区采用人工降雨器测定了不同密度的油松、刺槐林地产流产沙（表 6-9，表 6-14，张建军等）。

表6-14　人工降雨条件下不同密度林分的产流产沙表

编号	林分类型	雨强（mm/min）	开始产流时间（s）	初损历时（s）	初损雨量（mm）	产流量（mm）	产沙量（t/km2）
1	油松林	2.4	25	25	1.0	74.6	579
2	油松林	2.4	60	60	2.4	70.9	387
3	油松林	2.8	60	60	2.7	62.5	347
4	油松林	2.6	90	90	3.8	63.3	365
5	油松林	2.5	420	145	6.0	21.1	118
6	油松林	2.5	400	157	6.7	20.5	104
7	油松林	2.7	170	170	7.6	24.7	96
8	刺槐林	2.6	40	40	1.7	63.3	729
9	刺槐林	2.8	55	55	2.6	68.2	584
10	刺槐林	2.6	80	80	3.5	51.4	391
11	刺槐林	2.3	98	98	3.7	48.2	333
12	刺槐林	2.3	115	115	4.5	43.4	326
13	刺槐林	2.7	120	120	5.3	29.9	215
14	草地	2.8	110	110	5.1	67.3	554
15	裸地	2.6	16	16	0.7	87.9	2 800

6.4.4　自然降雨条件下不同林地的坡面径流观测

1988年在红旗林场马连滩作业区采用坡面径流小区测定了不同林地的坡面径流过程（表6-15，图6-1，贺康宁等）。

表6-15　不同林地坡面径流泥沙观测场基本情况表

编号	林分类型	坡度（°）	坡向（°）	坡位	林龄（a）	林分密度（株/hm²）	平均树高（m）	平均胸径（cm）
1	刺槐林	20	N241	上	17	3 100	7.1	8.5
2	刺槐林	22	N295	下	14	3 200	7.6	6.0
3	刺槐林	23	N10	中	20	1 300	12.0	11.7
4	刺槐林	26	N190	上	17	2 300	7.8	7.9
5	刺槐林	27	N90	上	14	3 000	5.6	4.7
6	刺槐林	28	N11	下	20	800	9.5	12.5
7	油松＋刺槐混交林	25	N26	下	油10 刺12	1 900 800	2.5 6.0	4.5 5.4
8	油松林	27	N340	中	13	4 900	2.6	3.0
9	油松林	27	N50	中	17	6 600	3.7	6.7
10	油松＋刺槐混交林	30	N60	中	15	4 700	3.3	3.3
11	虎榛子灌木林	28	N335	中	7	420 000	0.8	0.6
12	虎榛子灌木林	38	N40	中	7	282 500	1.3	0.6
13	沙棘灌木林	25	N4	中	8	25 000	1.1	2.2
14	荒草地	27	N315	中	—	—	—	—
15	裸露地	27	N315	中	—	—	—	—

6.4.5　不同林分场降雨产流、产沙

1993年在红旗林场马连滩作业区采用坡面径流小区测定了的不同林分的场降雨条件下的产流、产沙（表6-16至表6-18，张建军等）。

表6-16　不同林分径流小区基本情况

编号	林分类型	坡度（°）	坡向（°）	坡位	林龄（a）	林分密度（株/hm²）	平均树高（m）	平均胸径（cm）
1	刺槐林	26	N190	上	17	2 300	7.8	7.9
2	油松林	27	N50	中	17	6 600	3.7	6.7
3	油松＋刺槐混交林	30	N60	中	15	4 700	3.3	3.3
4	虎榛子灌木林	28	N335	中	7	420 000	0.8	0.6
5	沙棘灌木林	25	N4	中	8	25 000	1.1	2.2
6	荒草地	27	N315	中	—	—	—	—

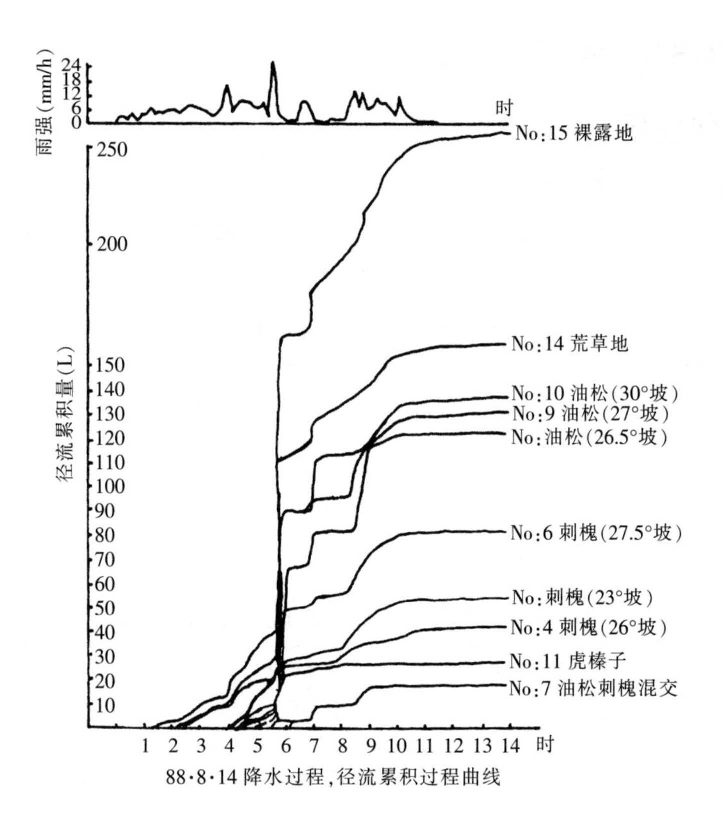

图 6-1 1988—08—14 不同林地坡面径流泥沙观测场降水过程、径流累积过程曲线
(水土保持林体系综合效益研究与评价,1995 年)

表 6-17 1993 年不同林分场降雨产流统计表

日期 (月—日)	雨量 (mm)	最大雨强 (mm/h)	历时 (h)	径流量 (L/100m²)					
				草地	油松林	刺槐林	混交林	沙棘灌木林	虎榛子灌木林
07—03	13.6	12.2	1.7	58.5	32.0	28.0	13.0	23.5	31.0
07—12	16.1	14.1	3.5	20.0	22.5	17.0	8.5	10.5	8.5
07—15	62.0	15.3	11.5	285.0	115.0	104.0	89.5	91.0	94.5
07—28	27.4	32.9	0.8	212.0	147.0	105.0	59.0	77.0	82.0
07—29	7.4	12.7	0.6	22.5	16.5	11.0	3.0	9.5	10.0
08—04	44.6	20.4	12.0	193.0	84.0	62.0	25.0	42.0	38.5

表 6-18 1993 年不同林分场降雨产沙统计表

日期 (月—日)	雨量 (mm)	最大雨强 (mm/h)	历时 (h)	产沙量 (g/100m²)					
				草地	油松林	刺槐林	混交林	沙棘灌木林	虎榛子灌木林
07—03	13.6	12.2	1.67	304.2	62.4	111.5	32.5	44.7	46.5
07—12	16.1	14.1	3.5	76.9	29.3	24.7	10.1	12.1	10.4
07—15	62.0	15.3	11.5	230.9	403.5	452.4	180.5	154.6	175.5
07—28	27.4	32.9	0.8	359.6	117.2	75.3	41.3	38.5	32.8
07—29	7.4	12.7	0.6	63.0	24.8	17.8	3.9	15.1	13.5
08—04	44.6	20.4	12.0	405.3	92.4	74.4	30.0	41.4	38.5
	侵蚀模数 ($t \cdot km^{-2} \cdot a^{-1}$)			35.2	7.3	7.6	3.0	3.1	3.2

6.5 小流域降雨径流

6.5.1 马连滩作业区

（1）小流域降雨量及洪水径流数据

1988—1989 年在红旗林场马连滩作业区采用三角形量水槽测定了小流域的径流（表 6-19 至表 6-21，张建军等）。

表 6-19 红旗林场小流域基本情况表

流域名称	流域面积 (km^2)	流域长度 (m)	流域宽度 (m)	河流比降	活立木蓄积量 (m^3)	河网密度
庙沟小流域	0.1	450	138.7	0.3	—	8.6
木家沟小流域	0.1	680	131.8	0.3	466.9	6.4
庙沟流域	1.6	2 250	719.0	0.1	1 772.0	6.9
木家岭流域	1.4	2 000	698.4	0.06	4 676.4	0.1

表 6-20 1988—1989 年红旗林场小流域降雨量及洪水径流数据表

日期（月一日）	木家岭小流域				庙沟小流域			
	降雨量 (mm)	输沙模数 (t/km^2)	洪水量 (m^3/km^2)	洪水径流深 (mm)	降雨量 (mm)	输沙模数 (t/km^2)	洪水量 (m^3/km^2)	洪水径流深 (mm)
1988—08—13～14	60.4	24.4	148.8	1.7	60.4	766.5	1 135.1	18.2
1988—08—18～19	12.4	2.1	55.9	0.6	12.1	90.7	293.3	4.7
1988—08—25～26	32.7	5.2	92.8	1.0	28.5	338.2	611.7	9.8
1989—06—06～07	16.4	2.9	88.1	1.0	16.4	125.0	233.3	3.7
1989—06—11～13	41.9	15.1	131.5	1.5	42.0	392.8	841.2	13.5
1989—07—04～06	17.3	3.7	67.3	0.8	17.3	119.6	376.0	6.0
1989—07—22～23	75.0	27.3	171.5	1.9	75.0	801.2	1 437.7	23.0
1989—08—06～07	37.8	19.3	101.7	1.1	30.3	495.5	769.4	12.3
1989—08—18～19	19.0	2.9	91.4	1.0	17.6	88.0	325.6	5.2
1989—09—23～24	32.7	12.3	97.2	1.1	32.7	320.8	659.1	10.6
1989—09—25～26	40.8	20.5	136.1	1.5	40.8	528.9	989.9	15.9
平均	35.1	12.3	107.5	1.2	33.9	369.7	697.5	11.2

表 6-21 1988—1989 年红旗林场小流域降雨量及洪水径流数据表

日期（月一日）	木家岭流域				庙沟流域			
	降雨量 (mm)	输沙模数 (t/km^2)	洪水量 (m^3/km^2)	洪水径流深 (mm)	降雨量 (mm)	输沙模数 (t/km^2)	洪水量 (m^3/km^2)	洪水径流深 (mm)
1988—08—13～14	62.3	36.4	584.5	0.6	64.0	136.7	1 066.5	1.1
1988—08—18～19	11.1	7.4	153.8	0.2	11.2	30.7	247.5	0.3
1988—08—25～26	32.6	19.8	274.6	0.3	27.5	77.2	375.6	0.4
1989—06—06～07	18.1	8.0	120.0	0.1	24.4	43.6	176.5	0.2
1989—06—11～13	45.0	39.4	340.1	0.3	48.5	130.2	673.3	0.7
1989—07—04～06	18.3	8.1	95.3	0.1	17.5	70.7	231.4	0.2
1989—07—22～23	75.5	40.9	594.0	0.6	79.8	145.7	1 123.8	1.1
1989—08—06～07	39.7	33.6	276.8	0.3	34.4	139.2	280.9	0.3
1989—08—18～19	20.3	16.6	320.4	0.3	18.7	60.3	355.6	0.4
1989—09—23～24	31.9	18.7	380.6	0.4	32.6	82.0	431.4	0.4
1989—09—25～26	40.5	28.1	455.7	0.5	41.8	113.7	593.8	0.6
平均	35.9	23.4	326.9	0.3	37.2	93.6	505.1	0.5

6.5.2 蔡家川流域

(1) 蔡家川小流域场暴雨径流深

1994—1995年在蔡家川采用量水堰法测定的小流域场暴雨径流深（表6-22至表6-24，毕华兴等）。

表6-22　1994年小流域基本情况表

编号	流域名称	流域面积（km^2）	流域长度（km）	流域宽度（km）	形状系数	河网密度（km/km^2）	河流比降	森林覆盖率
1	南北腰	0.71	1.38	0.54	2.5	1.81	0.09	5.1
2	蔡家川主沟	34.23	14.50	1.25	6.1	1.53	0.02	58.9
3	北坡	1.50	2.18	0.72	3.0	3.00	0.12	49.1
4	柳沟	1.93	3.00	0.68	4.4	4.10	0.08	75.4
5	刘家凹	3.62	3.30	1.10	3.0	0.91	0.09	27.7
6	冯家圪垛	18.57	7.25	2.67	2.7	25.90	0.07	70.7
7	井沟	2.63	2.88	0.91	3.5	1.09	0.12	15.1

表6-23　1994年小流域场暴雨径流深结果表

编号	流域名称	日期（月—日）	降雨量（mm）	径流深（mm）	径流系数（%）	径流模数（m^3/km^2）
1	南北腰		—	—	—	—
2	蔡家川主沟		—	—	—	—
3	北坡	1994—08—11	23	0.268 0	1.165	268.042 8
4	柳沟		—	—	—	—
5	刘家凹	1994—07—30	11	0.400 5	3.641	400.521 4
		1994—08—11	31	0.645 7	2.083	645.685 8
6	冯家圪垛	1994—07—07	23	0.536 4	2.332	536.369 5
7	井沟	1994—08—05	11	0.560 4	5.337	560.453 3
		1994—08—11	23	0.730 5	3.176	730.547 8

表6-24　1995年小流域场暴雨径流深结果表

编号	流域名称	日期（月—日）	降雨量（mm）	径流深（mm）	径流系数（%）	径流模数（m^3/km^2）
1	南北腰		—	—	—	—
2	蔡家川主沟		—	—	—	—
3	北坡	1995—07—14	38.5	0.654 2	1.699	654.206 6
		1995—07—17	17.0	0.263 9	1.552	263.896 5
		1995—08—05～06	41.0	0.416 4	1.016	416.432 1
4	柳沟		—	—	—	—
5	刘家凹	1995—07—14	36.0	0.891 5	2.476	891.455 5
		1995—07—17	21.5	0.891 5	2.476	464.212 3
		1995—08—05～06	49.5	0.464 2	2.224	1 100.723
6	冯家圪垛		—	—	—	—
7	井沟		—	—	—	—

(2) 不同森林覆盖率的径流观测

2001—2002年在蔡家川采用量水堰测定了不同森林覆盖率的径流量（表6-25，表6-26，张晓明等）。

表6-25　2001年不同森林覆盖率的径流观测结果表

观测日期	流域名称	降雨总量（mm）	径流总量（m^3）	径流深（mm）	径流系数（%）
06—28～10—14	南北腰	358.6	19 516.75	27.5	7.7
	北坡	356.8	2 705.22	1.8	0.5
	柳沟	360.0	10 347.21	5.4	1.5
	刘家凹	368.8	21 398.53	5.9	1.6
	井沟	367.4	44 321.78	16.9	4.6

表 6-26　2002 年不同森林覆盖率的径流观测结果表

观测日期	流域名称	降雨总量（mm）	径流总量（m3）	径流深（mm）	径流系数（%）
06-24～10-20	南北腰	355.1	20 155.48	28.4	7.9
	北坡	350.0	2 154.90	1.4	0.4
	柳沟	371.4	10 123.46	5.2	1.4
	刘家凹	366.7	19 847.78	5.5	1.5
	井沟	343.2	39 587.98	15.1	4.1

(3) 蔡家川小流域雨季径流量汇总

2004—2006 年在蔡家川小流域采用量水堰法测定的径流量汇总表（表 6-27，表 6-28，张建军等）。

表 6-27　2004 年蔡家川小流域基本情况调查表

编号	流域名称	流域面积（km²）	流域长度（km）	流域宽度（km）	形状系数	河网密度（km/km²）	河流比降	森林覆盖率（%）
1	南北腰（农地流域）	0.71	1.38	0.54	2.5	1.81	0.09	5.1
2	蔡家川主沟流域	34.23	14.5	1.25	6.1	1.53	0.02	80.0
3	北坡（人工林流域）	1.50	2.18	0.72	3.0	3.00	0.12	92.5
4	柳沟（封禁流域）	1.93	3.00	0.68	4.4	4.10	0.08	99.0
5	刘家凹（半人工半次生林流域）	3.62	3.30	1.10	3.0	0.91	0.09	82.7
6	冯家圪垛（次生林流域）	18.57	7.25	2.67	2.7	25.90	0.07	82.0
7	井沟（半农半牧流域）	2.63	2.88	0.91	3.5	1.09	0.12	15.2

表 6-28　2004—2006 年蔡家川小流域雨季径流量汇总表

流域名称	年份	降雨量（mm）	径流量（m³）	地表径流量（m³）	径流系数	基流量（m³）
南北腰（农地流域）	2004	296.0	7.44	0.76	0.025 1	6.68
	2005	261.0	2.65	0.42	0.010 2	2.23
	2006	475.5	7.68	1.47	0.016 2	6.21
	平均值	344.2	5.92	0.88	0.017 2	5.04
蔡家川主沟流域	2004	311.6	3.90	2.18	0.012 5	1.72
	2005	244.3	2.00	0.88	0.008 2	1.12
	2006	450.0	7.50	3.84	0.016 7	3.66
	平均值	335.3	4.47	2.30	0.012 5	2.17
北坡（人工林流域）	2004	225.5	15.95	15.95	0.052 0	0
	2005	225.0	5.56	5.56	0.024 7	0
	2006	506.5	12.95	12.95	0.025 6	0
	平均值	346.0	11.37	11.37	0.034 1	0
柳沟（封禁流域）	2004	312.0	3.52	1.73	0.011 3	1.79
	2005	259.5	2.74	1.12	1.06	1.62
	2006	449.5	7.87	3.03	1.75	4.84
	平均值	340.3	4.71	1.96	1.31	2.75
刘家凹（半人工半次生林流域）	2004	318.3	8.92	2.20	2.80	6.72
	2005	255.8	0.81	0.47	0.32	0.34
	2006	463.5	5.83	2.95	1.26	2.88
	平均值	345.9	5.19	1.88	1.46	3.31
冯家圪垛（次生林流域）	2004	310.6	2.98	1.43	0.96	1.55
	2005	242.1	1.41	0.43	0.58	0.98
	2006	442.8	5.72	1.37	1.29	4.35
	平均值	331.8	3.37	1.08	0.94	2.29
井沟（半农半牧流域）	2004	306.5	5.90	2.20	1.92	3.70
	2005	263.0	5.08	1.80	1.93	3.28
	2006	506.5	20.25	12.43	4.00	7.82
	平均值	358.7	10.41	5.48	2.62	4.93

（4）蔡家川小流域场降雨径流数据

2004—2006 年在蔡家川小流域采用量水堰法测定的场降雨径流数据（表 6－29 至表6－31，张建军等）。

表 6－29　2004 年蔡家川小流域场降雨径流数据表

编号	流域名称	日期（月－日）	降雨量（mm）	径流量（m³）	地表径流量（m³）	径流系数	基流量（m³）
1	南北腰（农地流域）	2004－07－29	10.00	149.30	0.191 0	0.019 1	819.53
		2004－07－30	5.00	22.39	0.022 2	0.004 4	6.63
		2004－08－03	8.00	17.65	0.013 7	0.001 7	7.92
		2004－08－10	13.00	566.95	0.506 7	0.039 0	207.37
		2004－09－17	10.50	63.24	0.027 2	0.002 6	43.95
2	蔡家川主沟流域	2004－07－13	17.90	4 185.13	0.116 4	0.006 5	200.21
		2004－07－15	23.80	41 284.96	1.199 6	0.050 4	219.12
		2004－07－24	7.10	1 070.30	0.027 0	0.003 8	144.54
		2004－07－27	4.30	282.91	0.004 9	0.001 1	115.66
		2004－07－29	8.00	865.27	0.022 7	0.002 8	89.14
		2004－08－03	5.50	1 009.34	0.023 1	0.004 2	218.23
		2004－08－09	1.50	881.73	0.018 9	0.012 6	235.95
		2004－08－10	12.00	25 477.69	0.728 3	0.060 7	544.36
		2004－08－20	14.00	619.62	0.012 0	0.000 9	209.66
		2004－09－13	15.00	1 222.20	0.031 2	0.002 1	153.25
3	北坡（人工林流域）	2004－07－13	15.50	20.77	0.013 8	0.000 9	0.00
		2004－07－27	6.00	34.24	0.022 8	0.003 8	0.00
		2004－07－29	10.50	113.01	0.075 2	0.007 2	0.00
		2004－08－09	3.00	108.89	0.072 5	0.000 0	0.00
		2004－08－10	16.00	418.81	0.277 7	0.017 4	1.41
		2004－08－13	6.00	2.47	0.001 5	0.000 2	0.29
		2004－08－20	16.00	17.18	0.011 4	0.000 7	0.01
		2004－09－13	17.00	50.45	0.033 6	0.002 0	0.00
4	柳沟（封禁流域）	2004－06－29	120.50	22 236.37	11.501 8	0.095 5	6.74
		2004－07－24	17.50	201.30	0.098 7	0.005 6	10.60
		2004－07－29	9.50	232.74	0.110 5	0.011 6	19.24
		2004－07－30	5.50	95.23	0.034 3	0.006 2	28.96
		2004－08－03	7.00	20.32	0.007 3	0.001 0	6.13
		2004－08－09	4.50	10.84	0.002 5	0.000 6	5.96
		2004－08－10	21.00	1197.58	0.607 3	0.028 9	23.89
		2004－08－13	5.00	37.91	0.014 1	0.002 8	10.70
		2004－08－20	19.50	123.95	0.052 3	0.002 7	22.93
		2004－08－24	7.00	31.11	0.012 3	0.001 8	7.38
		2004－09－13	22.50	195.79	0.093 2	0.004 1	15.68
		2004－09－17	10.50	62.27	0.023 5	0.002 2	16.93
5	刘家凹（半人工半次生林流域）	2004－07－15	27.50	2947.75	0.813 9	0.0296	3.80
		2004－07－24	12.50	21.34	0.004 6	0.000 4	4.55
		2004－07－26	4.90	45.60	0.008 9	0.001 8	13.26
		2004－07－29	8.20	105.49	0.022 1	0.002 7	25.68
		2004－07－30	4.10	100.05	0.018 8	0.004 6	31.94
		2004－08－03	5.00	203.11	0.050 9	0.010 2	19.09
		2004－08－09	6.40	117.13	0.030 4	0.004 7	7.31
		2004－08－10	14.10	4274.62	1.176 9	0.083 5	17.30
6	冯家圪垛（次生林流域）	2004－06－29	120.50	55 681.48	2.993 1	0.024 8	115.04
		2004－07－15	29.10	11 581.99	0.620 9	0.021 3	54.64
		2004－07－20	4.30	136.91	0.003 2	0.000 8	76.61
		2004－07－24	13.90	265.05	0.010 9	0.000 8	62.93
		2004－07－29	8.80	271.10	0.010 7	0.001 2	72.09
		2004－08－03	10.40	402.26	0.018 0	0.001 7	67.93

（续）

编号	流域名称	日期（月—日）	降雨量（mm）	径流量（m³）	地表径流量（m³）	径流系数	基流量（m³）
		2004—08—09	6.80	240.64	0.009 6	0.001 4	61.92
		2004—08—10	14.60	12 000.67	0.637 8	0.043 7	159.03
7	井沟（半农半牧流域）	2004—06—16	5.00	15.30	0.002 5	0.000 5	8.73
		2004—06—29	87.00	142 819.18	54.397 9	0.625 3	24.74
		2004—07—13	23.00	265.63	0.074 6	0.003 2	69.83
		2004—07—15	28.50	3879.92	1.459 5	0.051 2	48.79
		2004—07—20	3.00	12.54	0.002 2	0.000 7	6.75
		2004—07—26	3.50	13.40	0.001 5	0.000 4	9.59
		2004—07—29	8.50	390.55	0.144 0	0.016 9	12.57
		2004—08—03	7.00	37.16	0.009 1	0.000 0	13.37
		2004—08—09	2.00	219.36	0.076 6	0.038 3	18.20
		2004—08—10	21.00	867.02	0.264 7	0.012 6	172.19
		2004—08—13	5.50	132.49	0.038 1	0.006 9	32.44
		2004—08—20	15.50	303.78	0.080 3	0.005 2	92.87
		2004—08—24	5.00	12.10	0.001 9	0.000 4	7.16
		2004—08—26	1.50	6.69	0.000 9	0.000 6	4.24
		2004—08—27	3.00	6.23	0.000 6	0.000 2	4.71
		2004—09—13	15.00	140.75	0.030 6	0.002 0	60.56
		2004—09—17	12.50	74.95	0.018 2	0.001 5	27.24

表 6-30　2005 年蔡家川小流域场降雨径流数据表

编号	流域名称	日期（月—日）	降雨量（mm）	径流量（m³）	地表径流量（m³）	径流系数	基流量（m³）
1	南北腰（农地流域）	2005—08—05	6.50	2.01	0.002 4	0.000 4	0.29
		2005—08—07	10.00	7.35	0.006 9	0.000 7	2.46
		2005—08—16	63.00	108.17	0.099 5	0.001 6	37.58
		2005—09—15	11.50	14.13	0.010 4	0.000 9	6.76
		2005—09—19	92.00	201.57	0.206 4	0.002 2	55.05
		2005—09—27	48.00	75.86	0.085 6	0.001 8	15.08
		2005—09—30	6.00	6.09	0.003 8	0.000 6	3.38
		2005—10—01	8.50	11.93	0.009 8	0.001 2	4.98
2	蔡家川主沟流域	2005—07—21	9.90	660.88	0.014 9	0.001 5	151.84
		2005—08—07	18.50	737.66	0.018 8	0.001 0	94.99
		2005—08—16	65.50	7 434.11	0.212 8	0.003 2	149.60
		2005—09—15	12.00	611.23	0.013 4	0.001 1	152.39
		2005—09—19	76.00	14 455.53	0.400 6	0.005 3	740.91
		2005—09—27	40.10	8 032.04	0.207 5	0.005 2	930.38
		2005—10—19	4.80	803.69	0.007 0	0.001 5	562.93
3	北坡（人工林流域）	2005—08—07	20.00	83.51	0.055 6	0.002 8	0.00
		2005—08—13	4.00	3.05	0.002 0	0.000 5	0.00
		2005—08—16	66.00	1 924.68	1.280 6	0.019 4	0.00
		2005—09—15	14.50	73.50	0.048 9	0.003 4	0.00
		2005—09—19	43.00	3 793.39	2.524 0	0.058 7	0.00
		2005—09—27	48.50	2 476.44	1.647 8	0.034 0	0.00
		2005—10—19	6.00	35.40	0.023 6	0.003 9	0.00
4	柳沟（封禁流域）	2005—07—31	11.00	26.06	0.012 3	0.001 1	2.23
		2005—08—16	71.00	495.73	0.247 0	0.003 5	18.27
		2005—09—15	16.00	112.08	0.014 3	0.000 9	84.51
		2005—09—19	95.00	979.82	0.474 5	0.005 0	62.70
		2005—09—27	48.00	746.43	0.360 5	0.007 5	49.71
		2005—09—30	5.00	93.41	0.014 1	0.002 8	66.25
		2005—10—01	9.00	142.71	0.034 1	0.003 8	76.71

（续）

编号	流域名称	日期（月—日）	降雨量（mm）	径流量（m³）	地表径流量（m³）	径流系数	基流量（m³）
		2005—10—02	9.00	212.01	0.053 2	0.005 9	109.12
		2005—10—19	6.50	42.72	0.015 4	0.002 4	13.00
		2005—10—22	4.00	29.08	0.008 3	0.002 1	13.08
5	刘家凹（半人工半次生林流域）	2005—07—31	10.60	34.73	0.008 0	0.000 8	5.71
		2005—08—07	12.80	46.42	0.011 6	0.000 9	4.42
		2005—08—16	60.10	350.90	0.096 1	0.001 6	3.13
		2005—09—15	14.3	20.40	0.002 7	0.000 2	10.70
		2005—09—19	97.00	835.65	0.223 7	0.002 3	26.40
		2005—09—27	43.10	474.16	0.122 5	0.002 8	31.15
		2005—09—30	3.70	33.75	0.003 8	0.001 0	20.14
		2005—10—01	7.20	130.49	0.018 3	0.002 5	64.39
		2005—10—02	7.20	115.67	0.017 9	0.002 5	50.84
		2005—10—19	6.00	18.69	0.003 0	0.000 5	7.95
6	冯家圪垛（次生林流域）	2005—07—31	12.10	189.14	0.008 0	0.0007	40.37
		2005—08—16	52.00	1 898.19	0.098 9	0.001 9	62.87
		2005—09—15	16.50	212.41	0.005 8	0.000 3	105.22
		2005—09—19	88.00	3 935.23	0.190 5	0.002 2	399.34
		2005—09—27	48.50	2 889.42	0.131 0	0.002 7	457.94
7	井沟（半农半牧流域）	2005—07—31	11.00	35.30	0.011 1	0.001 0	6.15
		2005—08—07	19.00	96.86	0.029 8	0.001 6	18.62
		2005—08—16	69.00	1 078.97	0.400 7	0.005 8	27.03
		2005—09—19	77.50	2 464.22	0.883 1	0.011 4	145.97
		2005—09—27	50.50	1 337.25	0.474 0	0.009 4	93.06
		2005—10—01	9.50	268.53	0.063 6	0.006 7	101.45
		2005—10—02	10.00	407.91	0.117 1	0.011 7	100.47
		2005—10—19	6.50	34.92	0.010 3	0.001 6	7.96
		2005—10—22	4.50	39.33	0.011 6	0.002 6	8.76

表 6-31 2006 年蔡家川小流域场降雨径流数据表

编号	流域名称	日期（月—日）	降雨量（mm）	径流量（m³）	地表径流量（m³）	径流系数	基流量（m³）
1	南北腰（农地流域）	2006—04—20	19.00	4.82	0.005 2	0.000 3	1.15
		2006—05—11	9.00	9.25	0.006 0	0.000 7	4.99
		2006—05—26	5.50	4.07	0.002 0	0.000 4	2.67
		2006—06—21	7.50	13.34	0.006 2	0.000 8	8.93
		2006—07—02	11.00	25.96	0.006 7	0.000 6	21.19
		2006—07—03	7.50	21.98	0.008 4	0.001 1	16.04
		2006—07—09	4.00	0.24	0.000 2	0.000 1	0.06
		2006—07—22	22.50	10.03	0.011 0	0.000 5	2.22
		2006—07—31	16.00	18.24	0.024 5	0.001 5	0.82
		2006—08—02	7.00	4.16	0.003 6	0.000 5	1.62
		2006—08—03	24.5	171.91	0.231 8	0.009 5	7.37
		2006—08—14	10.00	6.18	0.002 0	0.000 2	4.73
		2006—08—15	5.50	8.24	0.009 0	0.001 6	1.86
		2006—08—25	37.00	177.14	0.239 2	0.006 5	7.38
		2006—08—28	43.00	254.31	0.348 0	0.008 1	7.37
		2006—08—29	2.50	6.38	0.004 3	0.001 7	3.31
		2006—08—30	4.50	15.64	0.017 2	0.003 8	3.42
		2006—08—30	13.50	74.13	0.096 7	0.007 2	5.53
		2006—09—04	44.50	169.59	0.233 3	0.005 2	4.05
		2006—09—18	4.00	3.24	0.002 3	0.000 6	1.58
		2006—09—19	10.00	48.90	0.055 7	0.005 6	9.34
		2006—09—21	28.00	108.94	0.113 3	0.004 0	28.50
		2006—09—24	7.00	15.35	0.009 0	0.001 3	9.00

（续）

编号	流域名称	日期（月一日）	降雨量（mm）	径流量（m³）	地表径流量（m³）	径流系数	基流量（m³）
		2006—09—27	12.00	58.27	0.046 8	0.003 9	25.05
2	蔡家川主沟流域	2006—04—20	19.00	1 742.84	0.037 9	0.002 0	446.27
		2006—05—11	9.00	752.16	0.014 7	0.001 6	250.60
		2006—05—26	7.20	785.13	0.010 3	0.001 4	434.17
		2006—06—02	78.30	34 866.11	1.010 1	0.012 9	287.94
		2006—07—02	18.50	2 259.28	0.050 1	0.002 7	544.23
		2006—07—08	2.80	129.93	0.002 4	0.000 8	49.37
		2006—07—22	19.20	1 460.68	0.032 8	0.001 7	339.07
		2006—07—31	18.40	4 977.17	0.141 6	0.007 7	130.38
		2006—08—02	5.30	776.78	0.015 0	0.002 8	264.93
		2006—08—03	23.80	31 941.93	0.922 7	0.038 8	354.96
		2006—08—15	5.00	1 922.59	0.045 1	0.009 0	379.07
		2006—08—25	35.10	10 250.03	0.408 8	0.011 6	342.82
		2006—08—28	43.90	13 649.83	0.388 6	0.008 9	347.43
		2006—08—30	18.20	5 676.91	0.132 0	0.007 3	1159.86
		2006—09—04	38.30	14 797.62	0.407 6	0.010 6	844.73
		2006—09—18	19.40	3 539.88	0.071 6	0.003 7	1 087.71
		2006—09—21	28.90	7 028.92	0.175 3	0.006 1	1 028.10
		2006—9—27	10.60	3 260.50	0.040 2	0.003 8	1 885.59
3	北坡（人工林流域）	2006—04—20	21.00	251.71	0.167 5	0.008 0	0.00
		2006—05—11	14.00	28.52	0.019 0	0.001 4	0.00
		2006—05—26	9.50	4.16	0.002 8	0.000 3	0.00
		2006—06—02	85.50	4 752.96	3.162 5	0.037 0	0.00
		2006—07—31	26.00	406.59	0.270 5	0.010 4	0.00
		2006—08—03	42.50	6 176.66	4.109 8	0.096 7	0.00
		2006—08—06	4.00	900.17	0.599 0	0.149 7	0.00
		2006—08—15	12.00	571.12	0.380 0	0.031 7	0.00
		2006—08—25	35.50	2 433.25	1.619 0	0.045 6	0.00
		2006—08—28	50.00	1 362.90	0.906 8	0.018 1	0.00
		2006—08—30	20.00	273.15	0.181 7	0.009 1	0.00
		2006—09—04	45.00	599.76	0.399 1	0.008 9	0.00
		2006—09—18	23.00	443.70	0.295 2	0.012 8	0.00
		2006—09—21	31.00	1 548.18	1.030 1	0.033 2	0.00
4	柳沟（封禁流域）	2006—04—20	20.00	149.67	0.073 0	0.003 6	8.59
		2006—05—11	14.00	67.66	0.026 8	0.001 9	15.91
		2006—05—26	9.50	61.30	0.019 2	0.002 0	24.23
		2006—06—02	85.50	1 071.95	0.552 4	0.006 5	4.31
		2006—07—02	12.50	20.10	0.008 9	0.000 7	2.93
		2006—07—03	12.50	44.89	0.020 7	0.001 7	4.84
		2006—07—08	5.50	5.84	0.002 5	0.000 5	0.93
		2006—07—22	24.50	89.14	0.039 5	0.001 6	12.87
		2006—07—31	26.00	263.39	0.134 0	0.005 2	4.44
		2006—08—03	42.50	841.88	0.431 2	0.010 1	8.41
		2006—08—06	4.00	250.63	0.127 5	0.031 9	4.29
		2006—08—15	12.00	150.16	0.075 2	0.006 3	4.86
		2006—08—25	35.50	792.17	0.403 5	0.011 4	12.26
		2006—08—28	50.00	926.01	0.463 7	0.009 3	29.83
		2006—08—30	7.00	119.53	0.040 2	0.005 7	41.87
		2006—08—30	13.00	202.03	0.072 4	0.005 6	62.08
		2006—09—04	45.00	801.55	0.396 2	0.008 8	35.77
		2006—09—18	4.50	18.06	0.008 7	0.001 9	1.33
		2006—09—21	31.00	455.08	0.209 4	0.006 8	50.28
		2006—09—24	7.00	66.66	0.017 6	0.002 5	32.59
		2006—09—27	11.00	119.94	0.028 8	0.002 6	64.24
		2006—04—20	18.30	88.92	0.022 6	0.001 2	7.20
		2006—05—05	4.70	71.75	0.009 0	0.001 9	39.29
		2006—05—11	11.30	117.91	0.022 1	0.002 0	37.91
		2006—05—26	7.50	17.61	0.002 2	0.000 3	9.54

（续）

编号	流域名称	日期（月一日）	降雨量（mm）	径流量（m³）	地表径流量（m³）	径流系数	基流量（m³）
5	刘家吅（半人工半次生林流域）	2006－06－02	79.60	2 440.30	0.671 4	0.008 4	11.64
		2006－06－20	15.60	129.20	0.023 9	0.001 5	42.82
		2006－06－28	3.70	18.68	0.001 1	0.000 3	14.72
		2006－07－02	11.30	57.02	0.008 3	0.000 7	26.84
		2006－07－03	12.90	78.86	0.015 7	0.001 2	21.97
		2006－07－22	22.70	117.45	0.029 6	0.001 3	10.43
		2006－07－31	24.00	635.07	0.175 0	0.007 3	2.22
		2006－08－02	11.90	28.67	0.007 1	0.000 6	3.12
		2006－08－03	33.00	1 698.07	0.464 8	0.014 1	16.93
		2006－08－06	19.40	428.79	0.117 9	0.006 1	2.37
		2006－08－15	5.00	16.08	0.003 3	0.000 7	4.21
		2006－08－25	28.00	515.72	0.138 9	0.005 0	13.26
		2006－08－28	52.00	1 571.85	0.431 0	0.008 3	12.63
		2006－08－30	5.50	99.02	0.021 1	0.003 8	22.55
		2006－08－30	17.00	688.90	0.166 3	0.009 8	87.19
		2006－09－04	44.50	1 334.98	0.358 5	0.008 1	38.18
		2006－09－18	6.40	22.66	0.004 7	0.000 7	5.65
		2006－09－19	10.20	241.11	0.053 4	0.005 2	47.97
		2006－09－21	23.80	814.07	0.211 4	0.008 9	49.28
		2006－09－24	6.20	41.50	0.005 5	0.000 9	21.72
		2006－09－27	9.30	254.91	0.036 1	0.003 9	124.20
6	冯家圪垛（次生林流域）	2006－04－20	20.30	337.85	0.014 0	0.000 7	77.95
		2006－05－11	13.80	292.87	0.010 0	0.000 7	106.81
		2006－05－26	10.90	319.72	0.007 7	0.000 7	176.90
		2005－06－02	97.50	6 827.72	0.361 9	0.003 7	108.76
		2005－06－20	15.60	685.88	0.017 4	0.001 1	362.04
		2005－06－28	3.70	125.10	0.002 5	0.000 7	77.94
		2006－07－02	11.30	245.15	0.005 7	0.000 5	139.25
		2006－07－03	12.90	141.72	0.003 2	0.000 3	81.77
		2006－07－09	3.40	23.75	0.000 7	0.000 2	10.48
		2006－07－22	19.90	429.85	0.010 6	0.000 5	233.82
		2006－07－31	25.60	1 065.93	0.054 7	0.002 1	50.66
		2006－08－02	9.10	323.82	0.013 1	0.001 4	80.57
		2006－08－03	28.60	6 438.67	0.339 7	0.011 9	131.40
		2006－08－06	16.50	660.18	0.030 4	0.001 8	95.66
		2006－08－15	5.10	163.93	0.006 2	0.001 2	49.51
		2006－08－25	21.10	901.17	0.034 4	0.001 6	263.02
		2006－08－28	38.60	3 880.28	0.200 5	0.005 2	158.48
		2006－08－30	15.80	1 467.28	0.037 2	0.002 4	776.52
		2006－09－04	40.90	4 548.21	0.204 5	0.005 0	751.35
		2006－09－18	5.90	198.73	0.005 3	0.000 9	100.34
		2006－09－21	23.80	1 428.57	0.037 9	0.001 6	724.75
7	井沟（半农半牧流域）	2006－04－20	19.50	40.63	0.014 0	0.000 7	4.01
		2006－05－20	7.00	7.13	0.001 2	0.000 2	4.08
		2006－05－26	7.00	9.59	0.001 9	0.000 3	4.50
		2006－06－02	98.50	3 207.07	1.220 8	0.012 4	2.41
		2006－07－02	10.50	34.32	0.008 2	0.000 8	12.83
		2006－07－03	6.00	46.22	0.010 4	0.001 7	18.91
		2006－07－22	23.00	85.45	0.027 5	0.001 2	13.20
		2006－07－31	21.50	421.24	0.159 0	0.007 4	3.96
		2006－08－02	10.50	58.40	0.017 8	0.001 7	11.56
		2006－08－03	52.50	4 640.94	1.765 6	0.033 6	6.13
		2006－08－15	4.00	24.15	0.005 3	0.001 3	10.11
		2006－08－25	43.00	3 802.80	1.444 7	0.033 6	10.44
		2006－08－28	51.50	2 696.79	1.016 6	0.019 7	28.12
		2006－08－30	5.50	164.00	0.047 8	0.008 7	38.46
		2006－08－30	15.00	693.20	0.244 1	0.016 3	52.53
		2006－09－04	47.00	2 302.92	0.868 7	0.018 5	22.52
		2006－09－18	4.00	18.50	0.004 6	0.001 1	6.54
		2006－09－19	21.50	767.63	0.280 9	0.013 1	30.38
		2006－09－21	29.50	1 510.45	0.548 9	0.018 6	69.48
		2006－09－24	7.00	167.45	0.0403	0.005 8	61.56
		2006－09－27	11.00	390.05	0.107 4	0.009 8	108.23

（5）蔡家川小流域逐日降雨径流数据

2004—2006 年在蔡家川小流域采用量水堰法测定的逐日降雨径流数据（表 6 - 32 至表 6 - 34，张建军等）。

表 6 - 32　2004 年蔡家川小流域逐日降雨径流数据表

单位：m^3

日期（月—日）	蔡家川主沟流域	冯家圪垛（次生林流域）	刘家凹（半人工半次生林流域）	柳沟（封禁流域）	北坡（人工林流域）	南北腰（农地流域）	井沟（半农半牧流域）
04—11	667.54	529.33	—	39.67	0.00	15.51	82.00
04—12	659.37	538.63	—	38.71	0.00	52.69	83.03
04—13	674.38	563.07	—	37.43	0.00	49.44	88.88
04—14	659.63	566.17	—	43.15	0.00	49.30	89.42
04—15	633.04	566.35	—	63.35	0.00	43.96	90.77
04—16	633.81	574.96	—	58.80	0.00	48.79	83.11
04—17	643.59	584.37	—	58.69	0.00	42.35	69.73
04—18	659.96	574.69	—	57.61	0.00	49.86	70.17
04—19	674.88	578.88	—	55.80	0.00	49.02	69.35
04—20	749.23	601.35	—	60.35	0.00	46.19	81.93
04—21	771.94	584.44	—	60.74	0.00	47.50	70.80
04—22	742.44	553.16	—	63.73	0.00	44.01	62.89
04—23	752.32	550.13	—	63.73	0.00	40.82	69.44
04—24	806.06	555.08	—	62.47	0.00	39.42	70.35
04—25	720.93	483.68	—	77.75	0.00	38.72	62.94
04—26	578.06	257.20	—	79.49	0.00	36.95	51.28
04—27	643.99	129.95	—	70.14	0.00	38.33	72.33
04—28	658.41	218.00	—	70.20	0.00	33.02	81.61
04—29	728.70	134.44	—	70.20	0.00	32.03	83.70
04—30	726.45	136.13	—	73.96	0.00	34.25	84.61
05—01	631.51	145.02	—	73.85	0.00	37.61	84.67
05—02	549.90	264.48	—	82.31	0.00	36.57	66.49
05—03	544.44	208.83	—	56.26	0.00	38.07	77.19
05—04	607.30	360.10	—	54.39	0.00	40.00	88.01
05—05	667.49	207.98	—	56.65	0.00	40.70	99.79
05—06	736.65	200.98	—	59.00	0.00	40.45	114.81
05—07	740.16	216.79	—	60.70	0.00	40.71	98.65
05—08	694.99	279.41	—	64.39	0.00	43.96	86.26
05—09	790.34	191.44	—	60.74	0.00	49.14	65.03
05—10	815.82	179.49	—	62.53	0.00	45.38	43.84
05—11	805.44	206.90	—	81.81	0.00	45.69	46.73
05—12	783.35	195.43	—	63.36	0.00	47.87	53.44
05—13	729.69	168.67	—	62.47	0.00	46.11	61.34
05—14	709.56	210.65	—	65.63	0.00	47.62	61.25
05—15	543.49	240.02	—	64.72	0.00	49.93	52.89
05—16	683.79	179.70	—	57.04	0.00	54.19	56.34
05—17	759.70	164.01	—	59.95	0.00	63.16	74.33
05—18	781.78	157.20	—	63.93	0.00	66.33	67.87
05—19	712.55	152.07	—	63.89	0.00	70.65	63.57
05—20	195.97	114.04	134.79	39.51	0.00	78.08	72.12
05—21	265.45	89.89	111.87	17.53	0.00	80.12	110.31
05—22	291.97	87.47	98.20	18.39	0.00	81.14	118.76
05—23	283.19	87.75	93.28	20.71	0.00	83.92	115.25
05—24	272.60	90.39	68.62	19.25	0.00	81.81	109.54
05—25	139.12	12.45	37.50	24.39	0.00	78.43	57.34
05—26	195.80	120.84	23.82	23.05	0.00	75.13	45.35
05—27	179.28	65.25	39.73	32.16	0.00	81.93	32.17
05—28	186.33	87.17	39.65	24.03	0.00	43.29	40.16

（续）

日期（月－日）	蔡家川主沟流域	冯家圪垛（次生林流域）	刘家凹（半人工半次生林流域）	柳沟（封禁流域）	北坡（人工林流域）	南北腰（农地流域）	井沟（半农半牧流域）
05－29	187.11	114.58	43.31	17.55	0.00	—	41.52
05－30	191.52	100.55	40.67	15.13	0.00	—	54.92
05－31	192.28	15.07	35.06	3.83	0.00	—	50.63
06－01	195.84	149.45	28.28	3.40	0.00	—	42.93
06－02	181.33	156.30	21.66	7.78	0.00	—	42.43
06－03	168.27	104.68	11.71	15.31	0.00	—	27.78
06－04	138.53	17.50	45.25	42.06	0.00	—	14.35
06－05	117.99	36.90	44.35	45.28	0.00	—	20.26
06－06	106.09	51.60	48.82	36.89	0.00	—	24.09
06－07	108.59	51.90	37.98	28.56	0.00	—	28.76
06－08	119.84	69.64	27.59	29.74	0.00	—	34.59
06－09	123.90	131.90	32.90	32.86	0.00	—	60.70
06－10	140.48	142.13	23.79	24.51	0.00	—	79.44
06－11	148.31	126.62	21.56	25.25	0.00	—	85.28
06－12	166.84	106.09	17.09	24.98	0.00	—	89.42
06－13	136.89	134.09	15.14	27.13	0.00	—	92.73
06－14	123.92	149.92	16.81	39.01	0.00	—	78.51
06－15	113.51	17.40	21.57	36.90	0.00	—	74.45
06－16	127.16	178.80	27.90	28.68	0.00	—	85.03
06－17	122.49	200.37	37.12	24.17	0.00	—	58.33
06－18	172.04	155.56	41.95	28.74	0.00	—	61.83
06－19	265.09	127.81	42.06	13.12	0.00	—	80.36
06－20	403.96	118.10	39.37	9.00	0.00	—	86.75
06－21	432.12	178.05	78.94	9.96	0.00	—	96.34
06－22	280.16	214.96	65.12	11.66	0.00	—	81.64
06－23	381.58	17.81	55.16	10.42	0.00	—	60.74
06－24	494.99	192.65	39.58	12.06	0.00	—	56.54
06－25	677.33	130.04	35.27	9.73	0.00	—	71.36
06－26	734.07	117.32	35.06	8.89	0.00	—	70.07
06－27	130.45	128.33	37.16	13.43	0.00	—	72.70
06－28	376.94	142.04	35.88	14.95	0.00	—	72.70
06－29	285.16	423.60	38.75	13.04	0.00	—	66.51
06－30	521.98	8 931.66	47.58	74.53	0.00	—	56.15
07－01	2 794.05	—	44.10	—	0.00	—	146.31
07－02	1043.62	—	37.18	—	0.00	—	62.01
07－03	493.22	—	32.45	—	0.00	—	82.24
07－04	440.44	—	34.44	—	0.00	—	66.19
07－05	411.42	—	29.18	—	0.00	—	79.78
07－06	489.01	21.41	27.54	3.73	0.00	—	110.52
07－07	440.46	94.48	23.77	18.56	0.00	—	99.03
07－08	446.70	112.79	20.68	19.74	0.00	—	95.80
07－09	409.77	1 148.35	14.51	19.45	0.00	—	62.21
07－10	407.09	102.43	10.24	24.29	0.00	—	50.91
07－11	364.15	728.37	11.57	21.12	0.00	—	59.47
07－12	275.77	382.68	14.52	20.95	0.00	—	82.24
07－13	2066.32	1 043.22	23.14	125.58	23 213.46	—	113.87
07－14	3 062.32	532.98	26.79	121.95	10 885.33	—	324.82
07－15	3 504.70	13 667.79	3 075.59	1 132.96	6 093.65	—	3 673.75
07－16	538.48	223.87	145.34	48.47	1 126.80	—	82.99
07－17	1 253.74	422.11	59.96	33.92	1 320.44	—	89.39
07－18	1 008.07	356.68	29.37	35.55	667.45	—	70.83
07－19	861.54	314.85	24.67	23.26	157.30	—	56.03
07－20	734.05	32.31	28.25	20.06	0.32	8.27	61.19
07－21	681.31	343.55	39.15	24.12	2.06	23.27	53.33

（续）

日期（月—日）	蔡家川主沟流域	冯家圪垛（次生林流域）	刘家凹（半人工半次生林流域）	柳沟（封禁流域）	北坡（人工林流域）	南北腰（农地流域）	井沟（半农半牧流域）
07—22	656.18	263.59	25.81	17.57	1.47	22.31	33.46
07—23	1 258.55	262.81	20.81	14.59	0.51	21.22	32.43
07—24	759.32	452.29	42.49	186.55	20.77	22.31	48.87
07—25	508.47	353.52	43.80	58.36	1.28	21.85	17.57
07—26	506.96	307.51	74.46	68.40	0.60	22.62	38.39
07—27	653.14	2 828.23	43.25	47.16	34.24	22.95	32.48
07—28	545.95	209.99	46.89	45.25	0.09	23.25	81.58
07—29	2476.20	434.24	131.12	264.59	113.01	164.85	572.41
07—30	658.09	223.93	116.79	143.56	14.32	147.96	557.44
07—31	739.02	231.74	86.38	63.12	1.30	51.12	—
08—01	578.36	204.79	72.95	40.25	0.00	33.47	14.32
08—02	501.05	179.93	65.25	41.34	0.00	38.28	54.44
08—03	595.61	347.01	223.88	62.37	0.02	50.87	73.86
08—04	1232.40	38.35	105.25	62.84	0.04	32.66	80.04
08—05	469.61	194.07	30.37	48.60	0.00	28.62	79.49
08—06	387.45	158.25	24.80	65.38	0.00	29.02	83.03
08—07	389.87	141.84	27.41	97.26	0.00	30.66	79.44
08—08	423.67	144.80	28.96	136.39	0.00	30.48	75.14
08—09	1022.43	378.49	142.19	130.37	108.89	30.70	328.69
08—10	846.98	989.76	4351.62	1 253.07	418.81	582.92	1 159.61
08—11	1 925.72	717.44	116.53	61.16	2.18	34.88	145.35
08—12	973.06	410.08	21.45	33.93	1.44	33.80	137.45
08—13	1 187.41	374.07	40.37	731.87	2.47	34.62	285.64
08—14	964.76	355.21	26.32	43.69	1.05	37.88	235.66
08—15	755.71	3 722.10	35.08	31.79	0.03	44.14	201.90
08—16	682.24	387.15	39.52	26.73	0.00	44.84	204.58
08—17	581.09	449.22	42.94	24.25	0.00	47.53	196.64
08—18	546.98	490.13	47.07	22.65	0.00	46.56	198.36
08—19	533.76	550.20	43.53	23.50	0.00	44.93	209.95
08—20	1 215.26	1 351.04	52.71	141.47	17.18	50.83	469.22
08—21	1 293.88	907.20	63.94	53.05	1.45	48.03	106.89
08—22	820.29	800.15	64.79	36.40	0.00	51.76	35.14
08—23	707.90	712.32	78.80	32.56	0.00	48.03	39.69
08—24	674.36	608.41	84.96	51.13	0.00	48.79	53.38
08—25	716.86	60.08	79.17	406.71	0.00	50.34	52.16
08—26	728.74	478.16	92.18	32.92	0.00	48.79	63.02
08—27	819.91	475.37	102.10	38.72	0.00	48.79	78.96
08—28	760.76	425.50	107.71	33.50	0.00	49.56	69.29
08—29	572.94	334.35	113.90	24.51	0.00	329.58	59.89
08—30	524.24	314.21	110.98	26.58	0.00	45.84	66.67
08—31	495.12	303.85	113.15	29.71	0.00	62.17	85.42
09—01	444.74	297.13	108.94	29.47	0.00	68.88	63.33
09—02	443.00	287.14	106.47	34.23	0.00	75.11	101.99
09—03	587.86	284.94	105.66	35.14	0.00	76.75	103.08
09—04	601.26	272.01	104.10	32.54	0.00	90.87	101.31
09—05	568.51	255.35	110.98	26.31	0.00	131.39	99.61
09—06	487.30	269.66	101.70	26.55	0.00	96.07	95.52
09—07	561.80	279.20	96.31	23.17	0.00	86.01	96.64
09—08	561.73	236.35	86.40	22.40	0.00	83.53	123.26
09—09	527.63	233.43	83.92	22.83	0.00	88.95	120.00
09—10	476.73	230.56	81.47	23.83	0.00	93.67	123.26
09—11	432.08	228.61	80.14	28.84	54.94	92.54	134.07
09—12	372.86	231.49	900.91	34.53	29.44	96.27	122.80
09—13	1 134.48	441.95	403.99	192.44	50.45	90.39	147.40

（续）

日期（月一日）	蔡家川主沟流域	冯家圪垛（次生林流域）	刘家凹（半人工半次生林流域）	柳沟（封禁流域）	北坡（人工林流域）	南北腰（农地流域）	井沟（半农半牧流域）
09－14	1 589.27	462.02	106.46	37.90	7.18	81.50	150.54
09－15	646.50	279.64	95.34	36.80	3.61	87.79	99.01
09－16	543.43	254.30	14 360.29	33.03	4.82	12.08	101.94
09－17	595.87	396.14	3 113.11	87.64	4.82	151.00	173.86
09－18	700.01	345.81	125.24	47.36	4.82	127.78	168.30
09－19	853.81	385.19	123.47	65.71	4.82	123.57	189.67
09－20	851.98	346.13	117.27	45.08	4.82	101.03	157.43
09－21	586.18	275.42	114.31	34.54	4.55	—	137.50
09－22	551.34	266.79	92.48	32.73	2.64	—	138.16
09－23	530.66	255.41	122.95	30.69	0.06	73.44	140.27
09－24	395.66	266.32	106.07	33.31	0.00	52.73	102.38
09－25	795.09	277.48	110.99	33.00	0.00	64.05	132.70
09－26	559.60	266.72	97.83	32.73	0.00	81.24	130.50
09－27	518.11	261.51	106.09	30.68	0.00	84.27	123.85
09－28	473.88	260.48	108.92	28.44	0.00	86.02	119.84
09－29	460.48	26.72	111.80	43.08	0.00	82.86	132.86
09－30	379.45	459.56	294.76	71.64	0.00	85.32	162.89
10－01	524.10	284.88	159.92	43.30	0.00	86.71	117.26
10－02	559.97	266.91	110.23	32.04	0.00	83.22	81.98
10－03	598.05	267.10	107.27	29.82	0.00	83.20	110.35
10－04	586.00	258.40	93.33	29.32	0.00	84.61	107.30
10－05	577.62	253.29	97.86	27.08	0.00	82.51	103.72
10－06	582.65	269.91	99.38	27.07	0.00	80.11	105.54
10－07	581.11	268.38	100.54	25.79	0.00	81.48	107.91
10－08	551.41	256.34	108.11	109.00	0.00	87.09	108.54
10－09	535.16	258.40	98.99	100.00	0.00	88.17	106.90
10－10	625.42	266.82	105.27	79.09	0.00	98.22	107.36
10－11	733.79	303.64	105.27	64.48	0.00	103.27	107.31
10－12	622.28	276.33	105.69	44.89	0.00	106.87	99.57
10－13	589.84	27.45	98.61	36.77	0.00	105.28	93.85
10－14	608.62	273.10	94.81	368.07	0.00	94.41	94.45
10－15	646.75	284.98	89.27	33.06	0.00	92.53	92.20
10－16	662.98	292.73	79.81	34.35	0.00	86.39	94.45
10－17	670.22	307.53	69.49	44.12	0.00	83.56	104.87
10－18	670.22	311.87	60.43	40.73	0.00	90.71	96.75
10－19	655.78	298.25	74.58	544.53	0.00	87.44	94.45
10－20	672.04	300.48	99.17	49.75	0.00	84.61	96.12
10－21	638.28	277.36	114.43	44.93	0.00	86.38	87.81
10－22	598.03	276.27	129.13	51.25	0.00	73.51	68.88

表 6－33　2005 年蔡家川小流域逐日降雨径流数据表

单位：m^3

日期（月一日）	蔡家川主沟流域	冯家圪垛（次生林流域）	刘家凹（半人工半次生林流域）	柳沟（封禁流域）	北坡（人工林流域）	南北腰（农地流域）	井沟（半农半牧流域）
07－06	61.21	72.61	27.54	—	0.00	12.17	—
07－07	225.80	82.00	12.57	—	0.00	12.37	—
07－08	174.25	105.76	12.63	—	0.00	14.02	—
07－09	172.61	109.87	11.23	—	0.00	11.99	—
07－10	149.90	86.36	10.76	—	0.00	12.30	—
07－11	90.68	80.11	7.97	3.35	0.00	13.53	—
07－12	—	105.78	7.99	9.65	0.00	13.09	—
07－13	—	110.09	7.48	9.70	0.00	11.78	—

（续）

日期（月—日）	蔡家川主沟流域	冯家圪垛（次生林流域）	刘家凹（半人工半次生林流域）	柳沟（封禁流域）	北坡（人工林流域）	南北腰（农地流域）	井沟（半农半牧流域）
07—14	—	126.39	3.77	8.88	0.00	12.55	—
07—15	—	143.97	12.54	8.06	0.00	11.84	—
07—16	—	156.45	10.35	8.97	0.00	13.62	—
07—17	—	184.12	7.58	10.40	0.00	13.87	—
07—18	214.57	379.34	7.16	17.59	0.00	20.50	35.11
07—19	270.88	401.21	3.76	14.80	0.00	13.82	45.25
07—20	188.63	344.97	3.32	12.55	0.00	10.86	33.96
07—21	246.88	774.99	3.23	12.87	274.53	12.21	29.87
07—22	530.37	478.30	5.53	12.11	0.00	14.26	32.09
07—23	295.92	318.98	3.40	13.41	97.06	16.90	34.89
07—24	185.42	331.36	4.35	12.94	0.00	16.83	27.22
07—25	195.45	371.89	6.07	11.63	0.00	16.67	21.93
07—26	146.23	241.70	5.62	10.59	0.00	15.82	35.16
07—27	155.66	173.04	10.25	13.56	0.00	15.65	35.16
07—28	115.78	120.29	11.11	11.08	0.00	10.88	26.84
07—29	129.35	81.44	8.59	10.37	0.00	10.16	19.06
07—30	158.04	116.52	11.85	12.12	0.00	11.61	33.98
07—31	714.16	285.89	41.24	35.80	660.88	14.76	61.89
08—01	234.06	109.40	6.81	6.06	0.00	6.72	11.58
08—02	122.68	78.17	2.55	3.28	0.00	6.11	8.40
08—03	86.48	53.25	6.06	3.70	0.00	5.85	4.76
08—04	58.16	45.98	3.72	2.17	0.00	6.34	4.84
08—05	139.28	44.39	3.94	2.51	0.00	3.59	20.01
08—06	126.60	49.65	9.38	2.35	0.00	3.38	21.45
08—07	660.20	157.43	45.05	21.87	737.66	10.58	109.52
08—08	628.68	122.18	30.74	10.25	0.00	4.94	31.23
08—09	261.45	97.43	27.00	16.22	0.00	4.86	20.46
08—10	6 650.51	89.69	23.76	14.17	0.00	6.37	15.71
08—11	150.52	47.93	8.03	21.70	0.00	19 623.59	11.84
08—12	131.54	41.14	2.74	28.34	0.00	2.07	10.60
08—13	324.95	58.82	4.52	24.95	156.38	2.63	14.21
08—14	212.98	54.41	3.27	19.02	0.00	7.15	17.33
08—15	250.93	104.03	4.96	25.98	0.00	31.08	43.63
08—16	8 532.36	2 020.79	324.51	495.73	7 434.11	93.75	1254.81
08—17	1 993.55	525.01	58.29	96.72	0.00	35.60	318.53
08—18	865.62	247.98	14.97	40.26	0.00	27.62	77.63
08—19	632.32	191.11	11.15	30.29	0.00	27.80	108.09
08—20	534.04	155.82	8.49	25.70	0.00	25.77	241.68
08—21	498.08	156.09	8.33	24.76	0.00	25.60	205.19
08—22	444.76	140.38	7.66	22.83	0.00	25.87	173.57
08—23	444.76	158.21	9.51	50.62	0.00	26.17	224.87
08—24	464.20	172.01	12.46	47.66	0.00	30.16	211.60
08—25	430.15	141.60	8.74	24.09	0.00	26.29	163.98
08—26	357.01	157.87	7.02	21.64	0.00	24.05	171.45
08—27	364.87	160.82	5.68	20.04	0.00	23.46	145.07
08—28	359.72	192.87	8.48	26.60	0.00	28.16	181.82
08—29	543.04	272.94	12.25	31.64	0.00	33.87	231.29
08—30	435.45	201.61	6.37	24.66	0.00	25.62	173.74
08—31	373.77	163.29	4.35	19.87	0.00	21.67	149.72
09—01	307.44	199.94	5.69	20.00	0.00	22.34	162.83
09—02	274.29	199.64	6.37	19.71	0.00	22.21	175.54
09—03	310.89	224.10	6.76	20.86	0.00	23.15	178.22
09—04	286.29	199.66	4.38	17.83	0.00	18.94	154.94
09—05	255.24	154.30	4.75	18.03	0.00	17.80	153.43

（续）

日期（月—日）	蔡家川主沟流域	冯家圪垛（次生林流域）	刘家凹（半人工半次生林流域）	柳沟（封禁流域）	北坡（人工林流域）	南北腰（农地流域）	井沟（半农半牧流域）
09—06	212.16	91.96	4.41	17.81	0.00	17.97	153.87
09—07	223.52	88.47	5.33	18.82	0.00	19.04	97.43
09—08	192.27	96.95	6.29	17.76	0.00	17.17	108.08
09—09	186.19	90.07	5.23	18.48	0.00	15.29	106.11
09—10	176.04	94.87	10.59	19.26	0.00	17.27	106.18
09—11	188.02	98.66	12.02	19.00	0.00	53.51	133.11
09—12	156.23	86.12	3.72	16.18	0.00	16.74	133.69
09—13	150.17	78.54	4.43	16.69	0.00	15.54	97.65
09—14	198.59	109.79	14.48	206.16	0.00	19.55	48.32
09—15	488.87	242.48	40.52	112.08	611.23	34.91	99.70
09—16	816.90	209.92	18.14	223.20	0.00	28.35	75.10
09—17	364.46	137.82	5.55	151.61	0.00	57.69	50.47
09—18	374.36	142.29	9.15	78.34	0.00	24.77	61.79
09—19	1 120.17	434.54	86.56	979.82	14 455.53	54.03	231.95
09—20	12 347.47	2 875.64	699.59	811.28	0.00	161.58	2188.59
09—21	4 066.76	1 322.28	136.85	187.78	0.00	38.80	752.06
09—22	1 452.13	564.28	43.99	78.27	0.00	27.69	641.41
09—23	985.82	373.38	22.16	24.30	0.00	20.19	411.64
09—24	807.91	264.50	14.37	26.89	0.00	16.27	220.10
09—25	606.51	215.16	8.48	34.11	0.00	7.08	110.50
09—26	554.59	229.62	9.38	24.73	0.00	3.90	34.69
09—27	792.76	335.60	35.02	746.43	8 032.04	8.94	83.52
09—28	7 223.00	2 295.66	430.96	640.82	0.00	63.95	1 169.47
09—29	5 056.51	1 851.95	194.14	323.32	0.00	24.69	355.48
09—30	2 725.29	1 025.71	118.39	93.41	0.00	15.48	198.20
10—01	3 313.61	1 445.18	149.81	142.71	0.00	18.42	376.55
10—02	4 764.39	2 301.46	184.91	212.01	0.00	19.55	554.89
10—03	5 034.42	2 589.09	124.32	221.10	0.00	16.69	335.48
10—04	3 684.95	1 829.29	75.16	137.87	0.00	9.99	12.27
10—05	2 827.28	1 490.39	65.06	103.10	0.00	10.94	4.32
10—06	2 634.73	1 367.50	68.32	103.09	0.00	16.04	9.59
10—07	2 173.71	998.46	35.56	53.54	0.00	12.37	1.00
10—08	1 822.83	851.21	30.08	44.68	0.00	13.88	0.89
10—09	1 696.61	789.64	31.37	42.05	0.00	16.28	0.75
10—10	1 547.08	747.20	27.01	39.20	0.00	16.98	0.79
10—11	1 488.98	753.77	30.74	41.08	0.00	26.48	0.75
10—12	1 521.09	801.52	40.61	46.76	0.00	38.70	0.78
10—13	1 336.77	636.54	22.51	28.75	0.00	30.31	0.12
10—14	1 224.06	540.29	17.25	23.89	0.00	24.95	0.27
10—15	1 213.25	532.65	20.03	26.21	0.00	28.42	0.36
10—16	1 152.30	495.59	18.30	24.16	0.00	28.40	0.45
10—17	1 136.63	503.62	21.03	27.06	0.00	32.63	0.38
10—18	1 223.29	588.32	26.18	31.57	0.00	42.37	0.45
10—19	1 731.22	816.48	58.54	75.91	803.69	54.95	49.15
10—20	1 648.72	775.85	50.48	63.39	0.00	58.44	1.50
10—21	1 467.90	657.85	35.38	44.49	0.00	47.85	0.75
10—22	1 438.77	695.73	46.51	59.83	0.00	48.68	50.32
10—23	1 599.66	715.81	37.96	49.84	0.00	39.26	33.96
10—24	1 331.57	586.35	25.55	38.05	0.00	39.18	2.37
10—25	1 246.88	567.13	28.17	35.15	0.00	38.49	0.66
10—26	1 322.12	614.93	37.16	41.39	0.00	49.61	0.71
10—27	1 312.32	607.11	35.24	37.91	0.00	76.93	0.27
10—28	1 141.01	511.12	26.62	26.18	0.00	42.13	0.33
10—29	1 184.63	530.34	31.27	29.82	0.00	42.59	0.43

（续）

日期（月—日）	蔡家川主沟流域	冯家圪垛（次生林流域）	刘家凹（半人工半次生林流域）	柳沟（封禁流域）	北坡（人工林流域）	南北腰（农地流域）	井沟（半农半牧流域）
10—30	1 132.50	500.12	31.06	25.12	0.00	42.44	0.68
10—31	1 078.86	476.78	28.08	26.68	0.00	39.48	0.40
11—01	1 145.24	516.51	36.13	30.70	0.00	49.45	0.43
11—02	1 119.65	486.46	29.08	27.05	0.00	49.27	0.62
11—03	1 101.08	474.79	26.42	27.25	0.00	47.80	0.47
11—04	1 068.38	480.63	29.55	31.26	0.00	49.90	0.58
11—05	1 043.18	503.12	29.69	26.81	0.00	50.79	0.30
11—06	926.62	458.61	27.48	19.36	0.00	33.12	0.40
11—07	962.20	487.09	33.54	19.89	0.00	38.37	0.54
11—08	960.23	498.84	31.63	20.50	0.00	41.14	0.53
11—09	977.56	484.23	31.33	20.20	0.00	42.98	0.48
11—10	968.53	496.44	34.02	20.15	0.00	44.48	0.47
11—11	970.41	484.09	31.03	20.46	0.00	43.74	0.50
11—12	1 013.12	533.05	39.91	28.67	0.00	53.89	0.90
11—13	1 222.95	598.18	58.87	29.31	0.00	52.21	1.44
11—14	955.81	465.21	39.73	17.67	0.00	35.14	0.54
11—15	947.87	484.37	43.43	17.95	0.00	39.39	0.56
11—16	956.39	492.10	48.58	18.10	0.00	41.93	0.50
11—17	941.93	485.88	48.09	18.59	0.00	44.40	0.55
11—18	962.36	502.76	51.41	18.57	0.00	89.80	0.33
11—19	927.48	477.10	42.17	16.63	0.00	42.90	0.31
11—20	939.33	469.37	38.59	18.26	0.00	25.43	17.38
11—21	897.79	357.08	17.73	13.31	0.00	5.89	24.37
11—22	810.55	432.16	17.71	11.04	0.00	10.08	24.66
11—23	848.29	391.67	24.59	11.06	0.00	7.52	43.48
11—24	840.15	366.94	34.54	19.76	0.00	15.05	57.27
11—25	825.12	317.41	36.26	19.01	0.00	21.19	72.08
11—26	944.48	200.28	26.31	13.00	0.00	9.85	57.49
11—27	891.57	203.37	31.09	18.93	0.00	10.28	61.90
11—28	755.51	199.55	27.94	13.59	0.00	12.08	47.42
11—29	844.83	402.44	39.60	18.73	0.00	27.32	55.31
11—30	873.89	350.21	47.35	20.95	0.00	34.54	79.25

表 6-34　2006 年蔡家川小流域逐日降雨径流数据表

单位：m^3

日期（月—日）	蔡家川主沟流域	冯家圪垛（次生林流域）	刘家凹（半人工半次生林流域）	柳沟（封禁流域）	北坡（人工林流域）	南北腰（农地流域）	井沟（半农半牧流域）
03—24	837.37	360.81	50.64	21.45	0.00	3.61	33.81
03—25	822.80	308.85	41.70	19.73	0.00	3.24	26.20
03—26	792.68	327.24	40.58	19.23	0.00	4.36	32.08
03—27	807.47	354.52	47.69	20.66	0.00	9.87	35.08
03—28	745.18	280.28	28.27	13.35	0.00	3.85	26.73
03—29	770.14	312.05	39.00	20.58	0.00	5.98	30.69
03—30	744.08	303.30	41.39	21.50	0.00	5.02	31.61
03—31	765.34	309.82	45.94	26.21	0.00	9.42	30.48
04—01	669.74	306.48	29.65	12.72	0.00	11.24	21.05
04—02	654.51	280.61	32.38	17.58	0.00	13.91	27.00
04—03	607.78	291.78	43.63	21.09	0.00	13.27	34.84
04—04	628.83	267.71	37.09	18.56	0.00	8.36	33.63
04—05	632.03	299.27	30.38	22.71	0.00	5.74	31.40
04—06	623.19	370.36	21.13	30.79	0.00	2.99	25.26

（续）

日期（月－日）	蔡家川主沟流域	冯家圪垛（次生林流域）	刘家凹（半人工半次生林流域）	柳沟（封禁流域）	北坡（人工林流域）	南北腰（农地流域）	井沟（半农半牧流域）
04－07	323.67	325.48	18.92	30.04	0.00	8.39	17.11
04－08	425.62	302.35	18.54	33.80	0.00	2.01	15.90
04－09	527.15	315.67	21.02	33.12	0.00	1.57	18.11
04－10	500.56	270.38	17.01	33.48	0.00	4.10	16.84
04－11	576.56	260.21	5.74	25.20	0.00	0.40	7.54
04－12	929.73	445.98	19.50	45.47	0.00	1.58	17.22
04－13	827.50	481.07	28.69	40.44	0.00	4.78	24.26
04－14	770.05	498.00	29.07	38.57	0.00	2.62	25.40
04－15	690.92	442.51	26.26	35.02	0.00	2.33	22.21
04－16	620.93	404.67	25.28	36.45	0.00	2.38	20.17
04－17	580.08	339.24	20.66	35.30	0.00	2.30	16.06
04－18	539.27	326.63	21.31	32.16	0.00	2.85	18.35
04－19	519.54	277.36	15.31	22.07	0.00	4.82	11.15
04－20	510.61	308.98	25.04	42.12	251.71	4.63	23.65
04－21	1919.03	811.42	135.07	201.09	0.00	8.81	74.59
04－22	938.55	441.54	38.63	62.71	0.00	3.97	25.95
04－23	722.87	358.09	28.47	48.61	0.00	3.84	22.29
04－24	635.85	349.32	34.96	53.16	0.00	6.49	24.12
04－25	600.07	338.32	32.38	44.89	0.00	7.31	23.09
04－26	552.41	315.69	33.17	37.63	0.00	7.62	18.69
04－27	486.05	299.89	36.60	37.86	0.00	10.60	18.38
04－28	459.20	287.62	43.64	32.02	0.00	12.46	18.08
04－29	434.59	284.03	42.80	40.65	0.00	17.06	27.73
04－30	381.97	258.86	44.04	35.43	0.00	16.69	12.90
05－01	324.92	224.76	44.80	30.95	0.00	19.29	10.33
05－02	304.88	238.70	53.43	35.07	0.00	18.74	11.07
05－03	371.95	275.95	70.49	38.88	0.00	24.79	13.93
05－04	510.80	350.28	95.11	44.12	0.00	30.53	20.91
05－05	595.12	383.00	138.93	56.53	0.00	25.69	21.19
05－06	620.39	339.43	114.12	45.22	0.00	23.09	21.72
05－07	419.29	262.58	107.43	44.40	0.00	23.65	21.52
05－08	336.71	216.00	96.40	36.73	0.00	18.52	16.85
05－09	361.98	213.08	80.87	32.57	0.00	14.34	12.66
05－10	399.99	243.25	102.36	35.72	0.00	17.47	19.48
05－11	776.70	456.80	147.44	86.34	28.52	17.32	49.21
05－12	900.98	459.56	107.64	48.32	0.00	20.09	47.65
05－13	555.21	358.69	56.93	26.50	0.00	11.65	29.95
05－14	444.13	297.96	46.88	26.33	0.00	11.19	23.80
05－15	403.32	260.44	43.75	36.54	0.00	10.08	24.55
05－16	337.32	250.33	40.72	38.74	0.00	10.16	24.35
05－17	302.86	230.53	30.49	27.14	0.00	9.79	22.39
05－18	294.55	248.19	34.88	28.87	0.00	10.79	24.80
05－19	277.70	233.07	26.84	26.67	0.00	10.12	20.14
05－20	322.70	257.04	27.97	33.77	0.00	11.90	22.50
05－21	543.18	334.21	33.61	35.83	0.00	13.75	32.93
05－22	442.07	317.53	39.92	32.52	0.00	17.12	31.42
05－23	337.96	265.63	37.35	31.45	0.00	16.64	25.98
05－24	425.32	336.43	48.77	44.74	0.00	20.20	40.17
05－25	576.07	377.70	57.46	43.31	0.00	21.24	47.43
05－26	818.06	530.32	118.25	67.52	4.16	20.94	51.07
05－27	535.65	343.62	58.33	31.17	0.00	11.55	19.72
05－28	364.09	289.66	56.08	28.97	0.00	11.30	15.86
05－29	293.67	267.65	56.00	29.19	0.00	10.88	14.28
05－30	205.58	230.43	49.26	24.57	0.00	10.11	10.44

（续）

日期（月一日）	蔡家川主沟流域	冯家圪垛（次生林流域）	刘家凹（半人工半次生林流域）	柳沟（封禁流域）	北坡（人工林流域）	南北腰（农地流域）	井沟（半农半牧流域）
05—31	181.28	238.90	52.87	24.93	0.00	11.34	12.34
06—01	184.45	216.09	55.24	23.74	0.00	11.23	10.10
06—02	515.57	404.21	100.60	84.22	4 752.96	26.19	56.45
06—03	35 416.00	9 479.29	2 666.68	1 011.70	0.00	903.22	4676.23
06—04	5 469.03	2 970.37	417.85	127.99	0.00	654.90	258.59
06—05	3 953.11	1 953.31	262.62	63.08	0.00	26.27	346.61
06—06	2 797.66	1 441.04	194.32	38.54	0.00	15.27	353.89
06—07	2 218.48	1 189.88	150.90	26.09	0.00	13.67	374.92
06—08	1 702.41	891.85	93.48	13.52	0.00	9.56	307.26
06—09	1 421.65	812.97	93.11	12.87	0.00	11.48	316.57
06—10	1 189.65	678.80	80.00	8.71	0.00	10.71	367.11
06—11	1 038.24	665.89	70.77	10.67	0.00	11.82	211.36
06—12	905.68	625.29	70.18	10.01	0.00	13.14	211.57
06—13	850.84	569.95	56.04	6.31	0.00	10.53	265.28
06—14	2 281.94	551.15	59.75	161.06	0.00	11.69	8 724.37
06—15	3 192.96	479.59	55.15	349.83	0.00	12.29	358.63
06—16	664.70	447.33	53.18	68.41	0.00	10.87	365.71
06—17	1 399.71	385.20	50.74	40.55	0.00	11.90	404.50
06—18	3 371.43	353.75	47.50	35.25	0.00	11.99	383.29
06—19	830.29	351.55	49.75	25.84	0.00	13.83	360.84
06—20	708.16	364.68	46.86	21.43	0.00	12.49	320.82
06—21	1 532.61	730.56	129.86	46.96	0.00	22.20	192.21
06—22	1 438.02	686.58	120.20	19.97	0.00	24.16	277.41
06—23	809.24	477.00	80.38	14.66	0.00	20.12	469.44
06—24	743.69	436.24	76.35	13.04	0,00	19.59	488.95
06—25	563.12	377.37	69.10	11.67	0.00	19.67	439.54
06—26	448.85	358.17	67.34	11.18	0.00	25.71	477.19
06—27	479.41	316.13	60.67	9.44	0.00	29.15	466.35
06—28	704.57	399.51	72.69	12.07	0.00	40.68	332.02
06—29	927.91	354.51	67.96	11.68	0.00	53.58	40.49
06—30	633.27	306.72	56.43	10.09	0.00	61.10	25.09
07—01	456.47	221.23	45.23	7.40	0.00	70.09	38.80
07—02	835.10	449.67	91.84	26.39	0.00	71.94	56.69
07—03	2 454.40	734.80	244.83	75.42	0.00	84.49	95.94
07—04	1 102.31	501.64	65.68	23.26	0.00	60.83	48.74
07—05	407.28	394.67	12.39	17.30	0.00	14.98	2.84
07—06	374.16	328.79	7.44	11.30	0.00	9.32	1.84
07—07	305.64	250.10	10.94	10.71	0.00	7.17	2.11
07—08	272.53	182.86	22.52	14.62	0.00	4.60	3.43
07—09	728.36	198.17	17.27	17.39	0.00	4.29	27.42
07—10	701.77	284.20	23.24	21.27	0.00	2.53	7.82
07—11	355.06	309.87	4.14	15.87	0.00	4.72	6.46
07—12	314.91	185.46	6.35	19.71	0.00	5.50	5.96
07—13	272.61	144.69	4.42	18.26	0.00	4.81	6.13
07—14	241.68	136.42	4.09	19.32	0.00	5.58	14.74
07—15	233.66	113.62	2.77	17.68	0.00	4.64	2.92
07—16	214.13	108.45	2.30	14.99	0.00	3.96	3.46
07—17	234.77	83.27	3.28	20.12	0.00	5.36	7.40
07—18	211.29	179.05	2.66	15.09	0.00	5.81	6.38
07—19	156.55	296.76	2.12	15.58	0.00	4.98	3.38
07—20	184.72	245.53	1.62	17.54	0.00	3.40	6.72
07—21	287.59	140.52	9.40	17.98	0.00	4.23	14.72
07—22	1 101.51	535.36	115.85	88.93	0.00	12.22	86.20
07—23	1 168.46	365.58	40.98	33.05	0.00	9.14	41.06

（续）

日期（月—日）	蔡家川主沟流域	冯家圪垛（次生林流域）	刘家凹（半人工半次生林流域）	柳沟（封禁流域）	北坡（人工林流域）	南北腰（农地流域）	井沟（半农半牧流域）
07—24	521.81	240.03	22.26	27.10	0.00	8.19	26.74
07—25	343.73	190.56	17.98	22.73	0.00	8.60	21.53
07—26	282.49	174.59	16.32	20.48	0.00	8.50	22.05
07—27	319.87	143.44	12.47	17.55	0.00	7.79	14.71
07—28	243.77	118.78	10.89	16.66	0.00	6.90	12.74
07—29	251.67	188.99	11.05	17.91	0.00	8.96	13.93
07—30	195.74	257.53	11.57	18.57	0.00	9.71	16.97
07—31	5 022.16	1 358.82	650.47	286.95	406.59	26.87	437.09
08—01	536.16	209.30	16.51	30.35	0.00	10.57	32.21
08—02	943.46	450.97	72.73	64.06	0.00	17.41	81.80
08—03	31 520.52	6 485.22	1 704.67	872.27	6 176.66	195.49	5 420.52
08—04	2 141.84	592.90	64.73	70.06	0.00	24.88	1 695.83
08—05	822.99	282.10	8.04	21.31	0.00	9.52	28.74
08—06	2 288.99	938.05	437.51	263.85	900.17	9.92	24.41
08—07	1 017.30	780.35	39.22	30.83	0.00	9.34	18.74
08—08	593.18	165.47	10.87	20.66	0.00	8.20	15.36
08—09	459.24	125.83	5.98	16.21	0.00	10.55	32.17
08—10	427.57	95.70	3.69	12.49	0.00	20.66	15.88
08—11	397.58	335.24	2.72	11.71	0.00	21.74	18.32
08—12	347.91	509.64	2.13	10.51	0.00	21.48	16.17
08—13	367.73	109.82	3.52	10.27	0.00	23.04	18.23
08—14	523.10	412.79	14.78	20.17	0.00	23.06	38.67
08—15	2 066.78	410.32	46.08	203.58	571.12	28.73	85.10
08—16	437.54	215.15	19.51	39.58	0.00	21.40	55.50
08—17	244.68	253.95	10.85	26.46	0.00	17.03	38.33
08—18	156.84	236.45	7.77	20.47	0.00	15.96	30.63
08—19	138.87	378.04	9.60	23.90	0.00	20.71	42.18
08—20	119.47	308.64	7.28	19.19	0.00	17.85	39.61
08—21	419.00	290.17	15.01	38.23	0.00	19.07	68.29
08—22	412.45	230.73	22.26	31.95	0.00	26.46	69.33
08—23	337.92	431.55	20.05	31.05	0.00	25.55	63.99
08—24	316.13	529.56	20.50	30.38	0.00	26.66	66.84
08—25	10 366.94	1 206.63	537.97	854.39	2 433.25	195.43	5 896.53
08—26	797.43	345.21	48.51	79.02	0.00	20.31	1 129.94
08—27	482.45	256.71	25.93	54.28	0.00	18.97	43.14
08—28	13 915.21	4 012.84	1 637.72	1 068.74	1 362.90	275.36	2 869.73
08—29	3 110.04	1 371.67	454.10	380.39	0.00	48.13	438.21
08—30	2 380.07	1 363.91	334.67	309.33	273.15	39.01	271.58
08—31	6 512.67	2 482.56	1 028.54	533.16	0.00	115.87	1034.76
09—01	2 053.90	1 570.41	281.77	265.08	0.00	27.86	188.84
09—02	1 299.80	1 492.10	140.56	169.21	0.00	21.16	100.47
09—03	1 035.73	1 326.69	94.48	119.07	0.00	20.38	77.87
09—04	13 090.81	5 029.16	1 444.32	1 165.24	599.76	192.10	2 431.52
09—05	5 461.09	3 077.16	680.07	606.46	0.00	109.19	789.97
09—06	2 739.16	1 591.78	306.57	301.96	0.00	34.36	299.84
09—07	2 108.66	1 467.50	232.81	215.05	0.00	27.35	152.29
09—08	1 444.81	959.06	98.73	110.67	0.00	18.69	59.44
09—09	1 203.36	778.65	68.68	78.42	0.00	16.90	46.45
09—10	1 111.58	757.23	64.43	68.19	0.00	31.49	44.76
09—11	930.66	774.63	71.56	66.15	0.00	23.97	52.79
09—12	859.00	768.46	68.32	59.14	0.00	23.37	51.09
09—13	754.38	707.41	58.89	52.80	0.00	21.04	47.31
09—14	740.97	738.74	62.81	49.48	0.00	21.74	51.40
09—15	743.06	705.86	53.78	47.05	0.00	21.89	44.93

（续）

日期（月—日）	蔡家川主沟流域	冯家圪垛（次生林流域）	刘家凹（半人工半次生林流域）	柳沟（封禁流域）	北坡（人工林流域）	南北腰（农地流域）	井沟（半农半牧流域）
09—16	687.02	656.54	46.89	44.74	0.00	22.23	41.20
09—17	659.96	631.33	45.15	43.98	0.00	25.07	42.21
09—18	837.99	748.73	80.44	77.76	443.70	28.73	61.57
09—19	3 144.48	1 088.29	289.08	234.50	0.00	67.69	869.55
09—20	1 031.92	958.74	82.80	79.91	0.00	32.21	131.21
09—21	6 283.03	2 281.16	864.46	556.55	1 548.18	114.79	1 519.43
09—22	3 082.78	1 724.60	281.01	303.58	0.00	48.40	488.93
09—23	1 912.15	1 308.87	168.47	213.83	0.00	44.58	273.23
09—24	2 044.09	1 314.60	213.26	228.70	0.00	58.88	344.92
09—25	2 396.74	1 554.44	228.59	218.12	0.00	55.61	279.34
09—26	2 042.92	1 284.21	202.29	192.66	0.00	58.82	231.63
09—27	4 000.11	1 774.98	410.98	363.88	0.00	96.99	740.21
09—28	3 665.65	1 809.72	319.86	320.19	0.00	81.03	457.62
09—29	3 070.84	1 527.56	249.64	251.32	0.00	73.56	295.82
09—30	3 551.23	1 538.71	276.98	247.22	0.00	80.68	314.52
10—01	3 142.90	1 356.86	202.56	179.26	0.00	82.39	196.45
10—02	2 936.36	1 247.37	168.17	150.20	0.00	89.86	148.69
10—03	3 014.69	1 193.34	153.86	128.11	0.00	100.93	123.65
10—04	3 127.84	1 121.39	136.60	109.26	0.00	106.05	102.74
10—05	3 172.46	1 061.50	120.69	99.15	0.00	115.99	83.95
10—06	3 287.14	1 040.63	117.36	90.52	0.00	185.61	82.68
10—07	3 401.36	1 025.84	116.33	86.37	0.00	128.20	90.86
10—08	3 831.21	1 079.69	141.90	99.53	0.00	139.59	115.24
10—09	3 211.31	898.06	89.54	71.83	0.00	125.24	75.11
10—10	2 994.76	848.72	74.19	62.80	0.00	128.25	72.66
10—11	3 263.53	724.15	68.90	35.42	0.00	127.80	70.27
10—12	4 221.75	686.08	73.53	23.99	0.00	111.85	52.80
10—13	3 947.86	660.80	65.92	19.31	0.00	110.37	47.94
10—14	3 716.89	638.81	57.07	18.20	0.00	115.93	44.86
10—15	3 552.62	668.99	55.98	18.07	0.00	118.02	44.17
10—16	3 501.99	659.69	65.96	19.05	0.00	131.26	60.22
10—17	3 274.15	594.58	50.65	14.62	0.00	122.20	46.03
10—18	3 267.85	623.39	64.88	17.10	0.00	141.79	63.82
10—19	3 222.90	609.31	64.06	16.17	0.00	143.97	64.10
10—20	3 152.45	537.88	59.01	15.04	0.00	142.10	58.01
10—21	3 077.35	607.43	72.44	15.48	0.00	147.13	72.23
10—22	2 783.28	503.76	37.41	7.71	0.00	110.06	42.30
10—23	2 753.81	625.65	66.11	10.32	0.00	126.95	58.50
10—24	2 788.58	631.60	65.78	10.13	0.00	133.62	68.56
10—25	2 735.52	653.99	69.74	10.49	0.00	134.23	72.88
10—26	2 613.52	622.53	61.74	9.80	0.00	116.95	57.67
10—27	2 548.22	611.43	54.94	9.91	0.00	115.35	60.02
10—28	2 474.78	612.85	45.39	8.01	0.00	104.74	50.35
10—29	2 529.68	703.04	54.55	9.16	0.00	109.19	36.42
10—30	2 415.65	617.33	61.00	9.19	0.00	117.61	63.45
10—31	2 268.65	586.76	40.76	7.25	0.00	96.90	46.43
11—01	2 225.05	644.96	42.08	7.30	0.00	97.62	46.72
11—02	2 208.04	207.51	—	8.06	0.00	98.87	53.17
11—03	1 848.33	—	—	7.58	0.00	95.52	48.80
11—04	2 069.50	—	—	7.00	0.00	86.79	49.82
11—05	1 988.80	—	—	5.61	0.00	79.63	30.90
11—06	1 962.03	—	—	4.82	0.00	79.28	42.72
11—07	2 052.53	—	—	6.93	0.00	90.34	49.24
11—08	2 023.12	—	—	6.74	0.00	88.95	51.58

（续）

日期（月—日）	蔡家川主沟流域	冯家圪垛（次生林流域）	刘家凹（半人工半次生林流域）	柳沟（封禁流域）	北坡（人工林流域）	南北腰（农地流域）	井沟（半农半牧流域）
11—09	2 002.84	—	—	5.75	0.00	89.28	48.40
11—10	1 922.33	—	—	6.51	0.00	84.30	50.83
11—11	1 908.10	—	—	5.49	0.00	80.80	44.62
11—12	1 917.18	—	—	7.69	0.00	83.26	54.06
11—13	1 969.51	—	—	5.86	0.00	87.16	62.75
11—14	1 833.50	—	—	3.19	0.00	72.27	41.99
11—15	1 839.72	—	—	6.02	0.00	83.28	58.02
11—16	2 024.19	—	—	5.74	0.00	90.75	59.84
11—17	1 964.64	—	—	5.19	0.00	78.65	48.15
11—18	1 932.63	—	—	4.87	0.00	80.32	51.07
11—19	1 855.35	—	—	5.76	0.00	80.35	53.60
11—20	1 872.29	—	—	5.38	0.00	79.60	53.91
11—21	1 878.47	—	—	5.03	0.00	74.79	47.25
11—22	1 801.70	—	—	5.87	0.00	82.48	57.20
11—23	2 011.79	—	—	8.22	0.00	88.71	73.66
11—24	1 245.55	—	—	3.29	0.00	57.80	45.21

6.6　水质

6.6.1　清水河流域

河流单项水质指标测定

1987-07-01 和 1987-07-09 在曹井、马家河、吉县小流域进行水质测定。曹井、马家河是清水河流域的两条支流，吉县是清水河流域的主流。1 日的测验是在前期降水少的条件下进行的，9 日的测验是在降雨条件下进行的（表 6-35，表 6-36，吴斌等）。

表 6-35　河流单项水质指标测定值

单位：mg/L

流域名称	时间/增减	Ca	Mg	K+Na	Cl−	SO_4^{2-}	CO_3^{2-}	HCO_3^-	NH_4^-	NO_2^{2-}	ND_3^-
曹井	07—01	22.8	17.1	38.4	11.0	15.6	23.5	162.6	0.1	—	0.1
	07—09	23.3	18.7	41.4	13.0	11.9	18.3	187.0	0.2	—	0.1
	增减	0.5	1.6	3.0	2.0	−3.7	−5.2	24.4	0.1	—	−0.1
马家河	07—01	25.4	14.9	57.9	13.5	26.2	15.5	205.0	0.0	0.1	0.0
	07—09	17.7	17.8	54.3	12.5	21.6	18.9	188.7	0.1	0.0	2.2
	增减	−7.7	2.9	−3.6	−1.0	−4.6	3.4	−16.3	0.1	0.0	0.1
吉县	07—01	34.7	17.6	57.4	16.0	27.5	10.8	249.0	0.1	0.0	13.4
	07—09	36.4	14.7	55.0	15.8	27.9	7.7	248.0	0.5	0.1	5.3
	增减	1.7	−2.9	−2.4	−0.2	0.4	−3.1	−1.0	0.4	0.1	1.9

表 6-36　河流单项水质指标测定值

单位：mg/L

流域名称	时间/增减	Fe^{3+}	P	S_1	pH	电导率*	离子总量	矿化度	总硬度	总碱度	化学耗氧量
曹井	07—01	0.2	—	11.0	8.9	226.8	291.0	8.1	71.4	96.7	1.4
	07—09	0.4	—	7.7	8.8	375.3	371.3	8.6	75.9	103.1	1.5
	增减	0.2	—	−3.3	−0.1	130.5	26.3	0.5	4.5	6.4	0.1
马家河	07—01	0.3	—	14.5	8.7	392.5	358.0	9.1	69.7	108.5	1.2
	07—09	0.2	0.0	9.0	8.8	389.7	331.7	0.0	75.6	104.7	1.1
	增减	−0.1	0.0	−5.5	−0.2	−2.8	−26.3	0.1	5.9	−3.8	−0.1
吉县	07—01	0.3	—	11.5	8.6	452.0	413.0	10.4	88.9	124.5	1.2
	07—09	0.6	0.2	8.5	8.7	473.3	410.3	10.9	90.2	121.2	3.3
	增减	0.3	0.2	−6.0	0.1	21.3	−2.7	0.5	1.3	−3.3	2.1

* 单位为 $\mu\Omega$/cm

6.6.2 马连滩作业区

（1）不同土地利用类型的流域洪水径流的水质测定

1989－07－23在暴雨条件下对面积较大的庙沟Ⅰ和木家岭Ⅰ流域的径流水质进行了测定（表6－19，表6－37，表6－38，吴斌等）。

表6－37　天然降雨及小流域单项水质指标测定值

单位：mg/L

来源	Ca	Mg	K+Na	Fe	Cl^-	SO_4^{2-}	HCO_3^-	NH_4^-	NO_2^-	NO_3^-	P_2O_5
天然降雨	9.7	0.5	0.0	0.12	0.0	0.0	29.0	0.42	0.03	0.03	0.06
庙沟Ⅰ	29.7	11.7	44.9	0.19	14.8	40.2	157.0	0.45	0.08	5.91	0.05
木家岭Ⅰ	27.7	8.2	5.5	0.42	1.8	12.5	119.3	0.27	0.05	0.65	0.03

表6－38　小流域单项水质指标比较

单位：mg/L

来源	pH	电导率*	离子总量	矿化度	总硬度	总碱度	耗氧量	含沙量（g/L）
庙沟Ⅰ	8.1	350.0	292.7	7.89	60.3	72.1	3.8	200.58
木家岭Ⅰ	8.1	188.7	175.0	4.56	57.7	54.8	4.8	18.53
差值	0.0	161.3	117.7	3.33	2.6	17.3	－1.0	182.05

* 单位为 μΩ/cm

（2）林内降雨水质效应

1989年在同一场自然降雨的前后两个时段内对不同林木类型的林内降雨水质进行了测定。降雨Ⅰ指这场降雨的前时段，降雨Ⅱ即为后时段（表6－39，表6－40，吴斌等）。

表6－39　林内穿透雨水水质单项指标测定值

单位：mg/L

来源	Ca	Mg	Cl	SO_4^{2-}	CO_3^{2-}	HCO_3^{-1}	NH_4^-	NO_2^-	NO_3^-	Fe^{3+}	P_2O_5	K+Na
沙棘Ⅰ	16.6	2.1	6.0	14.9	0.0	98.8	2.0	0.0	20.8	0.2	—	27.5
沙棘Ⅱ	8.0	2.7	0.4	10.1	0.0	33.6	0.6	0.0	20.2	0.3	—	5.8
油松Ⅰ	57.7	6.0	7.4	55.2	0.0	138.0	1.5	0.6	81.0	0.4	—	6.0
油松Ⅱ	23.8	6.1	0.0	25.9	0.0	81.8	1.2	0.0	20.3	0.1	0.0	4.8
刺槐Ⅰ	16.8	1.7	3.2	19.7	0.0	63.5	0.8	0.2	10.0	0.2	0.1	14.0
刺槐Ⅱ	14.6	1.3	40.0	6.7	0.0	50.0	0.4	0.0	20.2	0.1	0.0	3.0
降雨Ⅰ	10.8	2.6	50.0	12.0	0.0	40.9	0.1	0.0	—	0.1	0.0	4.3
降雨Ⅱ	10.4	0.7	30.7	3.8	0.0	43.9	0.3	0.0	50.1	0.1	—	6.0

表6－40　林内穿透雨水水质单项指标测定值

单位：mg/L

来源	pH	电导率*	离子总量	矿化度	总硬度	总碱度	化学耗氧量
沙棘Ⅰ	7.8	116.0	166.0	4.0	28.0	45.4	23.3
沙棘Ⅱ	7.7	62.0	59.5	1.5	15.1	15.4	11.1
油松Ⅰ	7.7	338.0	270.0	7.5	94.8	63.4	44.5
油松Ⅱ	7.9	135.0	142.0	3.5	47.1	37.6	15.1
刺槐Ⅰ	7.7	135.0	119.0	2.9	27.5	29.2	9.5
刺槐Ⅱ	7.8	85.0	75.7	2.0	23.6	23.0	5.7
降雨Ⅰ	8.1	66.0	70.5	1.8	21.0	18.8	1.1
降雨Ⅱ	7.8	64.0	65.6	1.7	16.3	20.2	2.4

* 单位为 μΩ/cm

6.6.3 蔡家川流域

不同土地利用类型的径流小区的径流水质测定

1989 年对不同土地利用类型的径流小区的径流水质进行了测定（表 6－41，表 6－42，吴斌等）。

表 6－41 天然降雨及小区径流单项水质指标测定值

单位：mg/L

来源	Ca	Mg	K+Na	Cl	SO_4	Fe	HCO_3	HN_4	NO_2	NO_3^-	P
天然降雨	9.67	0.49	0.00	0.00	0.00	0.12	29.00	0.42	0.03	0.03	0.06
残茬地	25.80	4.62	5.75	0.00	1.50	0.63	102.00	1.51	0.14	0.42	0.14
荒坡	38.70	0.49	8.25	0.00	14.40	0.54	104.00	2.02	0.12	0.60	0.07
灌木（虎榛子）	27.40	3.89	4.00	0.00	20.80	0.55	87.00	0.94	0.08	0.28	0.17
油松	29.40	2.19	3.75	0.00	4.97	0.62	102.00	0.72	0.12	0.44	0.24

表 6－42 天然降雨及小区径流单项水质指标测定值

单位：mg/L

来源	pH	电导率*	离子总量	矿化度	总硬度	总碱度	化学耗氧量
天然降雨	7.4	49.0	39.2	1.0	14.7	13.3	2.1
残茬地	8.0	150.0	140.0	3.8	46.8	47.0	7.8
荒坡	8.0	220.0	166.0	4.6	55.2	47.8	10.4
灌木（虎榛子）	8.2	147.0	143.0	3.7	47.3	40.0	7.1
油松	7.9	151.0	142.0	3.6	46.2	47.0	11.2

* 单位为 $\mu\Omega$/cm

第七章

气象监测数据

数据来源于1988—2005年在吉县红旗林场马连滩作业区石山湾和蔡家川流域闫家社北京林业大学科研基地气象点观测数据。红旗林场马连滩作业区石山湾气象站所属地点代表属黄土残塬沟壑类型区，蔡家川流域闫家社气象站代表黄土梁状丘陵沟壑类型区。其观测内容主要包括大气温湿度、气压、降水、风速、地表温度和辐射等方面。

7.1 温度

7.1.1 马连滩作业区

(1) 石山湾气象点观测数据

1991—1999年在石山湾气象观测点，采用日产自记温度计对大气温度进行了观测（表7-1，魏天兴）。

表7-1 石山湾气象点大气温度自动观测表

单位:℃

年份	月份	月平均值	日最大值月平均	日最小值月平均	月极大值	极大值日期	月极小值	极小值日期
1991	10	10.8	14.9	7.5	21.2	13	−4.0	26
1991	11	4.3	8.8	0.9	19.0	01	−5.2	08
1991	12	2.2	6.9	−1.3	12.4	04	−10	10
1992	04	13.8	17.5	11.1	30	27	3.0	11
1992	05	15.0	18.4	13.0	26	31	5.0	12
1992	06	20.4	22.9	18.2	31	09	11.5	06
1992	07	22.4	25.0	20.8	33	02	14.0	10
1992	08	20.3	22.8	18.6	28	24	14.0	21
1992	09	15.5	18.8	13.3	27	03	7.5	27
1993	08	20.4	23.6	18.0	31.0	02	14.0	14
1993	09	17.6	21.8	14.4	25.0	05	4.0	27
1993	10	10.4	14.8	7.5	22.0	02	−2.0	29
1993	11	2.2	5.4	−0.5	19.5	04	−16.7	23
1993	12	−3.7	−1.1	−6.7	7.0	07	−16.4	21
1994	01	−2.7	1.6	−5.9	10.0	08	−13.0	26
1994	02	−1.7	1.7	−5.0	9.0	21	−9.5	24
1994	03	3.7	7.3	0.4	14.0	04	−11.0	13
1994	04	12.7	16.0	9.9	31	30	−2.5	09
1994	05	20.4	24.1	17.4	32	28	4.0	03
1994	06	20.4	23.5	15.7	30	02	12.0	17
1994	07	23.8	28.2	21.0	30.3	26	18.6	18
1994	08	21.8	28.4	16.0	35.0	07	12.1	27
1994	09	19.7	22.1	9.0	29.3	03	2.6	26
1994	10	7.6	15.7	1.9	23.3	03	−10.5	29
1994	11	4.4	9.9	1.3	21.3	07	−5.3	20
1994	12	1.1	6.7	−4.4	14.8	07	−12.5	15
1995	01	−3.8	−0.7	−7.0	6.0	07	−12.0	01

（续）

年份	月份	月平均值	日最大值月平均	日最小值月平均	月极大值	极大值日期	月极小值	极小值日期
1995	02	1.2	4.1	−2.5	9.0	18	−12.5	04
1995	03	5.7	9.1	2.0	20.0	22	−8.5	17
1995	04	12.8	15.4	9.9	25.0	30	20.0	02
1995	05	17.8	20.8	14.5	30.0	25	8.0	04
1995	08	21.5	23.3	19.6	26.5	01	15.0	22
1995	09	15.8	17.8	13.6	27	06	5.3	24
1996	01	−4.8	−0.8	−6.7	8.0	02	−16.0	26
1996	02	−1.9	0.7	−3.9	20.0	13	−11.5	01
1996	03	2.7	5.8	−0.1	17.0	18	−8.5	08
1996	04	10.1	12.4	7.9	24.5	23	−1.5	01
1996	05	17.5	20.0	15.5	27.0	25	8.6	10
1996	06	17.2	19.7	15.4	29.5	30	9.7	04
1996	07	20.6	23.9	18.4	30.5	01	15.0	12
1996	08	20.4	23.4	18.7	28.0	16	12..0	24
1996	09	17.4	19.7	14.7	27.0	13	11.4	03
1996	10	11.4	15.0	8.3	21.0	03	2.5	23
1996	11	2.5	5.0	0.2	15.0	10	−11.2	30
1996	12	−0.0	4.2	−7.4	12.5	30	−13.0	05
1997	01	−4.0	1.1	−6.6	13.0	01	−10.0	14
1997	02	−0.8	2.4	−3.8	8.0	23	−10.0	11
1997	03	6.5	9.8	3.6	18.0	29	−5.0	02
1997	04	12.0	14.8	9.8	25.0	27	2.0	09
1997	05	18.4	21.0	16	28.0	25	10.0	01
1997	06	23.2	26.7	20.1	31.0	19	12.0	01
1997	07	24.2	27.3	21.7	33.0	21	15.0	04
1997	08	24.2	27.3	21.5	32.5	21	14.0	16
1997	09	16.3	19.5	13.7	34.0	06	5.0	26
1997	10	12.3	16.9	8.8	23.0	21	−2.0	25
1997	11	3.4	6.9	0.3	17.0	05	−11.0	16
1997	12	−2.2	11.0	−4.7	11.0	18	−13.0	10
1998	01	−5.2	−3.0	−8.7	14.0	24	−19.0	18
1998	02	−0.1	3.5	−3.5	13.0	11	−10.0	05
1998	03	1.9	5.0	−0.7	18.0	17	−9.0	21
1998	07	17.6	19.3	15.9	30.0	03	11.0	08
1999	08	23.2	28.2	19.4	32.5	21	16.2	15
1999	09	15.7	20.5	35.8	33.0	05	3.6	26
1999	10	11.8	16.9	9.8	23.0	21	−2.0	26

（2）石山湾气象点 1993—05—23 至 1993—07—31 观测数据

1993 年在石山湾气象观测点采用自记温湿度计对大气温度进行了测定（表 7－2，张学培等）。

表 7－2　石山湾气象点大气温度观测表

单位:℃

日期（月一日）	日均气温	日最高气温
05—23	19.0	24.0
05—24	21.3	28.0
05—25	17.8	20.2
05—26	13.0	18.0
05—27	12.4	17.0
05—28	16.7	23.0
05—29	18.5	23.0
05—30	19.5	25.0
05—31	19.4	23.0
06—01	18.6	24.0
06—02	19.3	25.0
06—03	18.2	25.8
06—04	18.2	25.8

（续）

日期（月一日）	日均气温	日最高气温
06—05	22.3	29.2
06—06	21.1	26.8
06—07	21.0	26.0
06—08	22.5	29.0
06—09	24.2	30.0
06—10	24.3	29.5
06—11	15.2	22.0
06—12	19.1	26.8
06—13	21.3	26.0
06—14	21.0	27.2
06—15	25.0	31.6
06—16	17.8	23.0
06—17	19.9	26.8
06—18	23.2	29.0
06—19	24.5	31.0
06—20	19.5	24.8
06—21	15.4	21.0
06—22	22.3	30.4
06—23	23.1	30.6
06—24	21.2	26.8
06—25	22.2	28.0
06—26	16.8	20.0
06—27	14.9	16.0
06—28	15.8	19.0
06—29	18.4	22.8
06—30	18.5	23.0
07—01	20.1	25.2
07—02	21.1	27.0
07—03	20.8	26.2
07—04	20.2	25.5
07—05	21.2	26.8
07—06	18.7	20.5
07—07	19.3	25.0
07—08	22.1	28.0
07—09	20.6	25.2
07—10	22.2	27.0
07—11	21.3	26.2
07—12	19.7	21.8
07—13	18.7	21.2
07—14	15.8	18.2
07—15	16.1	21.0
07—16	20.3	25.6
07—17	22.2	27.5
07—18	23.4	27.2
07—19	21.2	24.2
07—20	19.2	22.2
07—21	15.4	17.6
07—22	13.2	14.2
07—23	15.3	19.2
07—24	17.2	21.2
07—25	18.7	22.8
07—26	20.7	26.0
07—27	20.1	24.2
07—28	19.7	25.5
07—29	19.0	23.0
07—30	19.9	25.0
07—31	20.5	25.8

(3) 马连滩作业区水土保持林地小气候观测数据

1989—1990 年在红旗林场马连滩作业区林内外安设了多处小气候观测塔、小气候观测室、百叶箱以及半定位小气候对比观测点，对不同水土保持林进行了小气候效益的研究（表 7 - 3 至表 7 - 4，宋丛和等）。

表 7 - 3 不同地类生长季气温（℃）日较差表*

年份	油松林内	刺槐林内	裸露地	草地
1989	7.0	6.5	9.1	8.7
1990	7.3	7.0	9.1	8.4

* 指白天 7：00～20：00 时间内的气温变幅

注：以上数据来自于孙立达，朱金兆主编．《水土保持林体系综合效益研究与评价》，中国科学技术出版社，1996，P167。

表 7 - 4 生长季不同时间各地类白天平均气温

单位：℃

年份	日期（月一日）	裸露地	草地	沙棘林地	油松林冠	油松林地	刺槐林冠	刺槐林地
1990	05—14	19.8	19.9	19.8	21.1	21.1	—	—
1990	05—18	21.2	20.2	20.6	21.4	21.3	20.0	20.3
1990	06—04	27.4	26.2	25.9	25.8	27.2	25.4	24.5
1990	07—14	26.9	24.8	—	24.8	24.3	24.7	24.4
1990	08—07	24.4	23.8	24.5	24.0	23.4	24.3	24.2
1990	08—19	25	24.3	25.1	24.7	23.7	24.3	24.0
1990	08—24	26.1	26.5	26.7	26.4	25.5	25.5	25.8
1990	09—28	17.0	16.8	18.6	17.0	16.4	16.8	16.2
1990	10—22	11.6	11.8	10.7	10.5	10.8	11.6	11.4
1990	平均	22.7	22.3	22.3	22.5	22.2	22.3	22.1

注：同表 5.3。

(4) 马连滩作业区不同林地小气候观测

1993—1994 年采用自记温湿度计对刺槐林、油松林林内气温进行了观测（表 7 - 5 至表 7 - 6，张学培等）。

表 7 - 5 刺槐林

单位：℃

年份	月份	月平均值	日最大值月平均	日最小值月平均	月极大值	极大值日期	月极小值	极小值日期
1993	06	19.9	24.8	12.1	29.8	22	6.3	28
1993	07	20.2	23.8	11.7	—	—	—	—
1994	05	12.4	15.7	8.3	24.9	24	4.9	21
1994	06	23.7	29.9	15.8	33.5	30	14.4	25
1994	07	24.7	28.2	16.7	31.9	03	15.0	03

表 7 - 6 油松林

单位：℃

年份	月份	月平均值	日最大值月平均	日最小值月平均	月极大值	极大值日期	月极小值	极小值日期
1994	05	21.1	25.9	14.1	29.0	16	11.1	17
1994	06	24.0	28.4	17.7	30.5	27	15.8	27

7.1.2 闫家社气象点观测数据

2000—2003 年在闫家社气象观测点，采用自记温湿度计对大气温度进行了观测（表 7 - 7，魏天兴）。

表 7-7　大气温度观测表

单位:℃

年份	月份	月平均值	日最大值月平均	日最小值月平均	月极大值	极大值日期	月极小值	极小值日期
2000	07	23.9	30.8	18.5	38.0	21	12.0	31
2000	08	21.6	28.2	16.2	33.2	14	12.4	24
2000	09	16.5	23.9	56.0	31.3	15	5.5	06
2000	10	10.0	15.5	5.5	25.0	03	−2.5	30
2000	11	2.2	8.6	−2.2	21.0	02	−8.0	20
2000	12	0.7	6.5	−6.9	13.0	08	−9.5	13
2002	11	−1.4	5.1	−6.0	15.5	01	−15.0	27
2002	12	−4.5	4.7	−10.6	14.0	24	−16.0	04
2003	01	−0.1	8.4	−5.5	14.0	22	−14.0	06

7.2 湿度

7.2.1 马连滩作业区

（1）石山湾气象点观测数据

1991—1999 年在石山湾观测点，采用日产自记温湿度计对大气湿度进行了观测（表 7-8，魏天兴）。

表 7-8　石山湾气象点大气湿度自动观测表

单位：%

年份	月份	月平均值	日最大值月平均	日最小值月平均	月极大值
1991	10	46.0	57.2	34.6	94.8
1991	11	39.8	52.5	28.5	97.0
1991	12	46.1	62.4	31.4	94.0
1992	04	35.5	47.9	24.7	96.0
1992	05	62.1	76.4	49.6	96.0
1992	06	48.2	67.7	42.1	92.0
1992	07	54.1	64.9	44.1	91.0
1992	08	67.3	77.1	57.4	92.0
1992	09	65.1	77.3	52.5	92.0
1993	06	53.2	66.0	44.3	89.0
1993	07	67.6	77.5	56.4	92.0
1993	08	69.5	78.6	60.8	90.0
1993	09	50.2	64.9	36.0	90.0
1993	10	47.8	60.1	35.3	91.0
1993	11	57.3	66.7	47.3	92.0
1993	12	40.0	50.5	28.3	84.0
1994	01	36.5	46.1	28.9	92.0
1994	02	49.2	64.3	36.1	95.0
1994	03	39.4	54.5	25.7	96.0
1994	04	47.8	52.3	35.5	92.0
1994	05	26.2	35.2	17.9	87.0
1994	06	52.3	57.5	42.3	85.0
1994	07	61.4	70.55	48.7	84.0
1994	08	70.9	86.3	46.5	95.5
1994	09	58.3	72.0	33.8	96.0
1994	10	65.9	79.8	42.6	99.0
1994	11	76.4	86.7	58.7	94.6
1994	12	75.1	88.7	40.0	96.0
1995	01	36.1	42.2	28.0	65.0

（续）

年份	月份	月平均值	日最大值月平均	日最小值月平均	月极大值
1995	02	38.9	49.1	26.3	85.0
1995	03	23.0	33.9	15.3	92.0
1995	04	26.2	43.4	16.2	92.0
1995	05	22.9	36.9	12.8	90.0
1995	08	73.3	85.9	63.5	98.0
1995	09	68.8	78.4	59.0	99.0
1996	01	41.7	49.7	34.2	100.0
1996	02	35.3	44.9	28.9	100.0
1996	03	45.4	58.5	35.0	100.0
1996	04	44.9	60.3	31.4	100.0
1996	05	41.8	51.1	32.2	97.0
1996	06	62.9	74.7	55.8	99.0
1996	07	74.2	83.5	65.5	98.0
1996	08	75.7	86.1	65.5	99.0
1996	09	70.3	78.0	15.0	100.0
1996	10	60.0	74.1	44.4	100.0
1996	11	56.9	68.7	45.5	100.0
1996	12	27.2	34.8	20.2	67.0
1997	04	47.8	61.4	33.8	99.0
1997	05	43.0	55.4	31.4	96.0
1997	06	40.0	52.5	29.6	80.0
1997	07	57.7	70.7	43.6	95.0
1997	08	51.3	64.7	39.3	99.0
1997	09	50.9	62.7	40.7	100.0
1997	10	26.9	35.5	18.9	78.0
1997	11	57.1	69.0	45.6	100.0
1997	12	45.3	55.5	36.5	100.0
1998	01	45.4	54.4	37.6	100.0
1998	02	48.5	61.1	38.0	100.0
1998	03	59.2	77.1	45.2	100.0
1998	07	61.7	68.4	55.5	95.0
1999	08	56.1	74.0	41.1	95.0
1999	09	70.5	81.2	58.7	100.0

（2）石山湾气象点 1993 年 5 月 23 日至 7 月 31 日观测数据

1993 年在石山湾气象观测点采用自记温湿度计对大气湿度进行了测定（表 7－9，张学培等）。

表 7－9　石山湾气象点大气湿度观测表

单位：%

日期（月一日）	日均湿度	日最大湿度
05—23	41.5	63.0
05—24	36.5	53.0
05—25	57.5	67.0
05—26	57.8	86.0
05—27	68.8	89.0
05—28	48.4	70.0
05—29	37.9	55.0
05—30	45.3	65.0
05—31	45.9	62.0
06—01	32.9	74.0
06—02	10.1	22.0
06—03	41.3	85.0
06—04	46.4	88.0

（续）

日期（月一日）	日均湿度	日最大湿度
06—05	25.0	50.0
06—06	30.0	56.0
06—07	40.0	60.0
06—08	42.8	69.0
06—09	42.7	62.0
06—10	39.8	52.0
06—11	80.5	90.0
06—12	37.1	84.0
06—13	22.5	35.0
06—14	25.5	57.0
06—15	18.8	34.0
06—16	74.5	94.0
06—17	53.6	92.0
06—18	29.2	45.0
06—19	23.8	34.0
06—20	52.3	86.0
06—21	72.6	87.0
06—22	52.4	80.0
06—23	32.1	55.0
06—24	38.3	57.0
06—25	37.3	57.0
06—26	74.6	92.0
06—27	87.8	89.0
06—28	83.4	89.0
06—29	45.2	73.0
06—30	42.0	55.0
07—01	61.6	85.0
07—02	67.5	89.0
07—03	68.8	87.0
07—04	66.8	88.0
07—05	65.7	87.0
07—06	84.2	93.0
07—07	65.6	90.0
07—08	41.7	60.0
07—09	51.8	80.0
07—10	63.4	78.0
07—11	55.5	80.0
07—12	85.3	89.0
07—13	76.3	89.0
07—14	80.3	90.0
07—15	83.8	90.0
07—16	69.7	87.0
07—17	65.0	87.0
07—18	53.9	75.0
07—19	67.9	85.0
07—20	73.2	88.0
07—21	87.3	92.0
07—22	91.2	93.0
07—23	84.0	90.0
07—24	78.3	88.0
07—25	81.3	90.0
07—26	75.1	90.0
07—27	78.0	90.0
07—28	76.5	90.0
07—29	77.1	89.0
07—30	73.3	90.0
07—31	69.1	88.0

7.2.2　闫家社气象点观测数据

2000—2003年闫家社气象点，采用自记温湿度计对大气湿度进行了观测（表7-10，魏天兴）。

表7-10　大气湿度观测表

单位：%

年份	月份	月平均值	日最大值月平均	日最小值月平均	月极大值
2000	10	77.4	93.7	46.9	100.0
2000	11	72.9	96.0	37.3	100.0
2000	12	65.7	93.2	30.1	100.0
2002	11	67.5	87.2	37.3	100.0
2002	12	65.6	90.4	31.2	100.0
2003	01	58.3	86.0	24.7	100.0

7.3　气压

1993—1999年在红旗林场马连滩作业区石山湾气象观测点，采用国产DYM3型气压计对气压进行了观测（表7-11，魏天兴）。

表7-11　气压自动观测表

单位：hPa

年份	月份	月平均值	日最大值月平均	日最小值月平均	月极大值	极大值日期	月极小值	极小值日期
1993	06	866.5	867.0	865.8	870.0	27	864.0	29
1993	07	865.0	866.0	863.0	869.0	20	860.0	11
1993	08	867.5	868.3	866.6	872.0	17	861.0	04
1993	09	874.6	876.5	872.3	879.0	30	868.0	16
1993	10	879.0	882.3	878.6	888.0	28	871.5	08
1993	11	879.6	881.5	876.6	888.5	23	867.5	14
1993	12	885.6	887.0	878.5	891.0	16	870.5	11
1994	01	876.5	879.6	874.5	884.0	20	863.0	15
1994	02	874.0	877.5	873.5	882.0	28	861.0	21
1994	03	874.6	878.5	872.5	885.0	26	867.0	05
1994	04	870.6	871.8	869.7	880.0	13	862.0	29
1994	05	869.3	870.5	868.1	878.0	17	862.0	01
1994	06	865.6	869.3	861.1	874.0	06	859.0	07
1994	07	866.0	867.4	865.3	871.0	16	860.0	12
1994	08	981.8	983.0	981.1	988.2	06	974.7	04
1994	09	986.6	987.5	985.4	992.9	12	979.0	18
1994	10	991.5	992.7	989.9	1007.1	20	983.0	13
1994	11	991.7	993.0	991.1	999.5	30	982.7	27
1994	12	990.3	991.2	989.0	995.3	02	982.1	07
1995	01	879.6	881.5	878.7	884.0	01	868.0	20
1995	02	878.2	880.3	876.0	886.0	01	868.0	26
1995	03	874.5	875.2	873.4	883.0	17	867.0	22
1995	04	872.3	873.6	871.0	880.0	02	863.0	13
1995	05	871.4	872.0	870.2	880.0	04	863.0	18
1995	08	870.2	871.5	869.0	873.0	14	865.0	02
1995	09	873.1	874.0	872.5	878.0	10	863.0	05
1996	05	873.6	875.0	872.0	879.0	11	859.0	29
1996	06	868.6	870.5	865.3	879.0	09	864.0	18
1996	07	867.5	869.6	866.5	874.0	08	865.0	16
1996	08	871.9	873.5	869.6	874.0	31	864.0	06

（续）

年份	月份	月平均值	日最大值月平均	日最小值月平均	月极大值	极大值日期	月极小值	极小值日期
1996	09	872.8	874.5	870.3	880.0	27	788.0	30
1996	10	876.4	877.5	875.3	883.0	26	870.0	04
1996	11	878.6	879.8	878.0	886.0	25	874.0	26
1996	12	880.9	882.0	878.1	887.0	05	873.0	14
1997	10	880.9	881.9	880.0	889.0	26	873.0	21
1997	11	879.0	879.3	878.8	889.0	04	866.0	23
1997	12	881.3	884.4	879.6	894.0	01	871.0	18
1998	01	875.5	880.1	870.0	891.0	28	868.0	15
1998	02	867.3	872.2	865.9	890.0	04	864.0	12
1998	03	877.0	880.1	873.4	885.0	23	869.0	17
1998	07	868.3	870.2	867.0	873.0	03	866.0	18
1999	08	868.7	869.6	864.7	877.0	19	860.0	05
1999	09	877.3	879.9	875.8	882.0	29	874.0	13

7.4 降水

7.4.1 马连滩作业区

1993 年在石山湾气象观测点采用自记雨量计对降雨量进行了测定（表 7－12，张学培等）。

表 7－12　降雨量自动观测表

单位：mm

年份	月份	合计（mm）	最高	日最大值出现时间
1993	03	1.0	0.5	16
1993	04	35.0	32.5	29
1993	05	47.5	12.5	12
1993	06	72.5	30.5	27
1993	07	181.5	47.5	14
1993	08	146.0	36.0	14
1993	09	11.0	6.5	7

7.4.2 山西吉县气象站资料

（1）域 1974—1984 年观测数据

1974—1984 年降雨量观测资料见表 7－13。

表 7－13　蔡家川流域降雨量观测

单位：mm

年份	年降雨量合计
1974	463.9
1975	734.8
1976	666.7
1977	476.3
1978	641.8
1979	539.8
1980	497.1
1981	542.2
1982	432.6
1983	658.3
1984	519.7

注：以上数据来自于孙立达，朱金兆主编．《水土保持林体系综合效益研究与评价》，中国科学技术出版社，1996：P120。

（2）山西吉县气象站 1985—2005 年观测数据

1985—2005 年降水量数据见观测表 7－14～7－15（由魏天兴整理分析）。

表 7－14　不同降雨量级降雨量及降雨日数

站名	资料年限	统计年数	不同量级降雨量（mm）					
			≥0.1	≥5	≥10	≥15	≥20	≥30
吉县	1961—1999	28	525.7	407.1	364.0	287.5	210.1	128.1
					不同量级降雨日数（天）			
吉县	1961—1999	28	83.7		17.7	10.8	6.3	2.9

注：以上数据来自于魏天兴的博士论文。

表 7－15　降水量自动观测表

单位：mm

年份	1	2	3	4	5	6	7	8	9	10	11	12	合计
1985	3.8	6.2	4.8	5.7	85.1	24.3	98.7	140.5	121.1	54.5	0	0	544.7
1986	0.2	1.5	13.1	9.4	37.2	48.3	119.2	81.7	31.6	55.4	3.9	2.9	404.4
1987	2.8	10	35.1	14.5	27.6	92.6	61.3	116	18.7	50.2	26.8	0	455.6
1988	0.4	4.5	17.8	5.8	63.7	42.6	281	173.6	23.1	14.1	0	4.9	631.5
1989	15.1	11	25.7	96.8	8.7	77.6	92.6	43.2	101.4	21.4	15.7	11.8	521
1990	12.6	22.7	25.3	38.1	35.7	55.9	156.7	106.5	78	20.5	13.8	6.6	572.4
1991	1.4	2	31.7	51.7	58	51.8	89.9	37.4	59.7	57.8	3.9	7.2	452.5
1992	0	0	27	11.4	84.5	47	97	192.7	47	22.6	17.1	0.9	547.2
1993	7.5	2.5	1.8	27.2	42.2	68.6	152	189	10.7	75.1	28.6	0	605.2
1994	1.1	5.8	4.2	92.7	1.5	79.8	91.8	44.5	15.9	89.8	21.9	13.4	462.4
1995	0	0	6.7	12.6	20	55	106.8	150.7	29.8	37.2	3.3	1.3	423.4
1996	2.3	11.7	8.1	36.4	24.9	140.9	84.4	84.4	74.1	60.4	33.9	0	561.5
1997	4.6	12.1	20.2	33.4	10.3	0.7	85.1	20.3	71.9	4.2	14.9	0	277.7
1998	4	0	20.4	19.5	107.1	58.9	226.4	57.7	25.7	6.8	0	0	526.5
1999	0	0	20	51.9	46.9	64.1	61.5	29.6	61.8	53.1	10.3	3.1	402.3
2000	15	5.8	1.9	13.2	9.4	89.7	95.4	92.4	39.7	99	26.6	1.7	489.8
2001	—	—	—	11.4	55.1	67.1	207.5	54.5	29	8	—	—	—
2002	5.3	7.5	14.5	29.2	41	101	52.5	55	112	40	15	12.5	485.5
2003	4.5	5.5	12.3	60.2	36.2	55.2	69.2	440.2	134.2	75	13	17	922.5
2004	—	—	—	—	—	—	—	—	—	—	—	—	350.0
2005	—	—	—	—	—	—	—	—	—	—	—	—	520.4

注：同表 7－15。

7.5　风速

马连滩作业区

（1）石山湾气象点观测数据

1994—1996 年在石山湾气象观测点对风速风向进行了测定（表 7－16，魏天兴）。

表 7－16　风速自动观测表

单位：m/s

年份	月份	月平均风速	月最多风向	最大风速	最大风风向	最大风出现日期	最大风出现时间
1994	09	3.2	WN	8.0	W	28	12：15
1994	10	3.7	WN	9.2	WN	13	12：00
1995	05	3.4	S	10.1	S	10	11：50
1996	06	2.8	S	6.3	WS	16	16：30

（2）石山湾气象点 1993－06－18—1993－07－31 观测数据 1993 年在石山湾气象观测点采用直结式自记风向风速计对风速进行了测定（表 7－17，张学培等）。

表 7-17 风速观测表

单位：m/s

日期（月—日）	平均	最大
06—18	0.7	3.5
06—19	1.3	6.0
06—20	1.1	6.8
06—21	0.1	2.2
06—22	0.9	4.2
06—23	0.7	6.0
06—24	1.1	5.0
06—25	1.6	5.2
06—26	0.7	3.2
06—27	0.0	0.0
06—28	0.4	2.2
06—29	1.7	6.0
06—30	0.3	2.0
07—01	1.2	4.4
07—02	1.3	4.0
07—03	1.2	4.4
07—04	1.0	6.0
07—05	0.3	0.6
07—06	0.1	0.8
07—07	1.3	4.0
07—08	0.6	3.4
07—09	1.0	5.6
07—10	1.42	4.4
07—11	1.3	4.0
07—12	0.7	2.2
07—13	10.2	1.2
07—14	0.4	2.4
07—15	0.4	1.2
07—16	0.8	4.0
07—17	0.0	0.4
07—18	0.8	1.8
07—19	0.6	3.0
07—20	1.4	3.5
07—21	2.0	4.0
07—22	1.4	5.0
07—23	0.4	2.0
07—24	0.9	3.8
07—29	0.4	2.4
07—30	0.6	3.0
07—31	1.1	5.0

（3）马连滩作业区不同林地小气候观测

1993—1994 年在石山湾气象观测点，采用直结式自记风向风速计对刺槐林和油松林进行了林内风速的测定（表 7-18 至表 7-20，张学培等）。

表 7-18 刺槐林林内风速表

单位：m/s，1993 年

日期（月—日）	距地面 0.3m	距地面 2.9m	距地面 8.7m（林冠顶部）
06—19	0.59	0.53	1.8
06—20	0.56	0.58	1.7
06—21	0.35	0.43	0.9
06—22	0.64	0.49	1.2
06—23	0.47	0.41	1.0
06—24	0.70	0.57	1.0
06—25	0.61	0.62	2.2
06—26	0.48	0.50	1.8
06—27	0.12	0.13	0.4
06—30	0.56	0.60	1.9
07—01	0.21	0.21	0.8

表 7－19　刺槐林林内风速表

单位：m/s，1994 年

日期（月－日）	距地面 6m（树冠中部）	距地面 8.7m（林冠顶部）
05－17	—	1.1
05－18	—	1.9
05－19	—	2.3
05－20	—	2.2
05－21	—	1.2
05－22	—	1.7
05－23	—	1.5
05－24	—	0.9
05－27	—	0.9
06－25	0.70	1.5
06－26	0.73	1.4
06－30	0.27	0.7
07－01	0.23	0.4
07－02	0.26	0.6
07－03	0.31	0.6
07－04	0.69	1.6

表 7－20　油松林林内风速表

单位：m/s，1994 年

日期（月－日）	距地面 1.0m	距地面 3.0m
05－15	0.59	0.43
05－16	0.33	0.36
05－17	0.54	0.31
05－18	1.12	—
05－19	1.34	—
05－20	0.93	0.54
05－21	0.69	—
05－22	0.86	—
05－23	0.64	—
05－24	0.61	—
05－27	0.34	0.56

7.6　地表温度

7.6.1　马连滩作业区

石山湾气象点观测数据

1993—1999 年在石山湾气象观测点进行了地表温度的测定（表 7－21，魏天兴）。

表 7－21　石山湾气象点地表温度观测表

单位：℃

年份	月份	月平均值	日最大值月平均	日最小值月平均	月极大值	极大值日期	月极小值	极小值日期
1993	06	22.2	37.6	12.6	53.0	24	3.5	29
1993	07	23.4	35.3	17.8	49.0	03	5.0	01
1993	08	22.2	37.2	16.2	51.5	02	11.0	12
1993	09	19.3	30.8	12.4	40.0	12	3.0	27
1993	10	10.8	20.9	4.8	34.5	08	－3.5	30
1993	11	7.2	8.1	－16.7	24.0	04	－14.3	23
1993	12	－4.3	5.2	－8.6	10.3	08	－18.6	21

（续）

年份	月份	月平均值	日最大值月平均	日最小值月平均	月极大值	极大值日期	月极小值	极小值日期
1994	01	−3.1	6.3	−10.6	17.7	08	−16.1	21
1994	02	−0.5	9.9	−8.5	20.5	21	−11.3	10
1994	03	6.2	17.3	−1.5	42.0	30	−9.0	14
1994	04	15.0	26.5	8.6	46.0	30	−4.0	10
1994	05	27.4	43.9	16.0	63.0	28	5.0	02
1994	06	27.0	38.1	20.0	61.5	01	15.0	24
1994	08	25.2	42.4	15.9	53.2	02	11.1	28
1994	09	17.6	34.8	7.2	47.6	07	−0.3	29
1994	10	12.3	22.7	−0.6	37.9	04	−8.9	29
1994	11	5.4	16.5	−2.1	28.4	07	−6.0	01
1994	12	0.7	8.8	−6.4	21.2	07	−12.5	15
1995	01	−8.5	6.7	−6.4	15.5	31	−11.5	30
1995	03	7.6	27.5	−5.8	37.0	26	−14.5	17
1995	04	15.2	32.0	2.3	39.0	14	−8.0	03
1995	05	21.7	35.2	4.3	49.0	25	1.0	13
1995	08	24.3	32.5	19.9	51.0	19	16.0	18
1995	09	18.8	27.8	13.6	42.5	06	4.2	26
1996	05	24.8	37.6	14.8	58	21	7.0	11
1996	06	23.7	33.0	17.5	53.5	29	11.0	04
1996	07	26.2	35.3	20.1	57.5	01	15.0	18
1996	08	23.9	33.0	19.1	48.5	16	15.0	29
1996	09	18.5	24.7	14.0	35	01	10.0	20
1996	10	9.3	13.5	6.2	21.5	02	0.0	26
1996	11	2.3	4.7	0.1	14.5	04	−7.5	30
1996	12	0.2	2.6	−7.3	8.5	30	−10.5	17
1997	01	−5.2	1.5	−9.0	8.0	11	−12.0	25
1997	10	8.4	17.6	2.1	27.5	13	−6.0	26
1997	11	2.3	9.6	−2.8	21.5	05	−12.0	16
1997	12	−2.1	6.7	−7.9	17.5	19	−15.0	09
1998	01	−4.9	1.0	−10.9	17.0	11	−19.0	19
1998	02	1.3	11.3	−5.0	25.0	23	−13.5	04
1998	03	5.2	15.0	−0.7	35.0	17	−8.5	21
1998	07	25.1	32.4	20.0	54.0	03	14.0	29
1999	08	23.9	28.6	21.5	19.0	10	37.0	22

7.6.2 马连滩作业区水土保持林地小气候观测数据

1989—1990年在红旗林场马连滩作业区林内外安设了多处小气候观测塔、小气候观测室、百叶箱以及半定位小气候对比观测点，对不同水土保持林进行了小气候效益的研究（表7-22至表7-23，宋丛和等）。

表7-22　生长季不同地类0～20cm平均土壤温度

单位:℃

日期（月一日）	油松林地	刺槐林地	裸露地	草地
1989—05—23	—	16.1	18.4	16.6
1989—07—15	20.4	20.6	24.1	21.9
1989—07—18	20.6	20.8	24.4	22.7
1989—07—20	23.1	23.0	27.6	25.9
1989—08—13	19.1	19.1	23.1	—
1989—10—19	6.6	7.4	9.7	9.0
1989—10—20	7.6	8.8	10.4	99.3
平均	16.2	16.5	19.7	17.6

注：以上数据来自于孙立达，朱金兆主编《水土保持林体系综合效益研究与评价》，中国科学技术出版社，1996，P166。

表 7-23　生长季各地类地面平均日最高、最低温度

单位:℃

年份	油松林地		刺槐林地		裸露地		草地	
	最高	最低	最高	最低	最高	最低	最高	最低
1989	28.5	12.1	30.8	13.2	42.6	10.6	39.5	10.0
1990	31.4	13.5	29.4	12.9	44.5	10.8	39.5	11.7
平均	30.0	12.8	30.1	13.1	43.6	10.7	39.5	10.9

注：同表 7-22。

7.7　辐射

7.7.1　红旗林场马连滩作业区石山湾气象观测点

1994 年 8 月至 12 月在石山湾气象观测点，对太阳辐射进行了观测（表 7-24，魏天兴）。

表 7-24　太阳辐射自动观测表

单位：MJ/m^2

年份	月份	日照时数平均值
1994	08	203.7
1994	09	199.3
1994	10	172.2
1994	11	181.1
1994	12	176.3

7.7.2　红旗林场马连滩作业区水土保持林地小气候观测数据

1988—1989 年在红旗林场马连滩作业区对不同水土保持林进行了太阳辐射的测定，研究采用 J—4795 型分光谱辐射仪和 JY4795 型智能日射记录仪，测定了各种林地林冠顶部及林内的光谱特性（表 7-25 至表 7-32，宋丛和等）。

表 7-25　油松林冠反射辐射的光谱成分

单位：%

日期（月—日）	300～400nm		400～700nm		700～2800nm	
	紫外辐射总辐射	紫外辐射总反射	生理辐射总辐射	生理辐射总反射	红外辐射总辐射	红外辐射总反射
1988—07—03	7.5	6.8	48.1	27.5	44.2	65.9
1988—07—05	7.2	7.7	46.99	24.8	45.9	67.8
1988—09—03	4.2	6.4	49.5	23.1	46.2	70.6
1988—09—15	5.1	5.1	48.3	5.4	46.5	69.3
1988—10—29	7.3	4.0	47.0	27.4	45.7	68.5
平均	6.3	5.9	48.4	26.2	45.3	67.9

注：以上数据来自于孙立达，朱金兆主编．《水土保持林体系综合效益研究与评价》，中国科学技术出版社，1996，P164。

表 7-26　油松林对各波段的消光系数

单位：%

日期（月—日）	300～400nm	400～500nm	500～600nm	600～700nm	700～2800nm	400～700nm	天气
1989—04—01	0.171 9	0.293 4	0.416 6	0.361 4	0.360 5	0.346 6	阴
1989—04—24	0.200 6	0.368 0	0.344 4	0.414 2	0.302 3	0.369 7	多云
1989—05—08	0.200	0.345 4	0.328 6	0.386 7	0.284 7	0.364 4	多云
1989—08—11	0.179 4	0.332 9	0.364 6	0.381 0	0.333 6	0.342 9	晴
1989—10—05	0.280 6	0.452 9	0.250 3	0.504 8	0.358 1	0.389 2	阴
平均	0.206 5	0.358 5	0.340 9	0.409 6	0.327 8	0.362 6	—

注：以上数据来自于孙立达，朱金兆主编．《水土保持林体系综合效益研究与评价》，中国科学技术出版社，1996，P165。

表 7-27　刺槐林对各波段的消光系数

单位：%

日期（月-日）	300～400nm	400～500nm	500～600nm	600～700nm	700～2 800nm	400～700nm	天气
1989-05-22	0.318 1	0.597	0.382 1	0.269 7	0.233 8	0.418 9	多云
1989-07-22	0.324 6	0.408 0	0.291 3	0.411 3	0.288 2	0.368 0	晴
1989-08-23	0.474 1	0.452 8	0.403 5	0.446 1	0.267 6	0.435 6	晴
1989-10-24	0.342 5	0.504 7	0.409 1	0.429 9	0.297 9	0.424 9	晴
平均	0.364 8	0.489 6	0.371 5	0.89 3	0.271 9	0.411 9	—

注：同表 7.26。

表 7-28　林地太阳辐射光谱成分

单位：%

日期（月-日）	观测点	300～400 / 300～2 800	400～700 / 30～2 800	700～2 800 / 300～2 800	天气
1989-04-11	油松林地	1.94	39.61	57.60	多云
1989-05-20	刺槐林地	0.91	35.05	63.32	多云
1989-05-23	刺槐林地	0.96	29.80	68.77	多云
1989-10-07	油松林地	1.25	34.24	62.53	晴
1989-10-24	刺槐林地	2.03	34.80	64.53	晴
平均	林地	1.54	34.0	63.83	—

注：同表 7.25。

表 7-29　林冠顶太阳总辐射光谱成分

单位：%

日期（月-日）	观测位置	300～400 / 300～2 800	400～700 / 300～2 800	700～2 800 / 300～2 800	天气情况
1989-04-11	油松林冠	4.36	4.25	54.39	多云
1989-05-20	刺槐林冠	4.35	45.82	49.83	多云
1989-05-23	刺槐林冠	4.28	49.58	46.14	多云
1989-05-30	油松林冠	4.9	50.04	45.57	晴
1989-08-13	油松林冠	6.45	44.57	48.98	晴
1989-08-18	油松林冠	3.75	50.48	45.95	阴
1989-09-04	油松林冠	3.67	47.85	48.84	阴
1989-09-09	油松林冠	3.22	50.40	46.38	阴
1989-10-07	油松林冠	4.04	44.59	51.66	晴
1989-10-24	油松林冠	4.87	43.25	51.88	晴
平均	林冠	4.32	46.52	48.93	—

注：以上数据来自于孙立达，朱金兆主编．《水土保持林体系综合效益研究与评价》，中国科学技术出版社，1996，P162。

表 7-30　不同下垫面生长季日均净辐射、潜热通量、波文比及蒸散量表（1989 年）

项目	裸地	草地	刺槐	刺槐林地	油松	油松林地	沙棘
ρ（w/m²）	44.68	70.68	69.28	5.75	68.55	4.88	80.73
B（w/m²）	166.53	195.21	209.50	35.43	207.43	29.88	208.29
LE（w/m²）	71.33	93.34	120.08	14.84	117.36	10.57	112.09
β	0.63	0.76	0.58	0.39	0.58	0.46	0.72
E（mm/日）	1.32	1.68	2.21	0.28	2.16	0.18	2.02

注：以上数据来自于孙立达，朱金兆主编．《水土保持林体系综合效益研究与评价》，中国科学技术出版社，1996，P179～P183。

表 7-31　不同下垫面感热通量占净辐射之比

年份	裸地	草地	灌木	刺槐	刺槐林地	油松	油松林地
1988	0.35	—	0.35	0.37	—	0.36	—
1989	0.27	0.35	0.38	0.33	0.16	0.33	0.16
1990	0.31	0.35	0.37	0.35	0.15	0.36	0.16
平均	0.31	0.35	0.37	0.35	0.15	0.36	0.16

注：以上数据来自于孙立达，朱金兆主编．《水土保持林体系综合效益研究与评价》，中国科学技术出版社，1996，P180。

表 7-32 不同下垫面潜热通量占净辐射之比

年份	裸地	草地	灌木	刺槐	油松
1988	0.42	—	0.59	—	0.56
1989	0.43	0.48	0.54	0.57	0.57
1990	0.37	0.49	0.57	0.61	0.64
平均	0.41	0.49	0.57	0.59	0.59

注：以上数据来自于孙立达，朱金兆主编.《水土保持林体系综合效益研究与评价》，中国科学技术出版社，1996，P184。

7.7.3 石山湾气象点典型日观测数据

1993 年采用日产日射计对石山湾气象观测点进行了日射量的测定（表 7-33，张学培等）。

表 7-33 石山湾气象观测点日射量表

单位：MJ/m²

日期（月—日）	07—01	07—02	08—04	08—05	08—02	09—03	10—01	10—01	10—01	10—02	10—03	10—03	11—01	11—01
日射量	4.2	3.8	1.7	1.3	9.5	17.4	12.6	5.9	12.8	13.9	9.8	6.6	1.1	6.1

图书在版编目（CIP）数据

中国生态系统定位观测与研究数据集．森林生态系统卷．山西吉县站：1978～2006/孙鸿烈等主编；朱金兆等分册主编．—北京：中国农业出版社，2010.10

ISBN 978-7-109-15073-7

Ⅰ.①中… Ⅱ.①孙… ②朱… Ⅲ.①生态系统-统计数据-中国②森林-生态系统-统计数据-吉县-1978～2006 Ⅳ.①Q147②S718.55

中国版本图书馆 CIP 数据核字（2010）第 199453 号

中国农业出版社出版

（北京市朝阳区农展馆北路 2 号）

（邮政编码 100125）

责任编辑 刘爱芳 李昕昱

中国农业出版社印刷厂印刷 新华书店北京发行所发行

2010 年 11 月第 1 版 2010 年 11 月北京第 1 次印刷

开本：889mm×1194mm 1/16 印张：17.75

字数：500 千字

定价：45.00 元

（凡本版图书出现印刷、装订错误，请向出版社发行部调换）